火电机组供热与深度调峰改造技术及工程实践

主　任◎王凤良
副主任◎衣心亮　宁玉恒　康剑南　孙旭
主　编◎王凤良　付振春
副主编◎刘　刚　陈　城　谷增义　郝建民
编委会成员：
　　　　　刘　磊　潘同洋　张贵强　王　浩　刘喜峰
　　　　　马魁元　丛　铭　宣伟东　王小明　李　宽
　　　　　任衍辉　李　健　白福旺　李　强　赵　勇
　　　　　任晓辰　孙英浩　商国敬　王　强　苗　宇
　　　　　刘巍栋　李立波　张炳奇　薛清元　张腾宇
　　　　　雷鉴琦　李贵鹏
主　审◎万　杰（哈尔滨工业大学）

华中科技大学出版社
http://press.hust.edu.cn
中国·武汉

图书在版编目(CIP)数据

火电机组供热与深度调峰改造技术及工程实践 / 王凤良，付振春主编. -- 武汉：华中科技大学出版社，2024. 12. -- ISBN 978-7-5772-1551-8

Ⅰ．TM621.3

中国国家版本馆 CIP 数据核字第 20247S2M51 号

火电机组供热与深度调峰改造技术及工程实践

王凤良　付振春　主编

Huodian Jizu Gongre yu Shendu Tiaofeng Gaizao Jishu ji Gongcheng Shijian

策划编辑：汪　粲	
责任编辑：汪　粲　梁睿哲	
封面设计：廖亚萍	
责任校对：李　弋	
责任监印：曾　婷	
出版发行：华中科技大学出版社(中国•武汉)	电话：(027)81321913
武汉市东湖新技术开发区华工科技园	邮编：430223
录　　排：华中科技大学惠友文印中心	
印　　刷：武汉科源印刷设计有限公司	
开　　本：787mm×1092mm　1/16	
印　　张：21.25　插页：1	
字　　数：554 千字	
版　　次：2024 年 12 月第 1 版第 1 次印刷	
定　　价：88.00 元	

本书若有印装质量问题，请向出版社营销中心调换

全国免费服务热线：400-6679-118　竭诚为您服务

版权所有　侵权必究

前言

电力工业是国民经济发展中最重要的基础能源产业之一,同时也是社会公用事业的重要组成部分之一,在我国经济发展战略中具有优先发展的重要地位。近年来,国内经济的快速发展带动电力行业发展迅速,其投资规模、装机容量、发电量及用电量呈现良好的增长态势。

2021年,我国电力工程年度完成投资再次超过1万亿元,同比增长2.9%。2021年,重点调查企业电力完成投资10 481亿元,同比增长2.9%。2021年全国全口径发电装机容量约23.8亿kW,同比增长7.9%。从发展趋势来看,中国电力行业发电装机容量日益扩大,增速稳定在5%以上,发电装机容量稳步扩大,整体发展趋势向好。2021年全国发电量超过8万亿kW·h,相较于2020年发电量小幅度下降。这主要是因为部分地区限电,供给市场受到限制,导致发电量有所下降。无论从装机规模看还是从发电量看,煤电仍然是当前我国电力供应的最主要电源,也是保障我国电力安全稳定供应的基础电源。

国家能源局发布的《2022年能源工作指导意见》指出,要增强国内能源生产保障能力,切实把能源饭碗牢牢地端在自己手里。2022年主要目标是,全国发电装机容量达到26亿kW左右,发电量达到9.07万亿kW·h左右,新增顶峰发电能力8 000万kW以上,"西电东送"输电能力达到2.9亿kW左右。在保障电力稳定供应、满足电力需求的前提下,积极推进煤电机组节能降耗改造、供热改造和灵活性改造"三改联动"。

国内外在供热和火电灵活性方面已经开展了众多的理论和实践研究,近年来,以工程应用为目的的供热和火电灵活性相关技术得到了推广和应用。鉴于每台机组所处环境不同,机组特性、燃烧煤质不同,实施效果也不尽相同,且影响机组灵活性能力的主要问题和关键因素在于锅炉、汽轮机、电气、控制、辅机、环保等方面,如何在考虑安全性、可靠性、经济性的前提下,对现有火电机组供热和灵活性能力提升技术进行归纳分析,以实现规范供热和火电机组灵活性改造项目的建设,有序推进火电供热和灵活性改造项目,已成为当务之急。

自2016年以来,编者在大唐东北电力试验研究院有限公司的支持下,坚持不懈地在火电供热和灵活性领域开展了大量坚实有效的工作。本书是对编者近6年来相关工作的总结。第一,对当前背景下我国电力系统转型与供热、火电灵活性现状、火电机组灵活性深度调峰相关政策进行了分析,涵盖了国家和地方相关政策,并对灵活性深度调峰相关政策和发展趋势进行了概述分析,明确了课题的研究目的和意义。第二,从国内外灵活性现状、可再生能源消纳需求以及热电解耦供暖需求等几方面,对供热和火电灵活性改造需求进行了分析,预计随着新能源发展规模扩大,清洁能源发电量占比越来越高,需要对火电机组尤其是煤电机组深挖灵活性调节潜力,积极进行灵活性改造,以促进清洁能源在更大范围的消纳,扩大火电灵活性市场前景。第三,从技术方案、技术适用性对火电机组供热改造技术进行介绍,并添加了实际案例。第四,分别从锅炉系统、汽轮机系统、发电机系统、控制系统、环保系统等几个方面对灵活性能力提升相关技术进行了详细介绍。第五,分别对机组改造调试及相关试验方法进行全面细致的介绍。第六,在附录中根据机组灵活性改造的相关工作,列举了一台机组前期咨询的可行性研究报告、项目工程的调试方案及调试报告、考核试验及考核报告等一揽子工程实例。该书可为推动我国煤电行业转型发展、有序推动"三改联动"提供参考。

本书的特色主要表现在以下几个方面。

(1)全面性。紧扣目前国内火电行业需求以及研究热点,全面把握我国电力系统灵活性转型战略、相关政策历程及其对电力企业的影响,有助于政府能源战略及政策制定部门全面深入地了解火电供热和灵活性政策及其对全社会产生的影响。

(2)客观性。从国内现状及存在的问题出发,客观地对现有供热和火电灵活性改造技术进行了阐述以及综合评价,有助于国内各电力企业把握"三改联动"的目标以及技术选择,因地制宜、适当开展。

(3)示范性。从实际应用改造案例出发,为国内各电力企业灵活性转型升级提供参考和借鉴。

火电机组供热和灵活性改造涉及范围广泛,包括锅炉、汽轮机、电气、环保、化学、材料等多个领域,很多问题需要我们进一步论证和学习。由于编者专业知识和经验水平有限,书中难免存在疏漏和不足,诚望批评指正。

编 者
2024年10月

第1章	绪论	/1
	1.1 火力发电历史及现状	1
	1.2 可再生能源的消纳	4
	1.3 火电机组改造政策	6
	1.4 国内外电力系统灵活性市场机制	8
	1.5 我国火电机组供热及灵活性运行现状	9

第2章	火电机组供热改造技术及工程应用	/11
	2.1 纯凝汽式汽轮机供热改造及工程应用	11
	2.2 供热机组提升供热能力改造技术及工程应用	20
	2.3 本章小结	31

第3章	火电机组的灵活性深度调峰改造及工程应用	/32
	3.1 概述	32
	3.2 纯凝机组的灵活性深度调峰	34
	3.3 供热机组的热电解耦	115
	3.4 本章小结	130

第4章	火电机组供热及灵活性深度调峰技术改造工程调试	/132
	4.1 概述	132
	4.2 高背压供热改造工程调试	132
	4.3 热泵供热改造工程调试	137
	4.4 工业抽汽改造工程调试	143
	4.5 低压缸切除供热改造工程调试	146

    4.6 高低旁联合供热改造工程调试 150
    4.7 蓄热罐供热改造工程调试 152

第5章 火电机组供热及灵活性深度调峰改造性能试验 / 158

    5.1 概述 158
    5.2 机组供热能力提升改造性能试验 160
    5.3 机组灵活性深度调峰改造性能试验 172
    5.4 锅炉低负荷稳燃性能试验 181

附录A 某公司1号机组灵活性调峰及热网改造项目可行性研究报告 / 184

    A.1 概述 184
    A.2 热负荷及主要设备概况 187
    A.3 深度调峰时间的确定 191
    A.4 深度调峰改造技术路线 192
    A.5 改造工程设想 204
    A.6 劳动安全与职业卫生 214
    A.7 节能及收益分析 216
    A.8 项目实施的条件、建设进度及工期 217
    A.9 投资估算与财务 218
    A.10 经济评价 268
    A.11 结论与建议 277

附录B 某机组低压缸零出力改造项目调试方案 / 279

    B.1 前言 279
    B.2 调试内容及目标 279
    B.3 编制依据 279
    B.4 改造系统简述 280
    B.5 组织分工 281
    B.6 调试条件及过程 282
    B.7 低压缸切缸及辅助系统操作技术措施 286
    B.8 事故与应对 288
    B.9 安全措施 292

附录C 某公司2号机组低压缸零出力改造项目调试报告 / 294

    C.1 前言 294
    C.2 调试依据 294
    C.3 项目改造实施过程 295
    C.4 调试过程 296

- C.5 静态调试阶段 ··· 296
- C.6 动态调试阶段 ··· 299
- C.7 结论 ··· 304

附录 D 某电厂灵活性调峰改造后性能考核试验方案 / 305

- D.1 前言 ··· 305
- D.2 设备技术规范 ··· 305
- D.3 试验目的 ··· 306
- D.4 试验标准和基准 ·· 307
- D.5 试验仪器仪表 ··· 307
- D.6 试验条件与方法 ·· 308
- D.7 试验数据整理及计算 ··· 311
- D.8 环境、职业健康安全控制措施 ·· 315
- D.9 试验职责分工及组织 ··· 317

附录 E 某电厂 2 号机组供热节能改造后性能试验 / 321

- E.1 前言 ··· 321
- E.2 设备技术规范 ··· 321
- E.3 试验目的 ··· 323
- E.4 试验标准与基准 ·· 323
- E.5 试验仪器仪表 ··· 323
- E.6 试验条件及项目 ·· 324
- E.7 试验数据处理与计算 ··· 325
- E.8 试验结果及分析 ·· 329
- E.9 试验结论 ··· 331

第1章 绪论

1.1 火力发电历史及现状

电力工业是国民经济发展中最重要的基础能源产业之一,同时也是社会公用事业的重要组成部分,占据着我国经济发展战略中优先发展的核心位置。近年来,国内经济的迅猛增长带动电力行业迅速发展,其投资规模、装机容量、发电量及用电量呈现良好的增长态势。

1.1.1 行业投资规模平稳波动

截至2021年底,电力工程年度完成投资再次超过1万亿元,同比增长2.9%。2021年,重点调查企业电力完成投资10 481亿元,同比增长2.9%。其中,电网完成投资4 951亿元,同比增长1.1%;电源完成投资5 530亿元,同比增长4.5%,其中,非化石能源发电投资占电源投资比重达到88.6%。

2014—2021年,中国电源工程投资规模呈平稳波动的态势。根据中电联数据,如图1-1所示,2021年中国电源工程投资规模超过3 000亿元,虽然投资规模较2020年变小,但是行业整体趋势趋于平稳,且2021年投资规模相较于2014年投资规模相差无几。

1.1.2 发电装机容量稳步扩大

1875年,世界上第一座火力发电机组建成于法国巴黎北火车站,用于照明供电。1879年,美国旧金山实验电厂开始发电,这是世界上最早出售电力的电厂。1980年,全世界发电装机总容量达到20.24亿kW;1997年,全世界发电装机容量超过32亿kW。我国电力工业始于1882年,1949年新中国成立时,全国发电装机容量仅为185万kW,居世界第21位。新中国成立后,电力工业得到了迅速发展,至2000年底发电装机容量达到31 932万kW,居世界第2

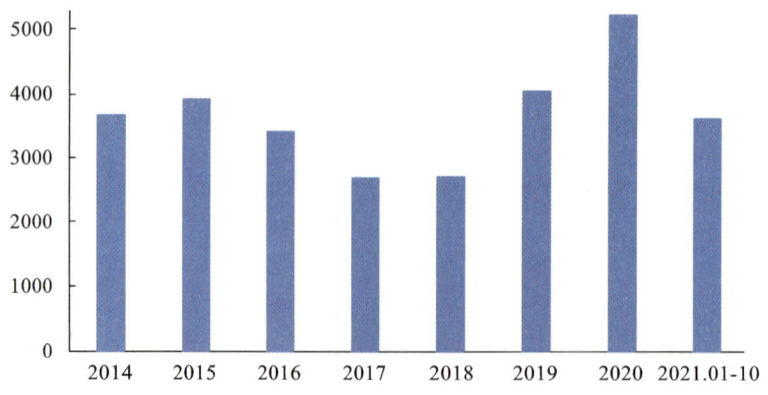

图 1-1 2014—2021 年电源工程投资规模变化情况(单位:亿元)

位。截至 2021 年底,全国全口径发电装机容量 23.8 亿 kW,同比增长 7.9%。其中,火电装机 13 亿 kW(含煤电 11.1 亿 kW、气电 8 330 万 kW),同比增长 4.1%;水电 3.9 亿 kW(含抽水蓄能 3 639 万 kW),同比增长 5.6%;核电 5 326 万 kW,同比增长 6.8%;并网风电 3.3 亿 kW,同比增长 16.6%;并网太阳能发电 3.1 亿 kW,同比增长 20.9%。

2015—2021 年,中国发电装机容量逐年上升,如图 1-2 所示。从发展趋势来看,中国电力行业发电装机容量日益扩大,增速稳定在 5% 以上,发电装机容量稳步扩大,整体发展趋势向好。

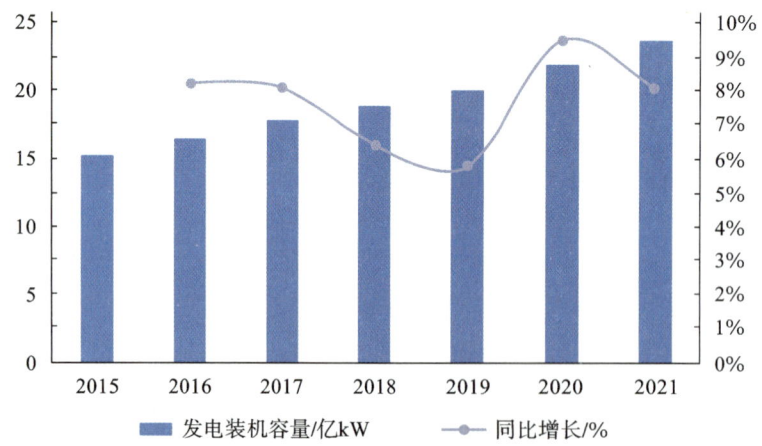

图 1-2 2015—2021 年中国发电装机容量变化情况

1.1.3 发电量小幅度下降

1980 年,电力行业发展之初,全世界年发电量仅为 82 473 亿 kW·h;1997 年,全世界年发电量达到 139 487 亿 kW·h。1949 年新中国成立时,我国发电总量 43 亿 kW·h,居世界第 25 位。2000 年底,我国年发电量达到 13 685 亿 kW·h,居世界第 2 位。2018 年,我国全口径发电量 69 940 亿 kW·h,同比增长 8.4%。截至 2021 年底,全国规模以上工业企业发电量 8.11 万亿 kW·h,同比增长 8.1%。2021 年,受汛期主要流域降水偏少等因素影响,全国规模以上工业企业水电发电量同比下降 2.5%;受电力消费快速增长、水电发电量负增长影响,全国规模以上工业企业火电发电量同比增长 8.4%,核电发电量同比增长 11.3%。全口径并网太阳能发电、风电发电量同比分别增长 25.2% 和 40.5%。全口径非化石能源发电量 2.90 万亿 kW·h,同比增长 12.0%,占全口径总发电量的比重为 34.6%,同比提高 0.7 个百分点。全口径煤电发电量 5.03 万亿 kW·h,同比增长 8.6%,占全口径总发电量的比重为 60.0%,同比降低 0.7 个百分点。

2015—2021 年,中国发电量波动提升,如图 1-3 所示。2021 年中国发电量超过 7 万亿 kW·h,相较于 2020 年发电量小幅度下降。这主要是因为部分地区限电,供给市场受到限制,导致中国发电量有所下降。但无论从装机规模看还是从发电量看,煤电仍然是当前我国电力供应的最主要电源,也是保障我国电力安全稳定供应的基础电源。

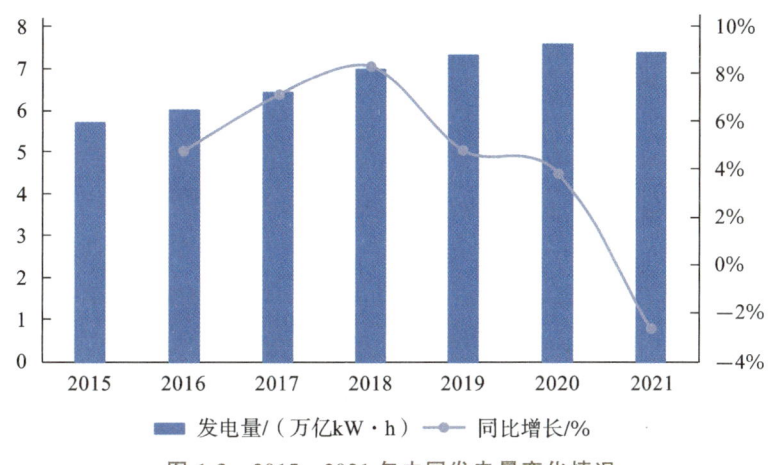

图 1-3　2015—2021 年中国发电量变化情况

1.1.4　行业需求市场较为活跃

2021 年,全国发电设备利用小时数为 3 817 h,同比提高 60 h。火电设备利用小时数为 4 448 h,同比提高 237 h;其中,煤电 4 586 h,同比提高 263 h;气电 2 814 h,同比提高 204 h。水电设备利用小时数 3 622 h,同比降低 203 h。核电 7 802 h,同比提高 352 h。并网设备利用小时数风电 2 232 h,同比提高 154 h。并网太阳能发电设备利用小时数 1 281 h。

2018 年,全社会用电量 68 449 亿 kW·h,比上年提高 1.9 个百分点。2021 年,全社会用电量 8.31 万亿 kW·h,同比增长 10.3%。其中,第一产业用电量 1 023 亿 kW·h,同比增长 16.4%;第二产业用电量 5.61 万亿 kW·h,同比增长 9.1%;第三产业用电量 1.42 万亿 kW·h,同比增长 17.8%;城乡居民生活用电量 1.17 万亿 kW·h,同比增长 7.3%。全国共有 19 个省份用电量同比增速超过 10%,31 个省份两年平均增速均为正增长。2021 年,西藏、青海、湖北等 3 个省份用电量同比增速分别为 22.6%、15.6% 和 15.3%;江西、四川、福建、浙江、广东、重庆、陕西、安徽、海南、湖南、宁夏、江苏、山西、上海、新疆、广西等 16 个省份用电量同比增速超过 10%。2021 年,西藏、四川、江西等 3 个省份用电量两年平均增速分别为 14.1%、11.5% 和 10.1%;青海、山东、福建、安徽、云南、新疆、广东、广西、浙江、陕西等 10 个省份两年平均增速位于 8%~10%。截至 2021 年底,东部、中部、西部和东北地区全社会用电量分别为 39 366、

15 459、23 795 和 4 508 亿 kW·h,增速分别为 11.0%、11.5%、9.4% 和 6.2%。18 个省份全社会用电量增速超过全国平均水平,依次为西藏(22.6%)、青海(15.6%)、湖北(15.3%)、江西(14.5%)、四川(14.3%)、福建(14.2%)、浙江(14.2%)、广东(13.6%)、重庆(13.0%)、陕西(12.9%)、安徽(11.9%)、海南(11.8%)、湖南(11.7%)、宁夏(11.6%)、江苏(11.4%)、山西(11.4%)、上海(11.0%)和新疆(10.8%)。

2021 年,全国完成跨区送电量 6 876 亿 kW·h,同比增长 6.2%,两年平均增长 12.8%。其中,西北区域外送电量 3 156 亿 kW·h,同比增长 14.1%,占全国跨区送电量的 45.9%。全国完成跨省送出电量 1.60 万亿 kW·h,同比增长 4.8%,两年平均增长 5.4%。2021 年,全国各电力交易中心累计组织完成市场交易电量 37 787 亿 kW·h,同比增长 19.3%,占全社会用电量比重为 45.5%,同比提高 3.3 个百分点。其中,全国电力市场中长期电力直接交易电量合计为 30 405 亿 kW·h,同比增长 22.8%。

2011—2021 年中国全社会用电量逐年递增,如图 1-4 所示。这主要因为中国商业、工业和居民用电量均有不同程度的增长。2021 年,中国全社会用电量超过 8 万亿 kW·h,同比增长超过 10%。综合来看,电力行业需求较为活跃,也从一定程度上说明中国目前整体发展势头较好,用电情况有增无减。

图 1-4　2011—2021 年中国全社会用电量变化情况

1.2　可再生能源的消纳

可再生能源发电包括水电、风电、光伏发电、生物质发电、核电。

2018 年底,我国可再生能源发电装机达到 7.28 亿 kW,同比增长 12%,其中,水电装机 3.52 亿 kW、风电装机 1.84 亿 kW、光伏发电装机 1.74 亿 kW、生物质发电装机 1 781 万 kW,分别同比增长 2.5%、12.4%、34.0% 和 20.7%。可再生能源发电装机约占全部电力装机的 38.3%,同比上升 1.7 个百分点,可再生能源的清洁能源替代作用日益突显。2021 年底,全国水电装机容量 3.9 亿 kW,同比增长 5.6%。其中,常规水电 3.5 亿 kW,抽水蓄能 3 639 万 kW。核电 5 326 万 kW,同比增长 6.8%。风电 3.3 亿 kW,同比增长 16.6%,其中,陆上风电 3.0 亿 kW,海上风电 2 639 万 kW。太阳能发电装机 3.1 亿 kW,同比增长 20.9%,其中,集中式光伏发电 2.0 亿 kW，分布式光伏发电 1.1 亿 kW，光热发电 57 万 kW。全口径非化石能源发电装机容量 11.2 亿 kW，同比增长 13.4%，占总装机容量比重为 47.0%，同比提高 2.3 个百分点，历史上首次超过煤电装机比重。

截至 2020 年底，全国十大风电装机省份分别是内蒙古 3 786 万 kW、新疆 2 361 万 kW、河北 2 274 万 kW、山西 1 974 万 kW、山东 1 795 万 kW、江苏 1 547 万 kW、河南 1 518 万 kW、宁夏 1 377 万 kW、甘肃 1 373 万 kW、辽宁 981 万 kW。全国十大水电装机省份分别是四川 7 892 万 kW、云南 7 556 万 kW、湖北 3 757 万 kW、贵州 2 281 万 kW、广西 1 756 万 kW、湖南 1 581 万 kW、广东 1 576 万 kW、福建 1 331 万 kW、青海 1 193 万 kW、浙江 1 171 万 kW。全国十大太阳能发电装机省份分别是山东 2 272 万 kW、河北 2 190 万 kW、江苏 1 684 万 kW、青海 1 601 万 kW、浙江 1 517 万 kW、安徽 1 370 万 kW、山西 1 309 万 kW、新疆 1 266 万 kW、内蒙古 1 237 万 kW、宁夏 1 197 万 kW。全国八大核电装机省份分别是广东 1 614 万 kW、浙江 911 万 kW、福建 871 万 kW、江苏 549 万 kW、辽宁 448 万 kW、山东 250 万 kW、广西 217 万 kW、海南 130 万 kW。我国生物质发电累计装机排名前五位的省份为山东、广东、江苏、浙江和安徽，装机规模分别为 365.5 万 kW、282.4 万 kW、242.0 万 kW、240.1 万 kW 和 213.8 万 kW。

可再生能源发电量稳步增长。2021 年，全国可再生能源发电量达 2.48 万亿 kW·h，占全社会用电量的 29.8%。其中，全国水电发电量 13 401 亿 kW·h，同比下降 1.1%，全国水电平均利用小时数为 3 622 h；全国风电发电量 6 526 亿 kW·h，同比增长 40.5%，利用小时数为 2 246 h，利用小时数较高的省区中，福建 2 836 h，蒙西 2 626 h，云南 2 618 h；全国光伏发电量 3 259 亿 kW·h，同比增长 25.1%，利用小时数 1 163 h，同比增加 3 h，利用小时数较高的地区为东北地区 1 471 h，华北地区 1 229 h，其中利用率最高的省份为内蒙古 1 558 h，吉林 1 536 h 和四川 1 529 h；生物质发电 1 637 亿 kW·h，同比增长 23.6%，累计装机排名前五位的省份是山东、广东、浙江、江苏和安徽，分别为 395.6 万 kW、376.6 万 kW、291.7 万 kW、288.0 万 kW 和 239.1 万 kW。

2021 年，国家能源局认真贯彻落实习近平生态文明思想和"四个革命、一个合作"能源安全新战略，锚定碳达峰碳中和目标任务，加强行业顶层设计，加快推进大型风电、光伏基地等重大项目建设，聚焦能源民生保障，全力增加清洁电力供应，努力推动可再生能源高质量跃升发展，实现了"十四五"良好开局。数据显示，2021 年全国主要流域水能利用率约为 97.9%，同比提高 1.5 个百分点；弃水电量约为 175 亿 kW·h，较去年同期减少 149 亿 kW·h。全国风电平均利用率为 96.9%，同比提升 0.4 个百分点；尤其是湖南、甘肃和新疆的风电利用率同比显著提升，湖南风电利用率达 99%，甘肃风电利用率达 95.9%，新疆风电利用率达 92.7%，同比分别提升 4.5、2.3、3.0 个百分点。全国风电利用小时数为 619 h，在利用小时数较高的省区中，云南 920 h，四川 742 h，江苏 739 h。全国弃风率为 4%，同比下降 0.7 个百分点；尤其是湖南和新疆的弃风率同比显著下降，湖南无弃风，新疆弃风率为 6.5%，同比分别下降 6.7、5.7 个百分点。全国光伏发电利用小时数为 300 h，同比增加 10 h；利用小时数较高的地区为东北地区 356 h，西北地区 289 h，其中蒙东 392 h，吉林 363 h，黑龙江 363 h。全国弃光率 2.5%，同比下降 0.75 个百分点。光伏消纳问题较为突出的西北地区、华北地区弃光率分别降至 5.1%、3.1%，同比分别降低 0.6、1.8 个百分点。

国家能源局发布的数据显示，截至 2021 年 10 月底，我国可再生能源发电累计装机容量比

2015年底实现翻番,占全国发电总装机容量的43.5%。其中,水电、风电、太阳能发电和生物质发电装机容量均稳居世界第一。可再生能源既不排放污染物,也不排放温室气体。这些"零碳"能源的装机规模稳步扩大,为能源绿色低碳转型、实现碳达峰碳中和目标提供了有力支撑。党的十八大以来,以习近平同志为核心的党中央提出"四个革命、一个合作"能源安全新战略,开辟了中国特色能源发展新道路,推动中国能源生产和利用方式发生重大变革。数据显示,2020年我国可再生能源开发利用规模达6.8亿t标准煤,相当于替代煤炭近10亿t,减少二氧化碳排放约17.9亿t。当前,我国风电、光伏发电设备制造已形成全球最完整的产业链,近10年来陆上风电和光伏发电项目的单位千瓦平均造价分别下降30%和75%左右。

国务院印发的《2030年前碳达峰行动方案》提出"大力实施可再生能源替代""到2030年,风电、太阳能发电总装机容量达到12亿千瓦以上"。政策加持与落实推动并加速能源供应绿色化进度。同时也应看到,大力推行可再生能源替代方案,并不只是单纯增加装机规模,这背后是一道复杂的"多元方程",需要统筹清洁低碳、安全可靠、经济合理等多种因素综合求解,推动能源向低碳转型的平稳过渡。

从安全可靠的角度出发,电能无法大规模存储,生产与消费需要实时保持平衡。而风电、光伏往往"靠天吃饭",呈现"极热无风""晚峰无光"等波动性、间歇性的问题,未来大规模、高比例将其接入电网,将给电力系统稳定和能源安全带来不小挑战。因此,构建运行更加灵活、更富韧性的新型电力系统成为迫切需要。这其中,既涉及发电侧加强火电机组灵活性改造、加快抽水蓄能电站建设和新型储能技术研发应用,又涉及电网侧推进配电网改造和智能化升级,用电侧提升需求响应能力,等等。不仅如此,我国当前的能源资源禀赋仍以煤为主,从实际国情出发,未来如何保障能源安全的前提下推进降碳工作,发挥好化石能源在转型过程中的安全兜底保障作用,处理和平衡好发展和减排、短期和中长期的关系。

从经济合理的角度出发,随着光伏、风电大规模应用,技术成本会显著下降,成本的增量主要在于电力系统的平衡成本和安全保障成本。为了进一步推动可再生能源替代进程,一方面,可以通过加快先进适用技术研发和规模化应用等,尽可能降低成本,提高新型电力系统建设的经济性;另一方面,也要充分发挥市场的自发调节作用,完善电价机制,让煤电、气电等调峰辅助服务获得合理收益,从而体现其平抑新能源波动的价值,调动企业实施灵活性改造的积极性。

1.3 火电机组改造政策

2016年,中国政府签订《巴黎协定》,国家"十四五"规划提出了要构建"清洁低碳、安全高效的能源体系",电力发展低碳化成为必然。风能、太阳能等新能源的大力发展为如期实现碳达峰和碳中和目标奠定了重要基础,但各地仍存在不同程度的弃风、弃光现象。为提高新能源消纳能力,火电机组须承担电网调峰任务,提升灵活调峰能力。我国政府高度重视电力系统调峰能力建设,先后出台了一系列政策,强调提升电力系统灵活性。

2016年3月,国家发展改革委、国家能源局、财政部、住建部、环境保护部联合印发《热电联产管理办法》(发改能源〔2016〕617号),对热电联产机组适应系统调峰作出规定:"系统调峰困难地区,严格限制现役纯凝机组供热改造,确需供热改造满足采暖需求的,须同步安装蓄热装置,确保系统调峰安全。"

2016年6月,国家能源局综合司发布《国家能源局综合司关于下达火电灵活性改造试点项目的通知》(国能综电力〔2016〕397号),为加快能源技术创新,挖掘燃煤机组调峰潜力,提升我国火电运行灵活性,全面提高系统调峰和新能源消纳能力,在各地方和发电集团报来建议试点项目基础上,经电力规划设计总院比选,综合考虑项目业主、所在地区、机组类型、机组容量等因素,确定丹东电厂等16个项目为提升火电灵活性改造试点项目。

2016年7月,国家能源局综合司发布《国家能源局综合司关于下达第二批火电灵活性改造试点项目的通知》(国能综电力〔2016〕474号),为加快能源技术创新,进一步提升我国火电运行灵活性,全面提高系统调峰和新能源消纳能力,在第一批16个灵活性改造试点项目的基础上,拟在东北地区再遴选一批燃煤发电项目开展灵活性改造试点推广。经电力规划设计总院对各发电集团报来建议试点项目进行比选,综合考虑项目业主、所在地区、机组类型、机组容量等因素,确定长春热电厂等6个项目为第二批提升火电灵活性改造试点项目。

2016年11月,国家发展改革委、国家能源局对外正式发布《电力发展"十三五"规划(2016—2020年)》,将"加强调峰能力建设,提升系统灵活性"作为重点任务之一,提出"从负荷侧、电源侧、电网侧多措并举,充分挖掘现有系统调峰能力,加大调峰电源规划建设力度,着力增强系统灵活性、适应性,破解新能源消纳难题"。其中一个重要举措即全面推动煤电机组灵活性改造,实施煤电机组调峰能力提升工程,加快推动北方地区热电机组储热改造和纯凝机组灵活性改造试点示范及推广应用。按照《规划》要求,"十三五"期间,"三北"地区热电机组灵活性改造约1.33亿千瓦,纯凝机组改造约8 200万千瓦;其他地区纯凝机组改造约450万千瓦。

2018年2月,国家发展改革委、国家能源局印发了《国家发展改革委 国家能源局关于提升电力系统调节能力的指导意见》(发改能源〔2018〕364号),从电源侧、电网侧、负荷侧多措并举提升系统调节能力,包括实施火电灵活性提升工程、推进各类灵活调节电源建设、推动新型储能技术发展及应用;加强电源与电网协调发展、加强电网建设、增强受端电网适应性;发展各类灵活性用电负荷、提高电动汽车充电基础设施智能化水平;提高电网调度智能化水平、发挥区域电网调节作用、提高跨区通道输送新能源比重等。同时,还提出了建立健全包括辅助服务补偿(市场)机制在内的一系列支撑体系。

2018年10月,国家发展改革委、国家能源局印发了《清洁能源消纳行动计划(2018—2020年)》(发改能源规〔2018〕1575号),在火电灵活性改造方面,提出省级政府相关主管部门负责制定年度火电灵活性改造计划,并将各地火电灵活性改造规模与新能源规模总量挂钩。同时,由国家能源局派出机构牵头开展火电机组单机最小技术出力率和最小开机方式的核定,2018年底前全面完成核定工作,并逐年进行更新和调整。

2021年11月,国家发展改革委、国家能源局印发《全国煤电机组改造升级实施方案》(发改运行〔2021〕1519号),方案称,我国力争实现2030年前碳达峰和努力争取2060年前碳中和的目标,对优化能源结构和煤炭清洁高效利用提出了更高要求。方案明确,统筹考虑大型风电光伏基地项目外送和就近消纳调峰需要,以区域电网为基本单元,在相关地区妥善安排配套煤电调峰电源改造升级,提升煤电机组运行水平和调峰能力。按特定要求新建的煤电机组,除特定需求外,原则上采用超超临界且供电煤耗低于270克标准煤/千瓦时的机组。设计工况下供电煤耗高于285克标准煤/千瓦时的湿冷煤电机组和高于300克标准煤/千瓦时的空冷煤电机组不允许新建。到2025年,全国火电平均供电煤耗降至300克标准煤/千瓦时以下。对供电煤耗在300克标准煤/千瓦时以上的煤电机组,应加快创造条件实施节能改造,对无法改造的机组逐步淘汰关停,并视情况将具备条件的转为应急备用电源。"十四五"期间改造规模不低于3.5亿千瓦。鼓励现有燃煤发电机组替代供热，积极关停采暖和工业供汽小锅炉，对具备供热条件的纯凝机组开展供热改造，在落实热负荷需求的前提下，"十四五"期间改造规模力争达到5 000万千瓦。存量煤电机组灵活性改造应改尽改，"十四五"期间完成2亿千瓦，增加系统调节能力3 000万～4 000万千瓦，促进清洁能源消纳。"十四五"期间，实现煤电机组灵活制造规模1.5亿千瓦。

1.4 国内外电力系统灵活性市场机制

1.4.1 国外电力系统灵活性市场机制

近年来，随着清洁能源的市场占比增加，欧美地区新能源消纳矛盾突出，电力市场价格波动越发显著，如何借助市场手段促进新能源消纳备受关注。在价格信号的引导下，系统内燃煤火电机组的灵活性也随之大幅提升。德国和丹麦的许多燃煤机组调节幅度由原来额定容量的50%提高到了80%，美国的一些燃煤机组甚至实现了日内启停调峰运行。这些国家的部分燃煤机组灵活性指标已经接近燃气轮机，其在电力系统中的定位已由基本负荷电源转变为灵活调节电源。这些燃煤机组灵活性的提升，主要是通过加装储热装置，并对机组本体进行低负荷和快速爬坡适应性改造。灵活性提升改造投入并不高，仅占到电厂总投资的5%左右，全社会收益成本比很高。

在政策支持方面，从国际经验来看，对于如何解决系统调峰问题，大部分成熟的电力现货市场国家并未针对调峰单独出台相应的行业政策，而主要是通过现货市场不同时段的价格信号来引导市场成员在高峰和低谷时段调整出力，其他诸如调频、AGC、电压和无功功率控制、系统备用、黑启动等则在辅助服务市场中进行交易。国际经验表明，日前市场和日内市场组成的现货电力市场是提升系统运行灵活性、促进新能源消纳的最有效机制。在现货市场中，各个发电主体按照边际成本报价竞争发电量。风电等新能源无燃料成本，边际成本接近于零，在现货市场中总能优先竞得发电权。火电企业的报价底线为燃料成本，在现货市场中，竞争力远不如风电等新能源。因此，为了避免频繁启停机，火电企业应能在极低负荷下稳定运行，待到新能源出力降低时再恢复到较高的负荷率。同时，现货市场中的价格根据市场内的供需关系实时波动，这也有效引导了传统电源调峰潜力的释放。例如，丹麦、德国的并网导则对火电厂的基本调峰能力进行了规定（规定值与我国基本相同），但在市场价格的引导下，火电厂主动进行灵活性改造，实际调峰能力远超过并网导则的规定区间。

1.4.2 国内电力系统灵活性市场机制

火电灵活性改造的目的是提高火电机组的调峰深度、快速响应能力、快速启停能力，通过电力辅助服务的方式提高电力系统的灵活性和稳定性。电力辅助服务包括一次调频、自动发电控制（ACC）、调峰、电压和无功功率控制、系统备用、旋转备用、黑启动等。国外已形成成熟的电力辅助服务市场，通过现货市场的分时电价引导市场成员在高峰和低谷时段调整出力来解决调峰问题。与国外相比，我国电力辅助服务市场起步晚，尚未形成完善的电力辅助服务市场。我国电力辅助服务市场正经历由基于"两个细则"的计划经济模式向辅助服务分担共享模式的转变。

我国电力辅助服务市场始于2006年,电力辅助服务领域的规则主要基于原国家电监会在2006年11月印发的《发电厂并网运行管理规定》(电监市场〔2006〕42号)和《并网发电厂辅助服务管理暂行办法》(电监市场〔2006〕43号)(以下简称"两个细则")。根据"两个细则"要求,原各地电力安全监管司和省市区电力安全监管司制定本区域的并网发电厂辅助服务和运行管理实施细则。自2008年始,华北、华中、华东、南方、东北和西北电力安全监管司及各省市区电力安全监管司陆续出台本区域的两个细则。从本质上讲,"两个细则"依然采取的是计划经济的模式,由调度部门部署各发电厂是否参与ACC及调峰运行模式,然后交由电力监管部门进行考核和补偿,具有一定的强制实施性质。

2014年,国家能源局综合司印发《国家能源局综合司关于积极推进跨省区辅助服务补偿机制建设工作的通知》(国能综监管〔2014〕456号),将跨省跨区交易电量纳入电力辅助服务补偿机制范畴。

2015年,《中共中央 国务院关于进一步深化电力体制改革的若干意见》(中发〔2015〕9号)明确提出"建立辅助服务分担共享新机制"。同年,国家发展改革委、国家能源局发布了《国家发展改革委 国家能源局关于印发电力体制改革配套文件的通知》(发改经体〔2015〕2752号),其中的《关于推进电力市场建设的实施意见》进一步明确了"建立辅助服务交易机制"的重点任务。

2017年,国家能源局印发《完善电力辅助服务补偿(市场)机制工作方案》(国能发监管〔2017〕67号)。根据该方案,我国电力辅助服务补偿(市场)工作分三个阶段实施。

第一阶段(2017—2018年):完善现有相关规则条款,落实现行相关文件有关要求,强化监督检查,确保公正公平。

第二阶段(2018—2019年):探索建立电力中长期交易涉及的电力用户参与电力辅助服务分担共享机制。

第三阶段(2019—2020年):配合现货交易试点,开展电力辅助服务市场建设。

2019年,国家发展改革委发布《国家发展改革委关于全面放开经营性电力用户发用电计划的通知》(发改运行〔2019〕1105号)。根据该通知,各地要统筹推进全面放开经营性电力用户发用电计划工作,坚持规范有序稳妥的原则,坚持市场化方向完善价格形成机制,落实清洁能源消纳要求,确保电网安全稳定运行和电力用户的稳定供应,加强市场主体准入、交易合同、交易价格的事中事后监管。电网企业、电力用户和售电公司应按要求承担相关责任,落实清洁能源消纳义务。鼓励参与跨省跨区域市场化交易的市场主体消纳优先发电计划外增送清洁能源电量。鼓励经营性电力用户与核电、水电、风电、太阳能发电等清洁能源开展市场化交易,消纳计划外增送清洁能源电量。电力交易机构要积极做好清洁能源消纳交易组织工作,进一步降低弃水、弃风、弃光现象。

1.5 我国火电机组供热及灵活性运行现状

火电机组的调峰能力主要取决于燃煤锅炉对于高低负荷的适应能力,其调峰幅度定义为机组的最小出力与最大出力之比。近年来,国内外已经在挖掘燃煤发电机组的深度调峰能力方面开展了一系列尝试和研究。下面将对这部分调峰工作、调峰过程中所遇到的问题以及相应的解决技术手段进行综述和总结。

据报道,我国燃煤火电机组实际技术可调峰幅度可达60%。1995年,大港发电厂在两台320 MW燃煤机组上开展了调峰运行方面的工作,但是由于制粉系统的风门挡板可控性较差、燃料特性变化较大、燃料中的杂质较多等,机组在锅炉稳燃方面存在很大的问题,其不投油条件下锅炉的最低出力只能达到额定容量的64%。2003年,大唐长山电厂对两台200 MW机组进行低负荷调峰运行试验,同样由于机组容量偏小以及燃烧质量偏差,当机组负荷降到50%时,多次出现锅炉燃烧不稳、机组负荷减不下来、发生锅炉灭火等问题。2011年,内蒙古京隆发电有限责任公司对两台600 MW火电机组进行深度调峰试验,通过调整磨煤机风压、调整锅炉炉膛负压、调整燃烧器摆角、采用等离子拉弧设备等手段,单机负荷能够在210 MW(额定负荷的35%)下实现稳定燃烧。2012年,东北某电厂对600 MW燃煤锅炉机组进行低负荷运行试验研究,结果表明,机组电负荷最低可以降到229 MW(额定负荷的34.82%),此时机组运行稳定;而当负荷继续降低时,锅炉燃烧出现异常。2015年,大唐三门峡发电公司对两台600 MW火电机组进行深度调峰试验,通过提前策划、合理掺配燃煤、细化风煤配比等燃烧调整操作,在未进行投油稳燃的条件下,可实现双机最低负荷350 MW(额定负荷的30%)下稳定运行。2016年,华能丹东电厂对300 MW亚临界机组进行深度调峰试验,通过控制粉煤细度、风粉均匀性、一次风温等参数,实现了机组在30%负荷下安全稳定运行。

目前行业内确定的目标是使热电机组增加20%额定容量的调峰能力;纯凝机组增加15%～20%额定容量的调峰能力,最小技术出力达到30%～35%额定容量。部分具备改造条件的电厂预期可以达到国际先进水平,实现机组不投油稳燃时纯凝工况最小技术出力达到20%～25%。负荷响应速度迟缓是制约火电机组灵活性运行的潜在因素,但目前相关的认识以及研究尚不深入。对火电机组而言,其能量产生和转换过程较为复杂,系统换热设备具有很强的热惯性,造成指令与响应之间存在较大的时间延迟。目前电网对自动发电控制(ACC)机组调节速度的考核指标为$1.0\%\sim2.0\%\ P_e/\min$(额定负荷/分),期望通过技术改造达到$2.5\%\sim3.0\%\ P_e/\min$。除此以外,我国现役火电机组在设计阶段基本均未考虑深度调峰工况,导致在运行过程中调峰能力比较差。此外,深度调峰和快速升降负荷时的运行工况严重偏离设计工况,深度调峰常态化以后,大量设备在非正常工况下运行,对机组安全性、环保性及经济性的影响不可忽视,需要进行更多的研究。

第 2 章 火电机组供热改造技术及工程应用

2.1 纯凝汽式汽轮机供热改造及工程应用

2.1.1 概述

对于常规纯凝汽式汽轮机,进入汽轮机的蒸汽除去回热抽汽外,剩余部分经过膨胀做功后全部排入冷凝器,蒸汽在机组中通过能量转换将热能转换成机械能,再带动发电机发出电能。如果电厂周边有热用户,纯凝汽式机组还能通过供热改造,增加抽汽功能,实现供电同时供热,减少汽轮机的冷源损失,提高机组的经济效益和社会效益。

随着社会对环保的重视,各级政府正在积极推动纯凝汽式机组的供热改造。目前,国内在役的纯凝汽式机组中,容量在 300 MW 以下等级的机组还占有一定份额,它们大都参数较低、运行时间长、技术经济指标差、煤耗高、技术落后,按照国家政策将被逐步关停。2021 年,国家发展改革委和国家能源局联合印发《国家发展改革委国家能源局关于开展全国煤电机组改造升级的通知》,其附件《全国煤电机组改造升级实施方案》明确指出:鼓励现有燃煤发电机组替代供热,积极关停采暖和工业供汽小锅炉,对具备供热条件的纯凝机组开展供热改造,在落实热负荷需求的前提下,"十四五"期间改造规模力争达到 5 000 万 kW。优先对城市或工业园区周边具备改造条件且运行未满 15 年的在役纯凝发电机组实施采暖供热改造。因厂制宜采用打孔抽气、低真空供热、循环水余热利用等成熟适用技术,鼓励具备条件的机组改造为背压热电联产机组,加大力度推广应用工业余热供热、热泵供热等先进供热技术。

因此,纯凝汽式中小机组只有通过现代化改造,实现热电联供,并符合国家相关政策,才能取得良好的经济和社会效益。具备条件的纯凝汽式大容量机组也适宜通过供热改造,获得更高的热效率。很多电厂都在制造厂的配合下,对其现役机组进行了各种形式的供热改造,提升了技术水平,提升了经济性,也创造了良好的企业效益。

热负荷按照服务对象分类,一般主要分为民用热负荷和工业热负荷。民用热负荷主要是指供暖、通风、空调、生活热水等的用热;工业热负荷包括工艺热负荷和动力热负荷。工艺热负荷是指企业在生产过程中用于加热、烘干、蒸煮、清洗、熔化等工艺流程的用热负荷,其中也包括企业生产厂房的供暖、通风及空调热负荷;动力热负荷专指用于驱动机械设备,如蒸汽锤、蒸汽泵等的用热负荷。

改造为居民采暖供热机组的技术方案主要是在中低压缸连通管上打孔并抽汽供热。改造为工业抽汽供热机组的改造方案主要有在汽轮机中压缸上加装旋转隔板向外供汽,在机组再热冷段、再热热段管道上开孔抽汽等。一般供汽参数为 0.8~1.3 MPa,根据工业热用户的生产工艺要求确定。

2.1.2 中低压缸连通管打孔抽汽供热改造技术及工程应用

1. 技术原理

在中低压缸连通管上打孔并抽汽供热,即对机组进行中压排汽可调供热抽汽改造,实现机组对外供热。在连通管上加装三通及连通管抽汽调节阀,从中低压缸连通管上引出抽汽管,依次加装安全阀、抽汽止回阀、快关阀、抽汽压力调节阀,满足供热需求。中低压缸连通管打孔抽汽技术原理如图 2-1 所示。

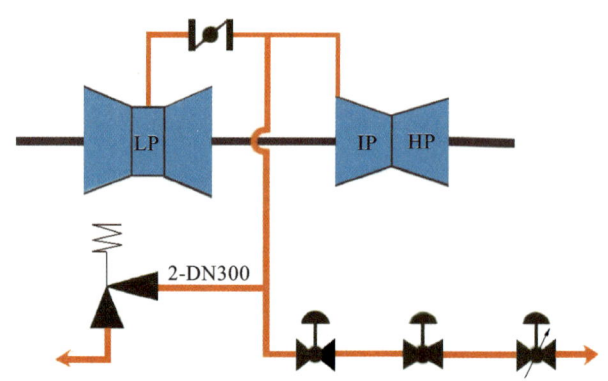

图 2-1 中低压连通管抽汽系统示意图

中低压缸连通管抽汽供热改造技术简单、成熟,已有很多投产运行案例。改造后机组即使在冬季最大供热工况下,也有占电厂总能耗 10%~20% 的热量(相当于供热量的 25%~50%)由循环水(一般通过冷却塔)排放到环境中,以保证冷端系统的正常工作。

2. 适用范围

中低压缸连通管打孔抽汽供热改造技术适用于供热抽汽量需求较大、蒸汽品质不高的情况。供热抽汽量由汽轮机厂家经热力核算后给出,连通管道上抽汽供热参数如表 2-1 所示。

表 2-1　连通管道上抽汽供热参数表

名称	供汽压力/MPa	供汽温度/℃	可供汽量/(t/h)	备注
125 MW 等级机组	0.250	250	200	分缸压力 0.250 MPa
200 MW 等级三缸两排汽机组	0.245	245	400	—
200 MW 等级三缸三排汽机组	0.245	245	150～300	—
300 MW 等级机组	0.7～0.9	310～350	500	适用哈汽、上汽、东汽
330 MW 机组	0.3～0.6	205～250	600	适用北重
600 MW 等级机组	0.7～1.0	310～360	800	—

3. 优缺点

(1) 优点:技术成熟可靠,中低压缸连通管抽汽供热改造后对机组转子推力几乎无影响,抽汽口开在连通管上,对汽轮机汽缸不产生影响,改造费用低。

(2) 缺点:由于以热定电,供热量增大时,需要同步提高发电功率,机组负荷调节能力较差。

4. 工程案例及技术指标

(1) 项目概况。

某电厂位于地级市郊,装机规模 4×330 MW,20 世纪 90 年代初投产。锅炉为哈尔滨锅炉厂生产的亚临界、一次中间再热、自然循环汽包锅炉,汽轮机为东方汽轮机厂生产的 330 MW 亚临界、中间再热、双缸双排汽、高中压合缸、凝汽式机组,发电机为东方电机厂生产的水氢氢冷发电机。

该城区热源共有 5 个,但是城区集中供热发展不平衡、普及率低,有些区域仍由分散燃煤小锅炉供热,集中采暖热化率不高,仅为 14.5%。根据该城市供热工程规划,市区的民用集中供热只保留三个热源点,分为西、中、东三大区域供热。此电厂实施供热改造,仅两台机组供热改造就可实现 1 200 万 m² 的供热面积。

(2) 技术方案。

利用成熟、可靠的技术,在汽轮机中、低压缸连通管上开孔,进行抽汽供热改造。抽汽为可调整抽汽,汽轮机本体基础、锅炉、发电机等部件原则上不动。设计两台机组采暖供热抽汽总量为 660 t/h。两台汽机的抽汽管道分别引到厂区热网首站,对热网循环水加热。从汽机房引至热力站管道,热力站至电厂围墙热网管道由电厂负责,市区管网及设施由城市市政部门负责。

汽轮机本体抽汽采用将中、低压缸连通管更换为带有抽汽口的连通管,主要增加三通以及相应管道支架。供热抽汽为可调整抽汽,通过在连通管上加装蝶阀实现,抽汽压力范围为 0.8 MPa(绝对压力),温度范围为 323～327 ℃,通过厂区内的汽水换热器对外供(130 ℃/70 ℃)高温热水,凝结水全部回收。中、低压缸连通管,供热抽汽管道管径及管道上的抽汽逆止阀、快速关断阀、抽汽调节阀、安全阀以及连通管段上供热蝶阀均由汽机厂设计。改造后连通管外形如图 2-2 所示。

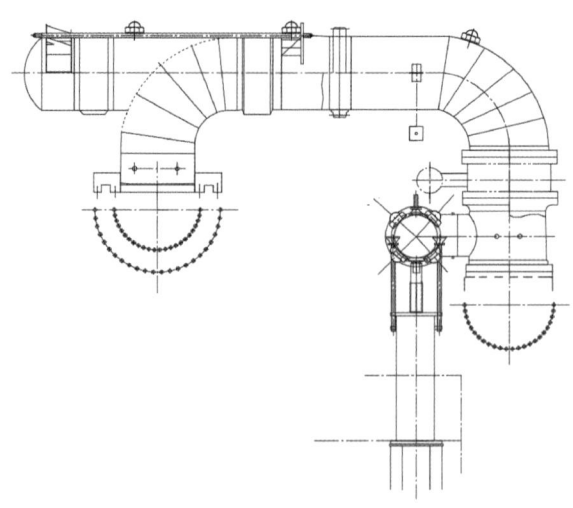

图 2-2 改造后连通管外形图

(3) 技术指标。

①改造后汽机主要技术参数。

型号：	N330-16.7/537/537-2 型
额定功率：	330 MW(TRL 工况)
最大连续功率：	342 MW(TMCR 工况)
额定转速：	3 000 r/min
转向：	从汽机头向电机侧看为顺时针方向
额定主蒸汽参数：	16.7 MPa/537 ℃(高压主汽阀前)
额定再热蒸汽参数：	3.476 MPa/537 ℃(中压主汽阀前)
额定主蒸汽流量：	1 013.2 t/h
最大主蒸汽流量：	1 060 t/h
额定再热蒸汽流量：	840.89 t/h
最大再热蒸汽流量：	876.39 t/h
调整抽汽压力：	0.8 MPa
调整抽汽温度：	323～327 ℃
额定工况抽汽量：	330 t/h
最大工况抽汽量：	400 t/h
设计冷却水温度：	20 ℃
额定背压：	4.9 kPa

②改造效果。

机组供热工况参数如表 2-2 所示。

表 2-2　机组供热工况参数表

供热压力 /MPa	主蒸汽流量 /(t/h)	供热流量 /(t/h)	供热温度 /℃	功率 /MW	热耗 /[kJ/(kW·h)]
0.80	1 013	330	327.0	266.2	6 869
0.80	1 060	400	322.3	265.9	6 625

两台机组的额定抽汽量为 660 t/h(1 台 330 t/h),可供采暖热负荷 439 MW。当一台机组故障或者检修时,另一台汽机的最大抽汽量为 400 t/h,可供热负荷 266 MW,符合《火力发电厂厂用电设计技术规定》(DL/T 5153—2002)中的"当 1 台机组发生事故时,可满足最低负荷 60%供热量要求"。

2.1.3　再热冷段抽汽供热改造技术及工程应用

1. 技术原理

再热冷段抽汽供热技术是指通过在汽轮机高压缸排汽管道上打孔并抽汽来满足供热需求。具体抽汽方式是通过在高压缸排汽管道上打孔,安装三通,引出抽汽管道,依次加装安全阀、止回阀、快关调节阀、电动截止阀等(见图 2-3),实现对外供汽。

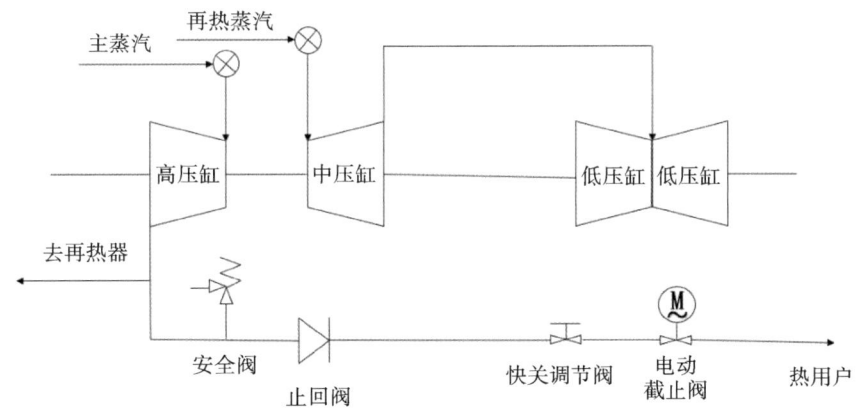

图 2-3　再热冷段抽汽供热改造系统图

因从再热冷段引出蒸汽,进入锅炉的蒸汽量减少,需对锅炉再热器的安全性进行核验。按照锅炉常规设计,一般再热器喷水需要控制在 5%~8%(再热蒸汽流量)范围内,在保证再热器入口蒸汽过热度的前提下,通过喷水调节可以基本满足再热器的安全性。在抽汽过程中,应严密监控再热器出口壁温测点。一般来说,机组各主要蒸汽系统在 50% THA 及以上负荷时,蒸汽参数可满足热用户要求。

2. 适用范围

适用于 135~600 MW 的各类型机组,供汽压力 1~2 MPa,供汽温度不超过高排处温度,相应的热负荷非常稳定,抽汽量基本不变化的工业供汽场景。

3. 优缺点

(1)优点:对技术要求较低,投资也较低,易于实现。

(2)缺点:冷再抽汽量受锅炉再热器超温限制,抽汽量有限;自身没有调节能力,抽汽参数受电负荷影响较大,变负荷时节流损失大,通常需要匹配减温减压器,经济性较差。

4. 工程案例及技术指标

(1) 项目概况。

某电厂共有三台机组,1、2号汽轮机原系俄罗斯列宁格勒金属加工厂生产的 K-300-170-3 型亚临界、一次中间再热、三缸三排汽、凝汽式汽轮机。该电厂分别于 2011 年 4~6 月、2012 年 1~4 月对汽轮机通流部分进行了现代化通流技术改造,改造后型号为 N320-16.18/540/540,铭牌出力 320 MW,实际仍按 300 MW 备案运行。3 号汽轮机系哈尔滨汽轮机厂有限责任公司与日本三菱公司联合设计、生产的 CLN600-24.2/566/566 型超临界、一次中间再热、三缸四排汽、单轴、双背压、反动、凝汽式汽轮机,铭牌出力 600 MW。

在供热改造前,3 台机组为纯凝方式运行,不具备对外工业供汽的能力。1、2 号机组冷再热管道为双管制,额定工况下冷再蒸汽流量 818.4 t/h,压力 3.91 MPa,温度 333.3 ℃;3 号机冷再热管道为单管制,额定工况下冷再蒸汽流量 1 414.1 t/h,压力 4.23 MPa,温度 308.1 ℃。

随着该地区的快速发展,供热需求量不断增大。经过充分论证后,确定通过机组冷再减压作为最终供热改造方案。

(2) 技术方案。

电厂利用机组调停和检修机会,先后从三台机组冷再管道引接抽汽供热管道,并加一道手动门进行隔离(1、2 号机组分别从一根冷再管道引接)。三台机组供热引出管分别经过快关阀、止回阀、调节阀、电动隔离阀进入 DN600 供热母管。每台机组供热管道均设有安全阀、温度、压力及流量测点,供热母管上设有温度、压力及流量测点,系统管道上设有启动和正常疏水。在供热母管及各台机组供热管道安装完毕后,再利用停机机会与各台机组分别进行对接。2020 年 11 月完成厂内供热管道吹管工作。2021 年 3 月电厂正式对外供热。

(3) 技术指标。

①改造后供热系统主要技术参数。

供热管网设计压力 1.9 MPa,设计温度 330 ℃,供汽量 140 t/h。

1、2 号机组额定工况下供汽参数均为 70 t/h、1.9 MPa、311 ℃;50% 负荷工况则为 50 t/h、1.9 MPa、324 ℃;3 号机组额定工况下供汽参数为 115 t/h、1.9 MPa、278.6 ℃;50% 负荷工况则为 58 t/h、1.9 MPa、316 ℃。

②改造效果。

该电厂三台机组完成冷再抽汽供热改造后,机组运行稳定,纯凝工况、抽汽工况实现无扰切换。改造前后各机组轴系振动、轴向位移、锅炉再热汽温等未见明显变化,均在合格范围内。后续随着热用户不断增加,供热经济性将得到进一步提升。

2.1.4 再热热段抽汽供热改造技术及工程应用

1. 技术原理

再热热段抽汽供热改造技术,是在由锅炉再热器至汽轮机再热主汽阀之间的管道上开口,引出抽汽管对外供汽。其供热参数随机组电负荷变化而变化,汽轮机本身没有调节能力,需在外部减温减压后满足热用户的要求。其示意图如图 2-4 所示。

再热热段抽汽对外供热技术,有非可调和可调两种技术路线。非可调技术,中压调节阀不参与供热抽汽调节,除蒸汽压力随电负荷变化外,抽汽外供量还受高压缸末几级叶片强度、应

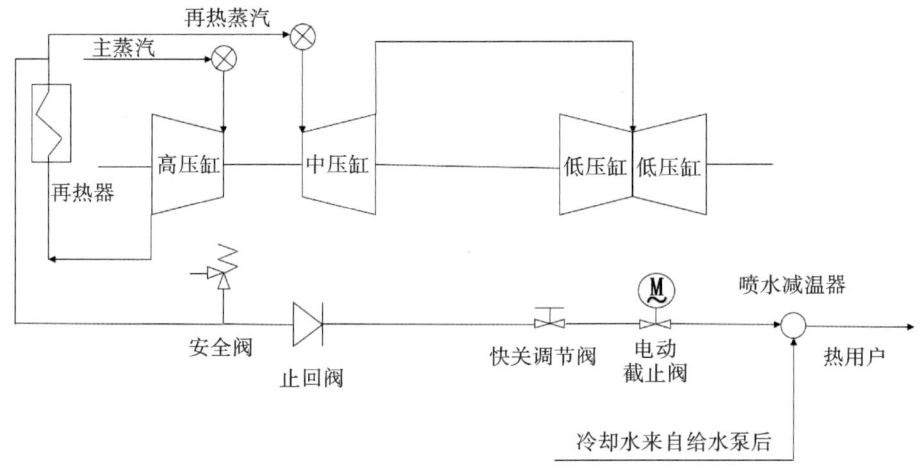

图 2-4 再热热段抽汽供热改造系统图

力、轴向推力平衡等因素限制;可调技术,通过中压调节阀参与调节,通过关小汽轮机中压调节汽阀,抬升高排压力来减小高压末两级隔板动叶的前、后压差,保证整个高压隔板和动叶片载荷不超限,以确保汽轮机的安全运行,同时保证抽汽压力稳定,满足供热要求。此种方式可提升供热能力,拓宽供热运行时的热-电负荷运行区域,保障高压缸末几级叶片强度、应力、轴向推力平衡处于安全运行范围内。

2. 适用范围

适用于 135～600 MW 的各类型机组,工业供汽量较大且稳定、厂界处压力不超 1.4～3.5 MPa 范围内的煤电机组工业供汽改造。

3. 优缺点

(1) 优点:此改造对技术要求较低,投资也较低,易于实现。

(2) 缺点:抽汽参数受电负荷影响较大,通常需要对中压调节阀进行改造。中压调节阀改造后,纯凝期机组运行,增加了中压调节阀进汽节流损失,影响机组纯凝期运行经济性。或者通过增加减温减压器的方式调节供汽参数,变负荷时节流损失大,经济性较差。

4. 工程案例及技术指标

(1) 项目概况。

某电厂1、2、3、4号机组汽轮机为哈尔滨汽轮机厂生产的 CLN350-24.2/566/566 型凝汽式汽轮机,锅炉为哈尔滨锅炉厂生产的 HG-1100/25.4-YM1 型超临界直流锅炉,额定功率 350 MW。机组配置有 11 段回热抽汽,分别供给三台高压加热器、一台除氧器和四台低压加热器。1、2号机组于 2009 年投运,3、4号机组于 2012 年投运。改造前四台机组以纯凝方式运行,不具备对外供热能力。

(2) 技术方案。

2012～2013 年,该电厂采用机组热再抽汽+汽轮机中压调节门参调的技术方案,实现供热能力和机组能效的协同提升。通过在四台机组再热热段管道上抽汽和汽轮机中压调节阀参与憋压调节的方式,实现对外中压供汽。从四台机组的高温再热蒸汽管道上各引出一路支管,分别减温后合并到一根供热母管,送至电厂固定端北侧围墙外 1 m 分界点处,分界点处蒸汽参数为 3.5 MPa,450 ℃。单台机组设计最大供汽能力为 170 t/h,母管设计供汽能力为 270 t/h。

主要改造内容如下所述：

①汽轮机中压调节阀油动机及阀杆改造。

②从四台机组再热热段蒸汽管道上各引出一条管道，经隔离门、减温器、逆止门、流量测量装置等汇到供热母管上。

③减温水改造，从锅炉给水泵中间抽头引一路管道作为供热减温水。

④控制及保护系统的优化与改造。

（3）技术指标。

投运结果表明：在机组运行过程中，可实现四台机组灵活供汽，在机组处于 50% 负荷以上的各工况下均能连续稳定地实现额定参数供汽。汽轮机轴向位移、各轴瓦振动等参数均处于安全限值范围内，供热改造取得良好效果。供热系统自投运以来，从未发生过供汽中断事故，说明采用热再抽汽+中压调节门参调的供热方案具有很高的可靠性。

2015 年，该电厂委托国内知名电科院对供热改造后的经济性进行试验分析，主要结论为：当机组处于 50% 额定负荷以上时，供汽流量越大，热耗率越低；当机组处于 50% 额定负荷运行时，供汽流量在 60 t/h 以上，热耗比纯凝工况低，且负荷越高，流量越大，经济性越好。

2019 年，该电厂累计完成供热量约 $3.6×10^6$ GJ，年累计供热比 7.2%，机组发电煤耗比设计值平均下降约 4.56 g/(kW·h)，年节约标煤 1.56 万 t，减少二氧化碳排放量 5 960 t、二氧化硫 750 t、粉尘 170 t。

2.1.5 旋转隔板抽汽供热改造技术及工程应用

1. 技术原理

旋转隔板调节供汽是通过在汽轮机缸内特定位置增设旋转隔板，实现大量调节抽汽的一种技术。旋转隔板一般由喷嘴、隔板体、转动环、平衡环等四部分组成。

喷嘴安装在隔板体上，转动环也定位于隔板体上，随着转动环转动而改变隔板的通流面积。转动环置于隔板体和平衡环之间，可在一定范围内转动。在转动环和隔板体上分别有相对应的窗口，当转动环转动到与隔板体上的窗口完全重合时，到达全开位置；当转动环转动到和隔板体上的窗口完全错开时，到达全关位置。在正常工作时，旋转隔板处于全开和全关位置之间，以确保合格品质的工业抽汽。平衡环固定在隔板体上，起到减小转动环与隔板体之间摩擦力的作用。平衡环与转动环之间有一节流口，经节流孔道通向喷嘴前的汽道中，当转动环关小时，节流口的节流作用使平衡环汽室处于较低压力，转动环进汽侧的一部分面积处于低压状态，总体减小转动环的前后压差，即减小转动环与隔板体之间的摩擦阻力。旋转隔板的典型结构如图 2-5 所示。旋转隔板抽汽方式流程如图 2-6 所示。

2. 适用范围

适用于供汽压力范围 0.8~2.0 MPa，供汽负荷大且稳定的工业供汽场景。旋转隔板需占用两级通流级，当用于机组改造时，转子、通流部分、汽缸的内外缸均需更换，成本过高。

3. 优缺点

（1）优点：抽汽能力强，旋转隔板安装在汽缸内，可缩短机组跨距，简化机组整体布置，降低工程投资，经济性较好。

（2）缺点：旋转隔板在运行中容易出现卡涩等故障，同时受限于技术水平，不能满足 3

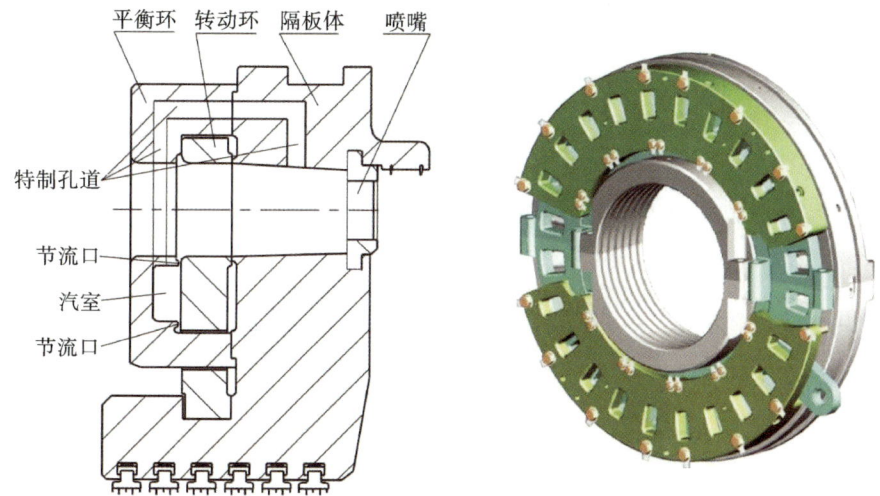

图 2-5 旋转隔板(有平衡环)的典型结构

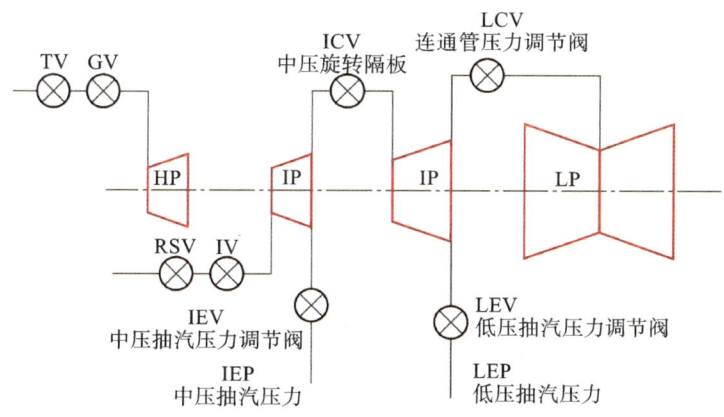

图 2-6 旋转隔板抽汽方式流程

MPa以上抽汽压力的应用要求。在抽汽量较大或负荷较低时,旋转隔板调节会产生较大的节流损失,从而导致抽汽工况下中压缸效率降低。

4. 工程案例及技术指标

(1)项目概况。

某电厂14号机组汽轮机为亚临界、一次中间再热、单轴、四缸四排汽、冲动、凝汽式汽轮机,机组型号 N320-16.5/538/538,额定功率320 MW。机组结构:高压缸1个调节级+8个压力级;中压缸11个压力级;低压缸4×6个压力级。由于电厂所在地方经济的发展和环保排放要求的提高,小热电相继关停,小热电承担的热负荷由该厂替代,需要该厂向城市提供1.3~1.5 MPa、400 ℃左右参数的工业蒸汽200 t/h。

从需求的供热参数考虑,该机组三段设计抽汽参数为压力1.502 MPa、温度425.1 ℃,基本符合供热参数的要求。由于机组在纯凝工况下,三抽仅能抽汽50 t/h。为了满足对外供汽量达到200 t/h的要求,从机组运行安全、经济的角度以及维持抽汽压力为额定值等方面考虑,采用中压缸增加旋转隔板的抽汽方式对汽轮机中压缸进行改造。

(2)技术方案。

项目改造为单独的中压缸改造,高压缸和低压缸部分不做改动。中压缸重新设计制造,更换中压转子、动静叶片、隔板、隔板套、中压外缸、前后轴封等,中压转子总长、跨距、轴系安装参数不变,中压转子与高压转子、低压转子对轮连接方式和位置不变。中压缸原来有11级压力级,改造后减少为9级,减少两级的空间用于布置旋转隔板和抽汽口。

改造后,汽轮机回热系统保持不变,额定负荷时各级抽汽参数基本不变,各抽汽口位置基本保持不变,再热蒸汽进口、汽缸排汽口位置和尺寸保持不变,具体参数对比见表2-3。

表 2-3 机组改造前后各级抽汽口参数对比表

中压缸抽汽口		单位	三抽	四抽	五抽	六抽
改造前	抽汽位置	—	13级后	16级后	18级后	中排
	抽汽压力	MPa	1.502 4	0.782 5	0.474 2	0.252 0
	抽汽温度	℃	425.1	334.6	271.9	201.4
	抽汽流量	t/h	36.4	10.7	32.3	53.0
改造后	抽汽位置	—	12级后	14级后	16级后	中排
	抽汽压力	MPa	1.507 3	0.841 1	0.486 9	0.255 6
	抽汽温度	℃	426.1	350.9	281.4	208.1
	抽汽流量	t/h	32.8	12.7	33.0	53.3

(3)技术指标。

改造后,汽轮机可对外工业抽汽 200 t/h,抽汽压力 1.3~1.5 MPa,抽汽温度约 425 ℃。对应的机组热电联产热电比达到 70%,热耗降低至 7 200 kJ/(kW·h)以下,机组供电煤耗降低 30 g/(kW·h)以上,年平均供电煤耗可降至 290 g/(kW·h)以下。可见供热改造具有明显的节能效果。

改造后汽轮机中压缸第四级增加了旋转隔板,旋转隔板存在压力损失,导致中压缸设计效率降低。改造前,中压缸设计效率为 94.16%,设计热耗为 7 879.6 kJ/(kW·h);改造后,中压缸纯凝工况设计效率为 92.38%,纯凝工况设计热耗为 7 916 kJ/(kW·h),中压缸效率降低了 1.78%,热耗升高了 36.4 kJ/(kW·h)。

在抽汽工况下,由于旋转隔板节流压损较大,中压缸效率会有所降低,但机组整体上的能源利用率得以大幅提升,取得了显著的社会效益与经济效益。

2.2 供热机组提升供热能力改造技术及工程应用

2.2.1 概述

近年来,随着煤炭价格高涨,以及核电、太阳能、风电、水电等新能源挤占火电生存空间,大部分火电机组的发电经营业务相对艰难,面临极为严峻的经营形势,火电行业亏损现象普遍。不过对于热电联产企业来说,大部分还是能够维持盈利,且业务规模不断增长。在这种情况下,许多大型火电机组在不增加火电机组燃煤量、环保排放量等的基础上进行供热改造,向周边城市供热或向企业供工业抽汽等,作为增加收入的重要手段。

2014年9月12日,国家发展改革委、环境保护部、国家能源局联合印发了《关于印发〈煤电节能减排升级与改造行动计划(2014—2020年)〉的通知》,以及后续根据该"行动计划"于2015年12月11日印发的《关于印发〈全面实施燃煤电厂超低排放和节能改造工作方案〉的通知》,给大中型火电机组带来淘汰落后产能压力。相关文件明确提出,到2020年,现役燃煤发电机组改造后平均供电煤耗低于310克/千瓦时,其中现役60万千瓦及以上机组(除空冷机组外)改造后平均供电煤耗低于300克/千瓦时;要求东部地区现役30万千瓦及以上公用燃煤发电机组、10万千瓦及以上自备燃煤发电机组以及其他有条件的燃煤发电机组,改造后大气污染物排放浓度基本达到燃气轮机组排放限值;明确指出"因厂制宜采用汽轮机通流部分改造、锅炉烟气余热回收利用、电机变频、供热改造等成熟适用的节能改造技术"等技术途径。尤其是近几年来我国需要履行有关碳排放的减排量任务,要求做好煤炭使用的管控,在一定程度上缩减火电规模,从而实现相应的碳减排。

只有当具备或满足相应的外部因素,火电机组实施供热改造才是合适的。当中首要考虑的因素就是是否存在相匹配的热负荷需求,换言之,就是得确保有相适应的热力需求来匹配改造后的供热规模。热负荷是热电厂的生命和灵魂,显然,并不是所有火电机组都具备这样的条件。对于一些寒冷省份,尤其是供暖时间占全年多数时间且以热水供暖为主的地方,是十分有必要对火电机组实施供热改造的。

选择哪种供热改造方式对机组供热能力提升和经济运行有着至关重要的影响,因此需要对每种供热改造进行论述和分析,并结合机组实际情况选择供热改造方案。

2.2.2 高背压供热技术及工程应用

1. 技术原理

高背压供热(又称低真空循环水供热)是将汽轮机低压缸排汽压力和温度提高,直接加热供热循环回水,将改造后的凝汽器作为全厂供热系统的第一级热网加热器,与本机或邻机抽汽组成梯级供热系统,如图2-7所示。

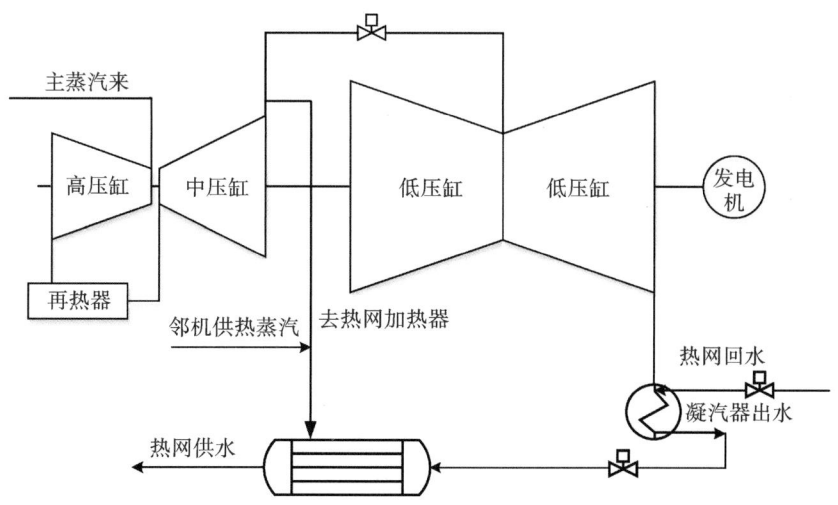

图2-7 高背压供热改造方案原则性系统图

2. 适用范围

适用于供热负荷较大且稳定、供热回水温度较低、调峰需求较少的 600 MW 级及以下的煤电机组供热改造。改造后,该高背压(低真空)循环水余热供热机组作为全厂采暖供热的主力机组,其他机组抽汽作为尖峰热源。

3. 优缺点

高背压(低真空)循环水梯级供热技术,回收机组排汽余热,提升供热能力的同时大幅降低冷源损失,节能效果显著,是《北方地区冬季清洁取暖规划(2017—2021 年)》重点推荐的供热改造技术。但也存在以下缺点:一是改造范围大、初期投资高;二是供热期前、后需更换低压转子,增加检修维护工作量;三是热电耦合性较强,电、热负荷调节灵活性差。

4. 工程案例及技术指标

自华电十里泉实施国内首个高背压供热改造工程以来,已有十余台煤电机组通过高背压供热改造实现供热能力和能效双重提升,多集中于山东、山西、内蒙古等居民采暖负荷集中地区、机组容量不超 300 MW 级的煤电机组。

供热能力和机组能效的提升效果,取决于供热乏汽占机组总乏汽量的大小。机组余热全部用于供热,200 MW 等级供热能力可达 300 MW,300 MW 等级可达 450 MW。机组乏汽余热全部利用时,无冷源损失,供电煤耗大幅降低,约为 140 g/(kW·h)。

(1)项目概况。

某电厂装机规模为 2×300 MW 亚临界、单轴、一次中间再热、高中压合缸、双缸双排汽、抽汽凝汽式汽轮机,机组通流部分共计 36 级叶片,分别为高压部分 1 级调节级+11 级压力级;中压部分 12 级压力级;低压部分对称分流结构,级数为 2×6 级,低压末级叶片长度为 905 mm。

(2)技术方案。

高背压双转子互换方案的技术路线是重新设计加工一根新的转子,新设计加工的转子能够满足机组在供热期高背压运行,且能够保证机组运行的安全性。夏季非采暖期将其更换为原纯凝转子,两根互换的转子两端的半联轴器,在对中心或两半联轴器螺栓孔的精度等方面都要做到完全一致。

重新设计加工一个低压转子,以满足低压缸高背压运行的要求。同时对低压缸前后轴承的安装标高进行预调整。根据实际需要,支撑轴承更换为稳定性更高旋转可倾瓦轴承,并采用比较适合、经济的对轮连接形式,其对应的隔板、汽封等也应改造,以满足新型低压转子的要求。

机组改造后,汽轮机维持在高背压下运行,排汽温度较高,引起凝汽器热膨胀变化,对低压缸和轴系的运行安全性有一定影响。因此改造后应设置补偿装置,用来吸收因温度变化引起凝汽器膨胀量的变化。由于采暖期凝汽器循环冷却水更换为热网循环水,凝汽器壳侧、水侧压力及换热温度提高,对凝汽器强度提出了更高的要求。根据改造后热网循环水的参数来核算凝汽器冷却面积等相关参数。管束需更换为耐压抗腐蚀性能更强的管材,同时须进行胀板加固、管板加厚、水室及壳体加强等一系列加固或更换措施,还应对更换管材后凝汽器换热面积进行重新核算,相应管束的布置型式也会相应改变。

(3)技术指标。

改造后汽轮机技术参数如表 2-4 所示。

表 2-4　改造后汽轮机技术参数表

项目	单位	数值
主蒸汽压力	MPa	16.70
主蒸汽温度	℃	537
再热蒸汽温度	℃	537
最大蒸汽流量	t/h	1 025
采暖抽汽压力	MPa	0.43
排汽压力	kPa	54
加热器数	—	3GJ+1CY+4DJ
级数	—	1C+11P+12P+2×4
热耗率	kJ/(kW·h)	3 750
发电煤耗率	g/(kW·h)	143

高背压改造后机组的发电煤耗大幅下降至 143 g/(kW·h)，一个供热周期内总的节煤量为 3.826 4 万 t。

2.2.3　直接空冷机组高背压供热技术

1. 技术原理

与湿冷机组高背压（低真空）供热改造不同，直接空冷机组实施低真空供热改造不涉及汽轮机本体，而是从排汽母管引部分或全部乏汽至新建的高背压热网凝汽器用于加热供热循环水，与本机或邻机抽汽组成梯级供热系统。直接空冷机组高背压供热改造系统如图 2-8 所示。

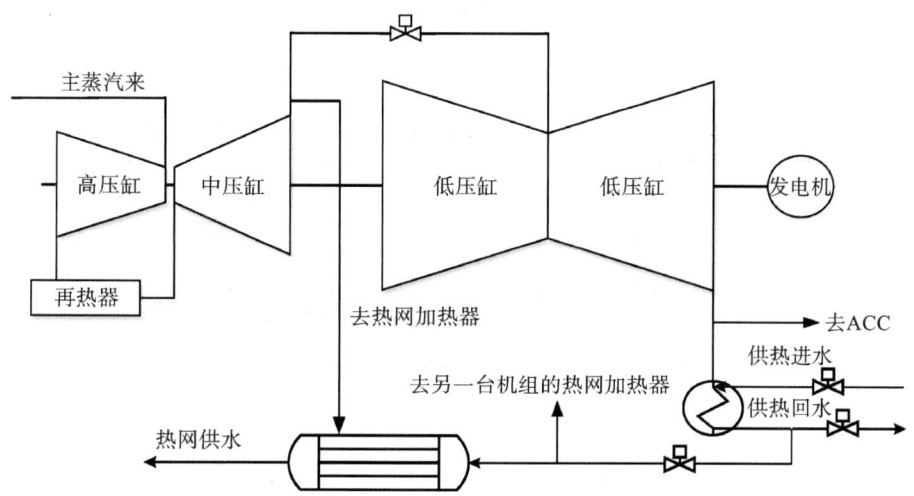

图 2-8　直接空冷机组高背压供热改造系统示意

2. 适用范围

适用于供热负荷较大且稳定、供热回水温度较低、调峰需求较少的 600 MW 级及以下的煤电直接空冷机组供热改造。改造后，该低真空供热机组作为全厂采暖供热的主力机组，其他机组抽汽作为尖峰热源。

3. 优缺点

回收部分或全部乏汽,提升供热能力和机组能效,是《北方地区冬季清洁取暖规划(2017—2021年)》重点推荐的供热改造技术。但也存在以下缺点:一是改造范围大、初期投资高;二是热电耦合性较强,电、热负荷调节灵活性差。

4. 工程案例及技术指标

(1) 项目概况。

某电厂 8 号机组为 600 MW 亚临界机组、一次中间再热、四缸四排汽、直接空冷凝汽式汽轮机,是哈尔滨汽轮机厂生产的 NZK600-16.7/538/538 型四缸四排汽机组。

原全厂采暖供热面积为 3 100 万 m²(单位面积平均采暖热负荷为 48.5 W/m²),严寒期供热负荷为 1 393 MW,供、回水温度分别为 100 ℃、51 ℃,采暖期总长为 169 d。根据当地供热规划,当地供热增长需求迫切,每年以平均约 600 万 m² 的速度增加。根据发展规划,电厂迫切需要解决的供热缺口为 1 100 万 m²。为此,电厂对 8 号机组进行了高背压供热改造。

改造后供热方式变为 8 号机乏汽基础加热、各机组中排抽汽尖峰加热,进一步提高机组的经济性和全厂供热能力。

(2) 技术方案。

在空冷岛主排汽管道上增设大口径排汽支管,采暖期将机组全部排汽引入新增的热网凝汽器,将乏汽余热回收用于加热热网循环水,为热网系统提供基础热量,供热不足部分再由中排抽汽进行尖峰加热。

改造范围主要包括:新增排汽支管及大口径真空电动蝶阀;新增热网凝汽器、凝结水冷却器及相关凝结水管道;对配套的热网首站、热网管道、热网循环泵等系统进行增容改造。

改造后全厂供热系统示意图如图 2-9 所示。

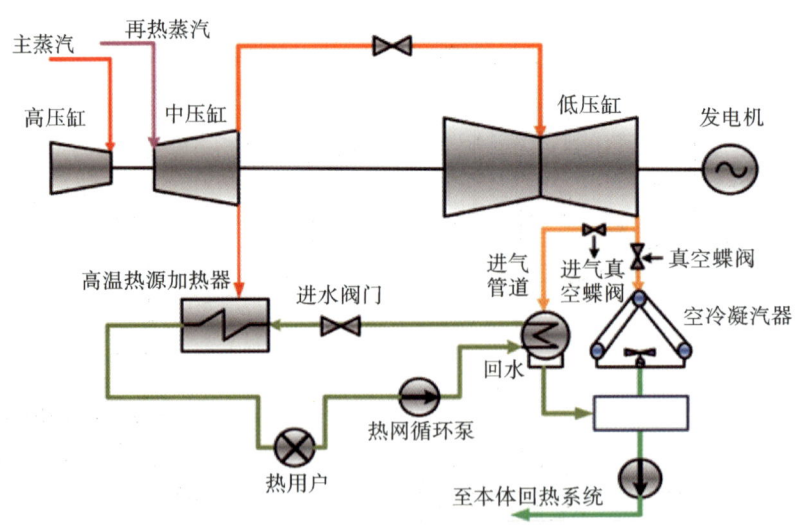

图 2-9 改造后全厂供热系统示意图

(3) 技术指标。

项目改造投资 28 000 万元。高背压供热改造后,采暖期供电煤耗下降 72.65 g/(kW·h),全年乏汽供热量 670 万 GJ,全厂年供热总量增加 350 万 GJ,供热面积达到 3 600 万 m²,年供热量 1 663.33 万 GJ，年节约标煤 10.9 万 t，节约燃煤成本 5 240 万元，供热净收入 6 700 万元。改造前后额定供热工况下供热指标对比如表 2-5 所示。

表 2-5 改造前后额定供热工况下供热指标对比

8号机组	供汽量/(t/h)	发电负荷/MW	供热能力/MW	热电比/%	供电煤耗/[g/(kW·h)]
改造前	350	450	288	64	286.2
改造后	961(乏汽)	450	637	142	213.55

2.2.4 热泵机组供热技术及工程应用

1. 技术原理

增设第一类吸收式热泵机组，采用溴化锂溶液为工质，以汽轮机组供热抽汽为驱动汽源，提取低压缸排汽部分余热用于加热供热循环水。应用于热电联产机组集中供热领域的热泵技术主要为吸收式热泵，极少应用压缩式热泵。

典型热泵回收汽轮机余热系统图如图 2-10 所示。热泵经供热蒸汽驱动吸收汽轮机排汽余热（凝汽器出口循环水为载体），将热网回水加热至一定温度（不超过 84 ℃），在供热初末期可直接用于对外供热；严寒期时需投入尖峰加热，热泵出口的热网水在抽汽热网加热器经供热蒸汽加热进一步提温后对外供热。热泵和抽汽热网加热器组成梯级加热系统。

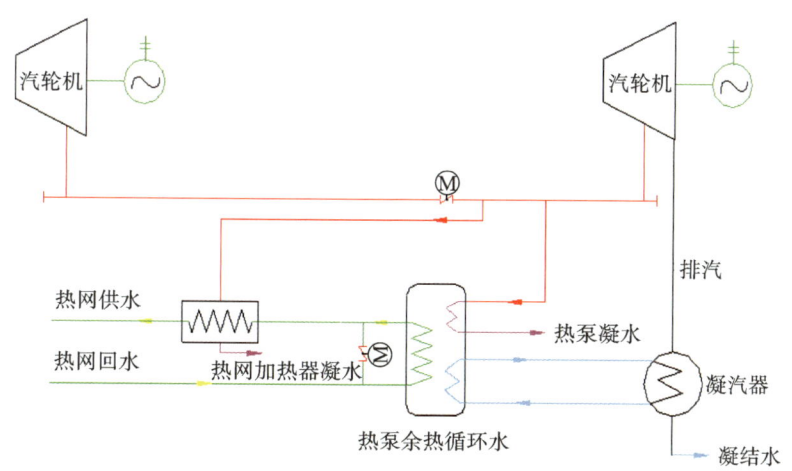

图 2-10 热泵回收汽轮机余热系统示意图

2. 适用范围

适用于增加的供热负荷不高且稳定、供热回水温度较低的煤电机组供热改造。

3. 优缺点

热泵机组采用单元化配置，根据对外供热热负荷的变化，可灵活调整热泵机组的运行数量。回收机组部分排汽余热，可保持一定的电-热负荷调节能力。热泵机组对乏汽温度有一定要求，改造节能与否及节能量大小取决于乏汽利用占比和背压提升幅度。此外，热泵改造投资较高。

4. 工程案例及技术指标

目前热泵梯级供热改造项目有十余个，多集中在我国河北、山西、内蒙古、甘肃等地区。

煤电机组对外供热,供热能力受热泵容量、热网循环水流量、热网回水温度、机组特性等因素综合影响,各个项目情况不尽相同。降低冷源损失,节能效果受供热负荷、背压抬升幅度、发电负荷率等因素综合影响,需具体计算。

(1) 项目概况。

某电厂装机规模为 2×300 MW 亚临界、单轴、一次中间再热、高中压合缸、双缸双排汽、抽汽凝汽式汽轮机,其额定采暖供汽能力为 2×500 t/h,额定抽汽压力为 0.45 MPa,单机最大采暖抽汽能力为 560 t/h,全厂供热能力达到 774 MW,折合供热面积约为 1 550 万 m²。

随着市区集中供暖需求增长迅速,电厂 2016～2017 年承担供热面积约 1 337 万 m²,2017～2018 年承担供热面积将达到 1 700 万 m²,存在供热缺口。

(2) 技术方案。

由于电厂已经对 2 号机组进行了双转子供热改造,因此选择三台容量为 68.81 MW 的溴化锂吸收式热泵安装在 1 号机上。从 1 号机组凝汽器循环水出水至 1 号机冷却塔管道上引出一根 DN1100 钢管循环水管道,连接到热泵房作为低温余热回收热源,循环水经热泵组吸热后单独引出一根 DN1100 钢管至 1 号机水塔南侧排入塔池。其供水流程为:凝汽器出水→循环水出水管(现机组)→热泵供水管→热泵→热泵排水管→冷却塔池→循环水供水管→凝汽器。

将 1 号机循环水回水至塔池电动蝶阀执行器更换为可调节开度的执行器,在热泵房至水塔的 DN1100 钢管和 1 号机组凝汽器至水塔的原循环水回水管道上,分别设置灵敏的超声波流量计,实时监视与 1 号机组热泵运行相关的循环水流量,通过调节 1 号机循环水回水至塔池电动调节蝶阀的开度,控制进入热泵的循环水流量及塔池出水温度。

热泵的加热汽源来自 1 号汽轮机抽汽。

全厂热平衡系统图如图 2-11 所示。

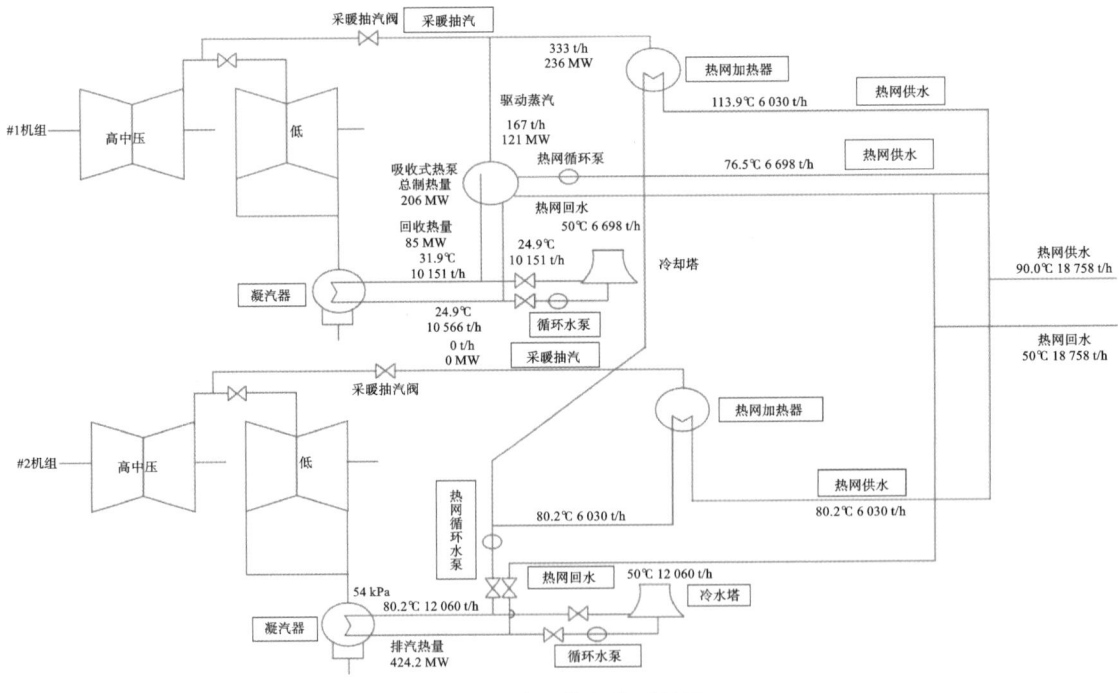

图 2-11 全厂热平衡系统图

(3) 技术指标。

采用溴化锂吸收式热泵技术进行 1 号机组循环水余热利用改造后,额定抽汽工况可回收循环水余热 85 MW。整个供热期可回收余热 50.94 万 GJ,折合节约标煤 1.966 万 t。供热期煤耗率降低 26.00 g/(kW·h)。

2.2.5 低压转子光轴供热技术及工程应用

1. 技术原理

供热期,封堵低压缸进汽管,将原低压缸转子更换为光轴转子,增设低压缸冷却蒸汽管路,汽源多取自采暖蒸汽母管。机组以纯背压机方式运行,除少量(8~10 t/h)冷却蒸汽外,其余中压缸排汽全部用于对外供热。非供热期,拆除低压光轴,回装原低压转子及原高低压连通管,机组以纯凝工况运行。

2. 适用范围

适用于中低压分缸压力较低(0.2~0.3 MPa)、供热负荷较大且稳定、无调峰需求的 350 MW 容量及以下煤电机组供热(增容)改造。改造后,该低压缸光轴供热机组作为全厂采暖供热的主力机组,其他机组抽汽作为尖峰热源。

3. 优缺点

低压缸光轴供热改造后,采暖期机组以背压机方式运行,除少量蒸汽进入低压缸用于冷却外,其余中压缸排汽全部用于对外供热,供热能力和机组能效大幅提升,与低压缸零出力供热技术基本相同。供热期以热定电运行,电-热负荷调节灵活性差;供热期前、后需更换低压转子,检修维护工作量增加。

4. 工程案例及技术指标

目前实施低压缸光轴供热改造的机组有十余台,容量等级多为 125 MW 级、200 MW 级、300 MW 级。通过实施低压缸光轴供热改造,机组供热能力可与高背压供热技术持平;机组乏汽余热绝大多数得到利用,大幅度降低供电煤耗,供电煤耗约为 165~170 g/(kW·h)。

(1) 项目概况。

某电厂装机规模为 2×200 MW 超高压、单轴、一次中间再热、高中压合缸、双缸双排汽、抽汽凝汽式汽轮机,其额定采暖供汽能力为 2×270 t/h,额定抽汽压力为 0.245 MPa,单机最大采暖抽汽能力为 340 t/h。全厂供热能力为 360 MW,折合供热面积约为 720 万 m²。

随着市区集中供暖需求增长迅速,电厂在 2016—2017 年供热期承担供热面积约 607 万 m²,2017—2018 年供热期承担供热面积约 836 万 m²,2018—2019 年供热期承担供热面积将达到 960 万 m²,存在供热缺口。

(2) 技术方案。

本工程对 11 号机组进行光轴双转子背压机供热改造,主要是汽轮机本体和附属设备改造,以及配套的循环及冷却水系统、供热系统改造。整个改造区域集中在 11 号机组的汽机房和 A 列外所对应的部分区域,在整个改造区域的厂区内不需要新增建筑物,只增设了热网管道和冷却水管道,没有改变整个改造区域的厂区总平面布置和原有的格局。汽机房内 11 号机组的采暖抽汽管道和疏水管道需要与 10 号机组进行并联改造。汽机房内的管道全部采用架空布置。新增设的冷却水管道布置在汽机房内工业水系统管道上。

① 本体部分改造。

新加工一根光轴,在冬季供热时使用,而原11号机组低压转子在夏季纯凝运行时使用。低压缸内的隔板须被拆装,同时对低压缸前后轴承的安装标高进行预调整,并采用比较适合、经济的对轮连接形式,两根互换的转子两端的半联轴器在对中心或两半联轴器螺栓孔的精度等方面都要做到完全一致。

汽轮机供热改造遵循以下原则:

(a) 汽轮机进汽参数不变;

(b) 汽轮机高、中、低压缸安装尺寸及对外接口尺寸不变;

(c) 汽轮机中压主汽门、调门不动,前、中、后轴承座与基础接口不变,转子与发电机及主油泵的连接方式不变,与盘车装置连接方式及位置不变;

(d) 汽轮机主汽系统、再热系统、额定转速、旋转方向不变;

(e) 汽轮机组的基础不动,对基础负荷基本无影响,机组的轴向推力满足设计要求;

(f) 改造后的低压光轴转子能与原转子具有互换性,使用精密镗孔机对新旧低压转子进行精准镗孔,保证低压转子对轮的互换性。

(g) 11号机组凝汽器与低压缸为刚性连接,根据10号机组检修情况和业内200 MW机组的运行情况,决定将11号机组凝汽器进行落地支持改造,凝汽器与低压缸改为挠性连接。

低压缸改造主要更换部件有:Ⅰ.低压光轴转子,供热季使用;Ⅱ.低压转子电、调端联轴器连接件;Ⅲ.中压排汽供热管道及支吊架,中低压连通管蝶阀;Ⅳ.低压缸冷却蒸汽管路及阀门(闸阀1台、压力调节阀1台、减温阀组1套、疏水阀3台、疏水阀前截止阀3台,冷却蒸汽管路及疏水管路);Ⅴ.供热改造部分卡件、阀门组等。

② 中低压连通管改造。

11号机组供热改造后,冬季供热运行时,中压缸上部排汽口与低压缸进汽口的连通管蝶阀需要进行关闭严密改造,或者增加堵板,使原进入低压缸的中压缸排汽全部进入供热管道。可在供汽管道上设置弹簧式安全阀、电动截止阀等,原机组连通管及蝶阀仍保留,在纯凝工况下只使用连通管不使用蝶阀,以减少连通管节流损失。

③ 回热系统改造。

11号机组供热改造后,冬季供热运行时,原低压缸部分的二级低加回热抽汽停用,中压缸部分的3号低加因为凝结水侧流量较低而停运,总计末三级低压加热器停运,回热系统改为四级回热抽汽,即二级高压加热器、一级高压除氧器和一级低压加热器。二级高压加热器疏水逐级自流进入除氧器,一级低压加热器疏水逐级自流,末级加热器疏水经危急疏水管道进入凝汽器扩容器中。由于热网加热器疏水回到4号低加入口凝结水管道,分别论证了4号低加投切的热平衡状态,4号低加投入可以增加供热能力,并能够使4号低加的运行状态更好。由于光轴运行时凝结水流量约20 t/h,经过3号低加的凝结水流量较少,可能导致3号低加进汽管道出现流量偏低而发生抽汽管道内凝结积水问题,并且对机组能耗水平影响很小,建议3号低加停止运行。

④ 光轴鼓风冷却系统。

11号机组供热改造后,冬季供热运行时,低压缸部分不再进汽,但光轴低压转子仍与发电机连接转动,在低压缸内会产生鼓风现象。如果低压缸温升过高,会引起整个低压部分膨胀及标高发生变化,给机组运行带来安全影响,需要对汽轮机低压部分进行冷却。

具体方案如下：

(a) 从供热抽汽管路，抽出 10 t/h 的蒸汽，经减温减压后对低压缸进行冷却，使低压缸内部温度保持在 50 ℃ 以下。

(b) 低压缸冷却蒸汽管路设置一个电动截止阀和一个减温减压器。

(c) 光轴及低压缸冷却蒸汽流量，由控制系统根据低压缸排汽温度，通过冷却蒸汽管道上的调节阀控制。

(d) 在供热抽汽期间，凝汽器继续投入循环水冷却，真空泵正常运行，将低压缸冷却蒸汽凝结成水。

(e) 保持低压缸前、后汽封送汽及汽封冷却器的抽汽。真空系统保持不变，将凝汽器真空维持在 10 kPa 以下，凝汽器循环水系统可以单台低速小流量运行，保持凝汽器、主冷油器、磨煤机润滑油冷油器冷却用水。

(f) 新增设 2 台 20 m³/h 的凝结水泵，1 台运行，1 台备用。

(g) 减温水来自凝结水泵后。

(3) 技术指标。

①主要技术参数。

汽轮机改造后参数如表 2-6 所示。

表 2-6　汽轮机改造后参数表

名称	单位	技术参数
汽轮机型号	—	CC144/N200-12.75/0.981/0.245
汽轮机型式	—	超高压、一次中间再热、双缸双排汽、双抽供热凝汽式
额定主蒸汽压力	MPa	12.750
额定主蒸汽温度	℃	535.0
额定再热蒸汽压力	MPa	2.167
额定再热蒸汽温度	℃	535.0
额定背压	kPa	5.4
额定主蒸汽流量	t/h	600.61
铭牌出力(TRL)	MW	200
工作转速	r/min	3 000
加热器级数	—	7 级(2 高加+1 除氧+4 低加)
最终给水温度	℃	248.3
THA 工况的保证热耗率	kJ/(kW·h)	8 282.30

②改造后指标。

进行 1 台机组光轴双转子背压机供热改造后，额定抽汽工况下采暖抽汽流量从 270 t/h 增加到 362 t/h，使全厂供热能力增加 62 MW，全厂供热能力达到 480 MW。机组改造后试验热耗率为 4 422.84 kJ/(kW·h)，供电煤耗率从 206.1 g/(kW·h) 降低至 153.1 g/(kW·h)，降低 53 g/(kW·h)，整个供热期节约燃煤约 1.994 万 t，节能效果显著。

2.2.6 低压缸零出力供热技术及工程应用

1. 技术原理

低压缸零出力供热技术,又称低压缸切除、低压缸近零出力、低压缸鼓风运行技术,是一种指在低压缸高真空运行条件下,除少量冷却蒸汽通过新增旁路管道进入低压缸外,其余中排蒸汽全部用于对外供热的供热方式。

低压缸零出力供热技术是低压缸最小运行方式传统理论认知的重大突破,以全面安全评估为基础,进行集成化技术改造,采取一系列安全措施,将原进入低压缸的蒸汽用于供热,实现汽轮机低压缸零出力运行,机组发电出力显著减小。由于低压缸进汽量大幅降低(10~20 t/h),多余的蒸汽则进入热网加热器进行供热,这部分供热量约为 110 t/h,供热负荷提高 80~90 MW,供热能力大幅提升。当供热需求量较低时,机组切换到原运行模式,机组发电出力恢复。其系统示意图如图 2-12 所示。

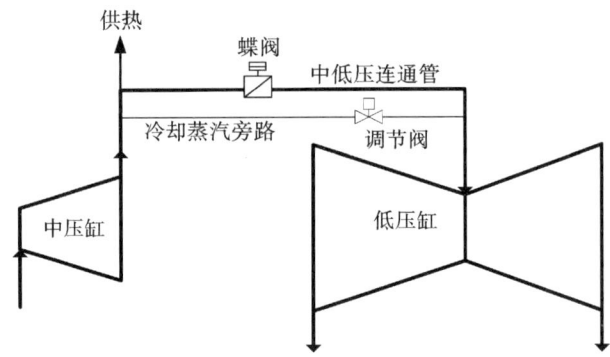

图 2-12 低压缸零出力供热改造方案系统示意图

2. 适用范围

适用于有供热能力和电出力其中一项或两项调节能力提升需求的煤电机组。此外,已进行高背压改造或光轴改造的热电厂,可将高背压机组或光轴机组带基本供热负荷,低压缸零出力机组作为调峰机组,单机供热能力增大,还可提高全厂供热可靠性。

3. 优缺点

相比于抽汽供热技术,低压缸零出力供热技术可实现供热能力、电调节能力和机组能效的协同提升;可与抽汽供热方式实现灵活切换,运行灵活性和热-电调节范围大大提高;改造费用低、施工周期短。低压缸零出力是低压缸最小运行方式传统认知的重要突破,但不能实现完全热电解耦。

4. 工程案例及技术指标

目前,实施低压缸零出力供热改造的机组达百余台,容量范围为 135~680 MW,机组型式涵盖超高压、亚临界、超临界,低压缸数量有单个、两个和三个之分。

通过实施低压缸零出力供热改造,机组供热能力可与高背压供热技术持平,电出力调节能力提升 15%~30% P_e,发电煤耗可降低至 160~180 g/(kW·h),可实现供热能力、电调节能力和机组能效的协同提升。低压缸零出力供热技术具有投资较小、热电调节灵活性提升效果显著、运行方式灵活等综合优势,成为煤电机组实施灵活性改造的首选技术。

以某热电厂 7 号机组为例进行说明,如图 2-13 所示,连通管抽汽供热模式和低压缸零出力供热模式的电调节能力对比。以连通管抽汽供热方式下的最大供热工况为对比基准,在相同锅炉蒸发量下,低压缸零出力供热可使机组供热抽汽能力增加约 90 t/h;在相同供热抽汽流量下,低压缸零出力供热可使机组发电功率降低约 46 MW。

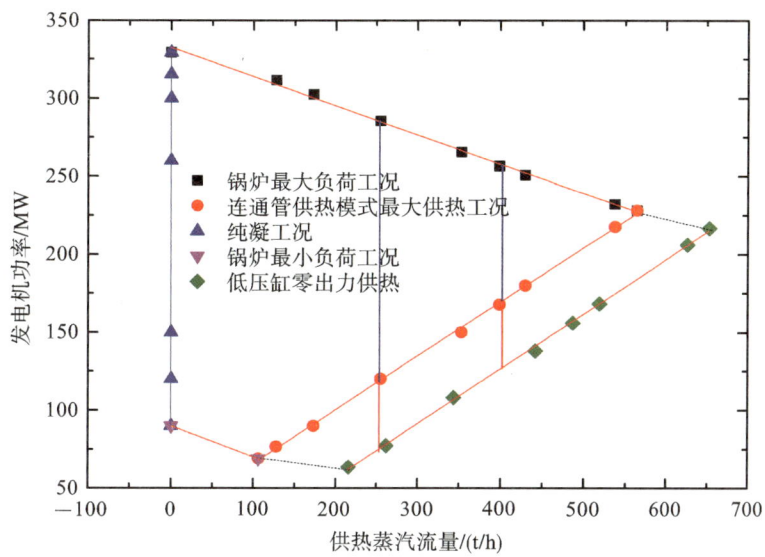

图 2-13　连通管抽汽供热模式和低压缸零出力供热模式的电调节能力对比

2.3　本章小结

本章主要对纯凝机组供热改造、供热机组扩大供热能力改造技术和工程应用进行了阐述。

对于纯凝机组来说,其面临的主要问题是采用何种技术手段改造为供热机组。目前纯凝机组改造为居民采暖供热机组的主要技术方案是从中低压缸连通管上打孔进行抽汽供热。纯凝机组改造为工业抽汽供热机组的主要技术方案:在中压缸上加装旋转隔板向外供汽,在机组再热冷段、再热热段管道上开孔抽汽等。一般应综合考虑机组容量、运行方式、能耗水平和服役年限、用户需求参数及用量等因素,对比几种可行的供热技术,从而优选合适的技术方案进行供热改造。

对于供热机组增加供热能力来说,主要技术路线包括低压缸切除技术、高背压供热技术(高背压双转子供热、空冷高背压供热)、低压光轴供热、热泵供热技术等。在役热电联产机组提高供热能力技术改造,要充分回收利用电厂余热,宜采用低压缸零出力技术,直接空冷机组采用高背压供热技术,热压机余热利用改造等技术成熟和节能效益显著的供热技术,来满足新增热负荷需求。

第 3 章 火电机组的灵活性深度调峰改造及工程应用

3.1 概述

燃煤火力发电在现在及未来相当长一段时间内都将是中国能源系统的重要组成部分,然而随着全社会用电需求增速放缓以及可再生能源的大规模发展,火电机组利用小时数将会逐年下降,因此提升火电机组运行灵活性,大规模参与电网深度调峰将是大势所趋。我国《电力发展"十三五"规划(2016—2020 年)》明确指出,要全面推动煤电机组灵活性改造,基于不同改造技术水平,改造后机组不投油稳燃时最小技术出力达到 20%~45%额定容量。

中国东北地区火电机组比重大,水电、纯凝汽式机组等可调峰电源稀缺,调峰困难已经成为电网运行中最为突出的问题之一。在采暖期,火电机组的运行容量占火电机组运行总容量的 70%,常规热电联产机组按"以热定电"方式运行,调峰能力通常仅为 10%~20%额定功率。上述现状导致电网低谷时段电力平衡异常困难,调峰压力巨大,并且使电网消纳风电、光电及核电等新能源的能力严重不足。

针对上述问题,提升热电联产机组运行灵活性的相关研究内容近年逐步显现,相关学者针对热电联产机组运行灵活性改造的技术路线进行了分析与研究,通过建立火电机组灵活性潜力模型开展相关研究工作;部分学者利用 Benders 分解算法求解考虑火电机组灵活性改造的长期调度模型。对于火电机组深度调峰运行的经济性方面的研究,部分学者从火电企业、风电企业和社会角度分析在大规模风电并网条件下不同调峰深度的经济性指标变化;部分学者在全消纳的基础上,以调度周期内火电机组总发电成本最小为目标,建立基于分级深度调峰的电力系统经济调度模型。对于储能辅助调峰方面的研究,部分学者主要从储能容量优化配置方面与储能运行优化控制方面解决储能辅助调峰问题;部分学者以经济性最优及储能削峰填谷效果最优为目标,提出储能辅助火电机组深度调峰的分层优化调度方案。

从上述文献中我们可以了解到,提高火电机组灵活性是提升机组参与调峰辅助服务能力的主要手段。按机组型式分类,纯凝机组在灵活性改造时主要围绕实现机组低负荷稳定运行来进行深度调峰,热电联产机组通过热电解耦改造减少高峰热负荷时机组出力。按改造方式来看,机组内部改造主要包括锅炉稳燃、制粉系统、汽水系统、热工系统改造等,机组外部改造主要包括设置电锅炉、蓄热罐等储能装置。

目前,我国不断加大新能源建设的规模,装机比例逐年提升,火电机组逐渐由电量型转变为电力型,为新能源调峰成为火电机组的主要任务之一。因此,持续提升机组灵活性,不断提高深调和顶尖峰能力,做到未雨绸缪十分必要。另外,随着现货市场建设的不断推进,辅助服务费用将由内部分摊逐步走向外部分摊,类似东北辅助服务市场的这种内部分摊模式不可持续。

本章着重介绍目前常见的火电机组的灵活性调峰改造技术相关内容。

1. 燃煤火电机组灵活性调峰改造目的

煤电灵活性调峰改造的主要目的在于,加强机组调峰能力建设,提升系统灵活性,促进电力系统调节能力建设,从电源侧充分挖掘现有系统调峰能力,着力增强系统灵活性、适应性,破解新能源消纳难题。

2. 燃煤火电机组灵活性调峰改造技术要求

燃煤火电机组想要实现灵活性,必须满足以下技术要求:

(1) 深度调峰:负荷率达到 20%~40%。

(2) 快速爬坡能力:2%~5%/min 爬坡能力。

(3) 快速启停能力:2~4 h 快速启停。

(4) 同样工况下不牺牲锅炉效率。

3. 国内现役火电机组深度调峰需注意的问题

(1) 锅炉低负荷稳燃和多煤种配煤掺烧的问题。

(2) 低负荷工况下 SCR 系统运行问题。

(3) 现有汽机旁路满足不了热电解耦要求。

(4) 热电联产机组以热定电,热电耦合,供热季电力调峰能力差。

(5) 电极锅炉和大型蓄热罐等深度调峰外部辅助设备较少。

4. 燃煤火电机组灵活性改造原则

燃煤火电机组灵活性改造原则可分为以下四个方面。

(1) 技术可靠。

灵活性改造方案的制定应注重机组运行的安全性、稳定性,选用市场应用成熟的技术,确保改造后机组的安全、可靠。

(2) 控制对机组寿命的影响。

科学制定改造方案,减小灵活运行对火电机组寿命的影响。根据丹麦等国经验,通过合理的设计和优化,灵活运行对机组寿命的影响是可控的。

(3) 机组效率高。

火电深度调峰,将引起煤耗的显著上升,特别是对纯凝发电机组和供热量较少的机组,应根据新能源消纳需求以及各发电企业的实际设备能力,确定合理的火电机组调峰深度。

(4) 综合评估改造成本低。

根据实际设备状况以及电网调峰的深度安排,合理确定改造成本,避免投入过高、经济效益差等问题。

5. 开展燃煤火电机组灵活性改造的主要技术路线

"十三五"期间,对火电机组进行灵活性改造,特别是对热电机组的灵活性改造,已成为提升我国"三北"地区新能源消纳能力的有力措施之一。燃煤火电机组灵活性改造分为纯凝机组的灵活性调峰和热电联产机组的热电解耦。

主要技术路线包括锅炉燃烧系统改造、氮氧化物达标排放、锅炉低负荷运行优化调整、汽水系统改造、热工控制系统优化、热电解耦运行等六个方面。接下来将分成两部分介绍其内容。

3.2 纯凝机组的灵活性深度调峰

3.2.1 深度调峰对金属部件失效的影响

随着机组深度调峰,锅炉受热面在低负荷情况下更容易发生超温,导致材料提前老化;超(超)临界机组受热面氧化皮产生及脱落速率加快;汽轮机在低负荷下出现末级动叶片水蚀和颤振;给水泵处于低负荷时易出现汽蚀;引风机低负荷变频运行易出现喘振、叶片断裂等问题。在深度调峰下,大型机组频繁启停、长期低负荷工作,对金属受监部件寿命影响大,金属监督工作亟待加强。

1. 深度调峰对锅炉受热面的影响

(1) 低负荷运行时锅炉受热面易发生超温。

在低负荷下锅炉炉膛火焰充满度较差,易发生偏烧情况,工质流量低,水动力特性变差,易发生锅炉受热面超温情况,致使锅炉四管材质提前老化,如图3-1和图3-2所示,尤其对于直流锅炉,当湿态转干态时其受热面超温现象较为突出。

图3-1 某厂T23过热器管外皮壁氧化皮增厚　　图3-2 某厂3号炉再热器管外壁超温变色

对于深度调峰的机组,须重新对锅炉水动力和受热面壁温偏差进行核算,并开展相关的热力试验,以确定锅炉能够安全运行的负荷下限。对于直流锅炉,须通过水动力计算明确干态安全运行的最低给水流量;对于因热负荷偏差导致的受热面超温,可以通过调整配风、优化磨煤机运行方式来缓解。加强金属壁温监督,定期对割管进行取样检查,必要时可进行受热面的材料升级。

(2) 锅炉受热面易出现热疲劳型横向裂纹。

近年来,多台600 MW超(超)临界直流锅炉在运行中出现水冷壁向火侧横向裂纹情况,如图 3-3 所示。水冷壁管材质为 15 CrMo 钢,规格为 Φ28 mm×6 mm。横向裂纹一般在锅炉累计运行 2 万 h 以后产生,出现在燃烧器和燃尽风标高位置,一般侧墙比前后墙裂纹情况严重,裂纹均出现在向火侧,呈横向密集分布,由外壁向内壁扩展,具有热疲劳型裂纹特征。由于机组参与调峰,频繁升降负荷,水冷壁内工质参数波动幅度及速率变化大,水冷壁温度场不均衡,造成水冷壁相邻管温度梯度过大,产生巨大的热应力。在超温工况下,水冷壁温度变化速率更快,可高达 10～20 ℃/min,管壁温度出现频繁的交变是产生热疲劳裂纹的主要原因。

图 3-3 某厂水冷壁外壁裂纹严重部位外观图

针对此类问题,可采取以下措施:调整水冷壁管节流圈孔径尺寸,改变其出口端介质温度及金属壁温,使温度趋于均衡;在热负荷波动剧烈区增加壁温测点,监测管壁温度变化速率,通过优化燃烧调整和给水自动调节,降低水冷壁过热度变化速率和中间点温度变化速率,控制壁温波动幅度和速率。

某 350 MW 燃煤发电锅炉,为亚临界、一次中间再热、双拱形单炉膛 W 形火焰、平衡通风、固态排渣、露天布置、自然循环汽包型燃煤锅炉,累计运行 13 万 h。在防磨防爆检查中,发现锅炉屏式过热器局部区域管子外表面产生环向裂纹,且表面腐蚀严重。腐蚀、环向裂纹区域主要集中在屏过入口联箱出口第一和第二弯头之间的直管段、第二弯头处,如图 3-4 中的 A、B、C 区。

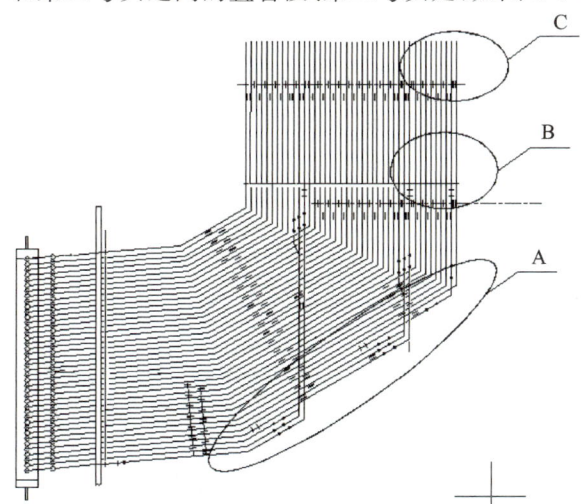

图 3-4 屏过表面裂纹产生区域示意图

环向裂纹集中出现在屏过管子向火侧,背火侧无裂纹,如图3-5所示。屏过管子外表面腐蚀为高温腐蚀,严重处腐蚀物已脱落,脱落腐蚀层厚度为1~2.5 mm。焊缝边缘腐蚀物脱落后形成深度为2~3 mm的凹槽,图3-6为管子焊缝边缘腐蚀形貌,管壁减薄明显,管子外径无明显胀粗。

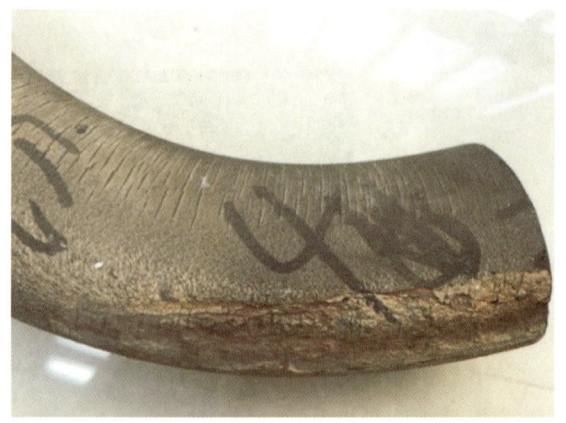

图3-5 屏过向火侧表面裂纹形貌　　　　　图3-6 管子焊缝边缘腐蚀形貌

解剖管子后发现,向火面裂纹从外壁向内壁发展,裂纹最大深度约3 mm,在管子外表面沿环向平行密集分布,部分小裂纹呈轻度网状分布。裂纹沿厚度方向,在管壁外侧由外向内呈三角形分布,内壁充满黑褐色腐蚀产物。

查看屏过壁温测点记录发现,屏过壁温变化率较大,10 min内壁温变化在30~70 ℃之间。壁温波动引起的热疲劳会导致管子外壁产生环向裂纹。经分析,锅炉快速升降负荷、燃烧不稳定、火焰摆动会使管子壁温波动,导致管子经受热疲劳,进而产生环向裂纹,燃尽部位温度升高使高温腐蚀速率加快,而高温腐蚀加快了热疲劳环向裂纹的扩展。

(3) 加剧受热面氧化皮生成及剥落。

高温蒸汽管内壁氧化皮的生成与增厚是不可避免的自然过程,在超(超)临界锅炉运行时,锅炉受热面表面氧化皮会逐渐增厚。当锅炉处于低负荷燃烧时,过热器和再热器压力下降,管内工质流速降低,更易发生超温,而超温极大地加速了氧化皮的生成,如图3-7所示,氧化皮厚度增加与温升有直接关系。近年由于亚临界机组频繁参与调峰,长期低负荷运行,再热器管屏更易发生超温,部分电厂T91、T23再热器管内壁出现了大量氧化皮脱落情况,如图3-8所示,应引起重视。

当机组处于深度调峰时,应明确锅炉最低运行负荷边界条件,严格监视金属壁温不超温,以金属温度不超限为前提。防止锅炉极低负荷运行引起超临界锅炉汽水管路中的氧化皮加剧生成和剥落,引发爆管事故。

(4) 锅炉上集箱管座角焊缝出现裂纹。

联箱的工作条件比管道和汽包要复杂得多。联箱除了承受内压力所产生的应力外,还承受着严重的热应力。沿着联箱整个长度存在着温度梯度,同时沿锅炉宽度方向也有温度偏差,而且由于锅炉启停,以及在运行过程中负荷变化时联箱内部流体温度变化,故在材料内部产生温差,所有这些因素都是产生热应力的起源。对于调峰机组,联箱的疲劳损坏显著增加。另外,中间联箱和再热器联箱在锅炉多次启动和停炉工况下,也可能经受严重的热交变。由于部

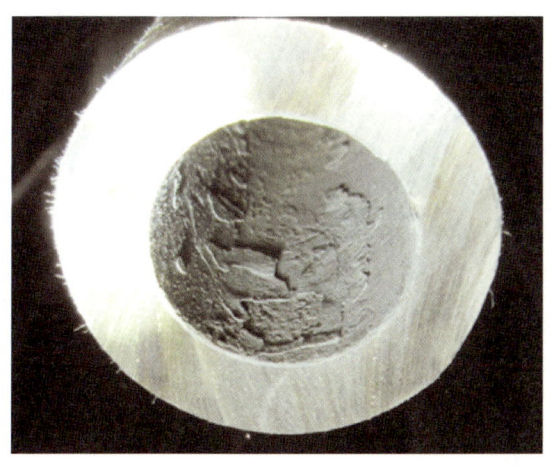 

图 3-7　某厂 T91 管内壁氧化皮增厚　　　　图 3-8　某厂氧化皮脱落堵管引起非停

分联箱工作环境较为恶劣,同时联箱较多部位为焊接结构,这些焊接部位出现损坏和裂纹的概率较大,影响电厂的正常发电。

近年,超(超)临界锅炉水冷壁上集箱管座角焊缝开裂事件有所增加,主要发生在前墙和侧墙部位。例如,某哈锅 660 MW 超临界锅炉,炉膛水冷壁采用焊接膜式壁,下部水冷壁采用螺旋管圈,上部水冷壁为垂直管屏。垂直管屏由 1 468 根材料为 15CrMoG、规格为 $\Phi 31.8$ mm×6.2 mm、节距为 55 mm 的管子组成。水冷壁上集箱材质为 P12、规格为 $\Phi 273$ mm×65 mm。2018 年,临修发现顶棚有漏水痕迹,左右侧垂直水冷壁上集箱四角有大量管座裂纹,如图 3-9 所示。2019 年,检修发现左右侧墙垂直水冷壁上集箱管座有裂纹 163 处;前墙垂直水冷壁出口集箱 1 号角抽检 40 只管座,发现 2 只管座存在裂纹;两侧垂直水冷壁上集箱下部第一道环梁处有大量水冷壁膨胀,固定夹立板从根部焊口拉开,其中左侧墙有 11 处,右侧墙有 9 处。

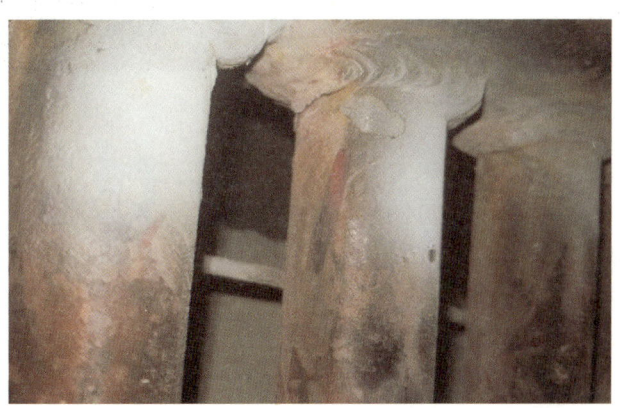

图 3-9　某电厂水冷壁上集箱与水冷壁管座角焊缝出现大量裂纹

对开裂原因进行分析,一是按图纸要求,水冷壁上集箱管接头光管段长度应为 873.5 mm,实际测量约有 300 mm,光管段过短,柔度不足,不利于接管管段膨胀。二是水冷壁前墙上集箱为 2 个单体结构,长 11.78 m,侧墙长 8.13 m,膨胀中心位于集箱中部,其本身受热膨胀,两端位移较大。三是机组长期调峰运行,负荷在 300 MW 到 600 MW 间波动,且负荷升降速率往往可达 5 kW/min;在稳定负荷下炉膛出口烟温波动超过 100 ℃,而在升负荷过程中炉膛出口烟温偏差可超过 200 ℃。长期大范围的负荷波动及水冷壁温度偏差导致水冷壁管座位置产生热疲劳应力。

2. 深度调峰对汽机设备金属部件的影响

(1) 汽轮机末级叶片易水蚀。

汽轮机叶片在汽轮机深度调峰运行过程中,特别是末级叶片在极苛刻的条件下工作,不但承受相当高的温度、压力、离心力、气流力、蒸汽激振力,还会受到腐蚀和振动以及湿蒸汽区水蚀等的共同作用,造成叶根松动、叶片出现裂纹,对汽轮机安全运行一直是潜在威胁。一旦出现叶片上的裂纹扩展、叶片断裂或者叶片组共振等现象,对转子将可能造成巨大的破坏,出现振动超出额定标准,会极大危害汽轮机的安全运行。

例如,某电厂运行的 300 MW 机组,末级动叶的 $L=700$ mm,$D/L=2.907$,流型是按等密流设计的。其中一台机组最大负荷 272 MW,装有喷雾式喷水减温装置。大修时发现,机组的末级动叶的出汽边均有水蚀,末级动叶出汽边从根部到 350 mm 左右的高度上有宽度为 10 mm 左右的蜂窝状水蚀,水蚀深度为 1~2 mm,如图 3-10 所示。

图 3-10 某汽轮机末级叶片水蚀情况

对末级叶片出汽边水蚀进行分析,发现以下共性问题:

①凡是具有较小径高比的末级动叶片,在出汽边普遍有水蚀现象。水蚀的程度主要与低负荷运行的时间和偏离设计工况的程度有关。

②大型机组的末级动叶,尤其是那些较长时间低负荷运行的机组,其出汽边水蚀的严重程度不亚于进汽边,且水蚀的伤痕较进汽边粗糙得多。

③凡是末级动叶的出汽边与叶轮后侧面齐平的(如枞树型叶根),水蚀从动叶根部开始。凡是动叶出汽边较叶轮后侧面是深进去的(如叉型叶根),水蚀就从距根部 40 mm 左右的高度开始。

④凡是叶片的安装产生轴向偏移的,即出汽边较同一级叶轮上其他叶片突出的,水蚀就严重。

分析上边归纳的这些现象,可以看出产生末级动叶出汽边水蚀的原因是,当机组在低负荷运行时,动叶根部区域产生回流,回流夹带着水滴,撞击在动叶出汽边背弧上,导致材料的疲劳破坏。

针对以上问题,建议:

①加强运行管理,设置合理的低负荷运行方式,控制机组排汽压力在适当的范围内,使排汽容积流量不低于规定值;

②检修时对低压末级、次末级叶片的司太立合金层进行修复或防水蚀喷涂处理;

③加强金属监督,缩短检验周期,重点对水蚀位置进行裂纹缺陷检测确认,一旦发现裂纹应立刻进行叶片修复处理。

(2) 加速汽轮机转子寿命损耗。

大型火电机组一般是作为带基本负荷机组设计的,并不适合长时间低负荷深度调峰运行。长期参与调峰,由于频繁启动及大范围负荷波动,机组要经常承受大幅度的温度变化,使汽轮机转子、汽缸等厚壁部件内部温度场处于非稳定状态,产生交变热应力,负荷波动越大,速率越快,对转子、汽缸寿命的损伤越大,导致低周波疲劳损耗。美国 GE 公司提供的某调峰机组转子寿命管理方案推荐,寿命损耗只分配 80%,保留 20% 以应对突发事故。调峰机组转子寿命分配数据如表 3-1 所示。当机组负荷大幅度波动、深度调峰时,汽轮机相当于一次温态启动,会加速转子寿命损耗,降低机组可运行年限。

表 3-1 GE 公司某调峰机组推荐的转子寿命分配数据

运行方式	损耗率/%	累计运行次数	寿命损耗累积/%
冷态启动	0.15	100	15
停机 2 d 后启动	0.01	500	5
停机 8 h 后启动	0.01	2 000	20
停机 2 h 后启动	0.05	100	5
大幅度变负荷 40%	0.01	3 000	30
小幅度变负荷 25%	0.000 25	20 000	5
合计	—	—	80

(3) 低压缸切除技术对低压转子及叶片的影响。

供热机组深度调峰灵活性改造方案提出了低压缸切除运行技术改造路线。切缸运行技术是指低压缸在高真空条件下,仅维持低压缸最小冷却蒸汽进汽量,低压缸不做功或少做功,相当于切除低压缸运行,原进入低压缸的蒸汽去供热进而提升供热能力。为保证低压缸安全,在原进汽管道上增加旁路,向低压缸通入少量蒸汽以带走低压缸转子转动过程中产生的鼓风热量。切缸运行会产生低压缸鼓风过热、末级叶片动应力增大等安全问题。由于低压缸发生鼓风现象,蒸汽温度升高,如哈汽 300 MW 汽机,末级叶片温度可达 200 ℃,而末级叶片采用 17-4 PH 材料(西屋公司规定这种材料使用温度不宜超过 200 ℃),为避免超温,低压缸需进行喷水减温,喷水只是降低了排汽部分温度,汽缸温度梯度仍然很大,易引起低压缸变形、动静部件碰磨等问题。叶片处于小容积流量、大负荷冲角状态,叶片易发生颤振现象。目前在这种工况下无法准确计算评估颤振响应,只能通过试验确认。国外机组曾发生过叶片颤振断裂事故。

(4) 易造成给水泵汽蚀。

某 300 MW 机组汽动给水泵为 FA1D67 卧式蜗壳泵,设计为 100% 容量,设计调速范围为

2 800～5 755 r/min。在深度调峰运行时,除氧器压力较低,造成汽动给水泵入口压力较低,有效汽蚀余量偏低,易造成给水泵汽蚀,如图 3-11 所示。在正常负荷变化范围内,给水的作用力加上推力轴承作用力,能维持汽泵正常工作;当参与深度调峰时,给水流量减少,再加上汽蚀造成给水对汽动给水泵内壁作用力的改变,引起给水泵轴向推力变化,易造成串轴现象。

图 3-11 某电厂真空泵汽蚀及动叶片运行中断裂

运行中要密切关注给水压力变化,及时调整,保证在合理范围内变化,确保机组运行安全。由于汽轮机各段抽汽压力较低,会引起加热器疏水不畅,加热器水位升高,造成设备汽蚀,因此为维持加热器水位稳定,保证机组安全运行,可采用通过凝水系统向加热器补充水的办法来保证疏水管道通畅和防止设备汽蚀。

3. 深度调峰对辅机设备金属部件的影响

(1) 易造成引风机叶片断裂。

在低负荷下,众多配备变频器的引风机在低转速下运行,需要确认振动安全性。未配备变频器的引风机在变频器改造的时候应注意,原来这些风机被设计为定速运行,现改为变速运行,易发生轴系振动、叶片疲劳,甚至转子断裂、叶片飞出等事故,如图 3-12 所示,故应分析低负荷时风机运行特点,重新修正风机运行特性曲线,远离易失速区,确保振动安全性。金属监督人员应定期对风机叶片根部进行无损检验,防止疲劳裂纹产生和扩展,必要时应对风机叶片进行强度校核。

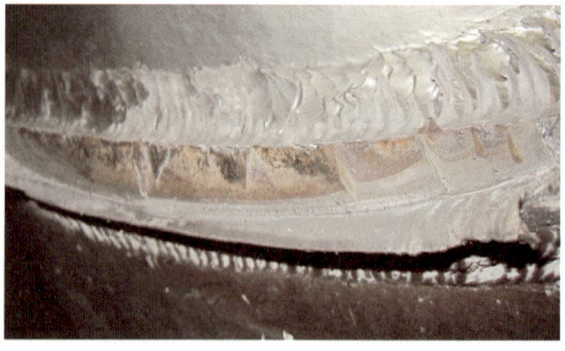

图 3-12 某厂引风机变频改造后叶片频繁发生疲劳型开裂

(2) 易造成空气预热器低温腐蚀及黏堵。

空气预热器的低温腐蚀和堵灰问题在锅炉低负荷运行时比较严重。在深度调峰阶段,空气预热器处烟温长时间低于露点,SCR 反应器大量的硫酸氢铵连同灰粒易黏附在空气预热器管壁上,由于硫酸氢铵黏附在换热器表面之后呈现出既黏又硬的特性,蒸汽吹灰不能有效地去除硫酸氢铵,造成空气预热器堵塞,产生大量的积灰,如图 3-13 所示,换热效果急剧下降。

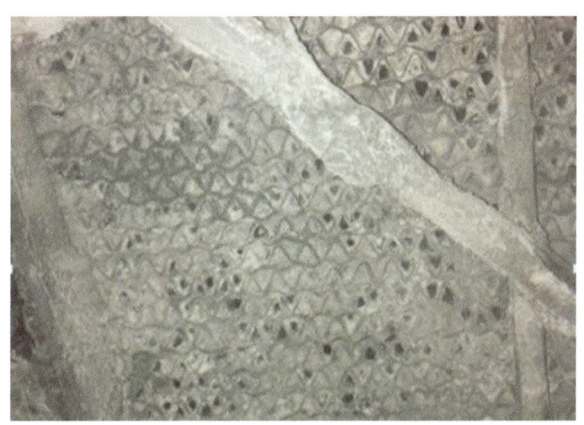

图 3-13　某电厂空气预热器严重堵塞

为解决空气预热器堵塞和低温腐蚀的问题,须降低氨逃逸率和提高空气预热器的冷端综合温度,开展喷氨优化调整与控制,低负荷下通过投运暖风器、热风再循环等方式提高空气预热器入口风温;或采取暖风器与低温省煤器联合系统,利用烟气余热加热冷一、二次风,将空气预热器入口风温提高至 50~70 ℃,缓解空气预热器堵塞和低温腐蚀。

(3) 可引起锅炉烟道荷载增加。

当机组在深度调峰低负荷下运行时,锅炉水平烟道区域烟速降低,过低的烟速无法带走沉积在水平烟道区域的积灰,致使烟道或除尘器钢结构超载,存在垮塌风险,如图 3-14 和图 3-15 所示。

图 3-14　某电厂尾部烟道积灰垮塌　　　　图 3-15　某电厂除尘器坍塌

长期低负荷运行需要考虑烟道积灰后烟道载荷增加,开展烟道结构强度和基础校核,必要时增加除灰清灰装置。应委托有相应资质能力的专业机构开展钢结构强度校核,确保烟道在极端运行工况下仍具有足够的安全裕度。

综上所述,机组深度调峰后,锅炉受热面、汽轮机部件、厚壁部件及其他相关辅机设备运行环境变得更加恶劣,材料出现典型疲劳失效特征,使用寿命明显缩短。因此须加强金属监督,缩短检验周期,对于重点设备开展专项隐患排查和消缺工作,应用相控阵等更先进的缺陷检测手段,及时消除安全隐患,保证设备安全运行。

3.2.2 热工控制系统灵活性优化

1. 控制系统深度调峰概述

当机组在超低负荷运行时,机组的控制对象特性发生较大变化,主要运行参数以及设备都接近正常调节范围的下限,调节、安全裕度均较小,普遍存在协调控制系统调节品质差、AGC响应速度慢、一次调频性能差、燃烧不稳定等问题。

深度调峰运行对机组在宽负荷范围内主要参数的调节品质提出了新的挑战。参与深度调峰的机组,其负荷指令接受电网 AGC 调度变化比较频繁,随着机组负荷的降低,锅炉燃烧滞后特性越加明显,深度调峰时锅炉和汽轮机的能量实时匹配难度更大。另外,当机组低负荷运行时,受设备安全裕度的限制,变负荷能力下降严重,在要求快速响应 AGC 和一次调频时就更容易造成主蒸汽压力、主/再热蒸汽温度等参数的大幅波动。此外,锅炉、汽轮机、脱硫设备、脱硝设备、重要辅机的控制和保护系统将严重偏离设计工况运行,涉及的优化工作量巨大。

参与深度调峰机组的控制系统优化,首先必须保证锅炉的稳定燃烧和汽轮机的安全运行。各个主要设备如磨煤机、风机、泵等处在较低参数下运行,可调裕度较小,所处的开度区间线性度较差,可以通过优化控制下限、限制输出变化速率、闭减/闭增逻辑、切换控制方式、优化执行机构线性度等手段保证自动控制下的设备的安全运行,保证调节品质能够满足运行要求。

2. 深度调峰负荷下控制系统存在的主要问题

火电机组自动控制系统的设计、调试、优化通常在50%额定负荷以上区间,较少涉及50%额定负荷以下运行工况,且自动控制逻辑未在50%额定负荷以下连续运行调试,更不具备响应电网调峰调频的要求。风量、给水流量、汽包水位、蒸汽流量等参数在低负荷时测量精度差、参数波动大,严重影响相关系统保护和自动调节的可靠投入;配风、给水、燃料、减温水、协调、一次调频等回路由于调节对象特性相比中、高负荷工况差异明显,控制品质难以满足运行需求,自动投入率较低,保护存在误动的风险。

(1) 深度调峰对协调控制的影响。

首先,在较低负荷下机组对应的燃料量、给水流量较少,加上锅炉效率较低,相比高负荷工况增减 10 MW 负荷,燃料量变化较大,容易造成主蒸汽压力、主/再热蒸汽温度的波动。其次,在低负荷下,机组抗干扰能力较弱,主要辅机设备运行风险的提高也对机组安全稳定运行造成很大的威胁。再次,入炉煤热值变化较大,对于机组 AGC 协调产生极大的扰动。最后,在低负荷下,主蒸汽压力设定值及变化速率的合理性,也直接影响机组煤量、给水流量等主要参数的波动。

(2) 深度调峰对给水自动调节的影响。

在低负荷下,部分汽包锅炉受测量元件精度的制约,机组主蒸汽流量、给水流量测量进入不准确区域,严重影响汽包水位的三冲量调节的准确性和稳定性。

在低负荷下,直流锅炉过热度较低,温度与焓值的线性关系处于"畸形"变化区域,水煤比控制效果不佳,机组变负荷时中间点温度、主蒸汽温度波动较大,且在低负荷下水动力不稳定,容易造成水冷壁及屏式过热器等受热面超温。

当机组低负荷运行时,给水流量较低,为了使汽泵以安全流量运行,给水泵再循环调门需要参与调节。再循环调门的控制逻辑不完善、调门卡涩、漏流等问题,都容易造成给水流量的不安全波动,严重时造成机组停机。

(3) 深度调峰对风量/氧量自动调节的影响。

在低负荷工况下,风机偏离设计工况,容易进入不稳定区。在低负荷工况下,风机自身调节特性的改变对自动调节品质产生了很大影响。此外,在低负荷工况下,如果发生单侧送风机、引风机、一次风机故障跳闸,瞬时风量突降,也存在锅炉总风量低而触发 MFT 的风险。

(4) 深度调峰对炉膛压力自动调节的影响。

在低负荷工况下,总煤量需求较低,磨煤机在出力下限运行,煤粉管的煤粉质量浓度与流速分布不均匀,易造成锅炉燃烧不稳定,导致炉膛压力波动大,增加了炉膛压力的控制难度。

(5) 深度调峰对一次风压力自动调节的影响。

在低负荷工况下,送风机执行机构基本处于开度下限,无法通过降低送风机出力的方式调整氧量,因此一次风机不仅要起到输送、干燥煤粉的作用,还要兼顾机组氧量的调整。一次风机的运行调整对机组的安全稳定运行也极为重要。

(6) 深度调峰对脱硝自动调节的影响。

在低负荷工况下,SCR 反应器入口烟温降低,从而影响催化剂活性,导致脱硝控制系统对象特性变化。机组处于深调模式减负荷过程中,因风量达到调整下限,易出现氧量突升,导致脱硝出口 NO_x 超标。

(7) 深度调峰对加热器水位自动调节的影响。

在低负荷工况下,加热器间压差降低导致疏水不畅,从而造成加热器水位波动较大,水位调节异常,易造成高低加解列,表现为正常疏水调门全开,水位仍然较高,危急疏水调门参与调节后,水位波动较大。

(8) 深度调峰对一次调频调节性能的影响。

在低负荷工况下,机组抗干扰能力较差,尤其机组处于 20%~30%负荷段运行,本身就处于不稳定的工况,加上一次调频反向的大幅度动作,会严重威胁机组的安全稳定运行。特别是部分汽机组在 30%额定负荷条件下,若一次调频反向动作、综合阀位低于 30%,中压缸调节门参与调节,中调门调节幅度较大,容易造成机组负荷等主要参数的大幅度波动。

3. 控制系统优化技术路线

机组在深度调峰工况下,需要解决低负荷下机组的安全运行及控制问题,热工过程控制优化及改造的路线如下:

(1) 开展机组深度调峰工况下的稳燃试验。

采用手动控制的方式,以不大于 5% P_e 的幅度和不大于 1% P_e/min 的变负荷速率,在 50% P_e 以下开展负荷升降试验。依据试验结果及出现的问题,确定深度调峰过程中需要优化的控制策略及控制参数。

①确定主要参数的控制边界,如重要控制量(风、水、煤、风机动叶、给水泵转速等)的下限。

②确定随动系统控制函数曲线,如水煤比、风煤比、滑压曲线等。

③确定超(超)临界燃煤机组干湿态转换临界点及转换过程中的主参数的控制需求。

(2) 热工控制系统基础工作精细化调整。

部分机组由于未长期处于低负荷工况运行,较多控制子系统控制品质和控制策略得不到实际验证和考验,多数测量参数接近系统(设备)最低运行要求,因此燃煤机组的自动调节及保

护系统需进行深度梳理和调整优化,具体可开展如下工作:

①对机组主要控制子系统进行控制逻辑检查和低负荷工况开环试验,并根据检查和试验结果,经过技术讨论确认控制策略优化方法以及自适应控制参数方案的设计。例如,给水泵再循环、除氧器水位全程自动化控制等。

②通过设备选型改造、测点位置优化调整、提高测点维护检修质量等手段提高重要主辅机保护的测点测量精确度,深入检查主辅机重要保护的配置,通过增加佐证条件、冗余性配置优化等手段进行主辅机重要保护逻辑优化。

③对重要辅机设备的跳闸和切手动逻辑进行梳理,如非必要,建议首先设置自动调整手段并触发报警,当确实威胁到机组、设备安全时才直接触发保护动作,尽量避免因误判导致的机组异常停机事故的发生。

(3) 控制系统优化技术。

①协调控制系统优化。

在机组主、辅设备满足低负荷安全稳定运行要求的基础上,结合机组低负荷稳燃试验,研究不同负荷段的锅炉控制特性,完善锅炉控制系统的基准配比函数,尤其 40% P_e 以下,包括水煤基准、风煤基准、一次风压基准、滑压基准和过热蒸汽温度基准等,提高锅炉低负荷工况下运行的经济性和稳定性。

当机组低负荷运行时,风、煤、水等被控对象除静态基准优化外,其相互之间动态配合特性也发生改变,因此需要结合低负荷段协调特性试验,对机组低负荷工况下的控制系统进行全面优化调整,同时还应兼顾锅炉稳燃、壁温超温等问题。

②一次调频控制策略优化。

一次调频针对具体区域并网发电厂辅助服务管理实时细则、并网运行管理实时细则的考核要求、并网发电机组深度调峰技术规范等电网区域要求,进行综合优化。

信号同源治理。《并网电源一次调频技术规定及试验导则》(GB/T 40595—2021)首次提出了频率测量分辨率应不大于 0.003 Hz,防止由于测量信号精度不够而影响一次调频考核,同时减少一次调频误动和执行机构频繁动作。

汽轮机阀门流量特性优化。一是开展专项深度调峰工况的高调门流量特性测试,二是利用大数据挖掘技术实现高(超高)调门流量特性的获取和优化。保证机组流量指令与实际流量特性一致,减少汽轮机阀门流量空行程区域,提高机组负荷响应性能。

控制策略优化。常用的一次调频优化策略为主蒸汽压力修正汽轮机高压缸调门动作幅度、AGC 与一次调频反调时闭锁 AGC、凝结水一次调频、一次调频快动缓回修正、一次调频前馈自适应调整等方式,具体针对不同区域电网的频率特性及考核要求而定。在深调模式下,一次调频主要兼顾机组的安全性,尤其机组处于干湿态转换的边缘,根据电网低负荷下对一次调频的具体要求,设置合理的调频边界及调频手段,有助于机组在低负荷下安全稳定运行。

③滑压曲线优化。

需要开展负荷点延伸至 20% 负荷工况的滑压试验,滑压曲线需要同时满足机组安全性、"两个细则"调峰调频要求、机组经济性等三方面要求,使得最终的滑压曲线为深度调峰工况下各个负荷点的最佳滑压定值。同时,确定低负荷段滑压变化速率,保证机组安全运行。

④重要子系统自动控制策略设计。

重要子系统控制涉及通过低负荷稳燃试验确认的各子系统出力下限及其稳燃试验过程中出现的控制问题,特别是给水泵再循环、高/低压加热器水位控制、脱硝控制、轴流风机控制。

下面就上述系统控制策略优化进行重点介绍：

给水泵再循环控制优化。需要对给水泵再循环的双滞后函数进行合理设定，"死区"过小容易造成给水流量与再循环调门的耦合振荡，"死区"过大容易造成再循环调门对给水泵入口流量调节滞后，还会导致给水泵的运行经济性变差。

高/低压加热器水位控制优化。需要对正常疏水调节阀和危急疏水调节阀控制逻辑合理调整，即对正常疏水调节阀开度与危急疏水调节阀开度设置合适的重叠度。正常疏水调节阀开度超过70%且水位偏差较大时，危急疏水可以提前参与调整，保证水位控制的稳定性与快速性。

脱硝控制优化。在传统控制策略变负荷前馈、启停磨前馈、测点吹扫保持、氨量需求计算的基础上，着重优化氧量、风煤比变化对脱硝控制的影响，尤其是在低负荷下要根据数据分析，依据氧量数值及变化趋势合理设定氧量前馈，确保在低负荷高氧量的工况下脱硝自动控制仍能具有较好的调节特性。

风机控制优化。针对轴流风机在低负荷下风机开度变小，容易进入失速区的问题，需要根据风机相关参数(可参考风机电流、风机出入口压力)，搭建风机失速预警系统。另外在容易出现抢风的两台轴流风机之间要设置电流自动调平功能，确保风机运行的稳定。

⑤重要辅机自启停控制策略设计。

考虑到深度调峰工况可能出现的辅机运行情况，建议设计给水泵自动并退泵、制粉系统自启停、风机自动投退、干湿态自动转换等控制方案，减轻运行人员操作压力及降低误操作概率，也便于事故过程中及时处理。

⑥辅机故障稳燃控制策略。

传统辅机故障减负荷(RB)控制策略一般针对50%~100%负荷工况。当深度调峰时出现辅机故障跳闸，应开展专项的辅机故障稳燃试验，根据试验结果设计特殊的稳燃控制策略，保障机组在深调工况下出现辅机跳闸时，自动控制系统能够确保机组平稳过渡，确保机组的安全稳定运行。

3.2.3 深度调峰对发电机的影响

1. 深度调峰对定子绕组的影响及措施

(1) 对定子绕组的影响。

定子铁芯和定子绕组之间热膨胀系数不同，同时负荷变化引起的温度变化速率也差异较大，造成在发电机负荷快速增加或减少时，铁芯和绕组之间的轴向膨胀和收缩量不一样，产生铜铁膨胀差，在这种状态下长期运行就容易导致定子绕组的松动。此外定子绕组电流的变化也会引起相互间电磁力的改变，进而导致绕组振动变化，线棒槽楔松动，特别是在定子绕组端部支撑结构部位和线棒槽口处产生松动和磨损。

定子线棒由内部的铜线和外部包覆的绝缘材料组成，两种材料热膨胀系数差别很大。无论是频繁启停机的两班制运行还是深调下的负荷循环方式运行，绝缘材料与铜导体之间都会形成很大的剪切应力，严重时将导致二者间的连接破坏。

需要指出的是，在深度调峰运行方式下，虽然发电机内部定子、铁芯和转子及其相关附属系统也都运行在制造厂允许的范围内(这是发电机运行安全的底线)，但与作为基荷电源的发电机长期在大负荷稳定工况下运行不同，作为调节电源的发电机运行时在一天或者更短时间内，可能反复经历从低负荷(如20%额定工况)至高负荷的工况变化，这对发电机绝缘性能和寿命均提出了更高的要求。另外,我国大型发电机的设计、研制和应用时间均相对较短,基础理论和实验方面的短板较为明显,绝缘材料本身性能评估、劣化趋势研究及剩余寿命评估等多个方面的技术研究均相对较为薄弱,当涉及具体工况分析时,相关阈值设置多以经验值为主,无法提供可供实际借鉴或参考的解析计算值。

发电机在负荷快速调整的过程中,定子线棒与铁芯之间反复处于膨胀、收缩、再膨胀、再收缩的过程,与历史稳定运行工况相比,负荷变化速率和负荷调节深度更大,而运行时一般以铜铁温度不超过上限值为控制标准,铜铁之间的温差并未有明确的要求,所以可能导致在深度调峰工况下铜铁之间温差和定子线棒与主绝缘之间温差均明显变大,温差引起的相对位移持续增加后,可能引起线棒松动、磨损或主绝缘空腔现象的发生。

深度调峰可能导致功率突降切机保护失效。机组在20%负荷深度调峰时与系统解列,汽轮机仍然存在超速等风险,所以深度调峰时仍然要保证功率突降切机保护的可靠性。

由于目前继电保护定值计算导则未对该保护定值计算有要求,所以各厂对功能投入功率定值整定不一致,一般厂家整定为30% P_e,当机组处于深度调峰20%时,该保护处于无法启动状态。

深度调峰可能导致非全相电量保护失效。根据非全相保护逻辑,零序电流判据一般为 $0.15 I_e \sim 0.25 I_e$,当机组处于深度调峰20%,出现三相不一致时,零序电流判据存在不满足的可能,导致保护无法动作。

(2) 应对措施。

结构方面:通过对机组绕组、铁芯、绝缘材料、工艺等进行适应性改造,改进定子槽楔结构以提高定子线棒槽内固定的可靠性。改进槽楔固定结构提高可靠性时,定子线圈没有槽口块的,要增加槽口块固定防松。必要时进行定子线圈绝缘提升技术改造。

运行及检修方面:对于参与深度调峰的机组,功率定值整定应与其最低负荷相适应。对于参与深度调峰的机组,三相不一致零序电流判据整定值应与其最低负荷相适应。

停机检修时,全面检查定子槽楔、线棒出槽口有无松动磨损,定子端部有无松动磨损,铁芯的固定情况,发现问题及时处理。加强定子线圈端部及引线固定情况检查,对定子线圈端部和引出线松动磨损处局部重新紧固,具备条件时采用改进技术或结构重新绑扎固定。

当发现槽楔松紧度不合格,需要对定子槽楔进行加固时,可根据需要配置楔下单层或双层波纹板对定子线棒施加径向的压紧力。对于槽楔下原是斜楔垫块的结构,改为波纹板后,在机组运行时可对定子绕组持续施加预紧力,增强线棒径向紧固性能,以避免长期运行过程中定子槽内松动对绝缘材料的磨损,进而引发其他问题。

严格按照规程要求进行各项电气绝缘试验,以便发现缺陷及时处理。

2. 深度调峰对定子铁芯的影响及应对措施

(1) 深度调峰对定子铁芯的影响。

旋转的转子加励磁后,相当于旋转的电磁铁,对定子铁芯产生使其变形的磁拉力,由此产生二倍频振动力,即椭圆振动。这也是定子铁芯振动的主要振源。

(2) 应对措施。

①制造工艺。

(a) 定子铁芯的刚度和弹性模量,使固有频率在工频和二倍频范围之外。

(b) 采用弹性定位筋或弹簧板隔振结构固定在发电机机座上,以减小铁芯和机座之间振动能量的传递。

(c) 铁芯叠压成型后须具备紧密度,叠压系数应保证在 0.95 以上,才能最大限度防止铁芯振动和温升因素引起的松动。

(d) 发电机定子铁芯和转子铁芯也要保证严格同心,否则会造成磁路的不平衡从而引起振动。

②运行及检修。

检修时对铁芯的松动程度进行检测,必要时进行紧固和紧力补偿。

3. 深度调峰对转子绕组的影响及措施

(1) 深度调峰对转子绕组的影响。

负荷调节时,转子铜线(热源)与转轴(温度低)存在铜铁胀差,产生相对转轴的热胀冷缩。此外,转子绕组要承受高速旋转的离心力,幅值变化较大的启、停应力以及膨胀收缩力的作用,这会使转子铜线产生蠕变,转子铜线特别是转子端部顶匝线圈的铜线容易因应力蠕变而发生变形,进而可能发展成匝间短路,严重时还会导致包间短路。绕组变形常伴随有槽绝缘磨损、匝间短路、绕组接地等。

(2) 应对措施。

①结构方面。

发电机转子结构优化。发电机为适应调峰、变负荷的基本要求,转子绕组必须考虑膨胀位移设计结构。可在护环下设计一定的膨胀间隙及弹性阻尼限位装置,以吸收形变,否则应对转子结构进行改造。

②针对转子运行中可能出现的问题,建议采取如下措施:

(a) 当停机检修时,首先利用内窥镜对转子端部结构进行检查,查看有无变形或其他异常,发现问题时应拔护环以进一步检查处理。

(b) 在调峰运行期间,密切关注转子电压、励磁电流、轴瓦振动,并结合有功、无功综合分析转子绕组是否存在异常。

(c) 加强电气试验检查,严格按照规程要求进行转子绕组直阻、交流阻抗、RSO 试验。

(d) 加装转子绕组一点接地保护系统。对发出一点接地保护报警的,应及时查明原因,防止发展成为两点接地。

(e) 完善转子线圈匝间短路在线监测手段,加装定子线棒振动测量、轴电压轴电流测量等在线监测装置,随时掌握深度调峰引发的发电机相关参数变化,以便应对深调的变化,为机组的可靠运行提供更好的保障。

4. 深度调峰对其他部位的影响及措施

(1) 影响。

受机组深度调峰影响,氢气温度变化增大,造成氢气压力波动增大,导致氢油压差波动增大,增大了发电机氢气泄漏的可能,同时也增大了发电机各密封件老化泄漏的速率,例如出线套管因电流变化引起导电杆膨胀收缩,增大了该部位漏氢的风险。

(2) 应对措施。

①结构工艺。

采用接触式油挡结构。必要时对油挡进行改造,更换为迷宫式油挡结构。

②检修和运行。

(a) 定期更换油密封座、端盖、人孔门等发电机本体橡胶密封件,加强橡胶密封件质量控制。

(b) 定期更换转子导电螺钉处橡胶密封件(2 个大修周期)。

(c) 检查测温元件穿墙密封状态,如果泄漏,则及时更换。
(d) 对出线套管密封情况进行评估,必要时更换出线套管。
(e) 定期检查、更换变形或磨损油密封环。

5. 典型案例分析及常见问题处理方法

(1) 典型案例分析。

初期能满足设计要求的发电机固定系统、绝缘系统,往往由于材料和工艺的分散性,其缺陷在带稳定负荷长期运行时并不会显露出来。只有在长期调峰运行时,发电机本身的电磁振动加上循环热应力的影响,才会使发电机的缺陷逐渐暴露并扩大而发生故障。

案例1:某厂3号发电机在运行中发生定子接地,开盖检查发现,发电机定子汽端槽口块大面积松动,11点半钟方向上层线棒被槽口块及其绑绳磨损严重,导致放电击穿,如图3-16所示。同时,汽励两端大面积槽口块发现不同程度松动磨损,如图3-17所示。

图3-16 定子汽端11点半钟方向23槽上层线棒放电痕迹

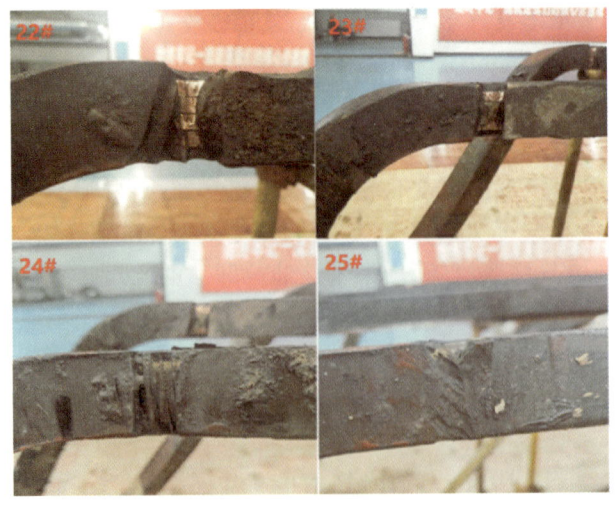

图3-17 多根上层线棒背部与槽口块绑绳接触位置磨损严重

原因分析：查询 3 号机 DCS 系统，根据历史曲线统计该机组在运行中深度调峰（负荷低于 300 MW）的次数，数据如表 3-2 所示。

表 3-2　3 号机历年深度调峰次数统计表

年份	2015	2016	2017	2018	2019	2020
调峰次数/次	39	40	59	35	21	164

从表 3-2 中可以明显看出，3 号发电机 2020 年深度调峰次数远高于之前 5 年每年的调峰次数，而 2015 年前该机组较少参与深度调峰。在发电机深度调峰过程中，由于定子电流大幅变化，定子线圈铜线温度随之产生较大变化，引起轴向膨胀收缩，但铁芯磁负荷并无明显变化，因而会产生铜铁膨胀差，所以频繁的调峰运行就容易导致定子线圈端部发生松动和磨损。同时该机组历史检修情况表明，2016 年抽转子大修、2018 年开盖小修检查期间对端部进行检查均未发现严重松动磨损现象。根据上述情况综合分析，除槽口块绑扎不牢这一主要原因以外，2020 年该机组深度调峰次数的激增对此次发电机定子槽口块松动磨损故障产生了一定影响，加速了松动磨损的过程。

案例 2：某电厂 1 号发电机型号为 QFSN-330-2-20B，2008 年投产。2019 年 4 月，在机组检修期间，对该发电机转子线圈端部进行内窥镜检查发现，部分顶匝线圈存在位移现象，8 号线圈顶匝与绝缘端环最小间隙小于 3 mm。退掉护环检查发现，端部顶匝线圈变形较为严重，通风孔变形严重。现场检查转子外观无异常，交流阻抗和极间电压合格。检查情况如图 3-18 和图 3-19 所示。

图 3-18　转子线圈端部横轴方向包间距离变窄

图 3-19　转子线圈端部横轴方向通风孔严重变形

原因分析：根据该机型的结构设计和运行状况分析，转子线圈端部变形的主要原因是转子端部结构无膨胀伸缩空间，线圈匝间没有加装滑移层。随着机组运行时间加长、深度调峰及变工况运行，特别是大幅度负荷波动、甩负荷等异常冲击次数增多，转子线圈逐步累积产生塑性变形，加上转子线圈包间环氧树脂绝缘块较短，当变形累积量超过两个线圈包间距离（设计值为 13 mm）时，就会引发包间短路，局部发热，严重时会造成设备损坏。

（2）常见问题及处理方法。

①发电机轴瓦振动超标。

分析振动频谱；负荷不变，改变汽励两侧冷氢温度，观察氢温和振动的关系；保持负荷不变，提高无功负荷，观察无功和振动的关系。

②发电机绕组、铁芯温度或温差超标。

及时记录并上报发电机运行工况及电气和非电量运行参数,不得盲目将报警信号复位或随意降低监测仪监测灵敏度;经检查确认非监测仪器误报,应立即取样进行色谱分析,必要时停机进行消缺处理;降负荷,观察温度是否有变化;检查定子三相电流是否平衡,定子绕组水路流量与压力是否异常,如果发电机的过热是由于内冷水中断或内冷水量减少引起,则应立即恢复供水;当定子线棒温差达 14 ℃,或定子引水管出水温差达 12 ℃,或任一定子槽内层间测温元件温度超过 90 ℃,或出水温度超过 85 ℃时,应立即降低负荷,在确认测温元件无误后,为避免发生重大事故,应立即停机;停机进行反冲洗、线棒流量试验、水压或气密试验、铁芯检查或试验。

③集电环打火。

检查刷辫是否完整、无变色,刷架无积垢,滑环进风孔无堵塞,碳刷不过短,碳刷顶端低于刷握顶端 3 mm 的碳刷应更换;用手上下轻拉碳刷刷辫,碳刷在刷盒内滑动自如、无卡涩现象,碳刷与刷盒间应有 0.1~0.2 mm 的间隙;碳刷弹簧无过热疲劳、弹力下降,检查其压力正常,用手上下轻拉碳刷刷辫,各碳刷压力均匀,如果发现压力明显减小的应及时更换。

④补氢量超标。

对发电机所有连接部位的人孔、端盖、手孔、二次测量引线端口、出线套管法兰及出线瓷套管内部密封、出线罩、氢冷器法兰等的氢密封部件都要进行详细认真的检查;多关注密封油系统的运行情况,保证氢油差在要求范围内。

⑤定子冷却水箱上部氢气体积分数或漏氢量超标。

对定子冷却水箱气相取样,测量氢含量;对冷却水进行取样化验,水中含氢量不大于 60×10^{-9};当冷却水箱上部氢气体积分数大于 10% 或漏氢量大于 5 m³/d 时,应立即停机。

⑥启机前封闭母线绝缘电阻不合格。

有条件的可加装热风保养装置,在机组启动前将其投入,母线绝缘正常后退出运行;在检修期间对封母内绝缘子进行耐压试验、保压试验,保压试验不合格禁止投入运行,并在条件许可时进行清擦;增加的主变压器低压侧与封闭母线连接的升高座应设置排污装置,定期检查是否堵塞,运行中定期检查是否存在积液;封闭母线护套回装后应采取可靠的防雨措施;检查支持绝缘子底座密封垫、盘式绝缘子密封垫、窥视孔密封垫和非金属伸缩节密封垫,如果有老化变质现象,应及时更换;分段测试处理受潮或查找内部绝缘受损部位。

⑦转子一点接地故障报警。

当发电机转子回路发生一点接地故障时,应立即查明故障点与性质,如果是稳定性的金属接地且无法排除故障,应立即停机处理;当发生两点接地故障时,应立即停机。

(3)建议。

我国大型发电机的设计、研制和应用时间均相对较短,基础理论和实验方面的短板较为明显,在绝缘材料本身性能评估、劣化趋势研究及剩余寿命评估等多个方面的技术研究均较为薄弱。当涉及具体工况分析时,相关阈值设置多以经验值为主,无法提供可供实际借鉴或参考的解析计算值。

目前,在定子主绝缘寿命诊断和评估方面,相关检测方法和标准仍处于实验室测试研究阶段,暂无成熟、可靠的方法。但是只要做到了以下工作,基本可以保障发电机在新的运行方式下安全运行。

①科研院工作。

(a)通过转子绕组直阻、交流阻抗、RSO 试验综合判断转子绕组是否存在匝间短路现象。

(b) 通过交、直流耐压试验判断定子绕组的绝缘状况。

(c) 利用机组大修抽转子膛内检查、端部模态振型分析。

(d) 了解、掌握机组深度调峰运行状况,及时指导电厂开展针对性检查和试验。

(e) 对机组可能存在的共性问题或隐患,应及时对发电企业发布排查预警。

(f) 与主机厂联合攻关,通过开展加速老化测试对能够准确表征定子主绝缘材料的性能、劣化趋势和寿命的参数进行提取或挖掘,形成评价方法和定量标准。

(g) 选择典型机组,记录实际运行工况,在每次检修时均对发电机各部件及附属系统开展状态评估,统计、观察、提炼、总结深度调峰对发电机的影响。

(h) 结合运行经验和新技术、新方法,修订发电机检修标准和状态评价规程,针对频繁参与深度调峰的发电机增补部分检查或试验项目。

② 电机厂。

发电机设计标准要求:大机组要具备一定的调峰能力。汽轮发电机转子各部件按寿命期间能启动 1 万次的要求设计,定子、转子绕组绝缘能经受 1 万次热循环试验(30 年×300 次/年)。

③ 发电企业。

(a) 在运行期间,密切关注转子电压、励磁电流、轴瓦振动,并结合有功、无功综合分析转子绕组是否存在异常。

(b) 认真统计机组深度调峰次数、深度相关数据,做好数据分析和比对。

(c) 定期计算发电机氢气泄漏率,如果超过要求范围或者手动补氢频率变大,要进行泄漏查找工作。

(d) 当漏氢监测系统发出报警提示时,在排除误报可能性后,应进行泄漏查找工作。

(e) 检修时仔细检查转子绕组端部有无变形,定子槽楔、线棒出槽口有无松动磨损,定子端部有无松动磨损,铁芯的固定情况。

(f) 深度调峰时,应控制负荷增减速度,不宜太快,保证胀差合格,避免疲劳。

(g) 加装必要的在线监测装置,并定期维护、加强管理。

(h) 合理制定机组检修计划和检修项目(借助机组检修计划,在两次 A 修中间至少安排开端盖检查一次,对调峰次数多、历史检修中问题较多的机组内检周期不宜超过一年)。

(i) 抽转子检查周期不宜超过 4 年。

(j) 加强与制造企业的沟通和合作,对已知典型缺陷或隐患采取集中攻关、逐台次优化的策略,提高制造企业优化积极性,避免同类事件反复发生。

(k) 大容量发电机制造技术迭代较快,部分设计缺陷或隐患会在长周期寿命中逐步显现,这对大型发电机运行、维护和评估等提出了更高的要求。检修时需要委托专业性更强的运行维护队伍,提高机组的检修效果。

3.2.4 环保系统灵活性技术

燃煤机组环保设施主要包括脱硝系统、除尘器、脱硫系统。随着机组深度调峰,机组利用小时数严重下降,运行工况持续恶化,其对环保设施存在不可忽视的影响:烟气温度下降影响脱硝正常投入;炉膛氧量升高导致脱硝入口 NO_x 浓度升高;烟气量降低导致脱硝流场分布不均、脱硫水平衡失衡;喷氨过量造成空预器结垢堵塞、布袋糊袋,造成引风机电耗升高等一系列问题。我国环保政策日趋严格,对燃煤电厂环保设施的运行状态及投运率也提出了更高的要求,任何影响环保设施运行的因素都是不可忽视的。因此,掌握机组环保系统灵活性技术是十分必要的。

1. 脱硝系统灵活性技术

(1) 低温催化剂技术。

低温催化剂技术的作用原理与传统的 SCR 烟气脱硝工艺基本相同,主要是通过催化剂成分调质使之在更低烟气温度下仍可起到催化作用,同时可将二氧化硫、水蒸汽带来的不利影响控制到可接受水平。低温催化剂在燃气、燃油等烟气低硫、低水的环境下已有一定应用,在燃煤锅炉上也已有个别应用业绩。从实际应用业绩来看,国电宁夏石嘴山发电有限公司、国家电投白山热电有限责任公司、浙江国华宁海电厂均安装了低温催化剂(280～420 ℃)。然而,由于上述应用 SCR 系统中均含有 1～2 层普通催化剂,其工作温度窗口为 300～420 ℃,在实际运行过程中,SCR 入口烟气温度不会低于 300 ℃,缺乏宽温差催化剂在 280～300 ℃ 温度窗口下的运行数据。

对于煤粉锅炉,采用低温 SCR 催化剂的优势是不需要对锅炉设备进行改造,一次性投入低,单台机组投资成本约为 400 万元;不足之处是考虑机组整个运行周期下催化剂的再生或更换,全周期的经济性并无优势。对于燃煤锅炉,烟气中水分、二氧化硫含量高,其最终使用效果还有待更长时期运行检验。

(2) 脱硝流场优化技术。

脱硝流场优化技术是指采用 CFD 模块对 SCR 烟气脱硝反应器入口烟道流场进行流体数值模拟,对脱硝系统入口烟道气流分布状况进行分析研究,采用加装或改装导流装置、烟气混合器的形式,对原烟气流场进行优化改造,从而达到 SCR 反应器内气流均布、氨气与烟气混合均匀、氨逃逸浓度显著降低、减少氨耗量、提高脱硝效率的先进技术,如图 3-20 所示。

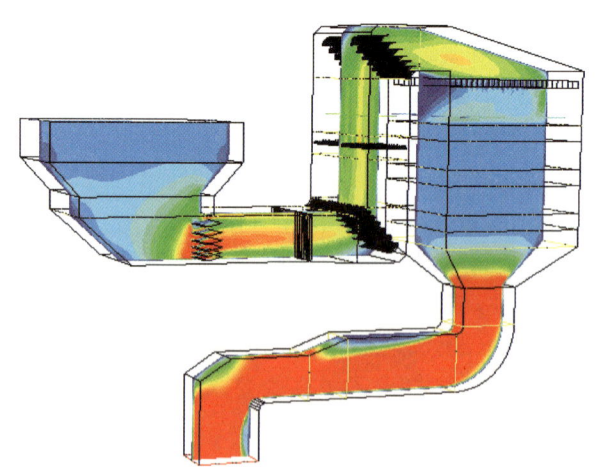

图 3-20 脱硝流场优化技术示意图

脱硝流场优化技术单台机组的投资约为 150 万元。某电厂两台 300 MW 机组采用脱硝流场优化技术改造后,SCR 脱硝系统年节约液氨量约 70.48 t,年节约 21.1 万元;催化剂寿命相对提高约 6%,同时减少催化剂磨损量 113.8 m³/年,每年节省催化剂费用至少 200 万元;空预器的冲洗周期大约从 5.5 月提高到 16 月,减少空预器检修费用及引风机电耗;企业年节支

226万元,回收期为1.33年。

2. 除尘系统灵活性技术

除尘器低负荷防堵技术。当机组在低负荷下运行时,一般不会对除尘系统造成影响。然而,当机组低负荷稳燃时会投入部分油枪运行,由于煤油混燃期间时间长、烟气温度低、燃烧不完全等原因,造成电除尘极线极板被油污污染,粘附后造成积灰,极线芒刺被包裹,存在电晕封闭、电除尘参数波动、除尘效率降低现象。油污还会粘附在电除尘器阴极悬吊瓷瓶内壁,导致瓷瓶绝缘逐渐降低,造成电场参数下降,甚至出现瓷瓶绝缘被击穿、电场短路的问题。

通过脱硝系统宽负荷脱硝技术改造,能够实现低负荷不投油稳燃即可解决上述问题,也可以通过其他助燃方式对燃烧器改造、改善,比如等离子燃烧器改造等。

3. 脱硫系统灵活性技术

(1) 脱硫低负荷优化技术。

当机组在低负荷下运行时,会对湿法脱硫系统的化学处理过程产生一定的影响。部分机组在低负荷下投入部分油枪运行,会导致脱硫吸收塔起泡、石膏含水率大且品质差、浆液中有黑色油沫、脱硫废水排放量大、系统水平衡控制困难、真空皮带脱水机滤布使用寿命降低等问题。

采用其他助燃方式改造燃烧器即可解决上述问题,同时,建议开展脱硫系统运行优化调整以对其运行进行改善。根据浆液循环泵优化试验情况制定脱硫系统最优运行指导建议,在不同负荷、不同入口 SO_2 浓度时,确定最佳的浆液循环泵组合方式、pH 设定值、氧化风机的运行方式、吸收塔液位等基本运行的设定,指导运行人员以此来调整运行方式,从而提高脱硫运行尤其低负荷运行的经济性,提高脱硫系统副产品的品质。脱硫系统运行优化调整主要涵盖如下几个方面:

①浆液循环泵运行优化调整。

②氧化风机运行优化调整。

③石灰石制浆系统优化调整。

④浆液 pH 值优化调整。

⑤脱硫塔液位及浆液密度优化调整。

⑥石灰石浆液密度优化调整。

⑦除雾器冲洗优化调整。

某电厂1号机组脱硫系统通过一系列优化调整:

①通过测试手段查找公用系统的运行缺陷,在确保脱硫系统水平衡前提下,优化石灰石制浆系统的用水,提高公用系统循环运行的效率,降低设备运行能耗。

②通过脱硫水系统出力测试、脱硫水系统平衡测试诊断,从脱硫水系统的内漏、溢流、节水等方面进行合理优化,从而优化脱硫系统的补水方式,确保脱硫系统在全负荷工况下的水平衡。

③针对机组高中低负荷、原烟气高中低 SO_2 浓度的运行工况,在确保出口污染物浓度达标排放的同时,结合理论计算,优化吸收塔和预洗塔浆液循环泵组合方式以及氧化风机合理的运行台数,核准优化运行后的脱硫厂用电率变化,并就脱硫运行人员的运行习惯提出指导意见。

(2) 脱硫系统水平衡控制技术。

大多数机组在低负荷运行时,会发生脱硫系统水平衡失衡问题。脱硫系统的主要水耗是烟气蒸发量,当机组调峰至20%~30%时,脱硫入口烟气量大幅度下降,只有满负荷时的35%~40%,烟气蒸发携带水量大幅减少,原有除雾器冲洗水、设备冷却水、密封水、吸收塔补浆等进入吸收塔,会导致吸收塔液位升高,出现吸收塔液位难以控制的问题。

解决措施:进行机组低负荷运行脱硫水平衡精细化控制,主要围绕减少脱硫系统的补水量,降低环保设备的冲洗水、冷却水、密封水等方面展开,具体措施包括:

①减少除雾器冲洗频次,减少除雾器冲洗水量。

②合理控制供浆量,尽量提高新鲜石灰石浆液的密度($1\,200$~$1\,250\ \text{kg/m}^3$),将吸收塔浆液pH值控制在较低的水平(5.0~5.6),在SO_2达标排放的前提下,少补浆。

③设备机封水、冷却水进入制浆系统。

3.2.5 深度调峰对锅炉设备安全性的影响

1. 深度调峰对锅炉低负荷稳燃的影响

当锅炉低负荷运行时,由于入炉燃料的减少、一次风煤粉浓度的降低和过量空气系数的增加,炉膛内的整体温度水平下降,抗干扰能力降低,因此燃烧的稳定性下降。当锅炉负荷降低到一定程度的时候,就会出现燃烧不稳定情况,这时如果要继续维持锅炉的安全运行,就需要投油助燃,从而要消耗燃油。锅炉稳燃能力越强,最低不投油稳燃负荷就越低。

(1)精细化燃烧调整。

包括控制合适一次风速大小及其偏差、降低煤粉细度、合理配风方式、合理控制运行氧量、选择合适磨煤机投运方式等。

(2)强稳燃型燃烧器改造。

对于直流燃烧器,应选用以稳燃齿及钝体为特征的浓淡煤粉燃烧技术,当调峰要求更高时,可采用新型带预燃室的浓淡燃烧器;对于旋流燃烧器,应选用强化着火的旋流煤粉燃烧器。

(3)助燃设备改造。

包括大功率等离子点火燃烧器、等离子纯氧燃烧技术、微油富氧燃烧技术等。

2. 深度调峰对锅炉本体设备安全性的影响

(1)直流炉水动力安全性降低。

在超低负荷工况下,燃烧器运行方式为投运上层燃烧器,炉内热流密度发生变化。尤其是针对超临界机组,应着眼深度调峰负荷下干湿态频繁转换控制问题。当机组在降低负荷时,将可能造成部分锅炉的分离器出口工质过热度消失,分离器开始逐渐出现水位,锅炉逐步进入湿态运行状态。当锅炉进入湿态运行状态时,对于配备炉水循环泵的锅炉,在长期运行模式下通常需要启动炉水循环泵,以保证锅炉水冷壁的水动力安全及减少能量损失。炉水循环泵是一种较易出现故障的重要辅助设备,机组长期低负荷运行,特别是负荷升降频繁,给炉水循环泵的安全运行提出了更苛刻的要求。在30%及以下负荷深度调峰时,基本需要转态,所以更要时刻关注炉水循环泵状态,保证其随时进行干湿态转换。

在运行中,采取加强壁温监视、及时调整控制、防止超温爆管;严格控制机组变负荷速率、主汽压力、主/再汽温度变化速率;加强分离器过热度控制,确保合理的煤水比;加强燃烧调整,防止锅炉热偏差大。

目前,随着超临界及超超临界技术在中国电站锅炉上的应用,锅炉的设计及运行方式也出现了相应的改变。由于部分超临界及超超临界锅炉在炉膛下辐射区使用螺旋管圈水冷壁结构,在炉膛上辐射区的低热强度区域使用垂直管屏结构,使该型号锅炉在运行中出现了垂直水冷壁热应力随负荷而变化的问题。某电厂超临界锅炉在运行中垂直水冷壁出口处出现多处裂纹,导致垂直水冷壁失效,锅炉停运。为了找出导致垂直水冷壁裂纹产生的原因,笔者对该电厂超临界锅炉垂直水冷壁出口处裂纹的特点和垂直水冷壁出口处管子壁温、锅炉给水量、给煤量及分离器出口压力等运行参数曲线进行了分析,提出了控制裂纹产生的应对措施,为该型锅炉的正常运行及改造提供了借鉴。

①设备概况。

该电厂锅炉为 350 MW HG-1110/25.4-HM2 型超临界直流锅炉,采用Ⅱ型布置、平衡通风、一次中间再热、固态排渣、全钢构架、全悬吊结构。锅炉为单炉膛,宽 14.627 3 m,深 14.627 3 m。在 BMCR 工况下,锅炉过热器出口蒸汽压力为 25.4 MPa,温度为 571 ℃;再热器蒸汽出口压力为 4.287 MPa,温度为 569 ℃;给水温度为 284.1 ℃。

锅炉制粉系统为中速磨正压直吹式系统,配置 6 台 HP863 型中速磨煤机,煤粉细度 $R_{90}=37\%$。SOFA 燃烧器布置在主燃烧器区上方炉膛的四角,以实现分级燃烧,降低 NO_x 的排放。

锅炉汽水流程以内置式汽水分离器为界成双流程,锅炉启动系统由内置式汽水分离器、贮水箱、水位控制阀等组成。水冷壁为膜式水冷壁,从冷灰斗进口一直到中间混合集箱之间为螺旋管圈水冷壁,经中间集箱过渡转换为垂直管屏,并形成上炉膛的前墙、侧墙、后墙及后水吊挂管。在垂直水冷壁出口处每 8 根管安装了 1 个温度测点,水冷壁出口集箱经小连接管汇集到下降管入口,经下降管进入布置在折焰角处的汇集箱,分别经折焰角进入水冷壁对流管束和经水平烟道侧墙入口集箱进入水平烟道侧墙,从水平烟道侧墙和对流管束的出口集箱引入汽水分离器。

②垂直水冷壁出口处裂纹位置及外貌特征。

电厂超临界锅炉在运行中垂直水冷壁出口处多处泄漏,导致垂直水冷壁失效,锅炉停运。停炉后,检查发现前侧、后侧、左侧、右侧墙垂直水冷壁出口处出现多处横向裂纹。垂直水冷壁出口处裂纹照片如图 3-21 所示。

 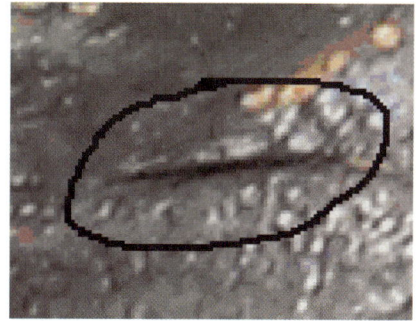

(a) 裂纹远景照片　　　　　　　　　(b) 裂纹近景照片

图 3-21　垂直水冷壁出口处裂纹照片

裂纹出现于垂直水冷壁出口处,靠近集箱的焊口,位于锅炉的非受热部位,而且出现裂纹的位置全部位于两管之间,呈横向状态,左右两侧全部存在,同时蒸汽从裂纹中吹出,吹薄了邻近水冷壁管。

③裂纹产生的原因分析及控制措施。

(a) 裂纹产生的原因分析。

为了找出导致锅炉垂直水冷壁出口处产生裂纹的原因，调取了机组从50%BMCR至35%BMCR工况下锅炉滑停运行过程中，垂直水冷壁出口处相邻温度测点的温度曲线及对应的给水量、给煤量及分离器出口压力曲线，其参数曲线如图3-22所示。图3-22(a)为锅炉滑停运行过程中垂直水冷壁出口处相邻8个温度测点的温度曲线，21时41分45秒的温度值如表3-3所示，21时49分25秒的温度值如表3-4所示。图3-22(b)为对应壁温时间段内的锅炉给水流量、汽水分离器出口压力、锅炉总给煤量的运行参数曲线。

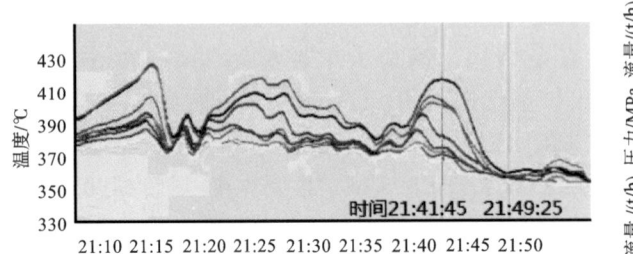
(a) 锅炉垂直水冷壁出口处温度曲线图

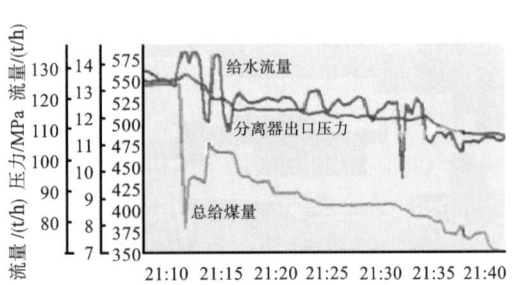
(b) 锅炉滑停相关运行参数曲线图

图3-22　锅炉滑停运行过程中参数曲线图

表3-3　21时41分45秒对应曲线从高到低的温度值

名称	温度1	温度2	温度3	温度4	温度5	温度6	温度7	温度8
数值/℃	415.6	394.1	390.7	362.1	351.8	347.0	344.6	340.5

表3-4　21时49分25秒对应曲线从高到低的温度值

名称	温度1	温度2	温度3	温度4	温度5	温度6	温度7	温度8
数值/℃	335.7	329.8	328.5	329.2	326.6	327.3	327.0	326.6

从图3-22(a)和表3-3可以看出，垂直水冷壁管间存在温度差，从时间21时41分45秒的温度值(表3-3)可以发现温差值最大值达到75.1℃。考虑到不是每根管都安装有温度测点，所以部分管的温度偏差可能更大，较大的温度偏差导致管子伸缩不同而产生较大的管间应力。对比表3-3和表3-4可以发现，垂直水冷壁出口处管温出现较大降低且快速变化，降低幅度达到79.9℃，变化速率达到10.4℃/min，远大于垂直水冷壁管温允许变化速率2.5℃/min。管间较大温差及管温快速变化，对管材和集箱都会产生较大的热冲击，以致爆裂。所以可以确认垂直水冷壁出口处裂纹的原因为管间较大温差和管温快速变化产生的热应力引起的。对比图3-22(a)和图3-22(b)还可以发现，锅炉给水流量的变化与垂直水冷壁管温的波动存在对应关系。

(b) 水冷壁温度偏差特点。

为找出垂直水冷壁温度偏差与负荷的关系，分别调取了锅炉完整的升负荷过程中垂直水冷壁出口处温度曲线和降负荷过程中垂直水冷壁出口处温度曲线，如图3-23所示。图3-23(a)为锅炉垂直水冷壁出口处温度在升负荷过程中的曲线，图3-23(b)为锅炉垂直水冷壁出口处温度在降负荷过程中的曲线。

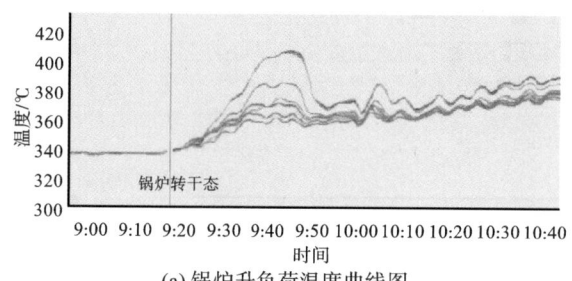
(a) 锅炉升负荷温度曲线图

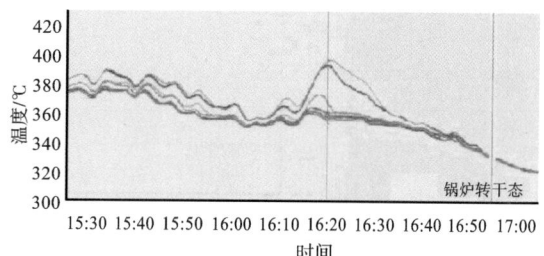
(b) 锅炉降负荷温度曲线图

图 3-23 锅炉升、降负荷过程中垂直水冷壁出口处温度曲线图

从图 3-23 可以看出,管间温度偏差较大一般出现在锅炉转干态后的低负荷工况下,其中,80%BMCR 工况下的锅炉垂直水冷壁出口处对应图 3-23 位置的温度值,如表 3-5 所示,25%BMCR 工况下的垂直水冷壁出口处对应图 3-23 位置的温度值,如表 3-6 所示。

表 3-5　80%BMCR 工况下的温度值

名称	温度 1	温度 2	温度 3	温度 4	温度 5	温度 6	温度 7	温度 8
数值/℃	433.6	430.1	430.7	428.9	428.3	427.7	427.2	423.9

表 3-6　25%BMCR 工况下的温度值

名称	温度 1	温度 2	温度 3	温度 4	温度 5	温度 6	温度 7	温度 8
数值/℃	325.6	323.4	322.7	321.8	320.7	320.4	320.2	322.0

从表 3-5 可以看出,垂直水冷壁出口处温度偏差较小,温差最大值为 9.7 ℃,在锅炉大负荷运行工况下,温度虽然较高,但偏差不大。从表 3-6 可以看出,在锅炉湿态运行工况下,垂直水冷壁出口处温度分布均匀,偏差较小,最大值为 3.6 ℃。因此,垂直水冷壁管间较大温差一般出现在转干态后的低负荷工况下。

(c) 控制裂纹产生的措施。

• 由于垂直水冷壁管间较大温差一般出现在锅炉转干态后的低负荷工况下,因此应尽量减少锅炉在转干态后的长期低负荷运行。

• 在锅炉转干态后的低负荷工况下,运行人员应加强垂直水冷壁出口处壁温的监视,出现较大偏差时及时调整。

• 由于锅炉给水流量的变化与垂直水冷壁管温的波动存在对应关系,建议锅炉在运行中改进给水自动和给煤自动对水煤比的调整能力,防止负荷变化过程中的水煤比失调。

• 对垂直水冷壁靠近集箱附近的水冷壁管鳍片进行切割,对出现管座裂纹的端部管路进行管路绕弯改造,增加应力释放能力。

(d) 运行措施有效性的验证。

对锅炉垂直水冷壁裂纹处理完成,且水压试验合格后锅炉点火。在锅炉转干态后,给水自动切除,由运行人员按照控制裂纹产生的措施进行升负荷,当负荷大于 75%BMCR 后,投入锅炉给水自动。锅炉在升负荷期间,对应图 3-22 位置的垂直水冷壁出口壁温如图 3-24 所示,对应图 3-22 位置温差最大值点的温度如表 3-7 所示。

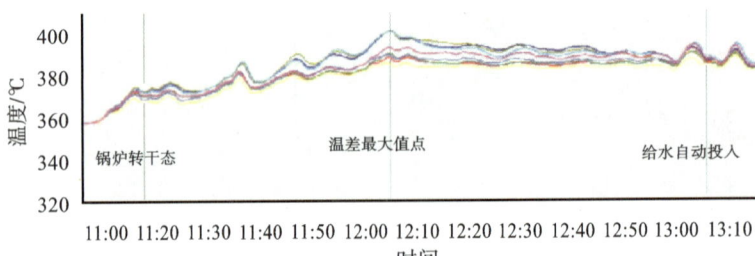

图 3-24 锅炉垂直水冷壁出口处温度曲线图

表 3-7 采取措施后温差最大值点的温度值

名称	温度 1	温度 2	温度 3	温度 4	温度 5	温度 6	温度 7	温度 8
数值/℃	407.7	405.9	404.1	387.5	387.4	383.9	381.8	381.5

由图 3-24 和表 3-7 可以看出,锅炉垂直水冷壁出口处温度较大偏差虽然在转干态后的低负荷工况下仍然存在,但在运行人员的干预下,温度偏差变小,最大为 26.2 ℃,且温度波动幅度变小。在负荷大于 75%BMCR 后,给水自动投入,垂直水冷壁出口温度虽有波动,但偏差不大,垂直水冷壁出口处未再发生裂纹,验证了控制裂纹产生措施的有效性。

④结论及建议。

针对某电厂超临界运行锅炉垂直水冷壁出口处出现多处裂纹导致锅炉停运的问题,经过对裂纹位置及外表特征、锅炉运行参数曲线进行分析,得出如下结论及建议:

(a) 锅炉垂直水冷壁出口处裂纹是由管间较大温差和管温快速变化产生的热应力引起的。

(b) 锅炉垂直水冷壁管间较大温差一般出现在锅炉转干态后的低负荷工况下。

(c) 锅炉给水流量的变化与垂直水冷壁管温的波动存在对应关系。

(d) 建议该型锅炉尽量减少转干态后的长期低负荷运行,并加强垂直水冷壁出口处壁温的监测,出现较大偏差时及时调整。

(e) 建议该型锅炉在运行中改进给水自动和给煤自动对水煤比的调整能力,防止负荷变化过程中的水煤比失调。

(f) 建议对垂直水冷壁靠近集箱附近的水冷壁管鳍片进行切割,对出现管座裂纹的端部管路进行管路绕弯改造,增强应力释放能力。

(2) 烟道塌灰。

当机组在深度调峰低负荷下运行时,锅炉水平烟道区域烟速降低,过低的烟速无法带走沉积在水平烟道区域的积灰,特别是燃用高灰分煤质锅炉,积灰高度甚至达 1 m 以上。当炉膛负压波动时,很可能出现水平烟道塌灰,造成炉膛负压波动甚至灭火等事故。

通过监控烟气温度、壁温、蒸汽温度、负压等锅炉运行参数,确保吹灰可靠、有效,最大限度地降低低负荷吹灰扰动和风险。必要时还可以设置水平烟道吹灰装置或进行已有的吹灰器设备优化,消除其影响。

吹灰系统改造投资小、工程简单、运行稳定、操作方便,主要适用于水平烟道区域积灰严重的机组,特别是燃用高灰分煤质锅炉,单台机组投资须根据实际改造吹灰器数量确定。

长期低负荷运行需要考虑烟道积灰后烟道载荷增加的情况,开展烟道结构强度和基础校核,必要时增加除灰清灰装置。目前,防止低负荷水平烟道积灰的主要措施有加装蒸汽吹灰器、加装压缩空气风帽、增加落灰斗等。

某电厂1号机组锅炉为SG-2028/17.5-M916,上海锅炉厂有限公司设计和制造的亚临界压力、一次中间再热、控制循环汽包炉。锅炉采用摆动式燃烧器调温、四角布置、切向燃烧,正压直吹式制粉系统、单炉膛、Ⅱ型露天布置、固态排渣、全钢架结构、平衡通风。

2015年5月9日08时21分,锅炉炉膛压力突然升高至321.6 Pa,B侧烟道温度持续下降,至8时30分脱硝入口温度已由326℃降至237℃。运行人员和检修人员就地检查确认,B侧脱硝进口烟道下降,烟道非金属膨胀节撕裂。

①原因分析。

(a)脱硝入口膨胀节拉裂原因分析。

从现场标高42.697 m处膨胀节损坏处观察,烟道从与其固定的吊架上脱落并下沉,下沉高度约为40 cm。由于烟道的整体下沉造成非金属膨胀节处撕裂。

对吊挂点处焊接部位检查发现,原设计的主要吊挂承力点处已被撕裂,右侧工字钢下平面的钢板受撕拉应力而变形,如图3-25所示。

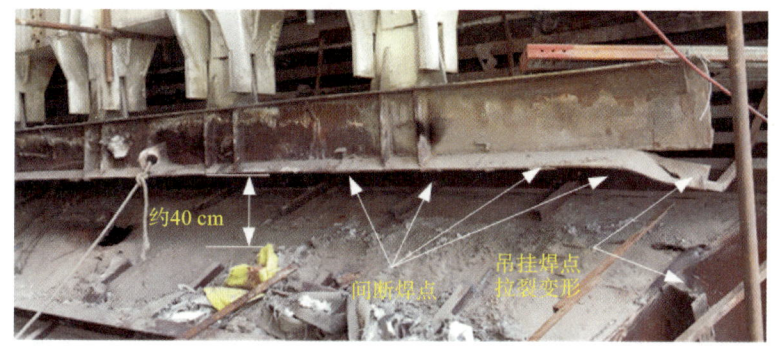

图3-25 吊架撕裂情况

据了解,停炉后检查该侧烟道内B侧积灰高度约2.8 m,估算积灰质量达到230 t,远超过原设计100 t吊挂装置的荷载能力。

从现场勘察及积灰检查情况判断,烟道下沉的原因系烟道及积灰质量超过吊挂装置的荷载强度而造成焊点开裂、烟道下沉后将膨胀节撕裂。

(b)积灰原因分析。

·设计烟气量分析

根据机组脱硝设计说明书,脱硝设计的基准点为锅炉蒸发量1 790 t/h,对应的标准烟气量为2 200 000 Nm³/h,按上面数据选择脱硝入口烟道尺寸为3 800 mm×14 000 mm。计算得脱硝入口膨胀节处的烟气流速为15.3 m/s,烟速的选取符合脱硝设计要求。

但是经过对几个煤种的烟气量核算后发现,如表3-8所示,即使电厂锅炉负荷达到BMCR工况,所产生的烟气量也仅能达到2 020 000 Nm³/h左右,较设计值偏低约10%。这样造成实际运行过程中,即使在BMCR工况下脱硝入口处的烟气流速仅能达到13.79~14.05 m/s。

表3-8 BMCR工况下烟气流速计算表

项目	单位	设计选型	设计煤质	校核煤质	实际煤质
锅炉蒸发量	t/h	1 790	2 028	2 028	2 028
煤质低位发热量	kJ/kg	—	23 348	21 013	15 350

续表

项目	单位	设计选型	设计煤质	校核煤质	实际煤质
总燃料量	t/h	—	243.210	271.597	369.933
过量空气系数		—	1.25	1.25	1.25
最大烟气量	Nm³/h	2 200 000	1 983 577	2 004 991	2 019 759
烟气温度	℃	353	353	353	353
当地大气压力	kPa	88	88	88	88
膨胀节处烟道面积	m²	53.2	53.2	53.2	53.2
膨胀节处烟道负压	Pa	−795	−795	−795	−795
膨胀节处流速	m/s	15.30	13.79	13.95	14.05

如果负荷偏低时，使烟气流速达到 8 m/s（脱硝设计厂家认为积灰发生时的最低流速）以下，则很容易造成脱硝入口积灰。如果需要将该处烟气流速控制达到 8 m/s，则必须将负荷控制在 380 MW 以上。各负荷点下的烟气实际流速如表 3-9 所示。

表 3-9 各负荷点下的烟气实际流速

负荷/MW	600	472	330
烟气入口温度/℃	353	326	300
烟气流速/(m/s)	13.80	9.84	6.95

如果按脱硝入口烟气量 2 000 000 Nm³/h 及脱硝入口烟气速度 15 m/s 设计，入口截面积约为 49 m²，积灰开始出现的负荷点约为 345 MW。

以上分析说明，脱硝入口烟气量选择偏大，使积灰发生的最低负荷点提高，对积灰的发生有一定的影响。

- 积灰粒径分析

据了解，电厂专业人员对烟道内积灰取样发现，该处积灰颗粒相对较粗，外观及手感类似沙子状物体，表明积灰中含有 SiO_2 成分。根据飞灰粒径及成分、飞灰携带终端速度进行核算，按本次事故前负荷点为 472 MW 计算，未能携带走（在烟道内循环）的飞灰粒径约在 1.14 mm，具体如表 3-10 所示。

表 3-10 飞灰携带的终端速度

对应的负荷/MW	240	345	472	600
终端速度 μ_t/(m/s)	5.05	8.0	9.84	15.3
可携带飞灰粒径 d_p/mm	0.63	0.95	1.14	1.65

注：对应负荷 472 MW，为本次烟道膨胀节撕裂时的负荷。

计算结果同时表明，燃烧过程中烧结物粒径的大小及 SiO_2 含量的多少对飞灰携带的终端速度有较大的影响。

(c) 结论及建议。

根据省煤器出口至脱硝入口段烟道附近的钢结构位置，论证增加该段风道倾斜角度的可行性。根据倾斜烟道积灰的理论公式，必须将烟道倾斜角度增加至 45°以上。

(3) SCR 无法投运。

火电机组普遍采用选择性催化还原法 (SCR) 的脱硝工艺。目前广泛应用的脱硝催化剂是钒钛基催化剂,其最佳的投入烟温区间为 305~400 ℃。当脱硝入口烟温过高时,易引起催化剂烧结;当脱硝入口烟温过低时,催化剂性能下降,会导致喷氨量增加,氨逃逸增加,引起催化剂堵塞等问题。为实现脱硝设备的长期稳定可靠运行,应使脱硝装置在整个调峰负荷范围均满足投入条件。平板催化剂外观如图 3-26 所示,催化剂效率与烟温关系曲线如图 3-27 所示。

图 3-26 平板催化剂外观

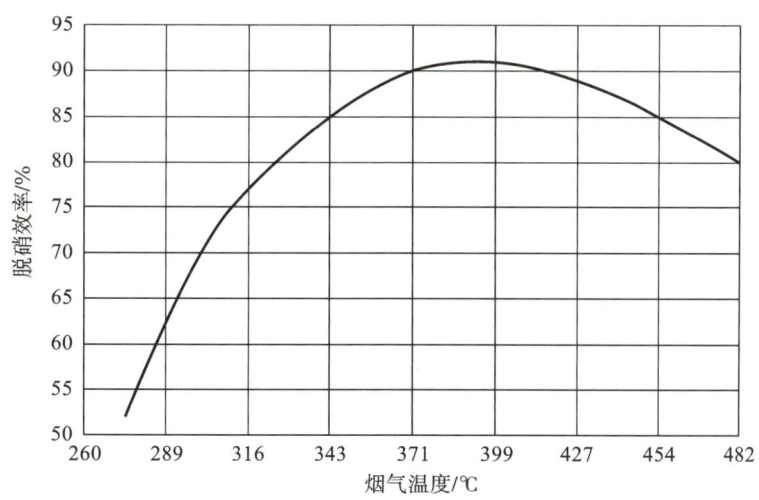

图 3-27 催化剂效率与烟温关系曲线

主要推荐尾部烟气旁路和省煤器分级结合的改造措施。

某 660 MW 超临界汽轮发电机组在负荷 335 MW 时,脱硝入口烟温已低至 290 ℃,无法满足 SCR 正常负荷范围内脱硝喷氨需要,须采取措施提高 SCR 入口烟温。该厂首先对省煤器进行分级改造,满足 43% THA 负荷下脱硝入口烟温不低于 315 ℃,且在 75% THA~43% THA 负荷区间不影响锅炉效率降低。如果按 300 ℃ 作为最低脱硝投入控制温度,则可在 34% THA 负荷时投入脱硝装置,完全可满足最低稳燃负荷范围内的调峰要求。

在省煤器分级改造的基础上,进一步实施低温再热器前烟气旁路方案,如图 3-28 所示,使机组在 30%THA 工况下脱硝入口烟温不低于 316.5 ℃;并网时采用 40%烟气份额,脱硝入口烟气温度达到 271.8 ℃,参考其他并网即投脱硝电厂的经验及并网后烟气温升速度较快的经验,可实现并网即投脱硝装置。

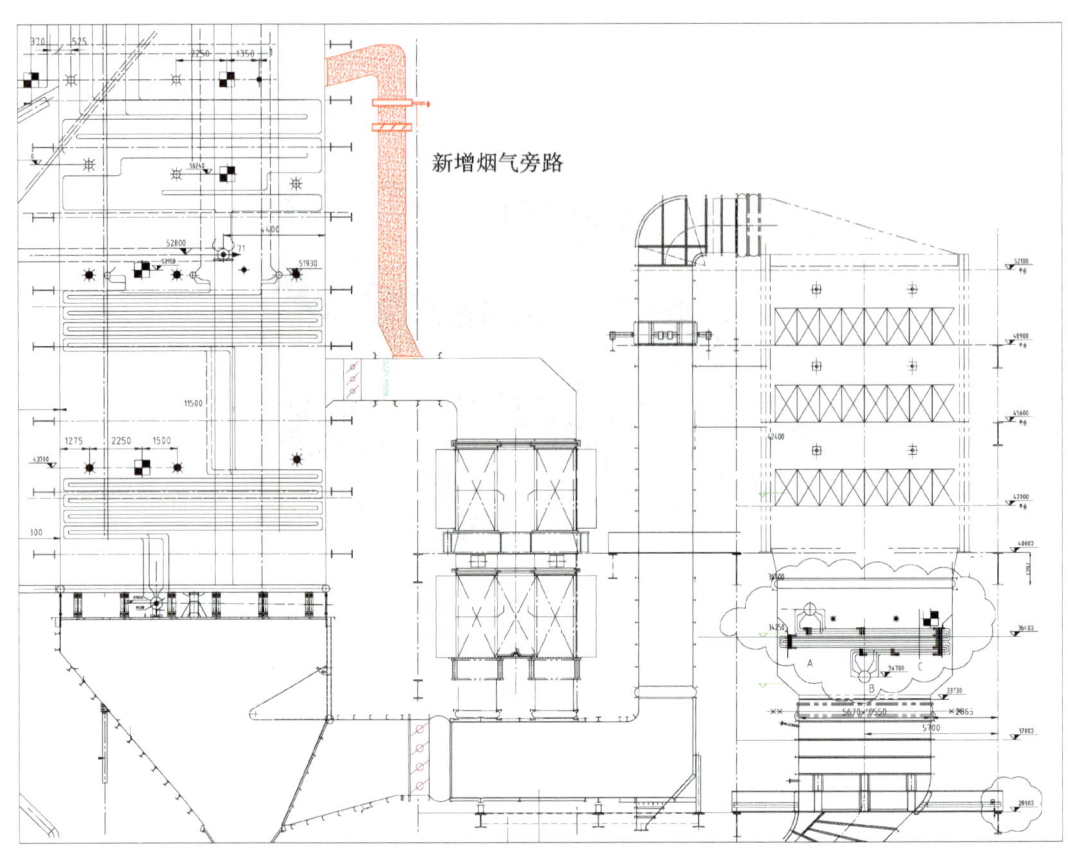

图 3-28　低温再热器前烟气旁路系统

3. 深度调峰对锅炉辅助设备安全性的影响

(1) 空预器粘堵。

在深度调峰时,随着锅炉负荷的下降,烟气温度降低;同时炉内过剩空气系数增大,炉内燃烧过程中 SO_2 转化为 SO_3 的比例升高,使 SCR 入口 SO_3 浓度增加,进一步增大了 ABS 的生成量,加上空预器换热片温度降低,ABS 沉积段上移,容易在高温段出口、低温段入口形成跨层沉积,空预器堵塞的风险增大。

对于空预器堵塞和低温腐蚀,须降低氨逃逸率和提高空预器的冷端综合温度,开展喷氨优化调整与控制,在低负荷下通过投运暖风器、热风再循环等方式提高空预器入口风温;或采取暖风器与低温省煤器联合系统,利用烟气余热加热冷一、二次风,将空预器入口风温提高至 50~70 ℃,缓解空预器堵塞和低温腐蚀。

(2) 风机喘振及失速。

在深度调峰时,机组负荷降低工作点且离失速线越来越近,容易引起风机失速喘振,对风机运行的可靠性产生不利影响。离心风机和动叶调节风机风险较小,一般不存在问题;静叶调节风机低负荷工作点离失速线较近,易发生喘振和失速。

锅炉在由 50%THA 向低负荷 40%THA、30%THA 减负荷的过程中，易出现引风机喘振的问题。由引风机出口引出一路烟气，送回引风机入口，在系统总阻力不变的情况下，使引风机内部烟气量增加，使风机的工作点水平向右漂移，提高风机的失速裕量，提高风机的安全性，如图 3-29 所示。

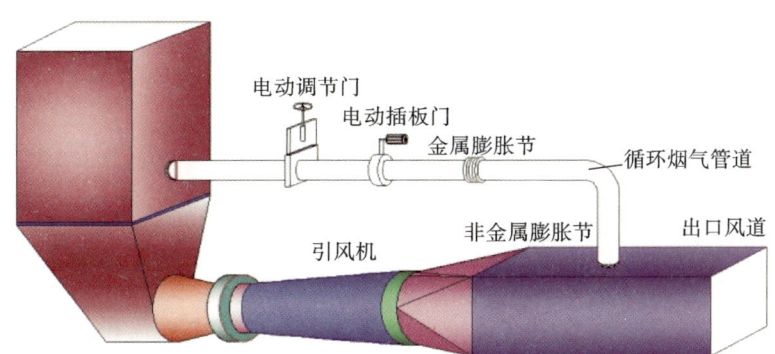

图 3-29　引风机失速改造方案

（3）燃料中断。

深度调峰工况常态化运行，磨煤机运行台数少，必须确定运行磨对应煤仓下煤的可靠性，严防堵煤、断煤的发生。

在 30% 及以下负荷深度调峰时，须燃用更加稳定优质的煤（尽量燃用高挥发分、低水分、低灰分煤种），来保证低负荷的稳燃，减少煤质波动对磨煤机造成的影响。合理分配制粉系统运行方式，充分考虑深度调峰持续时间，对于短时间深度调峰的，可以采用旋转备用运行方式。对于双进双出制粉系统，可以采用如图 3-30 所示双煤仓方案，优化运行方式。

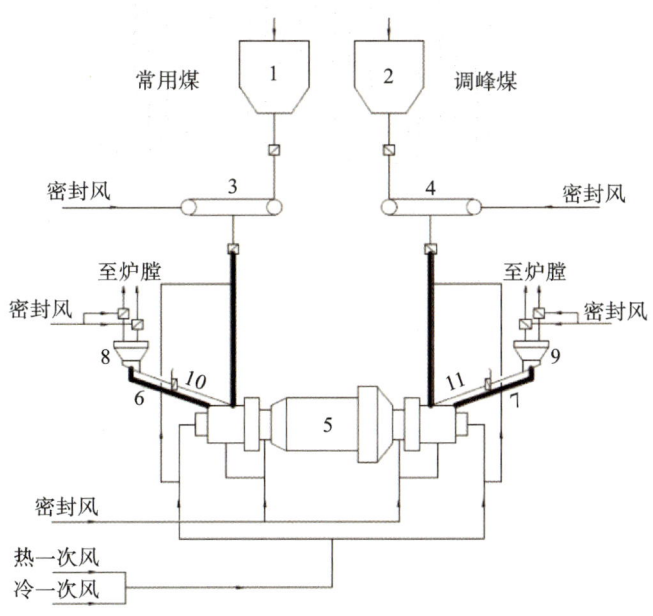

图 3-30　双煤仓方案

3.2.6 制粉系统灵活性技术

1. 风粉在线监测技术

(1) 目前的问题。

在设计锅炉时,均假设每个燃烧器都燃用条件相同的煤粉气流,即煤粉浓度、喷口速度、煤粉细度等均相同,以使各燃烧器表现出相同的性能。而锅炉在实际运行中,均存在着火焰偏斜、热负荷不均匀等问题,影响机组运行的可靠性和经济性。

大量的实践经验表明,同台磨煤机出口煤粉管道对应燃烧器之间的一次风粉分配不均匀,是出现上述问题的重要原因。由于一次风粉分配不均匀的问题普遍存在于直吹式制粉系统和中储式制粉系统,因此实现对一次风粉参数的在线监测及调整具有重要意义。

(2) 一次风粉在线监测实现的功能。

部分采用超声波传感器原理的一次风粉在线监测系统可实现煤粉流速及煤粉浓度的测量。但根据燃烧调整的需要,运行人员需要获得更多、重要参数的支持,以掌握和控制炉内燃烧效果或燃烧质量。最新采用电离子辐射(电容+静电)原理的风粉测量设备可实现对煤粉速度、煤粉浓度、颗粒细度、质量流量、煤粉热值、煤粉水分等6个参数的在线测量。

(3) 多参数风粉在线监测技术。

一次风粉在线监测系统一般由在线煤粉流动参数测量系统、煤粉分配调节系统以及数据处理中心柜等三部分组成,如图3-31所示。

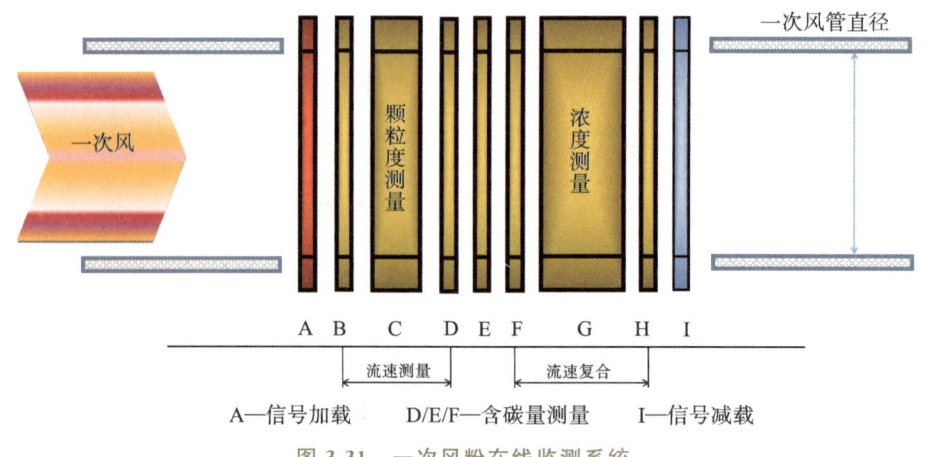

图3-31 一次风粉在线监测系统

传感器结构是空间包容结构的一体化传感器结构。采用交流静电离子辐射测量法、带有煤粉颗粒表面静电离子增强技术(确保测量精度)、无源测量方式的传感器测量机理(确保本质安全)。传感器内径与一次风管的内径一致,传感器元件无突出部件,采用特殊制造工艺且内壁光滑,能承受高温高压。传感器为一体式结构,不可拆卸,材质耐磨,设计寿命长。

SES系列数据中心柜:可对每根粉管中的煤粉的流速、浓度、质量流量、煤粉颗粒细度、煤粉热值、煤粉含水量、煤粉分布状态等7个参数进行测量和在线显示;能够分析、显示每组(一台磨机为一组)系统中每根粉管中风粉的分配比例状况;能够对粉管中煤粉颗粒细度是否合适于优化燃烧进行预判和报警;能够对煤粉分配控制阀进行自动调节、控制,最多可以分析、处理、控制 100 路风管;能够输出控制信号,通过执行机构、阀门自动平衡每组风管中的风粉比例;能够配备 4-20 mA、HART、RS485、RS232、MODBUS 等专用通信接口和通信协议,以便接入 DCS 系统。

煤粉分配控制系统是一次风粉在线监测系统的关键部件,它根据在线煤粉流量监测系统提供的数据,通过改变专门设计的分配阀门控制每个支管内煤粉的输送量,以平衡每个输煤管道煤粉的流量、浓度、流速。需要注意的是该分配阀门需要在原有的可调缩孔配合下进行调整,方可发挥其作用,因此原有的可调缩孔需要保留。煤粉分配控制阀如图 3-32 所示。

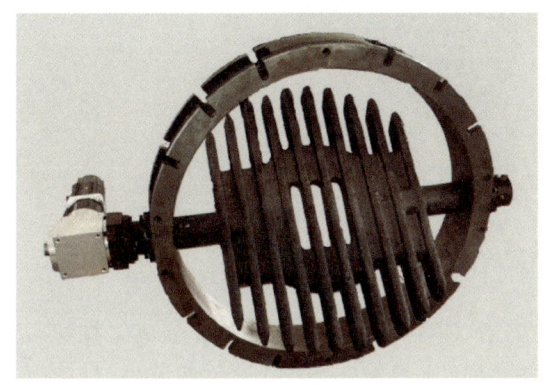 

图 3-32　煤粉分配控制阀

(4) 多参数风粉在线监测系统的优点。

动态煤粉调节挡板,也称动态可调缩孔,在原可调缩孔的基础上进行二次风量分配调整,使各管一次风速更加均匀。

多参数测量的实现,为指导锅炉燃烧优化创造了有利的条件。

2. 动态分离器技术

(1) 目前的问题。

热重试验结果表明,随着煤粉细度的减小,煤粉燃烧热重曲线的分界更明显,着火温度降低,煤粉的着火点提前,着火特性有所改善;随着煤粉细度的减小,煤粉燃烧的高、低温段的活化能减小。活化能越小,煤粉越容易着火燃烧,燃尽时间缩短,燃烧反应更加集中。

在调峰的过程中,随负荷的降低,炉膛温度随之降低,锅炉燃烧的稳定性逐渐变弱,此时需要更细的煤粉以缩短着火及燃尽时间,满足稳定燃烧的需要;但当负荷增加后,需要提高磨煤机出力,以满足负荷的需要。因此与正常的燃烧调整不同,在调峰负荷的变化过程中,给煤量与煤粉细度需要同步变化。很显然,依靠常规的静态煤粉分离器实现煤粉细度的频繁调节是无法实现的,需要采用动态煤粉分离技术。

(2) 动态分离器技术。

动态分离器是在传统的静态分离器结构上,增加了一套旋转转子分离机构,一般也称为动静结合煤粉分离器,如图 3-33 所示。

动态分离器在工作时,热一次风从磨碗下部的侧机体进风口进入,并围绕磨碗毂向上穿过磨碗边缘的叶轮装置,旋转的叶轮装置使气流均匀分布在磨碗边缘并提高了气流的速度。与此同时,煤粉和气流混合在一起,气流携带着煤粉冲击固定在分离器体上的固定折向板,颗粒小且干燥的煤粉仍逗留在气流中并被携带沿着折向板上升至分离器,大颗粒煤粉则回落至磨

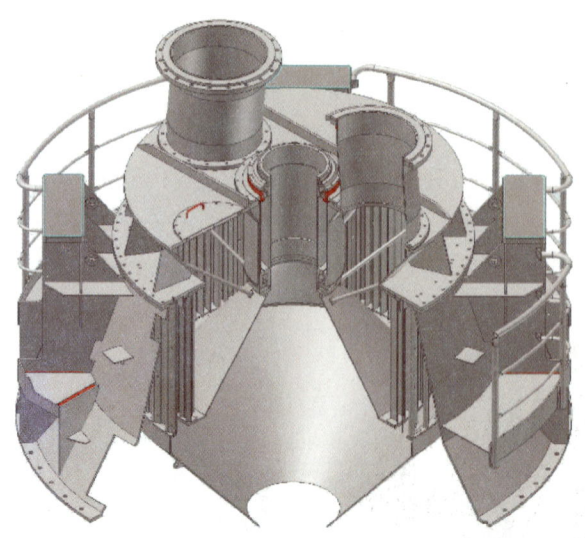

图 3-33 动态分离器结构图

碗被进一步碾磨,分离器体下部的固定折向挡板使煤粉在碾磨区域进行了初级分离。初级分离后的煤粉和气流继续上升,通过分离器体进入旋转的叶片式转子,在转子的外沿处,气流和煤流相互作用,转子会阻止较大颗粒通过,使较大颗粒返回磨碗进一步碾磨,而细度合格的煤粉则可以通过转子排出磨煤机。

当需要调整煤粉细度时,通过变频器和变频电机可以改变转子的转速,从而调整煤粉的细度。

带动态分离器的磨煤机由于内循环负荷比静态分离器小,所以能够提高磨煤机出力。这是由于分离效率提高实现的,就是说避免了细小颗粒粒度小于 200 目的不必要的重新碾磨次数,这样合格的煤粉就可以较快地被排出磨煤机。也就是说,在相同的煤质和细度要求下可以提高磨煤机出力,或者在相同的煤质和出力要求下可以提高煤粉细度。

(3) 动态分离器技术的优点。

与静态分离器相比,动态分离器具有以下优点:

①提高煤粉均匀性指数,煤粉均匀性指数可以达到 1.20 以上。

②在同样的煤质和出力要求下,可以提高煤粉细度,煤粉细度可达到 200 目通过率在 90% 以上。

③提高磨煤机效率。由于磨煤机效率的提高,在相同的煤质和煤粉细度要求下,可以提高磨煤机出力。

《火力发电厂制粉系统设计计算技术规定》(DL/T 5145—2012)明确提出,对采用动态旋转式分离器的磨煤机,当煤粉细度 $R_{90} \leqslant 25\%$ 时,磨煤机出力修正系数取 $f_{Si}=1\sim1.07$。

3. 分隔煤仓(单独小煤仓)技术

(1) 目前存在的问题。

煤质的热值、挥发分、水分的高低直接影响着煤粉燃烧的稳定性。煤质热值越高,炉膛理论燃烧温度及炉膛燃烧区域整体温度越高,越利于稳定燃烧;煤质挥发分越高,煤粉着火温度越低,越利于稳定燃烧。反之,煤质热值和挥发分越低、水分越高,越不利于稳定燃烧。

由于灵活性调峰的主要特点是负荷变化的灵活性,意味着负荷随时可能变化,因此调峰至低负荷时需要控制原煤的热值、挥发分和水分,而常规的原煤仓设计无法实现对煤质的选择控制。

(2) 分隔煤仓技术。

分隔煤仓技术是一种适应于燃煤锅炉燃料灵活掺配的原煤仓系统及运行方法。采用耐磨中间隔板将原煤仓分为两个煤仓,通过两条输煤皮带将不同的燃料分别送入两个不同的煤仓,两个煤仓分别配置单独的插板门,通过远程控制液压站驱动液压插板阀的开、关,可实现锅炉燃料的灵活切换及精确混配,如图 3-34 所示。

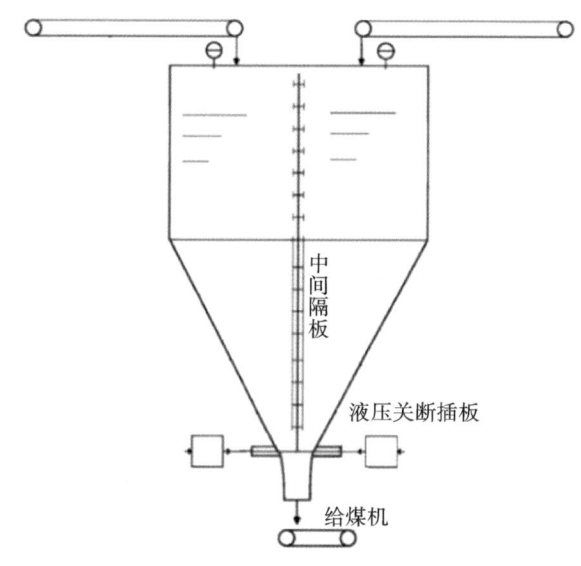

图 3-34 分隔煤仓技术原理图

为适应锅炉调峰需要,可将煤仓半侧存放热值较高、挥发分较高、水分较低的优质煤种,另半侧存放正常煤种。在低负荷时,将给煤机进煤切换至优质煤侧,可有效提高锅炉稳燃能力,并实现最大深度地降低锅炉负荷率。

(3) 分隔煤仓技术优缺点。

可根据负荷高低选择煤种,起到低负荷稳燃的效果。适用于无烟煤、贫煤的机组的低负荷稳燃且效果显著。

增加隔板后,下煤口处面积减小,加大了煤仓被粘堵的风险。需要严格控制煤仓两侧储煤的高度差,防止中间隔板及煤仓变形损坏。

4. 单独小粉仓技术

(1) 目前存在的问题。

锅炉中煤粉气流的着火,或者可以说火焰在煤粉与一次风混合物中的传播,是靠对流传热和辐射传热来进行的。当煤粉与空气混合物以射流形式喷进炉膛而着火时,其着火的实质是:辐射传热直接到达煤粉表面而被煤粉吸收。对流传热则是烟气与一次风混合,先传热给一次风,再由一次风传给煤粉。其中一次风把热传给煤粉的对流换热的热阻比较大。

将煤粉气流加热至着火温度所需的热量称为着火热。它主要用于加热煤粉和空气以及使煤中水分蒸发、过热。着火热为

$$Q_i = B_b \left(V_1 C_0 \frac{100-q_4}{100} + C_f \frac{100-M_{ar}}{100} \right) + B_b \left\{ \frac{M_{ar}}{100} [2\,512 + C_g(T_i - 100)] \right.$$

$$\left. - \frac{M_{ar} - M_{mf}}{100 - M_{mf}} [2\,512 - C_g(T_0 - 100)] \right\} \tag{3-1}$$

式中，B_b——每台燃烧器的燃煤量，kg/s；

V_1——一次风量，m^3/kg；$V_1 = r_1 \alpha_1'' V^0$，其中，r_1 为一次风率，α_1'' 为炉膛出口过量空气系数；V^0 为理论空气量，Nm^3/kg；

C_0——一次风比热容，kJ/($Nm^3 \cdot ℃$)；

q_4——锅炉的机械不完全燃烧损失，%；

C_f——煤的干燥基比热容，kJ/(kg·℃)；

C_g——蒸汽比热容，kJ/(kg·℃)；

M_{ar}——煤的收到基水分，%；

T_i——煤粉着火温度，℃；

T_0——煤粉一次风初温，℃；

2 512——水的汽化潜热，kJ/kg；

M_{mf}——煤粉的水分，%。

按照上述煤粉气流着火过程的物理模型，可分析影响煤粉着火的主要因素有一次风量、一次风温、煤粉浓度等。当一次风量增加时，着火点推迟。提高煤粉与一次风气流的初温，可以降低着火热，使着火点前移；设法使煤粉局部浓度加大，都有利于着火稳定。

但在实际灵活性调峰过程中，锅炉负荷较低，导致制粉系统存在以下因素影响煤粉混合物的着火时间及炉膛燃烧的稳定性：一是总煤量减少或磨煤机运行台数多一台，导致磨煤机负荷率降低；二是锅炉负荷低影响热一次风温度低，磨煤机干燥剂能力不足，影响煤粉一次风初温偏低。

依据《火力发电厂制粉系统设计计算技术规定》(DL/T 5145—2012)中各直吹式中速磨煤机制粉系统通风量公式，磨煤机负荷率越低，煤粉气流的风煤比值越大，即相对的一次风量越多，煤粉浓度越低，煤粉混合物的着火热越低。如果遇有高水分的原煤，煤粉气流着火热进一步增加，着火更加困难。因此单独的小煤仓技术较好地解决了上述问题，起到了为锅炉低负荷稳燃保驾护航的作用。

（2）技术简介。

小粉仓系统在原有的制粉系统上新增了一套旋风煤粉分离器，小粉仓用于煤粉的分离和储存；新增一路热一次风管路和叶轮给粉机用于向燃烧器输送煤粉；同时配套增加小筛子、锁气器、煤粉插板等附件，必要时需要新增一层单独的浓煤粉燃烧器并对二次风喷口进行相应的改造和调整，如图3-35所示。

由磨煤机引出的一路风粉混合物进入新增的分离器，在离心力的作用下完成煤粉分离。分离下来的煤粉落入小粉仓，从分离器出来的乏气携带少量的煤粉，通过管道送入设置在炉膛主燃烧器区域和燃尽风区域的热风助燃燃烧器中进行燃烧，构成热风助燃系统。

当调峰工作开始时，开启送粉用热风挡板，启动叶轮给粉机，将小粉仓内的煤粉输送至主燃烧器上层的燃烧器进行燃烧，较浓的煤粉、较高的送粉风温和较少的送粉风量构成了低着火热燃烧系统。

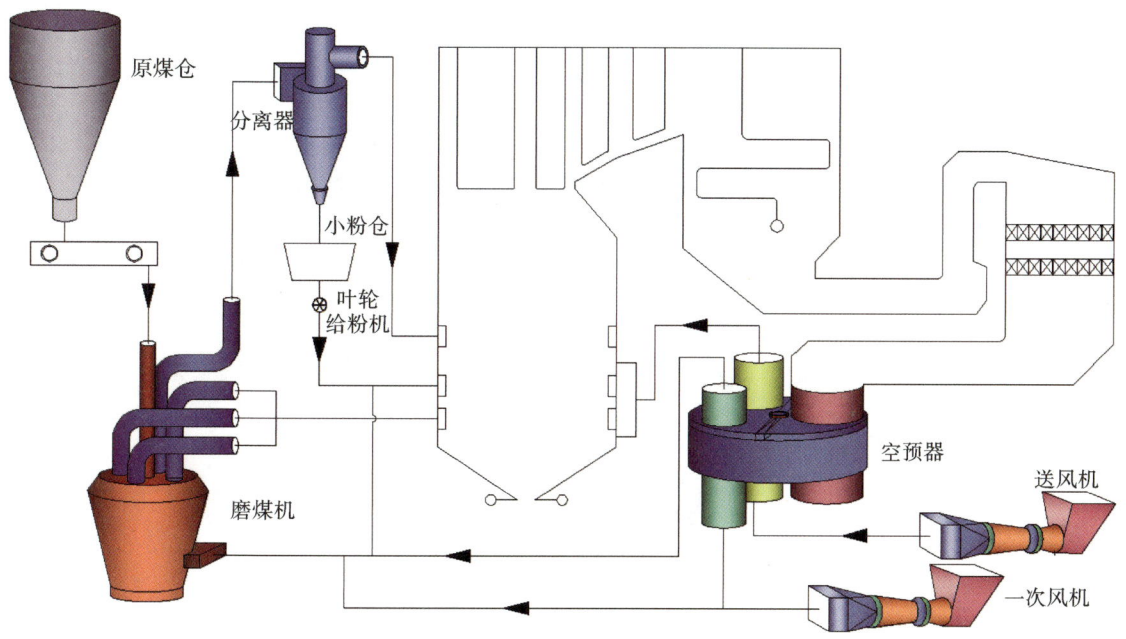

图 3-35 小粉仓系统示意图

在设计时,可将整台磨煤机所有的风粉混合物全部引入旋风煤粉分离器,以实现煤粉小粉仓系统的连续运行。

(3) 技术优点。

①原制粉系统的较大量的干燥剂经分离后作为助燃二次风或补燃风进入燃烧器,解决了一次风量相对过大、煤粉着火热大、燃烧推迟的问题。

②单独的高温热一次风用于煤粉的输送,减少了一次风量,提高了一次风温,大大降低了主燃煤粉的着火热,使煤粉着火时间大大提前。

③科学的设计可保证小粉仓系统实现连续运行,保证了在整个调峰过程中维持燃烧器出口处于高煤粉浓度、高风粉混合物温度状态,确保燃烧的长期稳定。

3.2.7 燃烧系统灵活性技术

锅炉的低负荷稳燃能力,决定了机组的灵活性调峰深度。目前多数电厂锅炉,尤其是四角切圆锅炉,不投油稳燃负荷能力只能达到约 40%,离深度调峰 20%~30% 的下限还有一定的差距,而燃烧系统是影响锅炉低负荷稳燃的重要因素。为了提高机组的深度调峰能力,需要根据实际情况对锅炉燃烧系统进行相应的技术改造,提高燃烧系统的灵活性。目前针对燃烧系统的改造主要从燃烧系统本体稳燃和助燃两部分考虑。

1. 燃烧器本体稳燃改造

(1) 中心富燃料燃烧器。

该燃烧器通过浓淡分离装置,使中间股浓燃料气流的输送浓度增加,再通过火焰稳燃器的稳燃扩锥结构,使燃烧器具有着火稳燃能力强、燃烧效率高、氮氧化物生成量低的特点,中心富燃料燃烧器如图 3-36 所示。

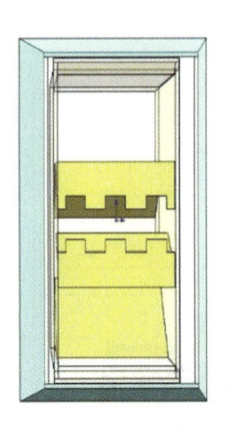

图 3-36 中心富燃料燃烧器

该技术单只燃烧器可以实现 40% 负荷自稳燃,在相同条件下与目前市场先进的直流燃烧器相比,氮氧化物水平低 20%。经过整体改造后,可以实现锅炉 20%~25%BMCR 稳燃效果。

(2) 大调节比煤粉燃烧器。

大调节比煤粉燃烧器在燃烧器内部设置预燃室,采用中频电加热装置预热预燃室,如图 3-37 所示。占燃料 10% 左右的点火煤粉燃料,通过煤粉燃烧器内置的预燃室气化、点燃,成为稳定的点火源,不受炉膛温度的影响,形成的高温烟气加热主燃烧器煤粉而燃烧,提高燃烧器的自稳燃能力。

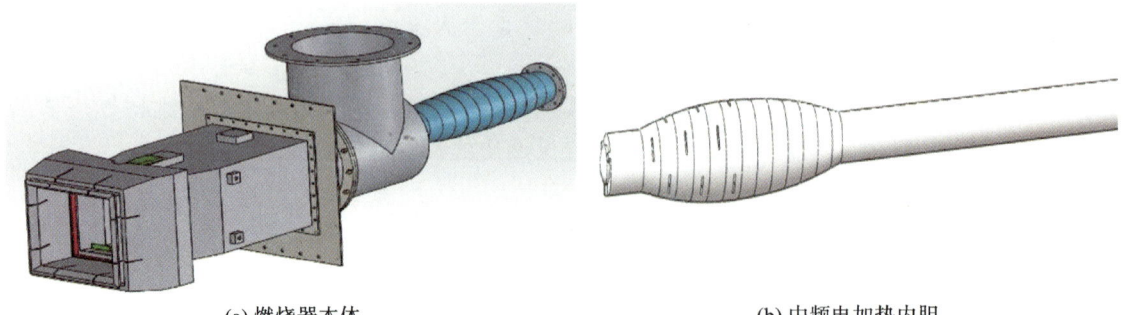

(a) 燃烧器本体　　　　　　　　　　　　(b) 中频电加热内胆

图 3-37 大调节比煤粉燃烧器

大调节比点火燃烧器可以独立稳定工作,最小耗煤量约 0.3 t/h,在不使用燃油、燃气稳燃的前提下,燃烧器可以实现 13.6%~100% 负荷范围的调节。点火燃烧器及主燃烧器可以实现冷炉点火及稳定燃烧。当点火燃烧器冷炉启动试验时,炉膛初始温度为常温,通过中频电加热装置将点火燃烧器预燃室加热至 800 ℃,开始投入煤粉燃料,最终达到燃烧器稳定着火。图 3-38 为点火燃烧器冷态启动点火试验图。

改造范围包括燃烧器喷口、燃烧器入口弯头、部分煤粉管道、燃烧器内胆,同时需要布置独立粉仓或小出力磨煤机。

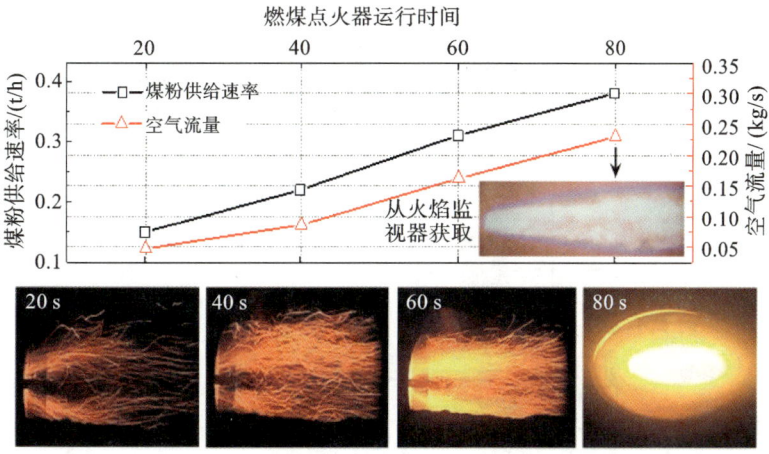

图 3-38　点火燃烧器冷态启动点火试验图

大调解比燃烧器主要针对贫煤、次烟煤等难燃煤种,可代替微油、等离子点火等助燃技术。燃用贫煤、次烟煤最低稳燃负荷能够达到 25%~30%BMCR。

（3）浓淡分级双层喷口燃烧器技术。

当机组在低负荷下运行时,单只燃烧器的实际燃煤量与设计燃煤量存在明显的不匹配,实际热功率与设计热功率偏差较大,燃烧器出口一、二次风的气流刚度下降,影响炉内流场分布。

针对提升切圆燃烧锅炉的低负荷稳燃能力,可考虑进行浓淡分级双层喷口燃烧器技术改造。双层喷口燃烧器改造的主要思路是将一台磨煤机对应的燃烧器设置浓、淡两层喷口,浓侧和淡侧煤粉分别通过单独的喷口进入炉膛,避免过早的混合,确保浓相在燃烧初期阶段的煤粉浓度利于着火稳燃;浓、淡分离后一、二次风动量匹配更加合理,能够有效组织空气动力场;多层喷口火焰互相支持,加强着火组织能力,提升低负荷稳燃能力,如图 3-39 所示。

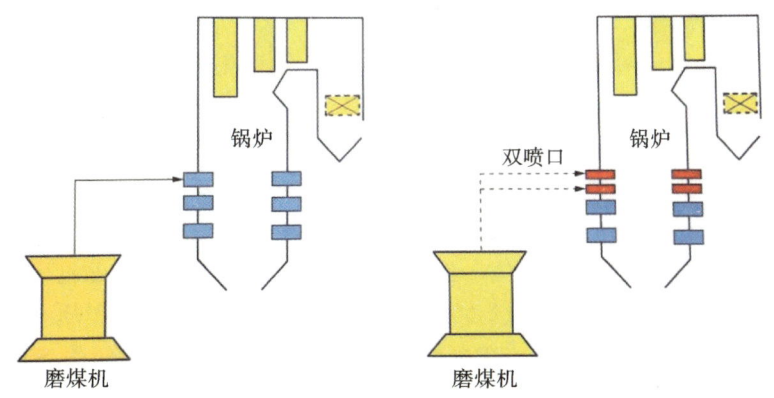

图 3-39　浓淡分级双层喷口燃烧器改造前后示意图

2. 燃烧器助燃稳燃技术

（1）大功率等离子燃烧器。

等离子点火燃烧器的基本原理是借助等离子发生器在强磁场下获得稳定功率的直流空气等离子体,在燃烧器的中心燃烧筒中形成温度 $T>5\,000$ K、温度梯级极大的局部高温火核,对进入燃烧器初始阶段的煤粉点燃,煤粉在燃烧器内分级点燃,火焰逐级放大,达到整体燃烧。等离子点火示意图如图 3-40 所示。

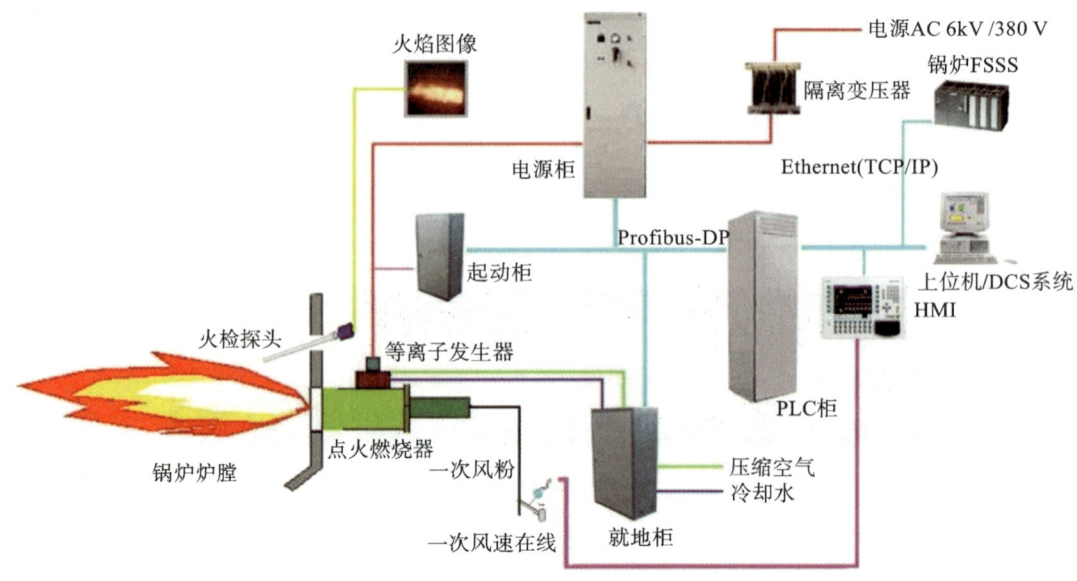

图 3-40 等离子点火示意图

目前已进行等离子燃烧器改造的电厂,以启动过程节约燃油为目的,仅改造 1~2 层燃烧器。等离子点火器功率低,煤种适应性差,难以点燃高水分褐煤及低挥发分贫煤,锅炉启炉点火需要专门上热值较高的烟煤。当机组深度调峰时,需要保证锅炉的稳定燃烧,但无法保证燃煤适合等离子要求。根据调峰灵活性改造要求,可将原低功率的等离子点火器更换为高功率的点火器,同时对相应的燃烧器结构进行设计。

对于热值较低、水分偏高的褐煤,可以考虑采用大功率等离子燃烧器改造,以满足机组深度调峰时锅炉低负荷稳燃的需求。

(2) 微油点火燃烧器。

微油点火是一种煤粉锅炉节油技术。其原理是利用压缩空气或蒸汽高速射流将燃油直接雾化成超细油滴,油滴在极短时间内完成蒸发、气化,使气体燃料直接燃烧,从而提高火焰温度。

微油点火煤粉燃烧器由煤粉浓缩器、第一级煤粉燃烧室、第二级煤粉燃烧室、燃烧器喷口和测温热电偶组成,如图 3-41 所示。微油点火煤粉燃烧器的工作原理为:经过煤粉浓缩器浓缩的富集煤粉集中于风管中心,进入第一级燃烧室,富集煤粉气流受微油枪燃烧高温火焰加热急剧升温,瞬间释放出挥发分并着火燃烧。煤粉气流一旦着火燃烧,可燃质与氧发生高速的燃烧化学反应,放出大量的热,烟气温度迅速升高,火焰急剧膨胀。第一级煤粉燃烧产生的高温烟气与进入第二级煤粉燃烧室的煤粉气流发生强烈的热交换,点燃第二级煤粉气流。因此,只需燃用少量的油,点燃第一级煤粉气流,利用第一级煤粉气流燃烧的热量点燃后续的第二级煤粉气流,通过能量逐级放大原理,利用煤粉燃烧的热量替代油燃烧的热量,达到节油的目的。

微油点火节油率可达 90% 以上,可以实现冷炉直接点火,低负荷稳燃,在锅炉点火后即可以投用电除尘,环保效益好。微油点火系统可靠性高,投资成本低,对煤质、操作参数(如风速、煤粉浓度等)变化适应性强。

对于有条件的机组,可以在原有的燃油系统上新增一层微油点火燃烧器,保障低负荷下的燃烧稳定性及安全性。

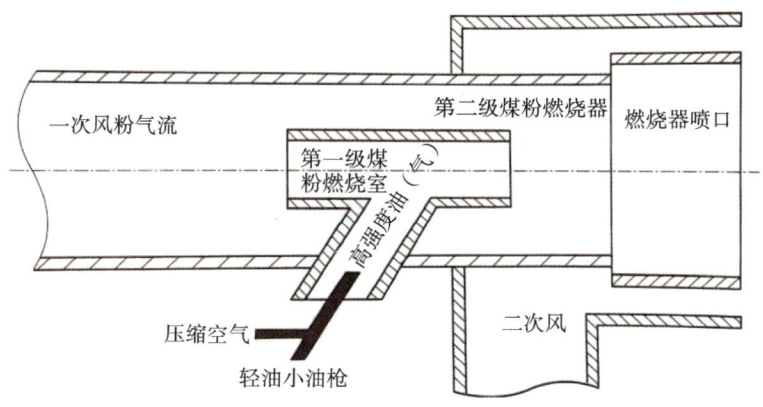

图 3-41 微油点火燃烧器结构示意图

(3) 富氧燃烧器技术。

富氧燃烧是提升燃煤火电灵活性的技术。其利用自稳燃烧原理,采用主动燃烧稳定结构设计与控制方法,实施燃煤火电灵活性改造,确保锅炉本质安全,保证机组灵活性的实施。同时,通过灵活性一体化控制系统智能调控氧气及燃油参数,利用氧气强化燃油、煤粉的燃烧,使煤粉流在多层(点)灵活性燃烧器内主动稳定着火燃烧,以着火状态进入炉膛,在低负荷运行过程确保不因炉内热负荷过低、燃烧不稳而熄火,从而满足机组深度调峰技术要求,确保低负荷运行下锅炉的安全性、稳定性。富氧微油点火燃烧器示意图如图 3-42 所示。

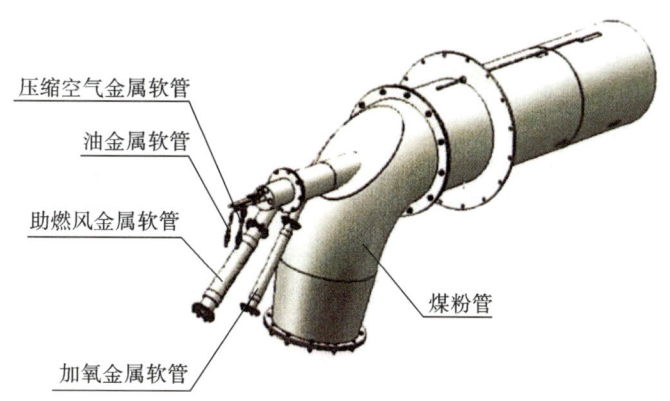

图 3-42 富氧微油点火燃烧器示意图

利用氧气强化煤粉挥发分燃烧的同时,并强化煤粉中固碳的燃烧,降低煤粉中固碳的着火温度,提高燃烧过程反应速度和燃烧过程温度,有效增强锅炉煤种适应性,实现能够燃烧贫瘦煤、无烟煤甚至煤矸石的目的,突破燃用贫瘦煤、无烟煤的技术壁垒,降低电厂运营成本。

根据国内进行富氧燃烧器改造实践的电厂经验,采用富氧燃烧器后的调峰最低负荷可达到 25%(油 200 kg/h+氧 0.6 t/h),满足灵活性改造的深度要求。某电厂 300 MW 机组,四角切圆锅炉,燃用贫煤和烟煤的混煤,燃煤平均热值约 17 MJ/kg,挥发分约 25%,调峰负荷达到 65 MW,在仅改造一层 4 台燃烧器的情况下,锅炉爬坡能力为 1.7 %/min。如果实现多层投运,预期爬坡能力达到 2.5 %/min。

富氧燃烧提升燃煤火电灵活性,需要的改造包括以下内容。

①改造富氧燃烧器。

(a) 四角切圆锅炉一般选取 A 层燃烧器作为改造对象,对冲燃烧锅炉选择前墙或后墙一层燃烧器作为改造对象,将原燃烧器其材质更换为耐磨、耐高温材质。

(b) 在已具有耐磨、耐高温性能的一次风煤粉喷口内安装一级室、二级室、复合型富氧微油枪、点火枪、火检、壁温、贴壁风等相关装置(成套产品)。

②安装智能燃烧系统。

富氧灵活性智能燃烧系统可实现富氧燃烧,提升燃煤火电灵活性装置的智能化运行。

(a) 在每次使用完毕后,智能启动吹扫压缩空气进行冷却和清洁,保证不堵塞、不结焦,做到 24 h 备用。

(b) 能根据富氧燃烧提升燃煤火电灵活性。装置壁温智能调控氧气、燃油的供给参数,防止燃烧器超温烧损,保证安全稳定运行。

(c) 富氧燃烧提升燃煤火电灵活性。装置视频实时监控炉内燃烧状态,保证炉内燃烧稳定。

③安装超低温真空智能储罐(公用)。

超低温真空智能储罐的作用在于储存液氧,为富氧燃烧提升燃煤火电灵活性系统提供所需的氧气。设备采用真空层隔离,确保液氧的长期储存,为全厂公用设备。

液氧现已大量应用于医疗、炼钢、各类工业窑炉、造船、化工等行业,拥有大量专业生产厂家,采购源广泛,在采购后由生产厂家负责利用液氧槽车运输至超低温真空智能储罐处,液氧槽车自带充装设备,由厂家负责完成充装过程(在使用过程中也可进行充装)。

超低温真空智能储罐整体操作简单、方便、安全可靠,其附带的智能控制系统可根据液氧储罐内压力反馈,自动启/闭自增压系统排液阀,智能调节储罐内压力,维持超低温真空智能储罐内部压力的稳定。超低温真空智能储罐自带安全阀,当罐内压力过高时,可释放部分罐内压力,确保超低温真空智能储罐安全运行。

④安装氧气控制器(公用)。

氧气控制器的作用在于将液氧转化为气态氧气,可根据富氧燃烧提升燃煤火电灵活性。装置实时将超低温真空智能储罐内的液态氧气进行汽化,对供氧进行智能调控,保证氧气的供给"及时性、大量性、稳定性",保证系统安全可控。

⑤安装控制系统。

控制系统由独立的 PLC 系统、就地控制柜、人机交流界面以及执行机构等组成。PLC 系统、人机交流界面用于富氧燃烧技术的过程控制与运行参数的采集监测,电厂的 DCS 系统可向 PLC 系统发送 MFT、OFT 信号,实现对炉膛和相关设备的保护与联锁,确保机组与系统装置的安全运行。

(4) 天然气微气点火燃烧器。

天然气微气点火同等离子、微油点火技术基本相同,只是点火源不同,其采用微气枪,逐级点燃煤粉。点火时经过强化燃烧的气火焰(其中心温度高达 1 500 ℃)将通过煤粉燃烧器的一次风粉瞬间加热到煤粉的着火温度,一次风粉混合物受到了高温火焰的冲击,挥发分迅速析出同时开始燃烧,挥发分的燃烧放出大量的热,补充了此间消耗的热量,并持续对一次风粉进行加热,将其加热至远高于该煤种的着火温度,从而使煤粉中的碳颗粒开始燃烧,形成高温火炬喷射进入炉膛,确保不因炉膛热负荷过低燃烧不稳而熄火,从而实现机组深度调峰及锅炉点火功能。

针对低挥发贫煤和无烟煤,某企业开展了微油点火和微气点火两种不同方式的对比试验,其中,微气点火能力更强、火焰明亮、燃煤着火燃烧好、燃尽率高,燃油点火火焰暗、燃煤着火燃烧差、燃尽率低,如图 3-43 所示。

 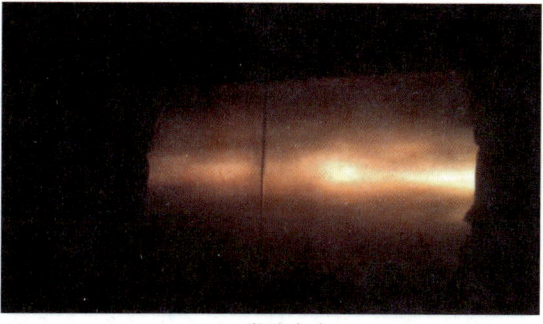

(a) 微气点火　　　　　　　　　　　　(b) 微油点火

图 3-43　微气点火与微油点火对比图

采用天然气作为点火及助燃燃料,目前已经在前后墙对冲、四角切圆、循环流化床和"W"火焰锅炉等炉型上成功应用,如土耳其 ICDAS BIGA 电站(前后墙对冲炉,烟煤)、委内瑞拉中央电站(燃油/燃气双燃料,前后墙对冲炉)、青海盐湖(CFB)、江油电厂(四角切圆)、株洲电厂(300 MW"W"火焰锅炉)等。

对于有条件的机组,可利用天然气资源,在原有的微油点火系统基础上新增一到两层微气点火燃烧器,保障低负荷下的燃烧稳定性及安全性。

3.2.8　灵活性脱硝技术

1. 现有技术介绍

(1) 当前能源形势和发展方向。

2020 年,我国风电装机达到 2.1 亿 kW,"十三五"增加 8 100 万 kW,增长率达 63%;太阳能发电装机达到 1.1 亿 kW,"十三五"增加 6 700 万 kW,增长率达 156%;2020 年以后,风电和光伏装机进一步增加。历年装机容量及占比如图 3-44 所示。

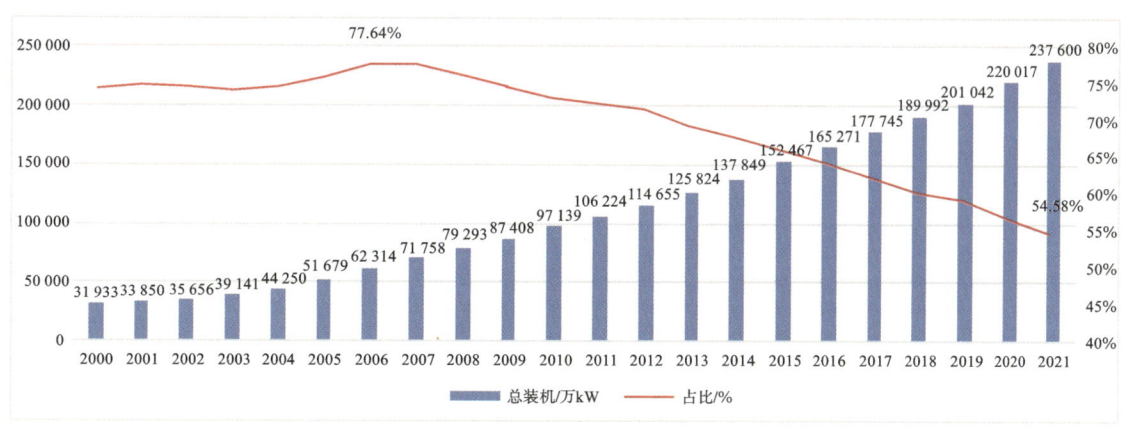

图 3-44　装机容量及占比

2020年12月12日,习近平总书记在气候雄心峰会上代表中国向世界提出了"3060"的碳排放目标,并承诺:到2030年,中国单位国内生产总值二氧化碳排放将比2005年下降65%以上,非化石能源占一次能源消费比重将达到25%左右,森林蓄积量将比2005年增加60亿立方米,风电、太阳能发电总装机容量将达到12亿kW以上。

2021年9月22日,《中共中央 国务院关于完整准确全面贯彻新发展理念做好碳达峰碳中和工作的意见》再次强调指出,实现碳达峰、碳中和,是以习近平同志为核心的党中央统筹国内国际两个大局作出的重大战略决策,是着力解决资源环境约束突出问题、实现中华民族永续发展的必然选择,是构建人类命运共同体的庄严承诺。

为实现上述目标,除大力发展可再生能源外,提升系统的灵活性也将是电力发展必须解决的问题。火电机组灵活性改造、燃气发电、抽水蓄能,以及其他新型储能方式都是提高电力系统调峰能力的有效手段。但是受建设条件、建设运行成本、建设周期、技术成熟度等多方面因素的制约,燃气发电、抽水蓄能以及其他新型储能的比例合计不超过5%,而且在未来一定时间内很难提升。鉴于我国电力结构特点,主力电源燃煤机组进行灵活性改造,将是目前提升电网灵活性的重要选择。

《国家发展改革委 国家能源局关于提升电力系统调节能力的指导意见》(发改能源〔2018〕364号)提出实施火电灵活性提升工程。根据不同地区调节能力需求,科学制定各省火电灵活性提升工程实施方案。优先提升30万千瓦级煤电机组的深度调峰能力。改造后的纯凝机组最小技术出力达到30%~40%额定容量,热电联产机组最小技术出力达到40%~50%额定容量;部分电厂达到国际先进水平,机组不投油稳燃时纯凝工况最小技术出力达到20%~30%。

(2) 技术现状。

SCR脱硝的核心设备是钒钛基催化剂,催化剂中的活性成分为V_2O_5。一方面,烟气中的NO_x与氨基还原剂在SCR催化剂的作用下生产氮气和水;另一方面,烟气中的SO_2在SCR催化剂中的V_2O_5催化作用下,会被氧化成SO_3。

脱硝入口的氨会与烟气中的SO_3反应生成硫酸铵和硫酸氢铵(通常称为ABS),在一定温度区域范围内ABS为液态,易渗入脱硝催化剂毛细微孔,阻碍烟气中NH_3与NO扩散到催化剂活性颗粒表面进行还原反应,引起催化剂活性降低或失效,造成催化剂中毒,为此烟气脱硝装置通常设定最低连续喷氨温度MOT。根据目前已投运SCR脱硝装置,催化剂一般允许运行温度区间在300~420 ℃。因此,当低负荷下省煤器出口烟温低于MOT时,就需要停止喷氨(或者短期喷氨,尽快提高运行负荷,利用高温烟气将氨盐气化),或者采取其他措施提高SCR入口烟温。

近年来,全国电力装机绝对容量仍呈现快速增长趋势,其中光伏、风电的增长占较大比例,这意味对火电机组的深度的要求越来越高。2016年国家能源局下发的关于灵活性调峰的试点范围较小,下一步的趋势必定是火电机组普遍具备灵活性调峰的能力。锅炉在负荷达到30%THA灵活性调峰深度时,脱硝入口烟温将远低于SCR工作烟温,面临SCR装置退出运行局面。随着国家对火电机组大气污染物排放要求越来越严格,火电机组实现全负荷运行范围内满足NO_x排放限值要求将变得意义非凡,有必要在机组低负荷条件下,通过提高SCR入口处烟气温度,提高SCR装置的负荷适应性。

煤电机组灵活性提升主要包括两方面内容:一是机组纯凝工况灵活性调峰能力提升,重点是提升锅炉深度调峰和机组负荷响应能力;二是机组供热工况灵活性调峰能力提升,重点是提升汽机的热电解耦能力。

提升机组深度调峰能力的重点是要解决机组低负荷运行中存在的问题，主要包括锅炉的低负荷稳燃、低负荷脱硝装置的正常投入等。

提高 SCR 入口烟温通常采用以下几种方案，即提高给水温度、设置省煤器旁路烟道、设置省煤器水侧旁路、热水（省煤器出口或分离器）再循环、给水流量替换、省煤器分级布置、省煤器分隔挡板等。

由于各种方案的工艺复杂程度、占地空间、投资费用等差异较大，在针对具体的工程对象时需因地制宜，从工艺技术、工程实施及投资费用等多方面综合考虑。

2. 提升锅炉 SCR 入口烟温的技术路线介绍

（1）目前常见的宽负荷脱硝改造技术路线。

当前常见的宽负荷脱硝改造技术路线包括烟气旁路、省煤器分级、省煤器水旁路、省煤器热水再循环、省煤器流量置换、零号高压加热器、省煤器分隔挡板、烟道加热技术等。其中，省煤器分级、省煤器水旁路、省煤器热水再循环、省煤器流量置换、零号高压加热器、省煤器分隔挡板等六项烟温提升技术，均与省煤器汽化裕量有关，在烟温提升的能力上均受省煤器出口工质的汽化裕量影响，提升能力存在极限；其他两项技术，如烟气旁路、烟道加热技术，则无此限制。

（2）提升锅炉 SCR 入口烟温的技术路线。

① 烟气旁路。

（a）技术原理。

设置高温烟气旁路，由省煤器入口或转向室处烟道引出部分烟气，绕过其后引至省煤器出口，通过减少尾部受热面的换热，提高脱硝入口的烟温。旁路由转向室处引出时称为高温烟气旁路，旁路由省煤器入口引出时称为低温烟气旁路。

（b）改造范围。

在尾部烟道、省煤器出口烟道上开取烟口，设置高（低）温烟气旁路；主烟道内增加调节挡板；旁路烟道内安装关断挡板、调节挡板；增设炉顶吊挂大板梁；配套仪控改造。

高温烟气旁路改造示意图如图 3-45 所示。

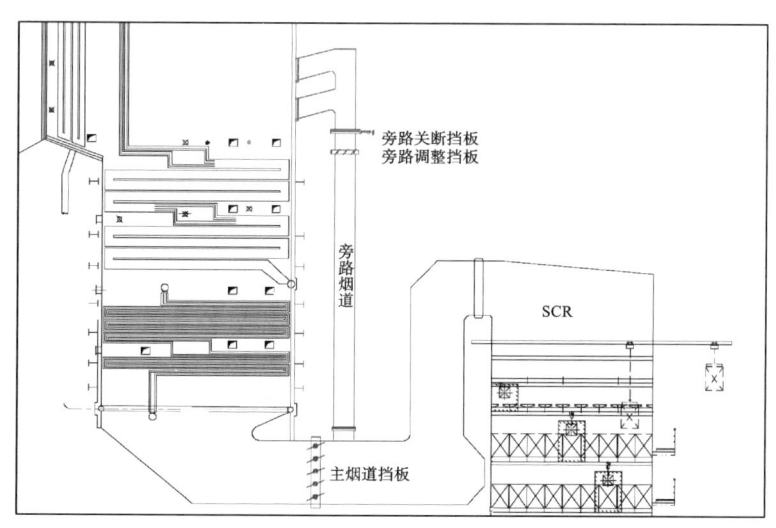

图 3-45　高温烟气旁路改造示意图

(c) 应用的电厂。

目前采用烟道旁路技术提升 SCR 烟温的电厂较多,如大唐滨州发电有限公司、大唐鲁北发电有限责任公司、大唐临清热电有限公司、国能辽宁综合能源有限公司庄河分公司、福建华电可门发电有限公司,等等。

② 省煤器分级。

(a) 技术原理。

将原有的省煤器受热面分为两级,一级保留,二级置于脱硝反应器后,通过减少脱硝前省煤器的换热,达到提高脱硝入口烟温的目的。

(b) 改造范围。

锅炉原有部分省煤器的拆除,一级省煤器的安装及支吊,二级省煤器(保留的原省煤器部分)与入口集箱的连接,脱硝反应器下方的烟道改造以及与反应器烟道的热补偿连接,给水管的应力校核,给水管道、集箱、连接管道的安装及支吊,SCR 基础钢架的校核与加固,SCR 反应器的仪控和测点的移位,增加吹灰器、平台扶梯等。

省煤器分级改造示意如图 3-46 所示。

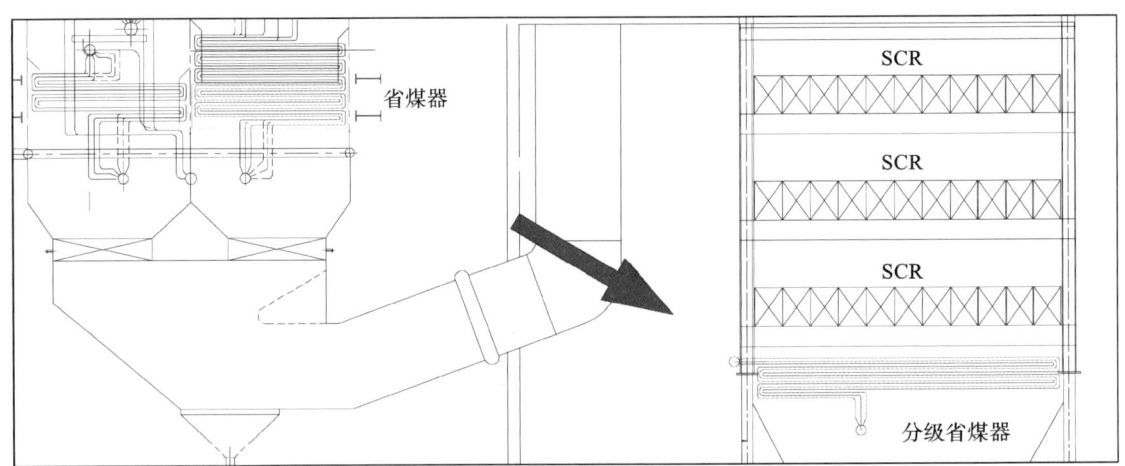

图 3-46 省煤器分级改造示意

(c) 应用的电厂。

目前采用省煤器分级技术的电厂比较普遍,如大唐贵州发耳发电有限公司、大唐黄岛发电有限责任公司,等等。

③ 省煤器水旁路。

(a) 技术原理。

设置省煤器给水旁路,将一部分给水短路进入出口联箱,通过减少省煤器的工质流量降低省煤器吸热量,提高省煤器出口烟温。

省煤器水旁路原理示意如图 3-47 所示。

(b) 改造范围。

新增省煤器水旁路、相应的阀门(截止阀门及调节阀门)。

(c) 应用的电厂。

目前采用省煤器水旁路的电厂有阳西海滨电力公司、国电电力大连庄河发电有限责任公司和浙江浙能绍兴滨海热电有限责任公司。

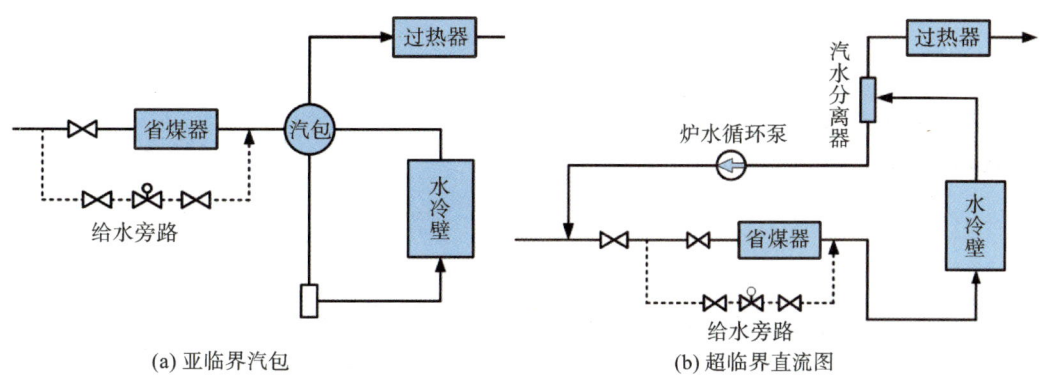

图 3-47　省煤器水旁路原理示意

④省煤器热水再循环。

(a) 技术原理。

从省煤器出口或汽包下降管引部分水量回至省煤器入口,使这部分水处于循环状态,通过降低省煤器的温压,提高省煤器出口烟温。

热水再循环技术适用于汽包锅炉的全负荷段,超临界锅炉的转态前阶段。带炉水循环泵的超临界锅炉自身已构成了热水再循环,在脱硝入口烟温调节上具有一定的优势;不带炉水循环泵的超临界锅炉,可能增设炉水循环泵,起到回收工质、热量和提升 SCR 入口烟温的三重作用。

省煤器热水再循环改造原理示意如图 3-48 所示。

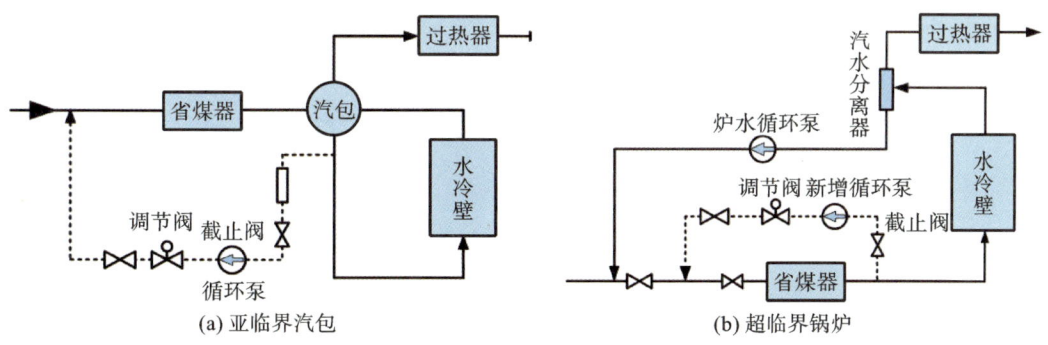

图 3-48　省煤器热水再循环改造原理示意

(b) 改造范围。

集中下降管或省煤器出口管道开孔,增加再循环管路;增设循环水泵、截止阀门、调整控制阀门;配套控仪改造。

(c) 应用的电厂。

目前采用热水再循环技术的电厂有沙角 C 电厂、内蒙古华电包头发电有限公司,这些电厂均为汽包下降管至省煤器入口的热水再循环。

⑤省煤器流量置换。

(a) 技术原理。

同时设置省煤器水旁路和热水再循环旁路,在保证省煤器流量的同时,减小省煤器换热温压,提高省煤器出口烟温。置换控制的原则是先由旁路引出一定量的低温给水,然后由集中下降管或省煤器出口引回等量的高温水,混合后保持总量不变,送回省煤器入口。

省煤器流量置换改造原理示意如图 3-49 所示。

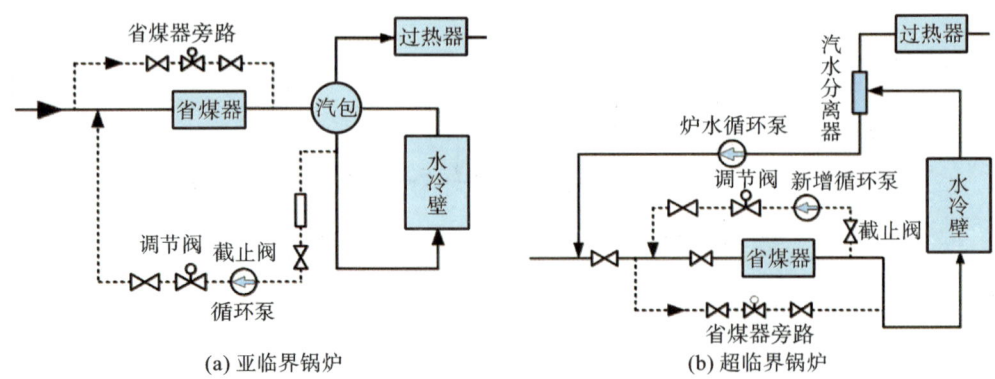

图 3-49 省煤器流量置换改造原理示意

(b) 改造范围。
增设省煤器水旁路、热水再循环旁路,同步增设炉水循环泵,配套进行控仪改造。
(c) 应用的电厂。
目前未见给水流量置换技术的应用。
⑥零号高压加热器。
(a) 技术原理。
设置零号高压加热器,利用汽轮机高参数抽汽提高给水温度,降低省煤器的吸热,进而提高脱硝进口烟温。

零号高压加热器改造原理如图 3-50 所示。

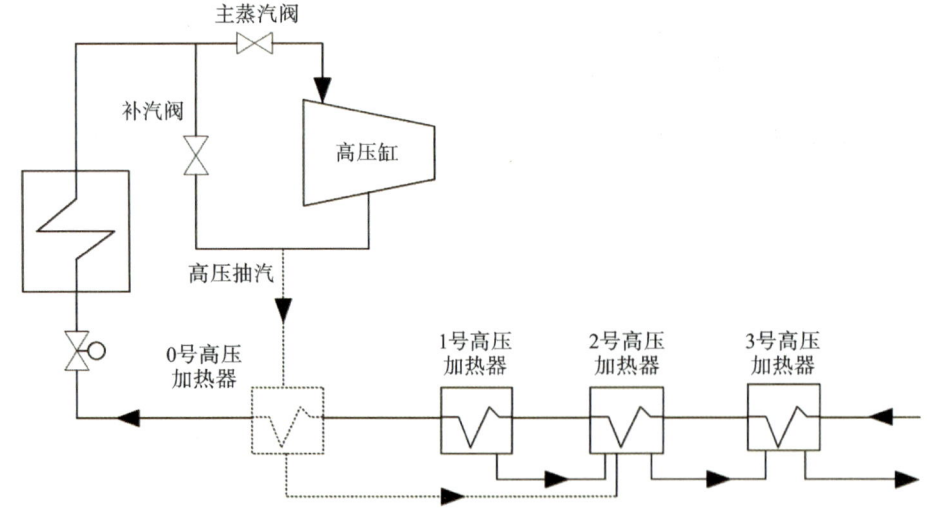

图 3-50 零号高压加热器改造原理

(b) 改造范围。
在汽轮机高压缸上抽汽,主给水管路上增设零号高压加热器,配套增加相应管理。
(c) 应用的电厂。
目前采用零号高压加热技术的电厂有七台河电厂、华能威海电厂和漕泾电厂等。

⑦省煤器分隔挡板。

(a) 技术原理。

利用分隔挡板将省煤器受热面划分为三个区域,通过加装挡板调节省煤器中间区域和两侧区域的烟气量,调节减少省煤器的总吸热量,达到控制省煤器出口烟气温度的目的。

省煤器烟道分隔挡板及联箱温度应力示意图如图3-51所示。

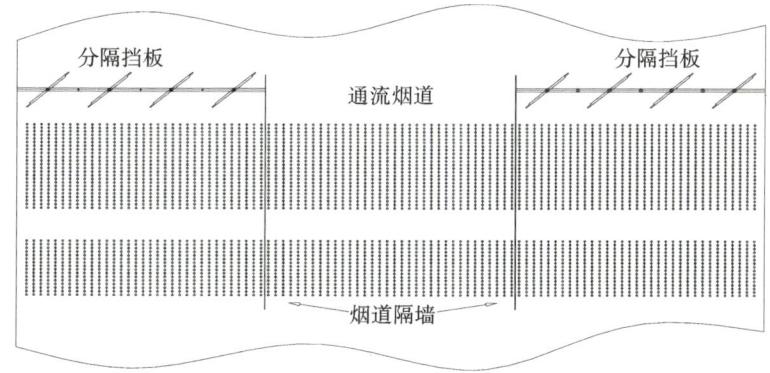

图 3-51　省煤器烟道分隔挡板及联箱温度应力示意图

(b) 改造范围。

省煤器管排间加装隔墙板;省煤器间增加分隔挡板;配套控仪改造。

(c) 应用的电厂。

目前采用省煤器分隔挡板技术的电厂有大唐当涂电厂等。

⑧烟道加热技术。

(a) 技术原理。

在省煤器出口至脱硝装置入口之间的烟道内安装油枪(或燃气)燃烧器装置,通过油枪燃烧产生的高温烟气与原烟气混合,在一般情况下,油燃烧后的烟气温度大于1 800 ℃,喷入较少的柴油并充分燃烧后,即可达到提高尾部烟气温度的目的。

尾部烟道小油枪原理如图3-52所示。

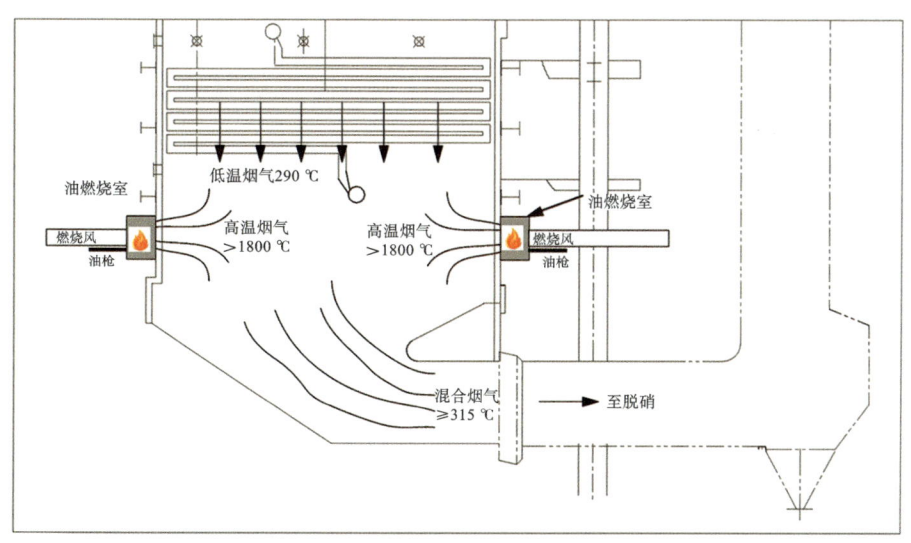

图 3-52　尾部烟道小油枪原理

(b) 改造范围。

尾部烟道开孔并构建燃烧室;增加油枪(或燃气)燃烧器;增加配套燃油(气)供应系统(原设计有油系统的,则不需要)及配套的阀门、控制系统。

(c) 应用的电厂。

目前采用烟道加热技术的电厂有华电章丘电厂。

3. 提升锅炉SCR入口烟温的技术效果分析

(1) 烟气旁路效果分析。

下面分别以某667 MW超临界和某600 MW亚临界机组为模型,按照不同的烟气旁路份额对30%THA工况下脱硝入口烟温进行核算。该烟气旁路设计由转向室至省煤器出口,涉及的受热面包括低温再热器(过热器)、省煤器。具体如表3-11所示。

表3-11　667 MW超临界和600 MW亚临界机组30%THA工况下烟气旁路效果计算

序号	参数	单位	667 MW超临界				600 MW亚临界			
			改造前	20%旁	30%旁	40%旁	改造前	20%旁	30%旁	40%旁
1	旁路烟进口烟温	℃	454	454	454	454	435	435	435	435
2	主烟道份额	—	100%	80%	70%	60%	100%	80%	70%	60%
3	主烟道出口烟温	℃	255.0	233.3	224.0	217.4	289.0	271.0	261.8	252.0
4	混合后烟温	℃	255.0	277.4	293.0	312.0	289.0	303.8	313.8	325.2
5	排烟温度	℃	76.6	81.7	85.0	89.2	101.5	105.7	108.6	112.0
6	排烟热损失	—	4.50%	4.80%	4.99%	5.24%	6.54%	6.82%	7.01%	7.23%
7	SCR入口烟温提高	℃	基点	22.4	38.0	57.0	基点	13.5	23.5	34.9
8	排烟温度升高	℃	基点	5.1	8.4	12.6	基点	4.2	7.1	10.5
9	影响炉效 $\Delta\eta$	百分点	基点	0.30	0.49	0.74	基点	0.28	0.47	0.69
10	再热汽温变化	℃	基点	−11.0	−19.0	−28.0	基点	−8.5	−13.1	−17.5

核算结果表明,对于不同类型的机组,高温烟气旁路的效果差距较大。在40%烟气旁路份额下,超临界锅炉脱硝入口烟温升57.0 ℃,亚临界锅炉脱硝入口烟气温升34.9 ℃。如果烟气旁路份额增加,脱硝入口烟气温升将进一步增大。

在烟气旁路对烟温的影响程度方面,超临界效果好于亚临界。分析认为,这与转向室烟温、给水温度、尾部受热面的布置有关。

无论亚临界锅炉还是超临界锅炉,烟气旁路对锅炉效率的影响基本一致,但对再热汽温的程度偏差较大。在30%THA工况下,烟气旁路份额40%,影响锅炉效率分别达0.69和0.74个百分点;烟气旁路份额40%,超临界锅炉再热汽温降低28 ℃,亚临界锅炉降低17.5 ℃。

(2) 省煤器分级效果分析。

以某667 MW超临界机组为模型,该机组在THA工况下,脱硝入口烟温为337 ℃,低于脱硝催化剂上限温度73 ℃,分级前脱硝装置退出负荷高达75%THA。按照省煤器被分出50%、40%和30%面积,对一级省煤器出口烟温进行核算,研究分级比例对脱硝入口烟温的提升效果。核算结果表明,省煤器分级比例对烟温的提升能力的关系为0.93 ℃/1%～0.96 ℃/1%。具体如表3-12所示。

表 3-12 30%BMCR 工况省煤器分割后的脱硝入口烟温核算结果

分级比例	负荷率	脱硝入口烟温 分级前	脱硝入口烟温 分级后	脱硝入口烟温提升	烟温提升与分级比例关系	分级后 THA 工况脱硝入口烟温
分出 50%	30%	255	303	48	0.96 ℃/1%	391
分出 40%	30%	255	292	37	0.93 ℃/1%	378
分出 30%	30%	255	283	28	0.93 ℃/1%	365

通过核算得出,省煤器分级效果和达到的程度,决定于分级前 THA 工况下脱硝入口烟温水平。以脱硝催化剂允许上限温度 410 ℃为限,脱硝入口烟温与上限温度差距越大,分级比例越大,烟温提升效果越明显。因此省煤器分级提升烟温能力不能一概而论。

本案例中分级比例分出 50%时,30%THA 工况下对应的脱硝入口烟温提升幅度 48 ℃,脱硝退出负荷由 75%THA 降至 34.3%THA,即脱硝装置负荷适应能力提高了 40.7 个百分点。

分级后 THA 工况脱硝入口烟温由 333 ℃提升至 391 ℃,考虑 BMCR 最大负荷、锅炉积灰、污染等因素留取 20 ℃裕量,分级比例分出 50%为最大比例,48 ℃烟温提升可能达到该机组的最大温升能力。

锅炉在 BMCR 工况下的脱硝入口烟温,决定机组是否适合进行省煤器分级改造。因此设计燃料为低水分原煤的锅炉,均适合进行省煤器分级改造;而针对褐煤设计的锅炉,由于脱硝入口烟温较高,不适合进行省煤器分级改造。

(3)省煤器水旁路效果分析。

以某 600 MW 亚临界机组为模型,按 30%THA 工况对 50%、70%省煤器给水旁路改造后脱硝入口烟温提升效果进行核算。具体如表 3-13 所示。

表 3-13 30%THA 工况下省煤器给水旁路效果核算结果

序号	参数	单位	改造前	50%旁路	70%旁路
1	主给水流量	t/h	684.0	684.0	684.0
2	旁路量	t/h	0.0	342.0	478.8
3	给水温度	℃	231.3	231.3	231.3
4	省煤器出口水温	℃	259.0	282.3	304.7
5	混合后水温(进入吊挂管)	℃	259.0	256.2	252.9
6	省煤器工作压力	℃	12.5	12.5	12.5
7	汽化温度	℃	325.0	325.0	325.0
8	省煤器汽化温度裕量	℃	70.8	47.5	25.1
9	省煤器出口烟温	℃	290.3	295.8	302.4
10	省煤器出口烟温提升幅度	℃	基点	5.5	12.1
11	排烟温度	℃	101.8	103.4	106.3
12	排烟热损失	—	6.56%	6.67%	6.79%
13	影响锅炉效率 $\Delta\eta$	—	基点	0.11%	0.23%

在 30%THA 工况下,省煤器给水旁路 50%、70%时对应的脱硝入口烟温升高幅度分别为 5.5 ℃和 12.1 ℃。

由于在 70%给水旁路情况下,省煤器汽化温度裕量剩余 22.6 ℃,接近设计控制极限,因此70%的旁路量是省煤器旁路极限流量,这意味着,省煤器水旁路的最大提升脱硝入口烟温能力为12.1 ℃。

省煤器的汽化温度裕量是决定该技术提升SCR入口烟温能力的制约因素。压力越高,汽温越高,SCR入口烟温提升能力越强。30%THA至并网前阶段,压力越低,SCR入口烟温提升效果越小。

(4)省煤器热水再循环效果分析。

以某600 MW亚临界机组为模型,按30%THA工况,采用省煤器和下降管热水再循环两种方案,研究其对脱硝入口烟温提升效果。具体如表3-14所示。

表3-14 省煤器热水再循环方案效果

水旁路计算	单位	改造前	省煤器再循环20%	省煤器再循环80%	下降管热水再循环20%	下降管热水再循环80%	下降管热水再循环100%
主给水流量	t/h	684.0	684.0	684.0	684.0	684.0	684.0
给水温度	℃	231.3	231.3	231.3	231.3	231.3	231.3
再循环份额	—	0%	20%	80%	20%	80%	100%
再循环流量	t/h	0.0	136.8	136.8	136.8	547.2	684.0
循环水水温	℃	259.7	258.8	231.3	325.0	325.0	325.0
省煤器入口水量	t/h	684.0	820.8	257.9	820.8	1231.2	1368
省煤器进口水温	℃	231.3	235.9	244.6	246.9	272.9	278.2
省煤器出口水温	℃	259.7	258.8	257.9	267.8	283.5	287.0
省煤器出口烟温	℃	290.3	291.6	294.6	297.5	310.0	312.7
排烟温度	℃	101.8	102.7	103.4	104.5	108.1	108.9
排烟损失	—	6.56%	6.62%	6.67%	6.74%	6.98%	7.03%
脱硝入口提升效果	℃	基准	1.3	4.3	7.2	19.7	22.4
排烟损失增加	百分点	基准	0.06	0.11	0.18	0.42	0.47

核算结果表明:

①热水再循环由省煤器出口引回时,对脱硝入口烟温提升影响极小,即使按100%的循环份额,脱硝入口烟温仅可提高4.3 ℃。

②热水再循环由集中下降管引回时,按100%的循环份额,脱硝入口烟温可提高22.4 ℃。

③热水再循环方案,省煤器出口水温最高仅为287 ℃,省煤器汽化温度裕量为38 ℃,不存在安全风险。

综上所述,省煤器出口至省煤器入口热水再循环,对提升脱硝入口烟温无效果,不建议采用;集中下降管至省煤器入口热水再循环,对脱硝入口烟温最大提升幅度为22.4 ℃,循环水量与主给水量比例为1:1。

省煤器热水再循环技术同省煤器给水旁路一样,存在着压力低、SCR入口烟温提升效果降低的问题。

(5)省煤器流量置换效果分析。

以某600 MW机组为模型,研究省煤器流量置换对脱硝入口烟温的影响。假定不同的省煤器流量、主给水旁路量和再循环热水量,核算在 30%THA 工况下,三种方式对脱硝入口烟温的影响程度。具体如表 3-15 所示。从数据可看出,决定省煤器出口烟温的主要因素是省煤器水旁路份额,份额越高,脱硝出口烟温提升幅度越大,但最终决定流量置换系统最大效果的因素是省煤器出口汽化温度裕量。在满足省煤器安全的前提下,省煤器流量置换技术对脱硝入口烟温的提升存在限值。数据表明,在 85%旁路+85%循环工况下,脱硝入口烟温最大提升幅度 34.5 ℃,此时省煤器汽化温度裕量为 15 ℃。80%旁路+80%循环工况与 85%旁路+85%循环工况的具体流程如图 3-53、图 3-54 所示。

表 3-15　30%THA 工况下省煤器流量置换的效果

名称	单位	改造前	80%旁路+38.5%循环	70%旁路+70%循环	80%旁路+80%循环	85%旁路+85%循环	90%旁路+90%循环
主给水流量	t/h	684.0	684.0	684.0	684.0	684.0	684.0
给水温度	℃	231.3	231.3	231.3	231.3	231.3	231.3
水旁路份额	—	0%	80%	70%	80%	85%	90%
旁路量	t/h	0.0	547.2	478.8	547.2	581.4	615.6
主给水剩余流量	t/h	684.0	136.8	205.2	136.8	102.6	68.4
再循环流量	t/h	0.0	263.2	463.2	547.2	581.4	615.6
进入省煤器水流量	t/h	684.0	400.0	684.0	684.0	684.0	684.0
省煤器进口混合水温	℃	231.3	280.6	273.2	288.3	298.2	311.1
省煤器出口水温	℃	259.7	306.2	291.2	302.5	310.0	320.0
省煤器汽化温度	℃	325.0	325.0	325.0	325.0	325.0	325.0
汽化温度裕量	℃	66.3	18.8	33.8	22.5	15.0	5.0
至水冷壁水温	℃	259.7	246.3	249.3	245.7	243.1	240.2
省煤器出口烟温	℃	290.3	318.0	311.8	319.1	324.8	332.0
脱硝烟温提升效果	℃	基准	27.7	21.5	28.8	34.5	41.7
排烟温度	℃	101.8	110.4	108.6	110.8	112.5	114.5
排烟损失	%	6.56%	7.13%	7.01%	7.16%	7.27%	7.40%
锅炉效率下降	百分点	基准	0.57	0.45	0.60	0.71	0.84

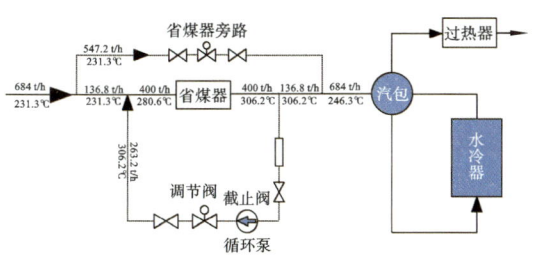

图 3-53　80%旁路+80%循环工况 263.2 t/h

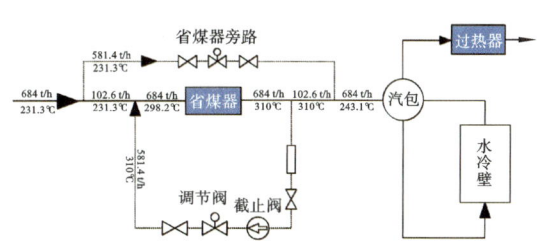

图 3-54　85%旁路+85%循环工况 581.4 t/h

综上所述,在保证省煤器安全(省煤器汽化温度裕量 15 ℃)的前提下,省煤器流量置换方案提升脱硝入口烟温的最大能力是 34.5 ℃。

给水流量置换技术与省煤器给水旁路、热水再循环技术一样,存在着压力低、SCR 入口烟温提升效果降低的问题。

(6) 零号高压加热器效果分析。

假定零号高压加热器改造后,给水温度提高了 10 ℃,脱硝入口烟温仅提升 4.7 ℃,影响锅炉效率约 0.1 个百分点。烟温提升效果较差。

零号高压加热器技术本身不属于宽负荷脱硝改造技术,仅是汽轮机通流改造的内容之一,只是零号高压加热器改造能够起到少许提高脱硝入口烟温的作用而已。

零号高压加热器改造的效果如表 3-16 所示。

表 3-16 零号高压加热器改造的效果

项目	单位	改造前	改造后	效果
省煤器入口温度	℃	358.0	358.0	—
给水温度	℃	231.3	241.3	+10.0
省煤器出口水温	℃	259.7	266.9	+7.2
脱硝入口烟温	℃	290.3	295.0	+4.7
排烟温度	℃	101.8	103.3	+1.5
排烟损失	—	6.56%	6.66%	+0.10%

(7) 省煤器烟道分隔挡板效果分析。

以某 350 MW 机组为模型,对分隔挡板技术效果进行计算研究。校核计算结果显示,采用分隔挡板技术,在 40%THA 工况下,中间主烟道通流烟气量在 95% 以上份额时,脱硝入口烟温方达到 310.5 ℃,此时中间主烟道的省煤器出口水温接近汽化温度,烟气温度提高达到极限。因此烟道分隔挡板技术的烟温提升幅度最大为 38.5 ℃。具体如表 3-17 所示。

同时计算表明,采用省煤器烟道分隔挡板技术,在 40%THA 工况下,联箱中间部分与两侧温度差为 88.9 ℃。省煤器出口集箱对应分隔挡板位置共 2 处存在温差应力。如果机组长时间低负荷运行,会增大省煤器出口集箱疲劳裂纹的风险。

虽然采用分隔挡板提升烟气温度最大幅度达到 38.5 ℃,效果较明显,但存在安全风险。因此应慎重使用该方案。

表 3-17 分隔挡板方案 40%THA 校核计算

参数	单位	改造前	改造后	
			中间主烟道	两侧烟道
机组负荷率	—	40%THA	40%THA	40%THA
分隔面积份额	—	100%	40%	60%
分配烟气份额	—	100%	95%	5%
省煤器入口水温	℃	225.0	225.0	225.0
省煤器出口水温	℃	283.5	320.5	231.6
省煤器入口烟温	℃	427.0	427.0	427.0
省煤器出口烟温	℃	272.0	314.5	227.2
脱硝入口烟温(混合)	℃	272.0	310.5	
提升幅度	℃	基准	38.5	

省煤器烟道分隔挡板及联箱温度应力示意如图 3-55 所示。

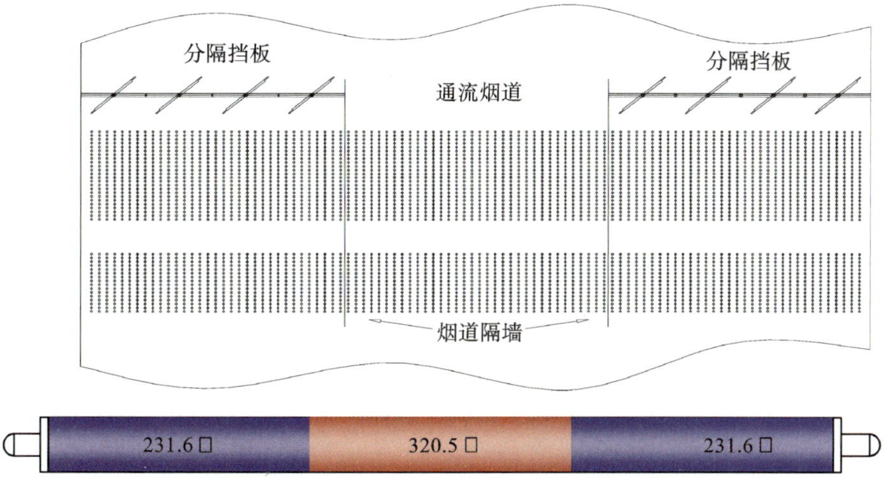

图 3-55　省煤器烟道分隔挡板及联箱温度应力示意

（8）烟道加热技术效果分析。

以 600 MW 锅炉为模型，以燃油作为加热热源，研究烟道加热技术的能耗情况。具体如表 3-18 所示。计算分析结果表明，在 30％THA 工况下，将脱硝入口烟温由 290.3 ℃ 提升至 300 ℃，单位时间柴油消耗量为 425.0 L/h；在 20％THA 工况下，将脱硝入口烟温由 282 ℃ 提升至 300 ℃，单位时间柴油消耗量为 812.5 L/h。

采用烟道油枪技术，按 30％THA 负荷调峰工况时间 500 h 计算，采用烟道油枪技术投入脱硝装置，全年将消耗 0 号柴油 212 500 L，按柴油价格 6.59 元/L 计算，油耗成本为 140 万元/年。

表 3-18　低负荷时投油量计算分析

项目	单位	30％THA	20％THA	10％THA
总耗煤量	kg/h	122 804.8	111 000.0	99 370.0
脱硝入口烟温温度	℃	290.3	282.0	274.7
烟气比热 1	kJ/Nm^3	1.399	1.393	1.382
烟气含氧量	—	7.6％	8.5％	10.0％
烟气含热量	kJ/h	367 348 183	343 277 296	336 066 103
烟道油枪油量	kg/h	340	650	914
油烟气含氧量	—	6.0％	6.0％	6.0％
柴油热值	kJ/kg	42 900	42 900	42 900
烟气比热 2	kJ/Nm^3	1.359	1.350	1.344
柴油输入热量	kJ/h	14 586 000	27 885 000	39 210 600
油枪烟气量	Nm^3/h	5 656.2	14 567.9	20 484.7
总热量	kJ/h	381 934 183	371 162 296	375 276 703
混合后温度	℃	300.0	300.0	300.0

续表

项目	单位	30%THA	20%THA	10%THA
柴油密度	kg/L	0.8	0.8	0.8
单位时间柴油消耗量	L/h	425.0	812.5	1 142.5
当前0号柴油价格	元/L	6.59	6.59	6.59
单位时间柴油消耗成本	元/h	2 800.8	5 354.4	7 529.1

4. 不同技术路线对比与效果排序

(1) 不同技术路线对比。

①烟气旁路。

烟温提升效果:烟气旁路效果较明显。在正常烟气份额下,烟温提升幅度在35～57 ℃(不同类型的机组),如进一步增大烟气比例,SCR入口烟温提升幅度将进一步增大。

影响锅炉效率:当深度调峰时,除省煤器分级技术外,其他技术均对锅炉效率有影响,对同一台机组来讲,不同的技术达到相同的烟温提升效果,对锅炉效率影响相同,因为烟温提升程度与电厂的需求有关。此外,各技术的能力也不同,从这一点来讲,除省煤器分级技术外,研究其对锅炉效率的影响无意义。

影响主再热汽温:烟气旁路技术影响主再热汽温18～28 ℃。

设备投资:因系统简单,投资650万～850万元,在所有改造中较低。

②省煤器分级。

烟温提升效果:根据锅炉特性的不同而不同,烟气旁路效果较明显。在75%THA工况下,烟温低于催化剂投入温度的机组,最大提升幅度为48 ℃。

影响锅炉效率:唯一一个不影响锅炉效率的技术。

影响主再热汽温:无影响。

设备投资:670 MW机组,投资1 850万元,最大提升幅度为48 ℃;600 MW亚临界机组,投资1 200万元,最大提升幅度为20 ℃;300 MW机组的投资可按670 MW机组的70%估算。

③省煤器水旁路。

烟温提升效果:省煤器水旁路效果较差,最大提升幅度为12 ℃。主要受省煤器汽化影响,旁路份额不宜过大。负荷越低,省煤器压力越低,烟温提升效果越小。

影响锅炉效率:最大影响锅炉效率0.23个百分点,无实际意义。

影响主再热汽温:对主再热汽温影响较小。

设备投资:系统相对简单,投资约600万元。

④省煤器热水再循环。

烟温提升效果:效果一般,最大提升幅度为23 ℃。受省煤器汽化影响,再循环份额不宜过大,旁路份额也应保持在合理范围内。负荷越低,省煤器压力越低,烟温提升效果越小。另外,省煤器出口至省煤器入口的热水再循环几乎没有帮助,需要增加由下降管至省煤器入口的再循环系统。

影响锅炉效率:最大影响锅炉效率降低0.47个百分点,无实际意义。

影响主再热汽温:对主再热汽温影响较小。

设备投资:因需要增加锅炉水循环泵,因此投资约1 400万元。

⑤省煤器流量置换。

烟温提升效果:良好,最大提升幅度为 35 ℃。受省煤器汽化影响,再循环倍率不宜大于 1。负荷越低,省煤器压力越低,烟温提升效果越小。

影响锅炉效率:最大影响锅炉效率降低 0.71 个百分点,无实际意义。

影响主再热汽温:对主再热汽温影响较小。

设备投资:因需要增加炉水循环泵,因此投资约 2 000 万元。

⑥零号高压加热器。

烟温提升效果:较差,最大提升幅度为 5 ℃。

影响锅炉效率:最大影响锅炉效率降低 0.1 个百分点,无实际意义。

影响主再热汽温:对主再热汽温影响较小。

设备投资:随汽轮机通流改造进行,无单独费用。

⑦省煤器烟道分隔挡板。

烟温提升效果:效果较明显,最大提升幅度为 39 ℃。主要受省煤器汽化影响。

影响锅炉效率:最大影响锅炉效率降低 0.75 个百分点,无实际意义。

影响主再热汽温:对主再热汽温影响较小。

设备投资:改造简单,投资一般不超过 300 万元。省煤器出口联箱存在 89 ℃ 左右的温差,长时间运行易产生应力疲劳,造成联箱裂纹断裂。

⑧烟道加热技术。

烟温提升效果:不受限制,仅与投入燃料量有关。

影响锅炉效率:根据需求而定,无实际意义。

影响主再热汽温:无影响。

设备投资:改造简单,运行成本高。投资为 100 万~500 万元。

各技术效果对比如表 3-19 所示。

表 3-19 各技术效果对比

方案	提升幅度	影响汽温	影响锅炉效率	优点	缺点	投资/万元
烟气旁路	40% 份额时,超:57 ℃,亚:35 ℃	40% 份额时,超:28 ℃,亚:18 ℃	0.69~0.74 个百分点	效果较好,系统简单,投资较少	影响锅炉效率	650~850
省煤器分级	最大 48 ℃	无影响	无影响	不影响锅炉效率	投资较大,效果明显,不适合褐煤机组	1 800 (660 MW 超) 1 200 (600 MW 亚)
省煤器水旁路	最大 12 ℃	影响较小	0.23 个百分点	系统简单,投资少	效果差	600
省煤器热水再循环	最大 23 ℃	影响较小	0.47 个百分点	无优点	投资较大,系统复杂,安全风险大	1 400
省煤器流量置换	最大 35 ℃	影响较小	0.71 个百分点	效果明显	投资较大,系统复杂,安全风险大	2 000

续表

方案	提升幅度	影响汽温	影响锅炉效率	优点	缺点	投资/万元
零号高压加热器	最大 5 ℃	影响较小	0.1 个百分点	无	基本无效果	与机通流同步,无单独费用
省煤器烟道分隔挡板	最大 39 ℃	影响较小	0.75 个百分点	效果明显	省煤器联箱存在裂纹风险	200～300
烟道加热技术	按需求	无影响	不确定	系统简单,效果不受限制	运行成本高	100(有油系统) 500(增油系统)

(2) 不同技术路线效果排序。

①按烟温提升能力排序。

按烟温的提升能力,烟道加热技术能力最强,烟气旁路次之,零号高压加热器最差。具体如表 3-20 所示。

表 3-20 烟温提升能力排序

技术	烟道加热技术	烟气旁路	省煤器烟道分隔挡板	省煤器流量置换	省煤器分级	省煤器热水再循环	省煤器水旁路	零号高压加热器
排序	1	2	3	4	5	6	7	8
效果	根据需求	大于 50 ℃	最大 39 ℃	最大 35 ℃	最大 48 ℃	最大 23 ℃	最大 12 ℃	5 ℃

②按综合推荐排序。

烟道加热技术运行成本巨大,因此首先被排除;烟道分隔挡板技术因存在省煤器裂纹的风险,也应当被排除。

考虑今后调峰的常态化,根据温升效果、电厂需求的调峰深度(环保部门要求)、投资、汽温锅炉效率的影响程度等几项指标,得出综合指标评定排序,如表 3-21 所示。

表 3-21 综合指标评定排序

技术	省煤器分级	烟气旁路	省煤器流量置换	省煤器热水再循环	省煤器水旁路	零号高压加热器	省煤器烟道分隔挡板	烟道加热技术
排序	1	2	3	4	5	6	不推荐	不推荐
效果	最大 48 ℃	大于 50 ℃	最大 35 ℃	最大 23 ℃	最大 12 ℃	最大 5 ℃	—	—
影响锅炉效率	无影响	0.69～0.74 个百分点	0.71 个百分点	0.47 个百分点	0.23 个百分点	0.1 个百分点		
投资/万元	1 800(660 MW 超) 1 200(600 MW 亚)	650～850	2 000	1 400	600	不明确		

考虑今后灵活性调峰的常态化,因此有必要考虑方案对锅炉效率及煤耗指标的影响,因此省煤器分级应当首先被考虑。

烟气旁路提升烟气能力巨大,可最大程度满足环保部门提出的并网前投入脱硝的要求,因此应当第二个被考虑。

5. 实现并网前投入 SCR 装置的技术研究

(1)实现并网投入脱硝的难点。

随着环境保护政策的逐步严格,河南、山东等省份已提出并网即投入脱硝的要求,使提升 SCR 入口烟温的技术改造目标定位到并网投入脱硝装置。根据近几年来对全负荷脱硝技术改造实践经验及研究的总结,目前实现并网投入脱硝装置有以下三个难点。

①改造前脱硝装置退出负荷过高,即脱硝入口烟温偏低过多,一般出现在设计烟煤的机组和 2010 年以前设计的机组。

②烟气旁路抽取份额不足,即受旁路烟道阻力及引风机的影响,抽取的烟气比例不足,造成烟温提升困难。

③超超临界塔式锅炉 SCR 入口烟温提升问题。由于烟道结构的原因,塔式锅炉无法进行烟气旁路改造;超超临界的参数设计,使省煤器出口温度的汽化裕量较小或接近汽化温度,且负荷越低,汽化裕量越小,利用省煤器汽化裕量手段提升 SCR 入口烟温的技术越无法被采用。

为实现并网前投入脱硝装置,需要同时解决以上三个难点。

(2)并网投入 SCR 装置的解决方案。

研究表明,单一的技术很难确保实现并网投入脱硝,需要采取两种技术手段共同完成。从资金投入、技术的限定条件等方面来看,省煤器分级+烟气旁路的组合技术是实现并网投入脱硝的最佳方案。

脱硝退出负荷高于 60%THA 的均被视为 SCR 装置退出负荷过高,一般多发生在烟煤锅炉上。直接采用旁路烟气技术,对锅炉效率影响较大;仅采用省煤器分级技术,有较大把握实现 25%~35%THA 脱硝投入条件,且满足目前调峰需求。因此,建议先采用省煤器分级技术,在省煤器分级技术基础上再进行烟气旁路改造,以较小的旁路烟气量实现并网投入脱硝。

SCR 装置退出负荷在 50%THA 左右时,可先进行高温烟气旁路改造,并根据环保政策的逐步推进,再进行省煤器分级方案。

超超临界塔式锅炉 SCR 入口烟温低的问题无法彻底解决,仅可通过最大化省煤器分级比例,实现在 30%THA 负荷左右时将 SCR 装置投入。

(3)烟气旁路抽取份额不足的解决方案。

根据多台机组的全负荷脱硝改造方案的研究,影响旁路抽取份额不足的因素有两点:一是静叶调节引风机在低负荷下易失速;二是旁路烟道阻力大。因此,需要从这两个问题入手并解决。

①旁路烟道取烟口的优化设计。

多取烟口、宽大烟道的设计,是减少旁路烟道阻力、提高旁路烟气份额的最佳手段。

根据尾部烟道钢性梁的位置及结构,可设计双层取烟口,减少取烟口的阻力;也可以断开钢性梁,将两层取烟口合并为一层大取烟口。通过增加取烟口的面积,达到降低取烟口阻力的目的。

尽可能增大旁路烟道宽度和深度,减少烟道自身阻力。一般 600 MW 机组旁路烟道尺寸应设计为 5 500 mm×1 200 mm 以上,330 MW 等级机组旁路烟道尺寸应设计为 4 000 mm×1 200 mm 以上,如图 3-56 所示。

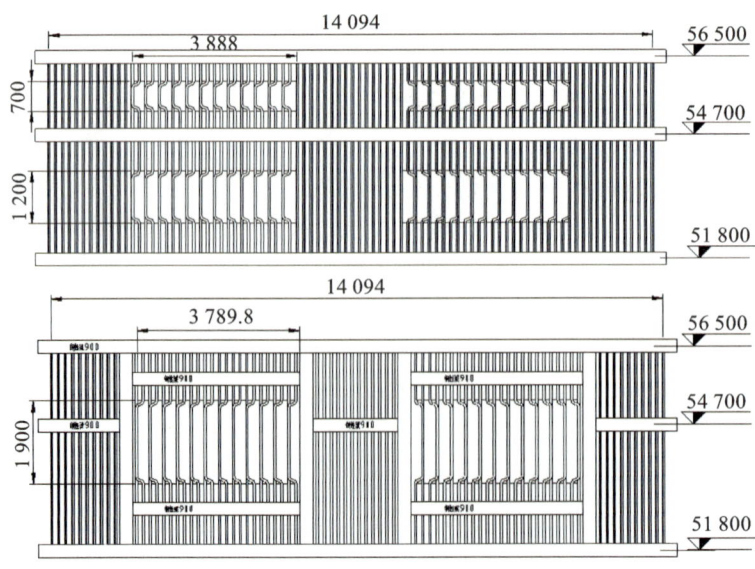

图 3-56 取烟口的设计

②引风机再循环改造。

静叶调整引风机低负荷失速的问题比较普遍。在烟气旁路改造后,问题更加突出。可通过设置烟气再循环的方案,解决其低负荷携带的问题。如图 3-57 所示,通过引风机出口至入口的再循环管道,将部分烟气引回引风机入口,增加引风机自身的流通烟气量,在比能不变的前提下,使工作点向右侧移动,增加工作点与失速线的裕量,可有效地解决引风机失速的问题。

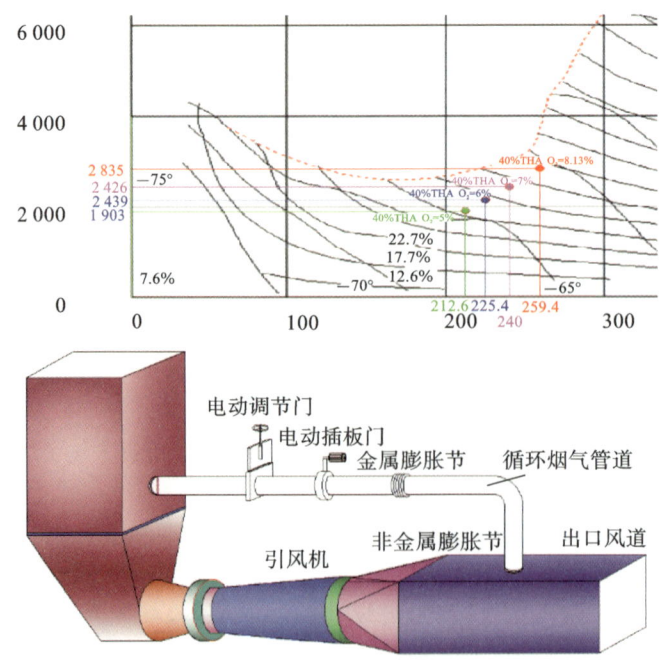

图 3-57 引风机再循环改造方案

随着灵活性调峰工作的逐步深入,调峰负荷越来越低,单一的设备改造技术已经无法满足低负荷的需求,严格的环境保护政策使并网投入脱硝迫在眉睫,因此提升 SCR 入口烟温改造的目标正在趋向于并网投入脱硝。根据对多台机组全负荷脱硝改造的技术研究,省煤器分级和烟气旁路两项技术是提升 SCR 入口烟温的主流技术,两个技术的组合可实现大多数机组并网投入脱硝的目标。

但对于超超临界机组塔式锅炉,受烟道结构及省煤器出口汽化裕量的限制,可能实现并网投入脱硝装置的目标仍需要进一步地探索及研究。

3.2.9 风机系统灵活性技术

火电机组三大风机主要包括一次风机、送风机和引风机。300 MW 及以下等级机组配备的一次风机多为离心式风机,300 MW 以上等级机组配备的一次风机多为动叶可调轴流式风机。300 MW 及以上等级机组配备的送风机多为动叶可调轴流式风机。引风机由于耐磨等因素,多为静叶可调轴流式风机。风机系统运行安全直接关系到机组的运行安全。近些年,由于煤种的波动、运行工况的频繁变化或设备的老旧等问题,锅炉在不同负荷下风机的出力特性也在不断变化,一次风风煤比、一次风风粉浓度、运行氧量和总风量等都与设计时的运行特性不同。除此之外,运行人员的习惯、季节(会引起燃料含水率变化或气压变化)等都对风机运行特性有影响。

电站风机在低负荷下稳定运行主要取决于风机的流体流量、风机所处的系统阻力和风机性能等三个因素。在机组低负荷运行时,由于流量与系统阻力不匹配,可能会导致风机偏离设计工况进入失速区,破坏叶轮内部流场,产生额外气动载荷,严重时可能诱发叶片高应力点处的疲劳、断裂,导致机组非计划停运。建议对低负荷下出现抢风、失速、喘振等现象的风机优先采取运行优化,然后再采取技术改造的思路,运行优化或改造方案如下。

1. 风机灵活性运行技术

(1) 一次风机。

300 MW 等级机组配备的一次风机多为离心式风机,相对于 600 MW 和 1 000 MW 等级机组配备的动叶可调轴流式风机而言,离心式风机的旋转失速边界线与最高效率线比较接近。当机组采用单台磨煤机运行方案时,不论一次风机是双列运行还是单列运行,由于磨煤机本体和送粉管道阻力较大,导致运行点在失速点附近,在运行时应避免该情况出现。

在低负荷下,由于一次风机要保证制粉系统的煤粉输送,防止煤粉堵磨或堵管。在通常情况下,运行规程规定了最低一次风母管压力,保证了一定的一次风机出力,因此低负荷下一次风机失速情况较少见。

(2) 送风机。

在低负荷下,为了炉膛稳燃,需要保证一定的氧量范围。一次风机设有最小开度,且低负荷下给煤量较少,因此,存在一次风机供给的空气量已达到锅炉设计值的可能性。例如,某燃用印尼煤的 300 MW 亚临界四角切圆锅炉在 30% 额定负荷下脱硝入口氧量已达 9%~10%,而此时两台送风机开度分别为 5% 和 10%,出现异响,风机已临近不稳定运行区域。

(3) 引风机。

当引风机静叶开度只有 15%~20% 时,风机叶片和气流攻角较大,稍有扰动便造成边界层分离,不但导致风机气动损失大,而且易造成失速、抢风现象。若除尘器进引风机的烟风通道没有汇合,在单侧引风机运行过程中,会引起 A、B 两侧的烟气温度产生偏差,且运行风机的烟气温度高于停运风机。因此,建议在运行过程中密切注意上述情况,并进行适当的控制和调整,确定适宜的运行方式。

以某 300 MW 机组为例,在 170 MW 以下,两台引风机皆会发生失速、抢风的现象。建议在停炉时打开引风机封闭的防失速装置(KSE),这样低负荷工况失速的情况即可避免,同时会略微影响风机出力。

KSE 原理如下:当风机运行在小流量区域时,叶轮外缘的一部分或整个进口截面将出现失速,产生切向气流。当切向气流很大时,气流开始反向倒流,工况将不稳定。为避免这种不稳定工况出现,可以将 KSE 打开,此装置位于叶轮外缘前部机壳上。打开 KSE 后,在不稳定区反向倒流通过锥形部进入 KSE,通过其叶片使气流转折与主流汇合,再进入叶轮工作区,这样就保证了风机的稳定运行,避免了危险工况的发生。引风机正常运行性能曲线如图 3-58 和图 3-59 所示。

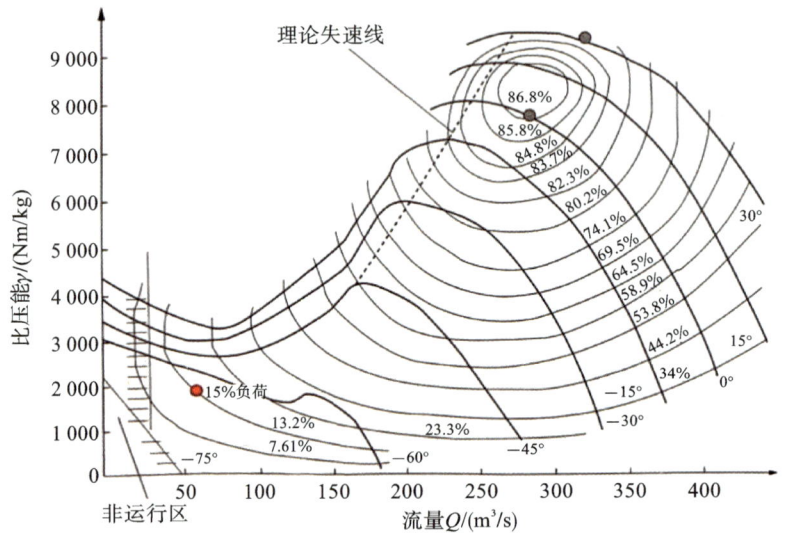

图 3-58 引风机正常运行性能曲线(KSE 关)

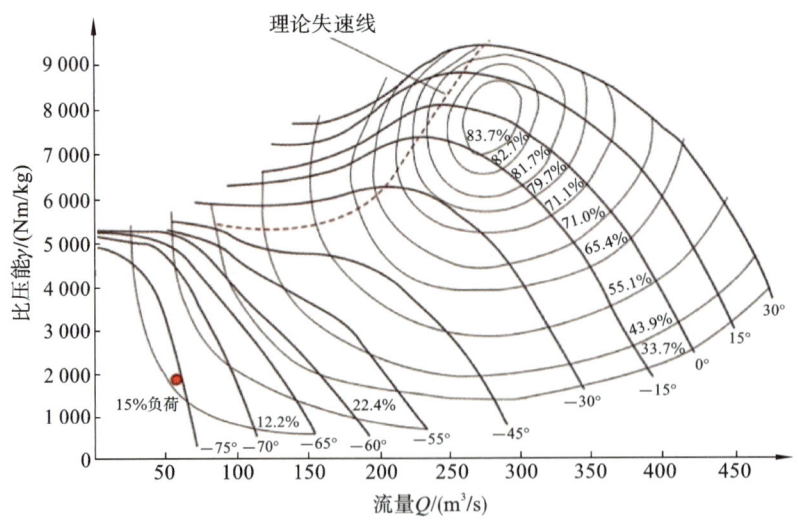

图 3-59 引风机运行性能曲线(KSE 开)

(4) 风机单双列运行比较。

机组长时间在低负荷下运行时,条件允许的机组可考虑将风机单列运行。一方面防止单台风机流量过小而发生失速、喘振、抢风等现象,另一方面可降低用电率。但是,不建议在升降负荷过程中频繁变换风机的单双列运行方式。

下面以某 600 MW 机组低负荷运行为例进行分析。

在图 3-60 中,单台送风机运行工况点(流量 226 m^3/s,比压能 623 J/kg)显示为"×",对应风机效率为 38.1%;双台送风机运行工况点(流量 113 m^3/s,比压能 889 J/kg)显示为"△",此时风机效率为 29.1%。双台送风机运行效率较单台送风机运行效率降低约 9.0%。按双台送风机电流和为 94 A 计算,单台送风机运行时电流下降约 8.5 A,折合节能约 1 800 kW·h/天。

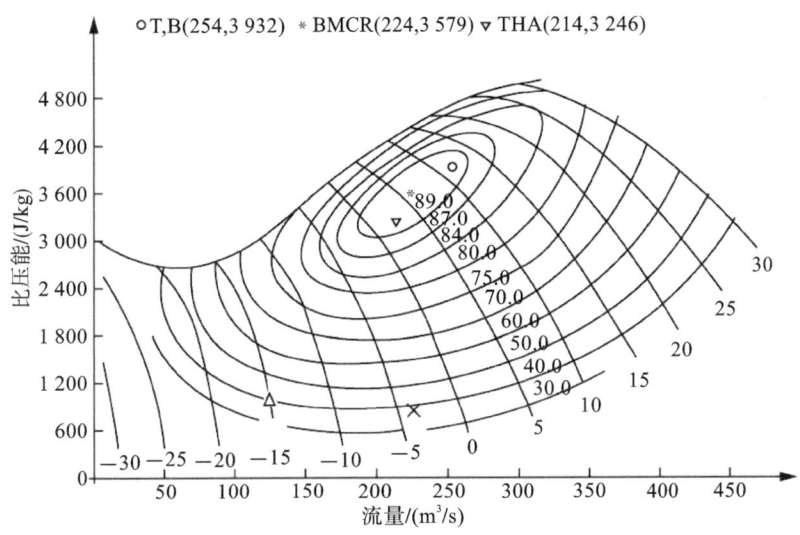

图 3-60 送风机运行特性曲线

2. 风机灵活性改造技术

在设计火电厂时,风机选型往往都按最大负荷选择并留有一定的裕量。在实际运行时,由于偏离设计工况点,风机运行效率一般较设计值低,造成电能损耗,尤其是当火电机组参与调峰后,由于风机效率偏低产生的电能损耗严重,所以在运行优化的基础上也可采取有针对性的改造措施。

(1) 风道整流及沿程阻力优化。

机组在低负荷运行时,烟、风道中的流体充满度较小,局部容易产生涡流或回流现象,导致流体流动受阻。针对此现象,建议对烟、风道中易产生涡流或回流的部位采取整流措施,降低风机产生失速、喘振的可能性。

对于锅炉系统来说,燃烧系统、制粉系统、空气预热器和脱硫系统通常阻力较大,对以上系统进行优化以降低风机所处系统中的总阻力,可使风机运行点适当下移,有效防止风机进入运行危险区。

(2) 风机电动机工频改变。

工频风机采用挡板或叶片角度调节方式,节流阻力较大,变频控制的风机电动机电流较低、调节平稳,且范围较宽泛、动态响应性能好。以某 600 MW 火电机组为例,在其低负荷运行过程中发现：由于机组配置的风机裕量大，在机组处于 400 MW 负荷运行时动叶的开度为 47%，引风机并未一直处于较高区域运行，导致风机能耗较高。因此，若引风机采用调速运行，降低节流损失并提高其运行效率，可以产生比较好的节能效果。

国外生产变频器的制造商很多，包括日立、ABB、西门子、施耐德、艾默生等。各厂家变频器均可确保产品的可靠性、高效性和多功能性。高压大功率变频器通常由 4 个主要部分组成：旁路柜、变压器柜、功率单元柜及控制柜。集成系统可以实现快速、简便、低成本安装和启动，维护简单，同时具备单元旁路功能。变频器采用"软启动"方式，从零速度加速的过程中，逐渐增加输出功率，保持额定输出转矩，从而不对电动机侧及网侧产生任何冲击，并减少影响电动机使用寿命的机械应力。

（3）风机本体改造。

对于低负荷下易发生失速、喘振的风机，建议采取风机本体技术改造的方案：更换新的风机叶片和叶轮处机壳（主体风筒），对进气箱集流器出口和扩散器入口进行改造以适应新的风机叶轮规格。主要有以下两种风机改造方案。

①减小风机流量，风机压力不变。采用减小叶轮直径的设计，减小风机流量。同时为保证运行安全，需保持风机压力基本不变，使风机高效运行区向左移动，增加风机运行时的调节开度。改造后预计在各运行工况下风机叶片开度比原来有所增加，并保证在目前任何工况下都不会发生失速、喘振。该方案需更换新的风机叶片和叶轮处机壳（主体风筒），对进气箱集流器出口和扩散器入口进行改造以适应新的风机叶轮规格。

②减小风机流量，提高风机压力。为进一步提高原风机压力，需在叶轮直径减小的同时增大轮毂直径，并增加叶片数量，这样在原方案的基础上可继续提高风机压力。该方案需重新设计、制造新的叶轮（包括轮毂组件、叶片）和机壳，对进气箱集流器出口和扩散器入口进行改造以适应新的风机叶轮规格。

上述两个方案仅对风机转子及其相关部分进行改造，风机的其他组件及管道系统连接尺寸保持不变，电动机功率及转速不变。

（4）加装风机在线监测系统。

为了解风机的性能，电厂通常在不同负荷段进行风机性能试验，再根据风机厂家设备特性曲线进行修正计算，绘制风机的实际运行性能曲线，尤其是风压和风量效率等重要曲线，从而掌握实际运行范围与失速点的距离。但试验结果不是实时的，且试验时的工况和真实运行时并不完全一致。因此，掌握风机实时的运行特性就显得十分重要。通常电厂 DCS 系统上的风机数据只有电流、风压、风量（风量与真实值可能有偏差）等参数，但是这些参数不足以全面掌握风机运行特性，需要将必要的试验数据和风机运行数据结合在一起，通过软件计算，才能得出风机运行的实时特性。

风机在线监测系统将试验仪器就地安装在风机进出口风道上，自动采集并处理试验数据，同时与 DCS 系统实时运行数据相结合，最终将计算结果图形化显示在厂级实时监控画面中，代替风机人工试验手段，可将风机运行的安全性和经济性实时显示出来。该系统可实现机组日常运行过程中对风机安全性和经济性的实时监测，从而达到自动化与信息化的目的。

某 660 MW 超临界机组在低负荷下风机产生了失速、喘振的现象，通过在 A 侧一次风机和 A 侧引风机分别加装精密流量测点的方法，实时监测风机运行状态及风机效率，并进行风机运行指导,及时防止风机进入不稳定区。风机在线监测系统示意如图 3-61 所示。

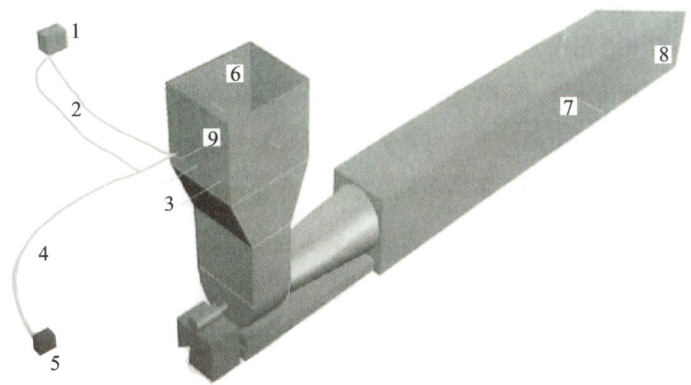

1—压力变送器组;2—橡皮管;3—风机入口动压测量元件;4—热电偶;5—数据采集仪;
6—风机入口;7—风机出口静压测量元件;8—风机出口;9—风机入口静压测量元件。

图 3-61 风机在线监测系统示意

风机在线监测系统需要处理的数据包括新增的流体温度、压力数据与风机运行数据。就地一次风机流量一次测量元件布置如图 3-62 所示。

图 3-62 就地一次风机流量一次测量元件布置

3.2.10 燃料灵活性发电技术

1. 燃煤耦合生物质发电技术

燃煤耦合生物质发电技术具有改造成本低、调峰灵活、运行安全等特点,是"双碳"形势下火电机组减少碳排放、提高可再生能源发电比例的有效途径。

国际可再生能源机构(IRENA)发布的《2020 年可再生能源发电成本》报告显示,大多数可再生能源的发电成本已接近或低于化石燃料发电成本,这使可再生能源大规模替代化石能源成为可能。其中,生物质能源作为一种可用于火电燃料的可再生能源,具有绿色、低碳、清洁的特点,其分布范围广,且燃烧产生较少 SO_2 和 NO_x。生物质能源占世界一次能源消耗的 14%,是继煤、石油和天然气之后的第四大能源。《中国可再生能源发展报告 2019》显示,我国每年可能源化利用的生物质资源总量约相当于4.6亿t标准煤。其中,农业废弃物资源量约4亿t,折算成标准煤量约2亿t;林业废弃物资源量约3.5亿t,折算成标准煤量约2亿t;其他有机废弃物折算成标准煤量约0.6亿t。同时,生物质发电受限于原料价格和运输成本等因素,其成本为煤电的1.5~2倍。尽管如此,生物质发电的稳定性和安全性远高于其他形式的可再生能源,而且能够深度参与电力市场调峰,在未来能源构成中占据不可忽视的重要作用。

(1) 生物质直燃耦合技术。

生物质直燃耦合技术,即生物质与煤直接在锅炉混合燃烧的技术。直燃耦合技术的初始投资和维护成本较低,技术成熟度高。根据生物质与煤耦合位置的不同,直燃耦合技术主要分为磨煤机耦合、送粉管道耦合、煤粉燃烧器耦合、独立生物质燃烧器炉内耦合等方案,如图3-63所示。

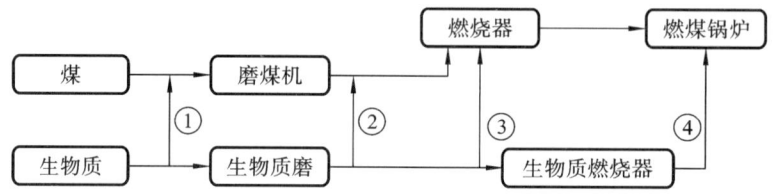

1—磨煤机耦合方案;2—送粉管道耦合方案;3—煤粉燃烧器耦合方案;4—独立生物质燃烧器炉内耦合方案。

图3-63 直燃耦合技术方案

欧盟国家相关体制机制较为完善,混燃发电为生物质发电的主流趋势。我国在混燃发电刚刚起步,目前仅处于示范阶段。国内开始尝试生物质直燃耦合技术的电厂主要有两家,分别是华电国际电力股份有限公司十里泉发电厂和大唐宝鸡第二发电有限责任公司,主要原料为农作物废弃物。其中,十里泉发电厂是国内首台开展煤粉和秸秆耦合发电的示范项目。掺烧燃料热量比例范围为5%~8%,运行初期由于秸秆原料价格较低,掺烧效益良好,后期受秸秆价格飙升以及生物质补贴政策取消的影响,项目停止运行。大唐宝鸡第二发电有限责任公司在不增加电厂设备的基础上,利用F层备用磨煤机和燃烧器实现生物质掺烧,燃料为生物质成型颗粒,掺烧燃料热量比例范围为6.76%~21.09%。由于成本原因,该项目于2016年停止运行。

(2) 生物质气化耦合技术。

生物质气化耦合技术需要在燃煤锅炉附近增加生物质气化设备,并在燃煤锅炉上增加燃气喷口,即生物质燃料先通过循环流化床气化炉或热解气化炉产生气体燃料,然后通过管道输送至燃煤锅炉前,将燃气喷入锅炉中燃烧。该方式可以避免生物质直燃面临的沾污和腐蚀问题。由于生物质气化热值较低,以较大比例掺烧时,会引起锅炉热效率的降低。

生物质气化耦合技术如图3-64所示。

近几年,我国部分电厂开展了生物质气化耦合示范,分别是国电荆门热电厂、湖北华电襄阳发电有限公司及大唐长山热电厂。国电荆门热电厂及湖北华电襄阳发电有限公司采用负压气化技术,气化炉折合热功率为10 MW,随燃煤锅炉负荷变化,气化耦合掺烧燃料热量比例范围为1.8%~4.5%,将稻壳及玉米秸秆颗粒在负压循环流化床气化炉内气化后,通过引风机加压送至燃煤锅炉耦合燃烧发电。大唐长山热电厂采用正压气化耦合技术,气化炉折合热功率为20 MW,随燃煤锅炉负荷变化,掺烧燃料热量比例范围为3%~10%,将玉米秸秆压缩颗粒在微正压循环流化床气化炉气化后,通过管道送至燃煤锅炉燃烧发电,气化炉不设引风机,沿程阻力依靠送风机驱动,该技术降低了负压气化带来的安全风险。

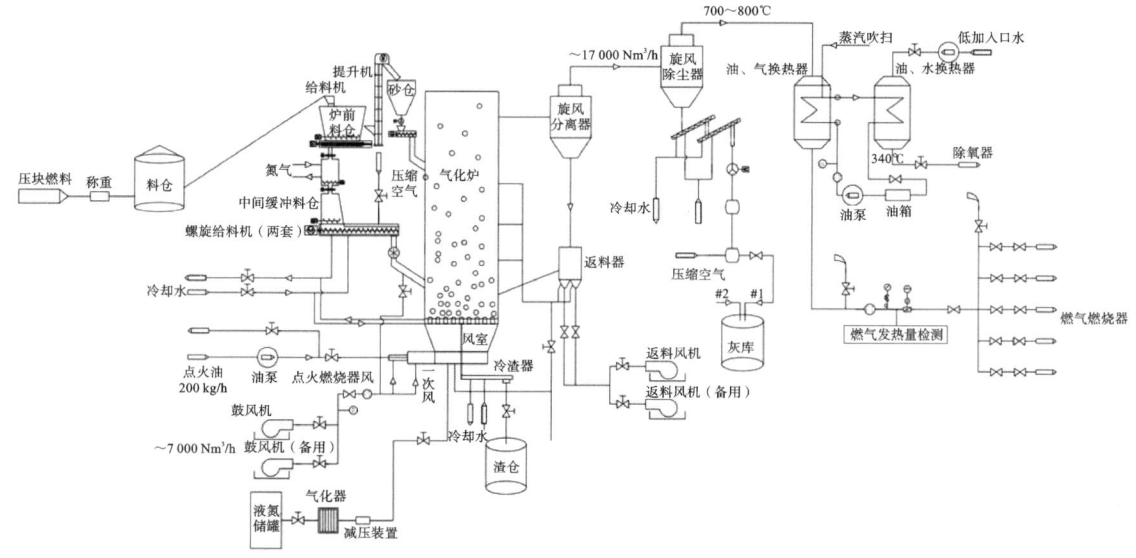

图 3-64 生物质气化耦合技术

(3) 生物质并联耦合技术。

并联耦合,即在蒸汽侧实现"混烧",燃烧生物质的为单独的纯燃生物质的锅炉,但锅炉的蒸汽参数和燃煤锅炉一样,将纯燃生物质锅炉产生的蒸汽并入煤粉炉的蒸汽管网,其产生的蒸汽和燃煤产生的蒸汽一同送入汽轮机中发电。并联燃烧采用与煤燃烧系统完全分离的生物质燃烧系统,专门的纯生物质燃烧锅炉或用于给主燃煤锅炉加热给水,或用于产生蒸汽,产生的蒸汽输送至主燃煤锅炉的蒸汽系统,其投资高于前两种。并联燃烧的优点,一是可利用燃煤主锅炉的高效发电系统达到高的转化效率;二是可采用专门燃烧生物质的锅炉,从而增加燃煤电厂混烧难以使用的生物质燃料的可能,如高碱金属和氯元素含量的秸秆;三是生物质灰和煤灰是分开的,便于对灰渣分别进行处理。有少数电厂使用此方法,以丹麦 Avedore 电厂为代表,国内暂无此方面应用。

2. 燃煤耦合污泥发电技术

《关于印发〈完善生物质发电项目建设运行的实施方案〉的通知》(发改能源〔2020〕1421号)指出,生物质能利用对促进农林废弃物和城乡有机废弃物处理,推进城乡环境整治,替代化石能源,减少温室气体排放等具有重要作用,国家支持生物质能产业持续健康发展。而城市污泥作为城乡有机废弃物,具备一定的热值,燃煤电厂掺烧时可以此作为生物质能替代部分化石燃料,降低二氧化碳排放。

随着我国城镇化程度的提高,污泥产出量也日益增加。传统的污泥处置手段(农用和填埋)会带来土壤污染和水质污染问题,还会占用大量土地。这与可持续发展理念是矛盾的,因此污泥的处置已成为重大环保课题。

利用电厂锅炉掺烧干化污泥,可避免重复新建焚烧炉及烟气处理系统,不在城市中产生新的污染源,同时可以利用电厂的烟气处理系统,使焚烧后烟气达标排放。

此外,城市污泥干化提质后可以作为一种生物质资源,被加以利用。燃烧污泥可以认为是"零碳"排放,燃煤机组耦合污泥发电,也是燃煤电厂碳减排的一项重要手段,是国家大力提倡的资源综合利用方案,可以为国家"碳达峰、碳中和"总体目标贡献一定的力量。按照日处理

80%水分污泥 200 t,干化处理后水分为 40%,污泥热值可以提高至 1 200～1 400 kcal(1 cal=4.19 J),通过干化后掺烧发电,年降低二氧化碳排放量 1.17 万～1.37 万 t。

该处理方式有利于保护和改善人民群众的身体健康,维护社会和谐稳定,促进百姓安居乐业,具有良好的环保效益和社会效益。

污泥利用燃煤电厂处置的关键在于干化,目前主要的污泥干化技术有圆盘式干化技术、桨叶式干化技术、烟气干化技术、加压热水解蒸汽干化技术、低温带式干化技术,以及华能开发的城市废弃物前置干燥炭化处理技术。下面介绍部分干化技术的工艺。

(1) 圆盘式干化技术。

① 工作原理。

脱水污泥(80%水分)通过螺杆上料器进入一个卧式圆盘式干化处理器,圆盘式干化机的转子是一组中空圆盘,这些圆盘被一条中空轴贯穿连通,如图 3-65 所示。圆盘式干化机的圆盘衬套内循环有高温的介质(蒸汽、热油或热水),使反应器内的所有圆盘壁得到均匀有效的加热。

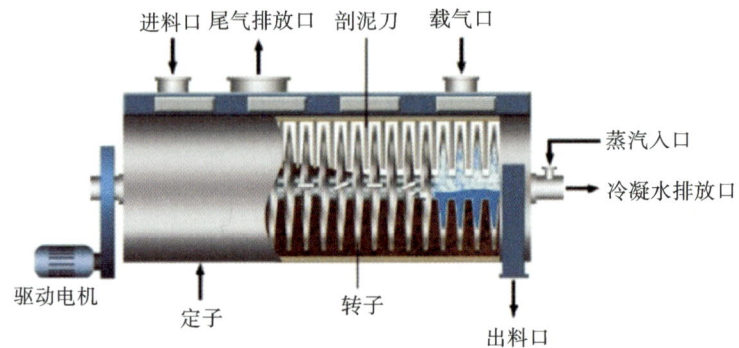

图 3-65 圆盘式干化机结构

脱水污泥从干化机的一端流入,流过圆盘与定子之间的空隙,达到另一端,经底部的出料阀流出。经过圆盘表面接触传热,脱水污泥所含的水分被蒸发。干化后的颗粒进入分离料斗,一部分颗粒被分离出来再返回进口,另一部分粒径合格的颗粒通过进一步冷却后送入料仓储存。

干化机中的刮泥刀和轮翼系统可防止物料粘在热交换表面,使污泥与热表面保持连续接触,而不被粘在上面的导热性能很差的干料阻隔,从而提高干化效率。备有真空吸气装置的定子可以降低干化过程的温度。依据物料性质设计的填料函可自动加注润滑油。

② 工艺流程。

圆盘式干化工艺流程图如图 3-66 所示。

该干化工艺主要包含以下分系统。

(a) 进料系统:为了节省投资并提高干化机的使用寿命,一般采取 24 h 连续作业。为保证干化机能连续进料与定量进料,一般采用拥有滑架系统的专用污泥料仓,并通过采用与此料仓配合使用的具有精确配料功能的料仓出料螺旋输送器调节污泥进入干化机的流量。

(b) 干化机系统:需进行干化的物料(污泥)由干化机一端进入干化机,随着其中水分的蒸发,干化的物料被转子上刮板推送至另一端,并从底部出口阀排出。干化机内保持适当的负压,防止臭气外溢。

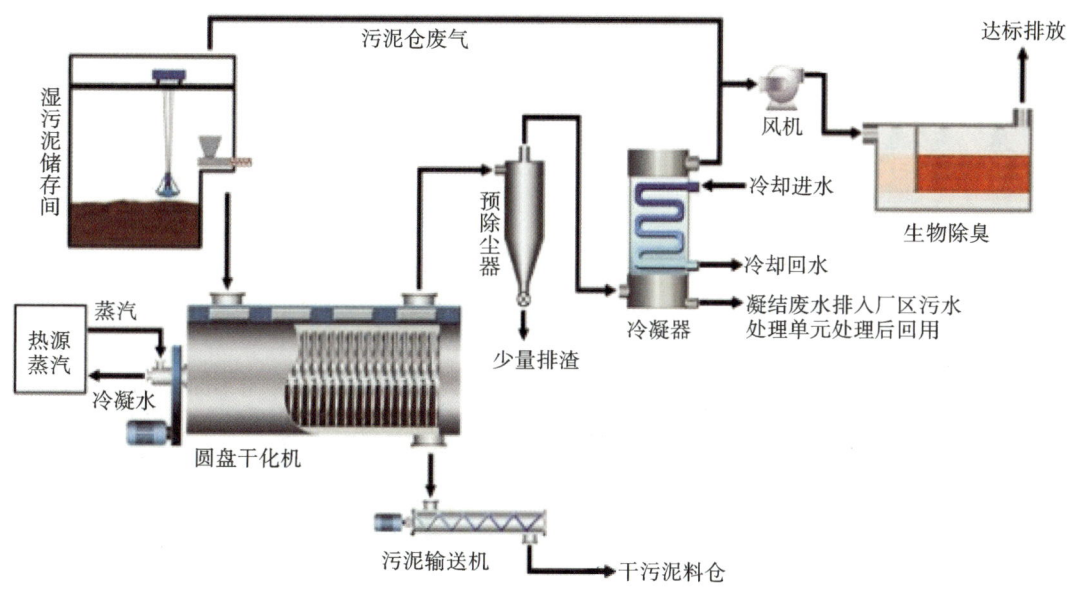

图 3-66　圆盘式干化工艺流程图

用阀门控制少量吸入干化机的空气,利用这少量空气把从污泥蒸发出来的水分带走,减少蒸汽在干化机内部冷凝液化,从而预防腐蚀干化机。通过蒸汽压力的调节,可以改变蒸发能力,通过改变干化机的填料状况,可以达到调节导热面积的目的,由进料螺旋输送量的调节确定进泥量。干化机本身有过载保护。物料在干化机内不同区域的输送速度的调节方法是调节多个推进叶片的倾斜角度,使污泥混合充分达到搅拌均匀的干化效果。

(c) 废汽处理系统:污泥中的水分以蒸汽的形式被收集在蒸汽拱顶中,然后排出。干化机中的低压为 $-50\sim-100$ Pa,可通过离心抽风机的变频调控实现。冷凝液化器从上部喷下冷水,将蒸汽冷凝液化。液化水从冷凝液化器的底板排出。冷凝液化器的进水可采用污水处理厂经过滤后的中水,出水为中水与极少量蒸汽冷凝液化废水混合稀释所得,可直接回送到污水处理系统中,不凝气体进入除臭系统降解达标后排放。

③ 工艺特点。

圆盘干化工艺特点如下。

(a) 既适用于污泥全干化,也适用于污泥半干化,两者可灵活调节。

(b) 半干化设备系统中的湿度大,粉尘浓度小,杜绝了粉尘爆炸的可能性。

(c) 机内污泥载荷大,即使进料不均匀,也能保证稳定运行。

(d) 惰性气体含量少(不需要空气循环)。

(e) 转子转速低,磨损小。

(f) 结构紧凑,传热面积大,节省设备占地面积。

(g) 构造牢固,持久耐用。

(h) 持续运行性好,可昼夜运转,保证每年运行 8 000 h。

(i) 后期转子维护工作量大,需将两端密封解除后将转子整体抽出进行维修。

(2) 桨叶式干化技术。

① 工作原理。

空心桨叶式污泥干化机的轴端装有蒸汽导入、导出旋转接头。蒸汽分为两路,分别进入空心桨叶式干化机壳体夹套和桨叶轴内腔,将机身和桨叶轴同时加热,以传导加热的方式对污泥进行加热干化。污泥被污泥泵连续送入干化机的入口,污泥进入干化机后,桨叶的转动使污泥翻转、搅拌,不断更新加热界面,污泥与被加热的机身和桨叶接触,被充分加热,使污泥所含的表面水分蒸发。同时,污泥随叶片轴的旋转向出料口方向输送,在输送中继续搅拌,使污泥渗出的水分继续蒸发。最后,干化均匀的污泥由出料口排出。桨叶式干化机结构图如图 3-67 所示。

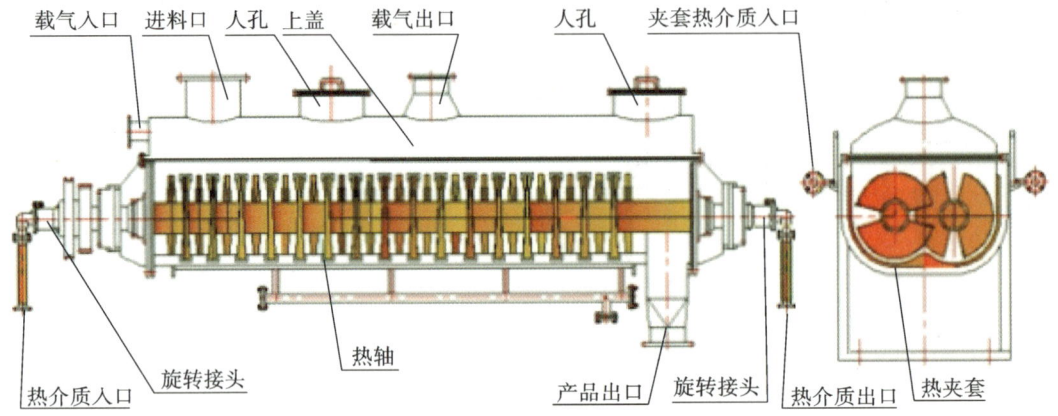

图 3-67　桨叶式干化机结构图

② 工艺流程。

桨叶式干化工艺流程图如图 3-68 所示。

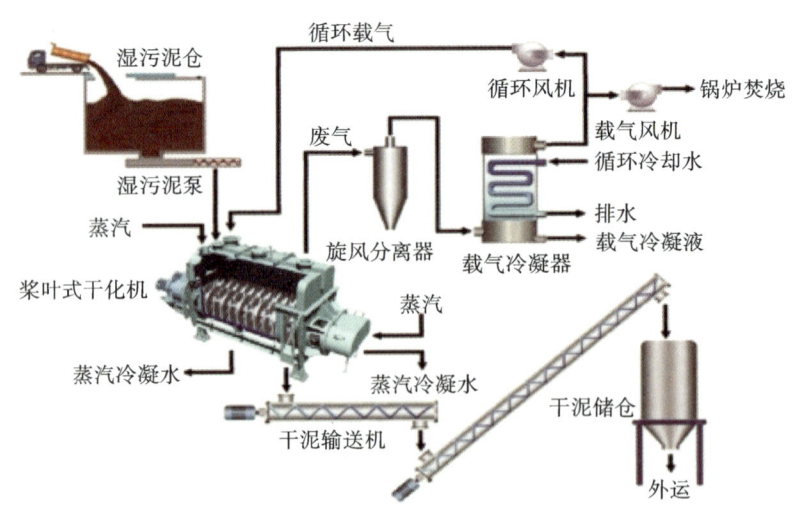

图 3-68　桨叶式干化工艺流程图

该干化工艺主要包含以下几个分系统。

(a) 湿物料接收、储存及输送系统:湿物料储存仓为圆形或矩形碳钢防腐结构。配套完整的仓体、滑架、液压站、料位计、负压抽风口、现场控制柜。储仓底部配置卸料螺旋和螺杆泵。

(b) 污泥干化机系统:桨叶式干化机是一种双(或四)搅拌轴旋转的蒸汽间接加热型污泥干化机,用于对污泥进行干燥处理。湿污泥由进料口进入干化机的搅拌器内,污泥在搅拌器内被桨叶搅拌推进,同时蒸汽进入夹套内和搅拌器内,对污泥进行间接加热,污泥产生的水蒸汽聚集在干化器穹顶,由载气风机带出干化机。污泥在加热、搅拌及干燥的同时,干污泥向下游运动,从干燥机出口排出。

(c) 干化污泥输送和储存系统:干化污泥从干燥机成品出口出来后,被送入干化污泥缓存仓缓存。

(d) 尾气处理系统:尾气经除尘后进入间接水冷器,对尾气中的水蒸汽进行冷凝,尾气凝结水被收集后排至废水处理系统,不凝气体进入除臭系统降解达标后排放。

③工艺特点。

(a) 设备结构紧凑,装置占地面积小。干燥所需热量主要由排列于空心轴上的空心桨叶壁面提供,而夹套壁面的传热量只占少部分。所以单位体积设备的传热面大,可节省设备占地面积,减少基建投资。

(b) 热量利用率高。污泥干化机采用传导加热方式进行加热,所有传热面均被物料覆盖,减少了热量损失。没有热空气带走热量,热量利用率可达90%以上。

(c) 楔形桨叶具有自净能力,可提高桨叶传热作用。旋转桨叶的倾斜面和颗粒或粉末层的联合运动所产生的分散力,使附着于加热斜面上的污泥被自动清除,桨叶保持高效的传热功能。另外,由于两轴桨叶反向旋转,交替地分段压缩(在两轴桨叶面相距最近时)和膨胀(在两轴桨叶面相距最远时)搅拌,传热均匀,提高了传热效果。

(d) 由于不需用气体加热,无需气体介入,干化器内气体流速低,被气体携带出的粉尘少,便于回收干燥后系统的气体粉尘,可缩小尾气处理装置规模,节省设备投资。

(e) 热源与物料不直接接触,避免干化后含水率过低造成粉尘含量过高而导致的粉尘爆炸危险。

(f) 污泥含水率适应性广,产品干燥均匀性高。干化机内设溢流堰,可根据污泥性质和干燥条件,调节污泥在干化机内的停留时间,以适应污泥含水率变化的要求。此外,还可调节加料速度、轴的转速和热载体温度等,在几分钟与几小时之间任意选定停留时间,因此对污泥含水率变化的适应性非常广泛。

(3) 烟气干化技术。

①工作原理。

烟气干化机结构如图 3-69 所示。热烟气在干化机中与湿污泥直接接触,物料经供料装置投入回转式滚筒内,被安装在筒内的特殊提料板提起、落下,在下落过程中,由筒内高速旋转的叶片粉碎,在热风的包转下不断干燥,直至移动到出口。由于物料与热空气接触表面积大,故干燥迅速。

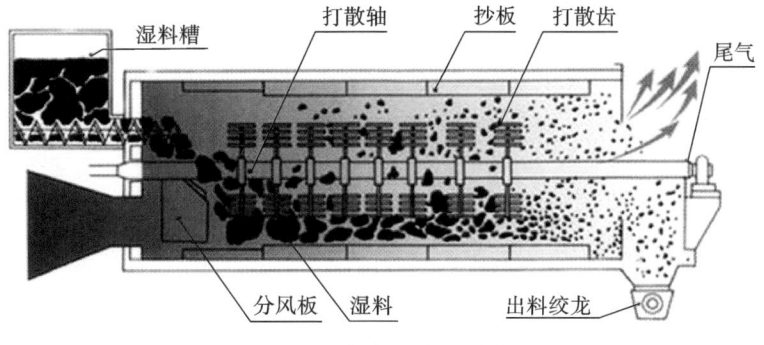

图 3-69 烟气干化机结构

② 工艺流程。

烟气干化工艺流程图如图 3-70 所示。

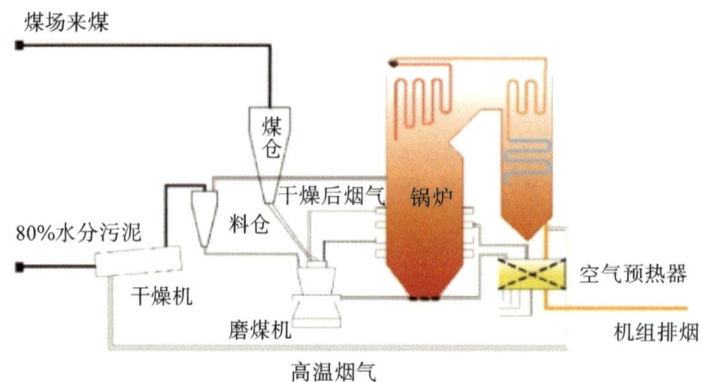

图 3-70 烟气干化工艺流程图

来自污水处理厂含水 80%的污泥通过汽车送到污泥干化车间的地下湿污泥储存仓内,经污泥螺杆泵送入干化机内进行质热交换,干燥后的污泥经气固分离收集器(即旋风分离器)分离,分离后的干污泥被输送到锅炉的制粉系统,随同原煤一同研磨后再送入炉膛燃烧。干化机所需干燥介质为锅炉空气预热器入口的烟气(约 350 ℃),热烟气与湿污泥在干化机内充分换热,并经旋风分离器后,不低于 110 ℃ 的干化机尾气由干化系统新增引风机送至锅炉的空气预热器出口后、除尘器前的烟气系统中,干化尾气随锅炉烟气共同经过锅炉尾部除尘系统和脱硫系统后,通过烟囱排放。

③ 工艺特点。

烟气干化工艺具有以下优点。

(a) 污泥的干燥介质为锅炉排出的烟气,而烟气中的氧含量较低,加上干化机本身的密闭性,解决了以往污泥干化机在干燥过程中的易燃、易爆等问题。

(b) 相对于锅炉原有烟气除尘系统,干化机出口烟气湿度含量较大,若进入电除尘有助于降低粉尘的比电阻,因而提高了电除尘器的除尘效率。

烟气干化工艺同时存在以下缺点。

(a) 干化设备不能离电厂锅炉主系统太远,否则烟气管道系统庞大,占地空间大,不利于设备布置。

(b) 烟气干化后烟气湿度较大,烟气体积增加,接入主锅炉烟气系统,需要考虑对整个风烟系统的阻力和引风机出力的影响。

(c) 锅炉排烟温度降低,空气预热器冷端由于温度降低容易引起硫酸氢铵的堵塞。

(d) 需要增加高温风机抽取热烟气,同时风机还需考虑防磨处理,设备维护量和维护成本较高。

(e) 锅炉效率降低较多,影响锅炉的经济运行。

(f) 污泥处理量规模不能太大,否则需要抽取的烟气量较大,影响锅炉的安全运行。

(4) 低温带式干化技术。

① 工作原理。

脱水污泥经过切条造型后铺设在透气的烘干带上,被缓慢输入干化机内。在干化过程中,污泥不需要任何机械处理,可以很容易地经过"黏糊区",不会产生结块烤焦现象。此外,基本没有烘干过程产生的粉尘。通过多台鼓风装置进行抽吸,使烘干气体穿流烘干带,并在各自的烘干模块内循环流动进行污泥烘干处理。污泥中的水分被蒸发,随同烘干气体一起被排出装置。

低温带式干化工艺可以分为低温热泵干化工艺和低温余热干化工艺,两者的区别主要是热源不同。

低温热泵干化工艺利用除湿热泵对空气进行脱湿加热,以达到干化污泥的目的,此系统属于低温冷凝除湿烘干。除湿热泵是利用制冷系统使湿热空气降温脱湿,同时通过热泵原理回收空气水分凝结潜热加热空气的一种装置。

低温余热干化工艺主要依靠余热资源,如烟气、低品位蒸汽,将载体风加热后对污泥进行干化。

② 工艺流程。

低温热泵干化工艺流程图如图 3-71 所示。

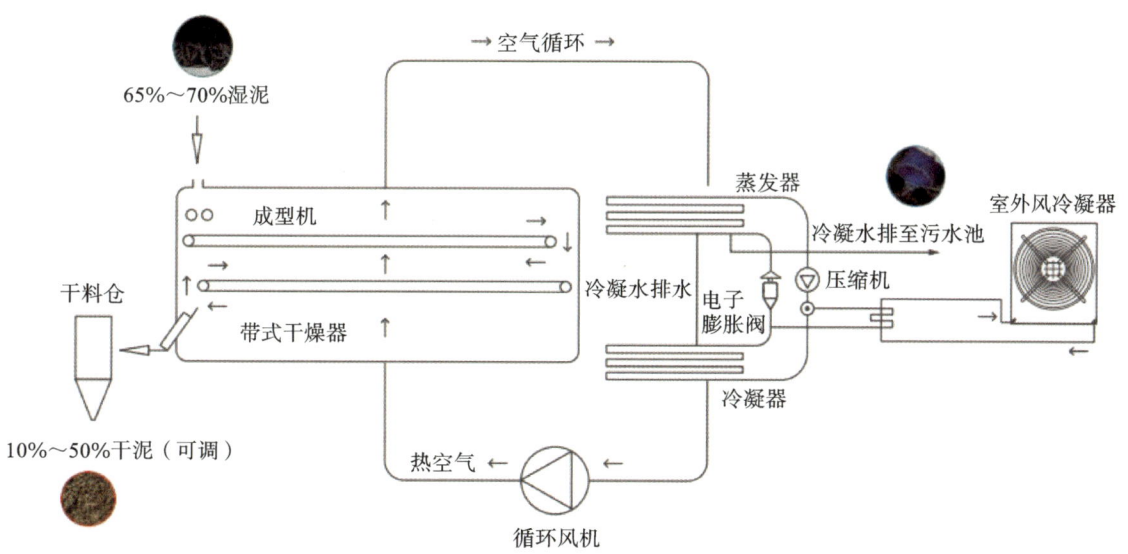

图 3-71 低温热泵干化工艺流程图

低温余热干化工艺流程图如图 3-72 所示。

③ 工艺特点。

低温带式干化工艺特点如下。

(a) 节能:低温热泵干化工艺把环境介质中贮存的能量加以挖掘,通过传热工质循环系统提高温度后进行利用,而整个热泵装置所消耗的功率仅为输出功率中的一小部分,可以节约大量高品位能源。低温余热干化工艺可以将电厂余热资源实现最大化利用,节约能源损耗。而传统干化(转筒式、转盘式、薄层蒸发器+带式、桨叶式)工艺采用蒸汽等高品位能源作为热源,能耗较高。

(b) 安全性:出于安全性考虑,必须控制的安全要素是:氧气含量<12%;粉尘浓度<

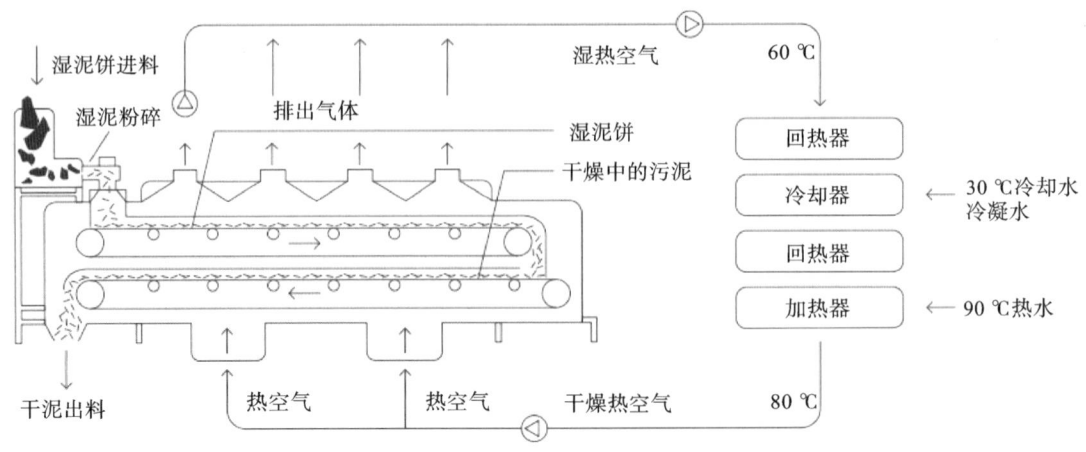

图 3-72 低温余热干化工艺流程图

60 g/m³；颗粒温度<110 ℃。整个干化过程无尘(空气流速<2 m/s)；干化温度控制在40~70 ℃；整个干化过程都在密闭的环境中进行，大大提升了干化设备的安全性。而传统干化(转筒式、转盘式、薄层蒸发器+带式、桨叶式)工艺产生粉尘含量较高，散发到空气中达到一定浓度会有尘爆危险；其运行温度高达150 ℃以上，会对工作人员及周围环境造成安全隐患。

(c) 环保性：污泥中的不同类型的有机物挥发温度存在明显差异；链状烷烃类和芳香烃类的挥发温度在100~300 ℃；烷烃类的挥发温度主要在250~300 ℃；含氮化合物类、胺类、肟类的挥发温度主要在200~300 ℃；醇类、醚类、脂肪酮类、酰胺类腈类的挥发温度均在300 ℃以上。另外，醛类和苯胺类的挥发温度主要在150 ℃，脂类的挥发温度在150~250 ℃。采用40~70 ℃低温热泵干化设备，可以有效降低恶臭气体的挥发；整个干化过程都在密闭环境条件下进行，不会有气体排到外界环境中，不会造成二次环境污染。而传统干化(转筒式、转盘式、薄层蒸发器+带式、桨叶式)工艺需要进行复杂的废气处理，可能会对大气造成污染。

(d) 耐用：低温热泵干化设备内、外壳采用不锈钢材料，蒸发器采用白铜合金材料，均属于耐腐蚀材料，心脏部位"压缩机"与除湿系统隔离，使用寿命长。而传统干化机(转筒式、转盘式、薄层蒸发器+带式、桨叶式)工艺防腐性差，机械磨损较大，设备使用寿命较短。

(e) 智能化：通过PLC+触摸屏智能控制，可实现远程集中控制、全自动运行，节约大量人工成本；传送、进料电机均采用变频无级调速，适合不同含水率(10%~50%)的干料。

(f) 安装便捷：无复杂的土建结构、基础建设，节约土建成本；设备安装简单，安装、调试周期短；模块式结构设计，负荷调节能力强，方便安装；可安装在地下室，节约土地面积。

(5) 污泥干化工艺对比。

以上四种干燥工艺都相对成熟，且都有一定的业绩。在电耗方面，圆盘式干化技术≈桨叶式干化技术≈烟气干化技术<低温带式干化技术；在占地方面，圆盘式干化技术=桨叶式干化技术≈烟气干化技术<低温带式干化技术；在设备投资方面，烟气干化技术<桨叶式干化技术≈圆盘式干化技术<低温带式干化技术。不同污泥干化工艺综合对比如表3-22所示。

表 3-22 不同污泥干化工艺综合对比

干化工艺	工艺特点	物耗、电耗及其他	对原有机组的影响	干化车间占地	设备投资	备注
圆盘式干化技术	利用电厂辅助蒸汽，采用圆盘式蒸汽干化机间接加热污泥，蒸汽经过换热后的冷凝水回到主机系统被利用	(1) 主要的物料消耗为辅助蒸汽(0.5 MPa 饱和蒸汽)，处理每吨污泥的蒸汽消耗量为 0.9～1 t。(2) 处理每吨污泥的耗电量为 25～30 kW·h。(3) 循环冷却水量为 500 t/h，冷却水进/出口温度为 32～40 ℃	干燥所消耗的蒸汽会消耗一部分辅助蒸汽，对汽机热耗有一定影响。对厂用电有一定影响	约 1 000 m²	约 3 000 万元	不含土建、电气改造、污水处理系统等
桨叶式干化技术	利用电厂辅助蒸汽，采用桨叶式干化机间接加热污泥，蒸汽经过换热后的冷凝水回到主机系统后被利用	(1) 主要的物料消耗为辅助蒸汽(0.5 MPa 饱和蒸汽)，处理每吨污泥的蒸汽消耗量为 0.9～1 t。(2) 处理每吨污泥的耗电量为 25～30 kW·h。(3) 循环冷却水量为 500 t/h，冷却水进/出口温度为 32～40 ℃	干燥所消耗的蒸汽会消耗一部分辅助蒸汽，对汽机热耗有一定影响。对厂用电有一定影响	约 1 000 m²	约 3 000 万元	不含土建、电气改造、污水处理系统等
烟气干化技术	取用锅炉空气预热器入口高温烟气干燥湿污泥，干燥后的废气被引到主机组除尘器入口烟道，经过烟气处理系统后排放	(1) 主要的物料消耗来自锅炉烟气。(2) 处理每吨污泥的耗电量为 25～30 kW·h	抽取炉烟，会造成锅炉效率降低，排烟温度降低导致空气预热器堵塞，低负荷时影响较大	约 1 000 m²	约 2 000 万元	不含土建、烟道改造、电气改造等
低温带式干化技术	通过热泵回收污泥水分凝结的潜热以及电能加热空气，利用热空气烘干污泥，热空气进入热泵蒸发器冷凝，进入下一个循环	(1) 维持热泵运行，循环冷却水量为 200 t/h，冷却水进/出口温度为 32～40 ℃。(2) 处理每吨污泥的耗电量为 160～180 kW·h	系统相对独立，对原有机组不构成影响。耗电量较高，对厂用电有一定影响	约 2 500 m²	约 5 000 万元	仅干燥设备(不含土建及污水处理)

3. 燃煤耦合垃圾发电技术

城市化快速发展和人们生活水平的提高,使城市生活垃圾产量不断增加。纵观国内外城市垃圾产生情况与经济发展的历程,可以看出城市生活垃圾的产量随着经济发展与生活水平的增长而增长。2018 年,我国生活垃圾清运量达到 2.28 亿 t,成为全球产生垃圾最多的国家。生活垃圾不仅占用了大量的土地,还严重威胁人类的健康,如何合理地处理城市生活垃圾已经引起了全世界的关注。根据居民生活水平和地区的经济发展状况,生活垃圾管理的侧重点并不相同。在发展中国家,全面收集垃圾和遏制非法倾倒是首要问题,而发达国家面临的主要挑战是减少生活垃圾的产量。

为了破解垃圾"围城",现有垃圾处理方式以焚烧为主。垃圾单独焚烧处理在世界上已有 100 年以上的发展历史,在国内也有超过 30 年的历史,技术已经非常成熟、可靠,也得到了广泛的应用。

垃圾作为人类活动过程中产生的废弃生物质资源,在碳减排方面有得天独厚的优势。借助现有燃煤电厂的发电设备和超低排放环保设施进行生活垃圾耦合发电,能够在发挥清洁高效煤电污染物集中治理平台优势的同时降低 CO_2 排放量,也是低成本实现生活垃圾规模化、减量化、无害化和资源化处置的有效途径。

生活垃圾与煤粉混燃并非新鲜事物,早期的流化床焚烧炉为了保证燃烧的稳定性需要添加一定比例的燃煤,就可以看作最简单的耦合发电。受制于政策及技术因素,我国尚未见到生活垃圾与大型煤粉电站机组耦合发电的工业案例。

生活垃圾与大型燃煤电站机组耦合发电可以分为直接耦合发电、间接耦合发电和并联耦合发电。

(1) 直接耦合发电。

直接耦合是成本最低的耦合发电方式,是指生活垃圾与燃煤共同在锅炉中燃烧,即将生活垃圾经过预处理至可以与煤粉混燃的状态后送入锅炉。直接耦合发电的流程图如图 3-73 所示。

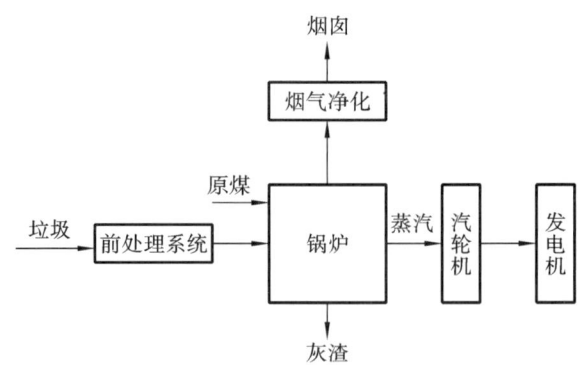

图 3-73 直接耦合发电流程图

直接耦合发电根据生活垃圾进入锅炉的方式不同,可分为同磨煤机同燃烧器、异磨煤机同燃烧器和异磨煤机异燃烧器,这 3 种方式的改造成本和复杂程度依次增加,生活垃圾掺烧比例也依次增大。

(2) 间接耦合发电。

间接耦合发电是指将生活垃圾进行气化或燃烧后,所产生的气态产物经过处理进入燃煤锅炉。

间接耦合发电根据生活垃圾的产物不同,可分为气化后燃气进入锅炉燃烧、燃烧后烟气进入锅炉余热利用。生活垃圾气化后燃气进入锅炉燃烧的方式较为成熟,已经有了类似的工程案例,如烟台龙源在国电乐东电厂建设的 30 t/d 生活垃圾气化耦合发电系统。生活垃圾燃烧后烟气进入锅炉余热利用的方式则较为少见。间接耦合发电可以降低生活垃圾中有害成分对耦合机组的影响,同时提高燃料的适应性,实现生活垃圾灰渣与燃煤灰渣的彻底分离,但投资成本较高。间接耦合发电的流程图如图 3-74 所示。

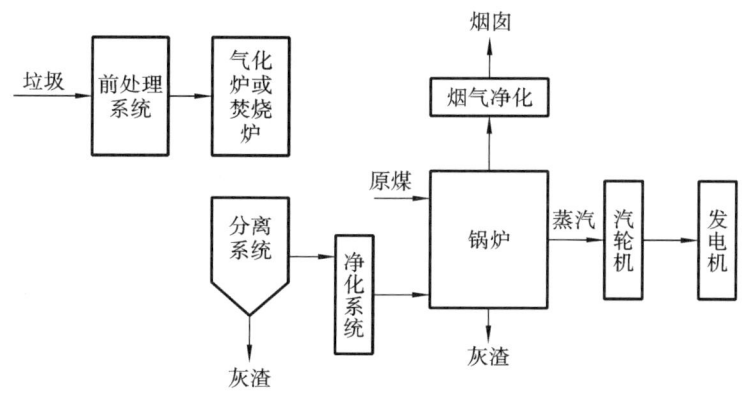

图 3-74　间接耦合发电流程图

(3) 并联耦合发电。

并联耦合发电是指生活垃圾与燃煤的燃料制备、燃烧及环保系统完全独立,将生活垃圾锅炉产生的蒸汽并入耦合机组的热力系统中发电。并联耦合发电的流程图如图 3-75 所示。

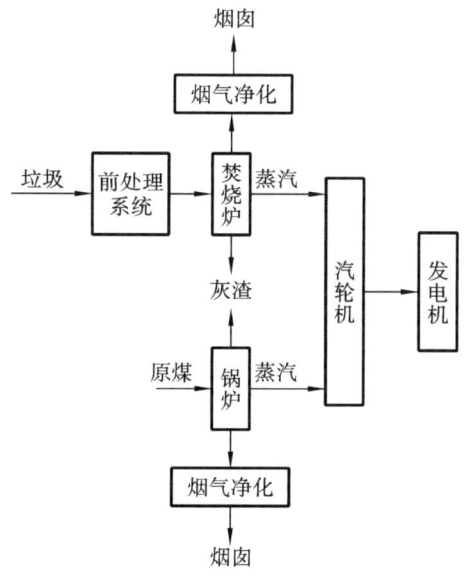

图 3-75　并联耦合发电流程图

并联耦合发电可以在实现生活垃圾灰渣与燃煤灰渣彻底分离的基础上,大幅度提高生活垃圾的耦合比例,但由于生活垃圾锅炉的蒸汽参数较低,因此其耦合后的发电效率低于间接耦合发电(300 MW 机组比间接耦合发电的发电效率低 2% 左右)。并联耦合发电因为需要建设一套完整的独立系统,因此投资成本在 3 种耦合方式中最高。

3.2.11 空气预热器防堵技术

1. 空气预热器堵灰原因

由于空气预热器在烟道中的位置在除尘器上游,烟气在流经空气预热器之前没有经过任何脱灰处理,烟气的含灰量较高,而空气预热器的蓄热元件孔隙非常低,当量直径在 9 mm 以下,烟气在流经空气预热器蓄热板时自然形成积灰。

由于空气预热器转子在运行过程中是不断转动的,当蓄热板转动到烟气侧时温度逐渐上升,此后蓄热板进入空气侧,在空气侧被冷却,温度逐渐下降,当蓄热板再次转到烟气侧时,烟气中的硫酸凝结在冷端蓄热元件上,粘附灰分,硫酸和铁与灰分中的盐类发生化学变化,生成的酸性盐有黏性,进一步加重积灰;另一方面,锅炉经 SCR 改造后,催化剂把 NO_x 还原成 N_2 的同时,将约 1.0% 的 SO_2 氧化成 SO_3,SCR 反应器出口烟气中存在的未反应逃逸的 NH_3、SO_3 及水蒸汽发生反应,生成 $(NH_4)HSO_4$,液态的 $(NH_4)HSO_4$ 是一种黏稠状液体,也会粘附灰分,加重积灰。

$$NH_3 + SO_3 + H_2O \longrightarrow (NH_4)HSO_4$$

$(NH_4)HSO_4$ 物理特性:温度≤146 ℃,处于固态;146 ℃<温度≤207 ℃,处于液态;温度>207 ℃,气化分解。液态粘附、吸附性强。易溶于水,具有水溶性。

对于空气预热器而言,积灰和结露腐蚀往往是伴随发生的,两者相互促进。空气预热器积灰之后更容易吸附烟气中的硫酸蒸汽和 $(NH_4)HSO_4$,加剧腐蚀;而结露腐蚀产生的黏性盐加重了积灰,形成恶性循环,最终导致蓄热板间隙逐渐缩小,表现出空气预热器阻力升高问题。

回转式空气预热器堵塞问题的产生就是由于空气预热器换热元件壁温过低,造成烟气中水蒸汽及酸气凝结、硫酸氢铵粘附沉积,液态混合物捕捉烟气中的飞灰颗粒,堵塞换热元件通道,造成空气预热器阻力增加,并降低蓄热元件的换热效果。图 3-76 为空气预热器中温段堵塞,图 3-77 为空气预热器冷段堵塞。

图 3-76 空气预热器中温段堵塞

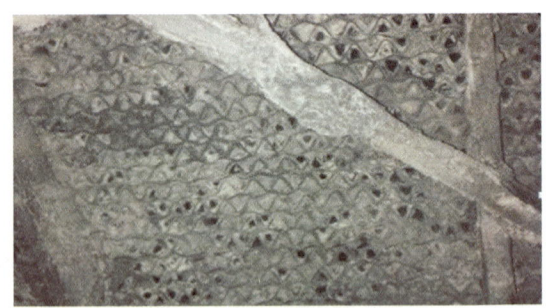

图 3-77 空气预热器冷段堵塞

冷端平均壁温的计算方法引用《标准》为

$$t_w = \frac{t_y + \frac{\tau_1}{\tau_y} \cdot \frac{\alpha_k}{\alpha_y} t_1 + \frac{\tau_2}{\tau_y} \cdot \frac{\alpha_k}{\alpha_y} t_2}{1 + \frac{\tau_1}{\tau_y} \cdot \frac{\alpha_k}{\alpha_y} + \frac{\tau_2}{\tau_y} \cdot \frac{\alpha_k}{\alpha_y}} \tag{3-2}$$

式中,τ_1、τ_2、τ_y——受热面在一次风、二次风及烟气通道中的时间,s;

t_1、t_2、t_y——一次风、二次风及烟气的温度,℃;

α_k、α_y——空气和烟气换热系数。

冷端最低壁温与冷端平均壁温,依据文献中提供的测量和试验参数,一般满足关系

$$t_{zd} = t_w - 24 \tag{3-3}$$

式中,t_{zd}——冷端最低壁温,℃;

t_w——冷端平均壁温,℃。

空气预热器堵灰、阻力高引发问题如下。

①空气预热器阻力升高,严重影响机组运行的安全性,机组非停发生概率大大增加。

②空气预热器阻力升高,导致引风机裕量不足,降低机组带负荷能力。

③空气预热器阻力升高,导致一次风机、送风机和引风机耗电量升高。

④空气预热器堵灰,导致换热元件表面沾污,降低空气预热器换热能力。

⑤空气预热器吹灰频率提高,导致空气预热器热端换热元件吹损严重。

⑥空气预热器冷端壁温过低,导致空气预热器冷端换热元件产生低温腐蚀问题。

发电企业针对回转式空气预热器堵塞问题均采取了在运行中提高吹灰器投入频率、单侧提高空气预热器出口烟温及停机期间进行空气预热器水冲洗等方法,上述手段仅仅对空气预热器堵灰问题稍有缓解,但无法从根本上解决问题。由于吹灰频率的增加和空气预热器高压水冲洗的日益频繁,对空气预热器换热元件也是一种不可逆的物理损伤,空气预热器故障率上升、检修量增大及空气预热器性能下降问题也随之而来。

常见的应用于脱硝空气预热器改造的冷端波形如图 3-78 所示,各锅炉厂采用的波形大同小异,均为垂直独立通道波形,且均存在空气预热器积灰情况,因此需要发明一种新型的冷端波形。

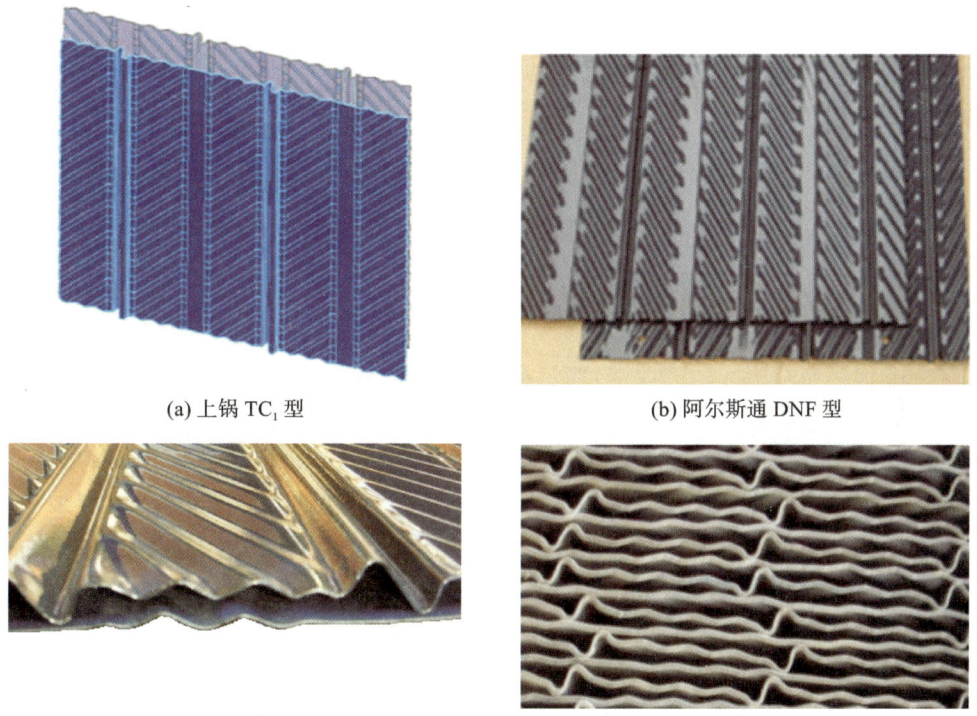

(a) 上锅 TC_1 型　　　　　　　　　　(b) 阿尔斯通 DNF 型

(c) 东锅波型　　　　　　　　　　(d) 哈锅 HE 型

图 3-78　各锅炉厂常见的脱硝空气预热器波形

新型波形应具有独立通道,烟气沿独立的通道直接通过而不向两侧发散,因此烟气流通停留时间短,动能衰减小,烟气行程短,也就减少了空气预热器积灰,当进行吹灰时,吹灰蒸汽全部沿该通道直行吹扫而不衰减,吹灰效果也比较好。

2. 空气预热器堵灰解决方案

根据空气预热器堵灰的原因,提高空气预热器冷端综合温度是预防和解决空气预热器堵灰的根本手段。空气预热器防堵有以下几个方案。

(1) 烟气余热利用系统方案。

烟气余热利用系统方案如图 3-79 所示。烟气余热联合暖风器是在锅炉尾部加装低压省煤器,并将低压省煤器回收的热量用于加热送风机、一次风机出口空气温度。布置烟气余热利用系统时,分为两种方式,一种是布置在布袋除尘器前,另一种是布置在布袋除尘器后。因布置在除尘器后的方案受布袋除尘器入口烟温限制影响,提升空气预热器入口空气温度能力有限,对防止空气预热器堵灰效果可能不明显。

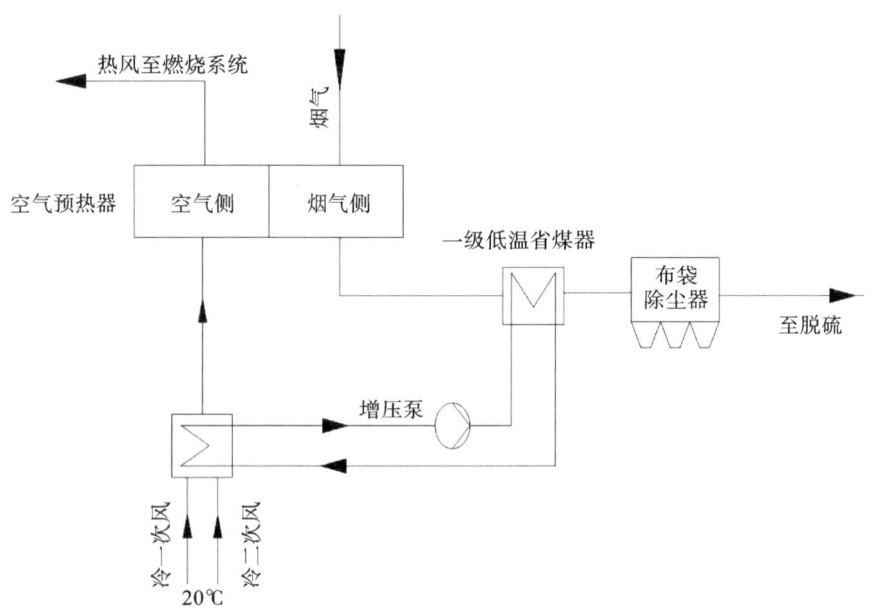

图 3-79　烟气余热利用系统方案

针对空气预热器堵灰问题的改造,均选择将低压省煤器安装于除尘器入口,将空气加热器(暖风器)安装于送风机及一次风机出口。

(2) 中温炉烟加热二次风侧冷端方案。

中温炉烟加热二次风侧冷端方案如图 3-80 所示。以中温烟气作为热媒介,用来加热空气预热器二次风侧冷端。一方面,可提高空气预热器冷端的最低温度,降低低温腐蚀;另一方面,及时清扫附着在蓄热元件上的灰分,防止出现灰分过度积累导致的堵灰状况难以治理的问题。

利用空气预热器自身产生的热风对二次风侧冷端蓄热板进行加热,加热的对象为即将进入烟气侧的蓄热板,即冷端蓄热板的最冷的状态,热媒介从下端进入空气预热器冷端,放出热量。为保证能实现加热,需要在空气预热器本体下部隔出一个分仓,并安装烟道,通过新增风机强制将 340~400 ℃ 热媒介对即将进入烟气侧的蓄热片进行加热,新增隔仓下部安装径向密封片。

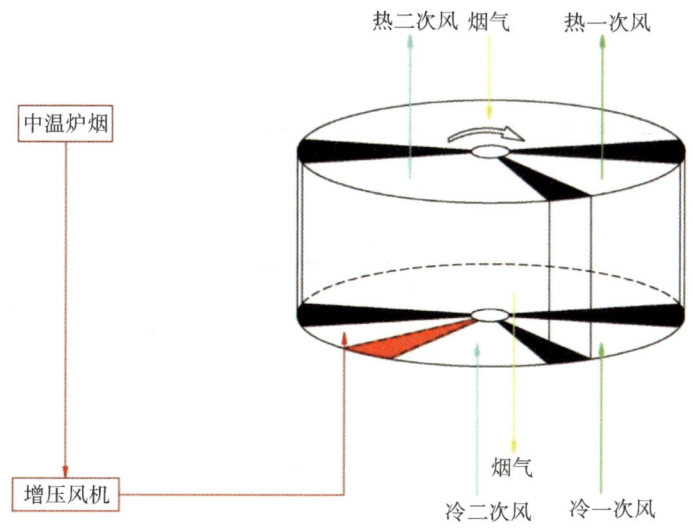

图 3-80 中温炉烟加热二次风侧冷端方案

① 技术特点。
(a) 主要针对北方燃用褐煤、二次风裕量高的锅炉。
(b) 适用于空气预热器转动方向为烟气→一次风→二次风。
(c) 适用于各种类型的空气预热器堵塞问题。
② 技术优点。
(a) 系统简单,可靠性高。
(b) 彻底隔绝二次风侧漏风。
(c) 提高炉膛还原性气氛,降低 NO_x 生成量。
(d) 排烟温度可较堵塞状况降低约 8 ℃。
③ 技术缺点。
(a) 烟气含尘量大,需增设放灰装置并采取防磨措施。
(b) 循环风机运行会增加一定电耗。

(3) 中温炉烟加热一次风侧冷端方案。

中温炉烟加热一次风侧冷端方案如图 3-81 所示。
① 技术特点。
(a) 主要针对一次风温低、干燥出力不足的锅炉。
(b) 适用于空气预热器转动方向为烟气→二次风→一次风。
(c) 适用于各种类型的空气预热器堵塞问题。
② 技术优点。
(a) 系统简单,可靠性高。
(b) 彻底隔绝一次风侧漏风。
(c) 提高炉膛还原性气氛,降低 NO_x 生成量。
(d) 排烟温度可较堵塞状况降低约 8 ℃。
③ 技术缺点。
(a) 烟气含尘量大,需增设放灰装置、防磨措施。

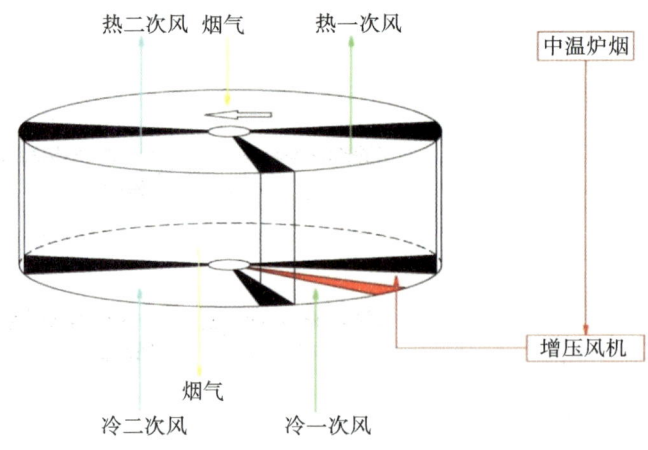

图 3-81 中温炉烟加热一次风侧冷端方案

(b) 循环风机压头大,增加运行电耗。

(4) 热风加热二次风侧冷端方案。

热风加热二次风侧冷端方案如图 3-82 所示。

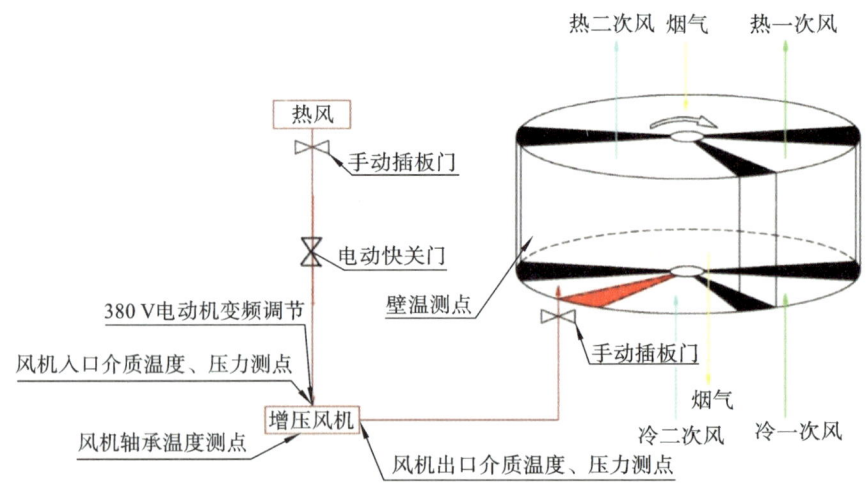

图 3-82 热风加热二次风侧冷端方案

① 技术特点。

(a) 适用于空气预热器转动方向为烟气→一次风→二次风。

(b) 适用于各种类型的空气预热器堵塞问题。

② 技术优点。

(a) 系统简单,可靠性高。

(b) 热风不含尘,不需增设防磨措施,投资稍低。

(c) 排烟温度可较堵塞状况降低约 8 ℃。

③ 技术缺点。

(a) 受循环风压影响,空预器漏风略有增加。

(b) 循环风机运行会增加一定电耗。

（5）一次热风加热二次风侧冷端方案。

一次热风加热二次风侧冷端方案如图 3-83 所示。

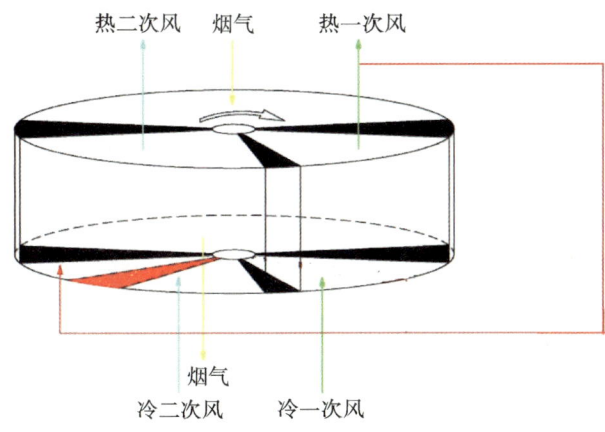

图 3-83　一次热风加热二次风侧冷端方案

①技术特点。

(a) 适用于空气预热器转动方向为烟气→一次风→二次风。

(b) 适用于各种类型的空气预热器堵塞问题。

(c) 适用于锅炉一次风机裕量大、干燥出力过剩。

②技术优点。

(a) 系统简单，可靠性高。

(b) 热风不含尘，不需增设防磨措施，无循环风机，投资最低。

(c) 排烟温度可较堵塞状况降低约 8 ℃。

③技术缺点。

受循环风压影响，空气预热器漏风稍有增加。

（6）空气预热器防堵建议。

①建议在新建机组及现役机组超低排放改造时，同步考虑加装回转式预热器热介质循环防堵系统。

②对现役机组回转式空气预热器加装热介质循环防堵系统时，建议对预热器蓄热元件状况进行评估，确定是否更换预热器蓄热元件，以保证实施效果。

③从系统性角度考虑，可采取超低 NO_x 燃烧技术改造、燃烧优化调整等措施降低 NO_x 生成，同时通过喷氨优化降低氨逃逸，防止或减轻预热器的堵塞。

3.3　供热机组的热电解耦

3.3.1　蓄热罐灵活性改造技术

蓄热罐在热电联产集中供热系统中，可延长热电机组满负荷运行时间，积极应对热负荷波动问题，提高热电机组运行的经济性。蓄热罐还可作为应急补水罐，保障供热质量与热网安全性。

蓄热罐按照压力变化情况,可以分为变压式蓄热罐与定压式蓄热罐。变压式蓄热罐分为直接储存蒸汽的变压式蒸汽蓄热罐,以及储存热水和小部分蒸汽的变压式蒸汽蓄热罐。定压式蓄热罐分为常压式、有压式两类,在以热水为供热介质的集中供热系统中,通常采用定压式热水蓄热罐。由于建造有压式热水蓄热罐的成本较高,因此集中供热系统多采用常压式热水蓄热罐,其工作压力为常压,最高蓄水温度不高于 98 ℃。

在一个足够大的容器中,由于水在蓄放热过程中高度、方向、温度不同,因此水将出现分层现象,热水在上,中间为过渡层,冷水在下。蓄热罐就是根据水的分层原理设计和工作的。

在热网循环水系统设置热水蓄热罐,当采暖供热机组在满足热网需求且有富余能力时,可将部分富余的热量储存至热水蓄热罐中;当机组参与深度调峰且供热能力不足以满足热网需求时,将热水蓄热罐中的热水补充至热网循环水系统。蓄热罐蓄热过程如图 3-84 所示,放热过程如图 3-85 所示。

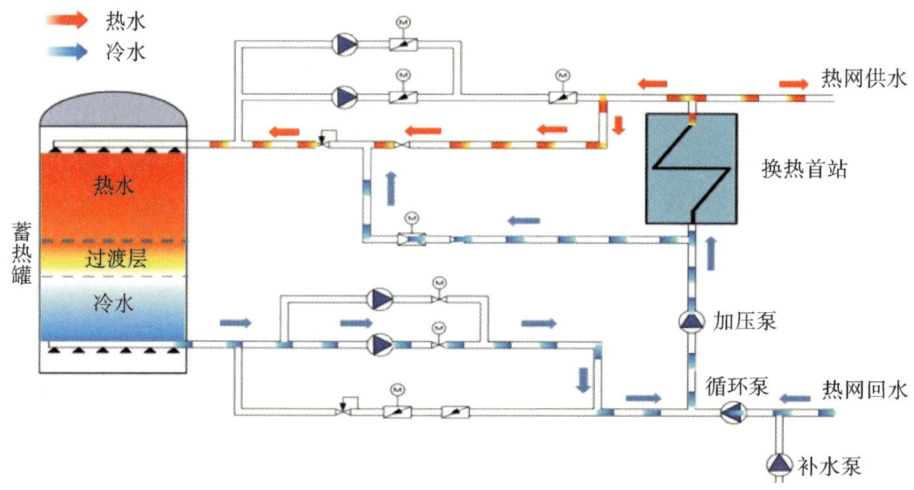

图 3-84 蓄热罐蓄热过程

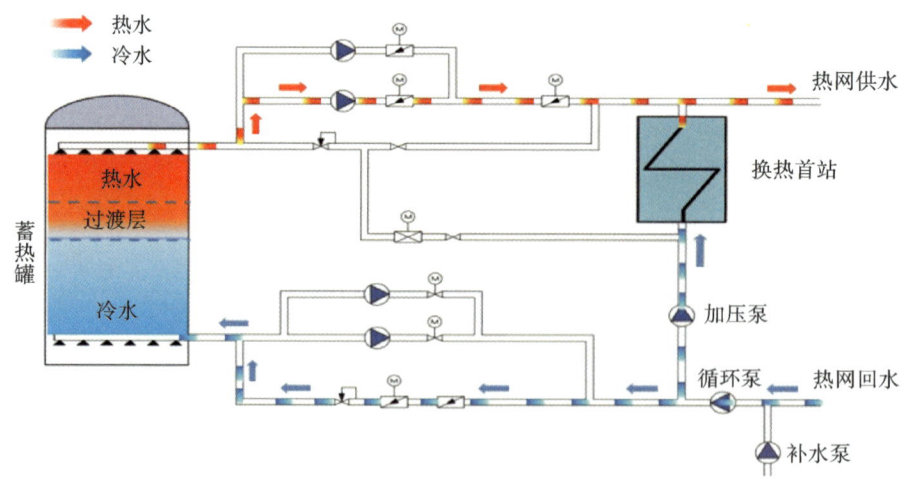

图 3-85 蓄热罐放热过程

热水储热系统主要利用水的显热存储热量,储水设备主要采用热水蓄热罐,蓄热罐的技术有多种。居民采暖领域多采用常压式蓄热罐技术,其结构简单,投资成本相对较低,最高工作温度一般不超过 95 ℃,蓄热罐内为微正压。工程应用较多采用斜温层储热技术,斜温层储热的基本原理是以温度梯度层隔开冷热介质,斜温层内温度梯度较大,其高度与设备结构有重要关系。斜温层储热系统是利用同一个蓄热罐同时储存高、低温两种介质,比起传统冷热分存的双罐系统,其投资成本大大降低。储热时,热水从上部水管进入、冷水从下部水管排出,过渡层下移;放热时,热水从上部水管排出,冷水从下部水管进入,过渡层上移。

1. 适用范围

适用于在机组自身蒸汽流程改造的基础上有进一步提升电出力调节能力且深度调峰持续时间不长的燃煤热电联产机组。

热电联产机组在供暖季的运行参数与机组热电特性、热网负荷特性、电网负荷特性、辅助服务政策等多种因素有关,这也是储水罐容量配置需重点关注的几个问题。

需要注意以下边界条件。

(1) 机组热电特性:热电联产机组多以"以热定电"的模式运行,采取不同供热方式的机组,其热电特性差异较大。目前,主流的热电联产形式包括打孔抽汽供热、背压机供热、低压缸零出力供热等。

(2) 热网负荷特性:热网的负荷变化特性与地理位置、供热面积、实际天气情况等因素有关,是储水罐设计的重要因素。因此,选取的热负荷数据必须具有代表性,且能对全年的各种情况提供参考。

(3) 电网负荷特性:主要受新能源发电量及社会用电量的影响,热电联产机组应在保证供热的前提下,在深度调峰时段内为消纳新能源发电量创造负荷空间。根据北方地区供暖季机组实际运行情况,对一天中的负荷按表 3-23 所列各时段进行分类。

表 3-23 电网负荷特性

谷电期	平衡期	峰电期
22:00—06:00	06:00—08:00	08:00—11:00
	11:00—14:00	14:00—17:00
	17:00—19:00	19:00—22:00

(4) 辅助服务收益:辅助服务收益是激励热电联产机组进行灵活性改造的重要动力之一。在辅助服务收益较高的情况下,改造投资回收期缩短,则具备增设较大容量储水罐的可能。因此,储水罐容量优化设计必须重点考虑辅助服务收益。

2. 优缺点

各类蓄热系统优缺点如下。

(1) 电能蓄热系统。

在电力低谷期间,利用电作为能源加热蓄热介质,并将热能储蓄在蓄热装置中,在用电高峰期间将蓄热装置中的热能释放出来满足供热需要。

优点:平衡电网峰谷荷差,减轻电厂建设压力;充分利用廉价的低谷电,降低运行费用;系统运行的自动化程度高;无噪声、无污染、无明火,消防要求低。

缺点:受电力资源和经济性条件的限制,须对系统从技术、经济方面进行比较;自控系统较复杂。

(2) 太阳能蓄热系统。

太阳能蓄热系统是解决太阳能间歇性和不可靠性,有效利用太阳能的重要手段,满足用能连续和稳定供应的需要。太阳能蓄热系统利用集热器吸收太阳辐射能并转换成热能,将热量传给循环工作的介质(如水),并储存起来。

优点:清洁、无污染,取用方便;节约能源;安全。

缺点:集热器装置大;应用受季节和地区限制。

(3) 工业余热或废热蓄热系统。

利用余热或废热通过换热装置进行蓄热,需要时释放热量。

优点:缓解热能供给和需求失配的矛盾;廉价。

缺点:热系统受热源的品位、场所等限制。

(4) 水蓄热系统。

将水加热到一定的温度,使热能以显热的形式储存在水中;当需要用热时,将其释放出来,满足采暖用热需要。

优点:方式简单;清洁、成本低廉。

缺点:储能密度较低,蓄热装置体积大;在释放能量时,水的温度发生连续变化,若不采用自控技术,难以达到稳定的温度控制。

(5) 相变材料蓄热系统。

相变材料一般为共晶盐,利用其凝固或溶解时释放或吸收的相变热进行蓄热。

优点:蓄热密度高,装置体积小;在释放能量时,可以在稳定的温度下获得热能。

缺点:价格较贵;需考虑腐蚀、老化等问题。

(6) 蒸汽蓄热系统。

蒸汽蓄热系统是一种将蒸汽蓄成饱和水的蓄热方式。

优点:蒸汽相变潜热大。

缺点:造价高;需采用高温、高压装置。

3. 工程案例及技术指标

储热供热技术在德国、丹麦应用广泛。在我国,北京左家庄供热厂已建成区域供热用储热装置,该蓄热罐体积为 8 000 m³,储热容量为 285 MW·h,罐直径为 20 m,高度为 25.2 m,最高运行温度为 98 ℃,供热 36 MW 可持续 8 h,供热 71 MW 可持续 4 h。此外,黑龙江富拉尔基发电厂 4×200 MW 供热机组,新建 2 台体积容量达 10 000 m³ 的热水蓄热罐,目前已建成投产。

对目前中国北方地区典型的 300 MW 供热机组配置储热提高调峰能力的效果进行分析。技术指标如下。

在配置储热前,机组的电热运行区间(TMCR 工况)如图 3-86 所示。假设机组均只承担采暖负荷,由于采暖负荷日内变化较小,故假设各时段热负荷功率日内保持恒定不变。

取机组在保证供热条件下的最小电出力为额定容量的 70%,即 210 MW。据此,再根据图 3-87 的电热特性,可反推估算出机组承担的热负荷功率为 287.8 MW。这样,对 300 MW 机组而言,在 287.8 MW 的热负荷功率下,可得其最小电出力为 210 MW,最大电出力为 256.9 MW,故其日内调峰容量为 46.9 MW,约为额定容量的 15.6%。

由图 3-87 可以看出,随着蓄热罐的蓄热容量、放热能力的不断增大,当所配置的蓄热容量达

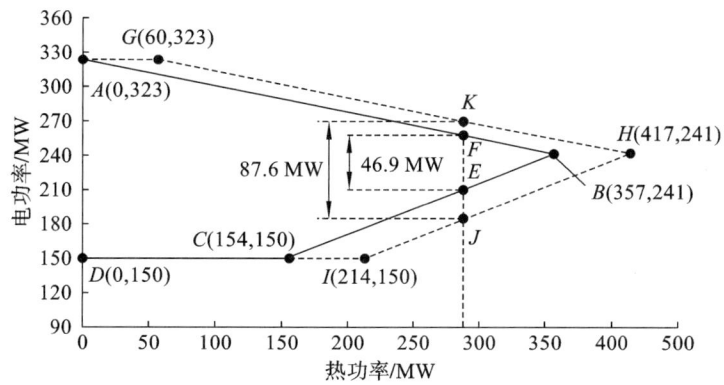

图 3-86 300 MW 热电机组配置储热前后的热电特性

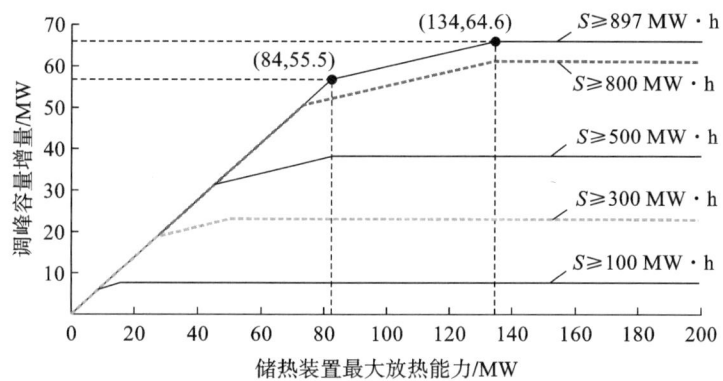

图 3-87 蓄热罐对热电机组调峰容量增量的影响

到 897 MW·h，放热能力达到 134 MW 时，调峰容量增量达到一个恒定的最大值，即 64.6 MW，为额定容量的 21.5%。此时，机组的总调峰容量为 111.5 MW，约占额定容量的 37.2%，较储热前的 46.9 MW 提高到约 2.4 倍。之后，再增大其中任何一个参数值，都无法提高机组的调峰容量。这说明热电机组通过配置储热所能提高的调峰容量存在一个上限，称为最大调峰容量增量。

由于储热设施的投资会随着容量参数和蓄热能力参数值的增大而增大，因此，存在一个能充分发挥储热提高调峰能力作用的最佳配置参数，该参数并非越大越好。

3.3.2 低压缸光轴联合热电解耦技术

1. 技术原理

在供热期，封堵低压缸进汽管，将原低压缸转子更换为光轴转子，增设低压缸冷却蒸汽管路，汽源多取自采暖蒸汽母管，机组以纯背压机方式运行，除少量（8~10 t/h）冷却蒸汽外，其余中压缸排汽全部用于对外供热。在非供热期，拆除低压光轴，回装原低压转子及原高低压连通管，机组以纯凝工况运行。该技术大大增加了机组供热量，深度降低了机组供电煤耗，低压缸脱缸运行，低压缸出力为零。

2. 适用范围

适用于中低压分缸压力较低(0.2~0.3 MPa)、供热负荷较大且稳定、无调峰需求的 350 MW 容量及以下煤电机组供热(增容)改造。改造后,该低压缸光轴供热机组作为全厂采暖供热的主力机组,其他机组抽汽作为尖峰热源。

3. 优缺点

低压缸光轴供热改造后,采暖期机组以背压机方式运行,除少量蒸汽进入低压缸用于冷却外,其余中压缸排汽全部用于对外供热,供热能力和机组能效大幅提升,与低压缸零出力供热技术基本相同。在供热期以热定电运行,电-热负荷调节灵活性差;且在供热期前和供热期后需更换低压转子,检修维护工作量增加。

4. 工程案例及技术指标

目前实施低压缸光轴供热改造的机组有十余台,容量等级多为 125 MW 级、200 MW 级,300 MW 级则较少。

某发电厂有 6 台 200 MW 燃煤机组,总装机容量 1 200 MW,分别于 1982—1989 年投产。3 大主机均为 20 世纪 80 年代产品,其中汽轮机为冲动式 3 缸 3 排汽凝汽式汽轮机。2016 年,该厂完成对厂内 4 号、5 号、6 号机组的供热改造(其中 4 号机组为光轴抽汽改造,5 号、6 号机组为打孔抽汽改造)。改造后,该厂承担某区的供热,其供热面积约 200 万 m^2,并为该电厂提供 400 万 m^2 热负荷的备用热源。

下面以某 210 MW 机组为例,进行相关技术指标分析。

某电厂的 1 台中间再热、三缸、双排汽、凝汽冲动式汽轮机的额定功率为 210 MW,设置 7 段抽汽,分别送至对应的加热器,其中高压缸有 2 段抽汽,中压缸有 4 段抽汽,低压缸有 1 段抽汽。

由表 3-24 可知,当采用低压缸光轴运行时,汽轮机由原三缸运行变成两缸运行,在主蒸汽流量相同时,做功能力下降。以纯凝额定工况参数为基准,将试验参数修正到基准工况,结果表明:在额定蒸发量相同时,采用低压缸光轴运行方式的发电能力比纯凝工况减少了 54.3 MW。

表 3-24 试验数据及经济指标统计表

项目	单位	改造后			
		150 MW	130 MW	110 MW	90 MW
发电机端功率	MW	150.69	129.69	110.20	90.64
主蒸汽压力	MPa	13.030	12.530	12.200	11.900
主蒸汽温度	℃	518.47	520.93	514.83	511.35
主蒸汽流量	t/h	641.80	551.47	502.79	434.55
再热蒸汽压力	MPa	2.160	1.870	1.620	1.360
再热蒸汽温度	℃	512.93	507.84	494.54	474.00
再热蒸汽流量	t/h	542.95	471.08	431.29	373.94
供热抽汽压力	MPa	0.138	0.117	0.115	0.113
供热抽汽温度	℃	182.65	174.57	169.07	166.44
供热抽汽流量	t/h	451.13	391.59	355.63	307.67

续表

项目	单位	改造后			
		150 MW	130 MW	110 MW	90 MW
给水温度	℃	248.00	239.19	231.19	222.94
给水流量	t/h	248.00	239.19	231.19	222.94
热网回水温度	℃	96.59	94.32	92.78	90.36
热网回水流量	t/h	451.13	391.59	355.63	307.67
试验热耗率	kJ/(kW·h)	4 222.97	4 417.58	4 908.48	5 073.23
试验锅炉效率	%	90.91	89.62	88.81	87.90
试验发电煤耗率	g/(kW·h)	161.92	170.14	190.75	199.17
修正后锅炉效率	%	91.49	91.10	90.28	89.61
修正后热耗率	kJ/(kW·h)	4 203.87	4 329.20	4 802.40	4 942.02
修正后发电煤耗率	g/(kW·h)	158.55	163.99	180.92	190.34
供热热量	GJ/h	1 098.91	951.38	836.19	747.90

由于机组负荷与主蒸汽流量成正比，发电负荷随主蒸汽流量的增加而升高，所以当主蒸汽流量增加时，中压缸排汽流量也随之增加，即供热热量增加。根据试验结果，拟合出机组发电机功率与供热热量的关系式(3-4)及关系曲线图 3-88。

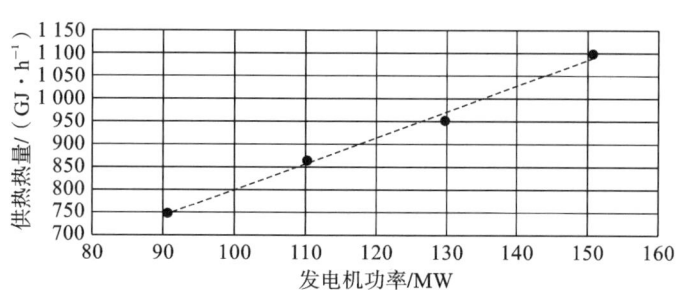

图 3-88　发电机功率与供热热量的关系

$$Q_{grl} = 5.7251 N_1 + 226.56 \tag{3-4}$$

式中，Q_{grl}——供热热量；

N_1——发电机功率。

从图 3-88 可以看出，供热热量变化与发电机功率呈线性关系，增加发电机功率，供热热量随之呈线性增加。当采用低压缸光轴运行方式且锅炉在额定蒸发量工况下时，供热能力增加了 305.3 MW。

图 3-89 为发电机功率与发电煤耗率的关系。

从图 3-89 可以看出，发电煤耗率随发电机功率增加而呈线性减少。当锅炉处于额定蒸发量时，汽机热耗率为 4 203.87 kJ/(kW·h)，发电煤耗率为 158.55 g/(kW·h)，比相同参数的纯凝工况热耗率下降了 4 333.45 kJ/(kW·h)，发电煤耗率下降了 164.79 g/(kW·h)。

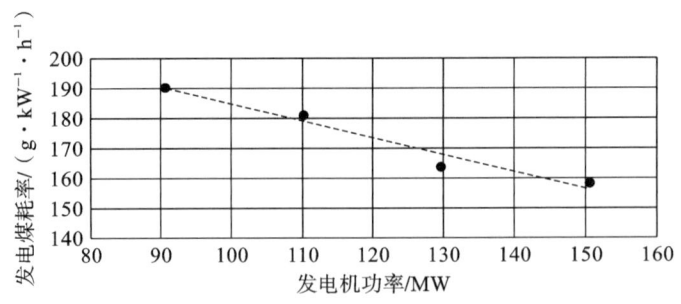

图 3-89　发电机功率与发电煤耗率的关系

由此可见,以光轴方式运行时,中压缸排汽全部对外供热,满足供热需求,没有冷源损失,提高了机组经济性,增加了供热能力,减少了发电能力,实现了热电解耦。

3.3.3　旁路供热热电解耦技术

1. 技术原理

汽轮机旁路的设计目的在于协调锅炉产汽量与汽轮机耗汽量之间的不平衡,提高机组对负荷的适应性和运行的灵活性,在机组启停和甩负荷期间提升机组的安全性。旁路系统可分为三种类型:三用阀旁路系统、一级大旁路系统和两级串联旁路系统。

汽轮机高低旁路供热技术利用机组已有的旁路或者新建的旁路,通过旁路部分主蒸汽或分流部分再热蒸汽实现对外供热。具体可以分为以下方式。

(1) 低旁单独对外供热。

(2) 旁路部分主蒸汽对外供热。

(3) 主蒸汽减温减压对外供热。

(4) 汽轮机高低旁路联合供热。

目前应用较多的是低旁单独对外供热和汽轮机高低旁路联合供热两种方式。此外,通过主、辅设备及控制逻辑适配性改造,实现"停机不停炉"状态,可达到热电解耦及提升供热安全可靠性的目的。

高低旁路联合供热技术如图 3-90 所示。从主蒸汽抽汽,经减温减压后接入高压缸排汽,再从再热蒸汽管道(低压旁路前)抽汽作为供热抽汽的补充汽源。部分主蒸汽经高压旁路绕过高压缸,以降低高压缸做功,部分再热蒸汽经低压旁路绕过中压缸,以降低中压缸做功,在提高机组抽汽供热能力的情况下降低发电机组出力,达到热电解耦的目的。

2. 适用范围

汽轮机旁路供热的优势在于改造初期投资较少,运行灵活、方便,能最大限度地实现热电解耦。旁路供热降低了高、中压缸的做功,在提高机组供热能力的情况下降低发电机组出力,达到热电解耦的目的。

旁路供热的调峰能力不受锅炉制约,其调峰能力强、运行灵活,在极端情况下可实现完全热电解耦,已成为目前供热机组提升电出力调节能力的重要手段。该技术作为补充供热方式和实现机组深调的手段在东北地区应用较多,在南方和需要工业供汽的地区,则可作为保障工业供汽的可选技术之一。

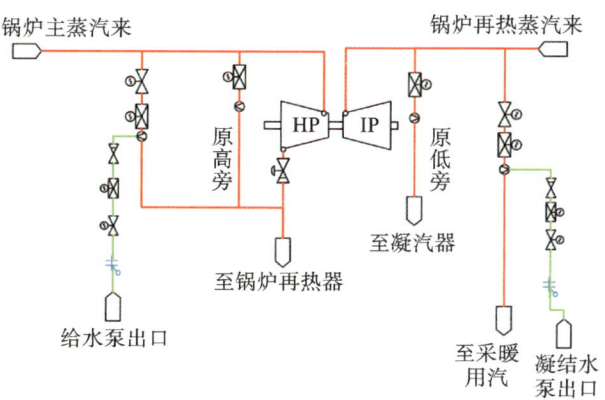

图 3-90 高低旁路联合供热技术系统示意

3. 优缺点

旁路供热技术优点如下。

（1）打破现有机组以热定电的模式,彻底实现机组的热电解耦,提高运行灵活性,显著提升低负荷下供热可靠性。

（2）锅炉可以满足最低稳燃负荷(不投油、等离子等)的要求。能够满足机组宽负荷脱硝的需求。在机组负荷降低时,由于旁路的作用,机炉出力可以存在差异,使得在汽轮机低负荷运行时,锅炉出力可以达到较高的水平,能够满足锅炉 SCR 运行温度的要求,并满足机组排放指标的要求。

（3）根据负荷的需求,汽轮机可以在 20%～30%负荷之间任意调节,如果需要,汽轮机可以实现闷缸,实现停机不停炉,使机组具备启停调峰的能力。

（4）与同类技术对比,热力系统改造范围相对较小,对汽轮机的运行影响极小。此外,该技术项目投资少,工期相对较短,运行维护成本低。

旁路供热技术的不足之处在于,直接将高品质蒸汽减温减压用于供热,热经济性较差。高中压缸旁路的高温高压蒸汽需要配置减温减压系统,参数变化幅度大且频繁启停,工作环境恶劣,抽汽流量变化可能引起汽轮机轴向推力和叶片强度超限等危及机组运行安全性的问题,保障该系统长期安全可靠是该方案推广应用的关键。

此外,随电、热负荷变化,供热机组将在多供热模式间频繁切换,要求具备电、热负荷响应的连续性和机组运行的稳定性。再者,高中压缸旁路在实现热电解耦的同时,会损失一定的经济性,开展多源供热流程优化设计及参数匹配是进一步完善该方案的关键。高低旁路联合供热多用于低压缸零出力技术的补充,适用于供热期有极深度电调峰需求的煤电机组。

4. 应用情况

高低旁路联合供热多用于低压缸零出力技术的补充,可进一步提升保热条件下的电出力调节能力。以某 300 MW 亚临界热电联产机组为例,420 MW 供热负荷边界,中排抽汽技术方案的最小电负荷约为 $74\%P_e$；切换为低压缸零出力供热方案后的最小电负荷为 $54\%P_e$；实施高低旁路改造后,切换为低压缸零出力耦合高低旁路联合运行供热的最小电负荷降至 $41\%P_e$。

目前已有国能大开、沈煤红阳、华能营口等公司十余台机组实施了旁路供热改造,作为低压缸零出力供热技术的补充,进一步提升保热条件下的电出力调节能力。

(1) 工程概况。

某热电厂1、2号机组为北京北重汽轮电机有限责任公司生产的NC350-24.2/0.4/566/556型超临界、一次中间再热、双缸双排汽、抽汽凝汽式汽轮机。1、2号汽轮机原为高压旁路和低压旁路二级串联旁路系统装置，设计容量为40%BMCR。

2016年以来，随着风电、光伏、水电等新能源电力装机容量持续快速增长，东北电网颁布调峰补偿政策，东北地区各电厂开始深度调峰。该热电厂于2017年进行高低旁路供热改造，实现热电解耦，以满足新能源大规模发展和消纳的要求。高低旁路供热即经高压旁路后将部分主蒸汽旁路至高压缸排汽，之后从低压旁路后抽汽汇入采暖抽汽母管进入热网加热器。

(2) 原供热及高低旁路系统说明。

该热电厂1号机为高背压供热机组，额定排汽量813 t/h，背压34 kPa，排汽温度72 ℃；2号机为凝抽机组，设计采暖抽汽流量500 t/h，抽汽参数0.4 MPa、253.9 ℃。汽轮机设计低压缸最小冷却通流量150 t/h，低于140 MW，无法投入采暖抽汽。

该热电厂1、2号汽轮机原高低压旁路系统仅作为机组启动用旁路。高压旁路装置布置在汽机房6.9 m层上，由高压旁路阀（高压旁路阀含减温器）、喷水调节阀、喷水隔离阀等组成，减温水取自高压给水；低压旁路装置布置在汽机房12.6 m层上，由低压旁路阀（低旁阀含减温器）、喷水调节阀、喷水隔离阀、凝汽器入口减温减压器（汽轮机厂供）等组成，减温水取自凝结水。高压旁路设计入口蒸汽流量450 t/h，出口蒸汽流量528.86 t/h，压力4.581 MPa、温度321.4 ℃；低压旁路设计入口蒸汽流量528.86 t/h，出口蒸汽流量701.16 t/h，压力0.59 MPa、温度160 ℃。

(3) 改造情况。

该热电厂于2017、2018年进行了1、2号机组高低旁路供热改造。高低旁路用原系统，在高压旁路前设置电动闸阀，在原低压旁路至凝汽器管路新增三通，接引至热网蒸汽母管。通过在供热管路上安装隔断用蝶阀，实现旁路启动功能与供热功能的切换。

改造内容如下。

①高压旁路调节阀前加装电动闸阀，防止高压旁路调节阀密封面冲刷不严，导致无法隔断。

②在高压旁路后蒸汽管道、低压旁路后蒸汽管道及减温水管道上增加流量测点，运行中始终保持"高压旁路蒸汽流量＝低压旁路蒸汽流量－高压旁路减温水流量"，保证高中压缸进汽量相匹配，防止汽轮机轴向推力超限。

③进行高压缸末级叶片强度校核，制定出高排压力控制上下限，设置中调门控制逻辑，确保高压缸排汽压力始终在制造厂给定的运行限值范围内，防止末级叶片前后压差大，导致应力超限。

④设置高低压旁路运行中误开、误关等逻辑保护。

⑤低压旁路后至热网管路加装安全阀，防止低压旁路后管路超压。

(4) 改造效果。

该热电厂1、2号机组高低旁路供热灵活性改造成为国内首创、国际领先的改造案例，成功实现20%THA工况下的热电解耦超临界燃煤机组，同时成为国内首台高低旁路联合供热改造成功投运的超临界燃煤机组。机组采用高低旁路联合供热方式，最低电负荷可降至74.8 MW（21.4%THA），在此工况下机组各项参数运行稳定。

某电科院于2019年4月出具《某公司2号机组高低旁路联合供热性能评估报告》，主要结论如下。

在50%THA工况下,高低旁路联合供热,高压旁路减温水流量15.78 t/h,高压旁路蒸汽流量(减温水后)103.97 t/h,低压旁路减温水流量45.28 t/h,低压旁路至供热蒸汽流量250.04 t/h,低压旁路供热热量182.19 MW。

在35%THA工况下,高低旁路联合供热,高压旁路减温水流量32.58 t/h,高压旁路蒸汽流量(减温水后)211.62 t/h,低压旁路减温水流量53.68 t/h,低压旁路供热抽汽流量286.51 t/h,低压旁路供热热量202.65 MW。

在20%THA工况下,高低旁路联合供热,高压旁路减温水流量37.96 t/h,高压旁路蒸汽流量(减温水后)241.10 t/h,低压旁路减温水流量40.37 t/h,低压旁路供热抽汽流量229.64 t/h,低压旁路供热热量163.18 MW。

3.3.4 电锅炉热电解耦技术

1. 技术原理

电锅炉主要包括电极热水锅炉和电蓄热锅炉技术,在发电侧建设大功率电极热水或电蓄热锅炉,将发电机组电能转换成热能并补充到热网,可以使煤电机组锅炉在不降低出力的情况下,实现对电网的深度调峰。该技术本质上是利用设置的电极热水锅炉或氧化镁砖蓄热式电锅炉直接加热热网循环水,增加电能消耗,降低电厂上网电量,变相实现提高机组的电网调峰能力以及电网对新能源的消纳能力。

燃煤供热机组应用该方案参与深度调峰的运行方式为:在风、光等新能源高出力时段,供热机组上网负荷降低,电热锅炉消耗新能源电力,补偿煤电机组因电负荷降低导致的供热不足。

固体电蓄热锅炉应用于供热机组热电解耦的工艺如图3-91所示。供热机组增加电热锅炉,将新能源电力以热能形式存储在电热锅炉内,在新能源电力高发时段,燃煤供热机组参与辅助调峰服务,将电热锅炉存储的热能作为机组供热能力不足的补充。

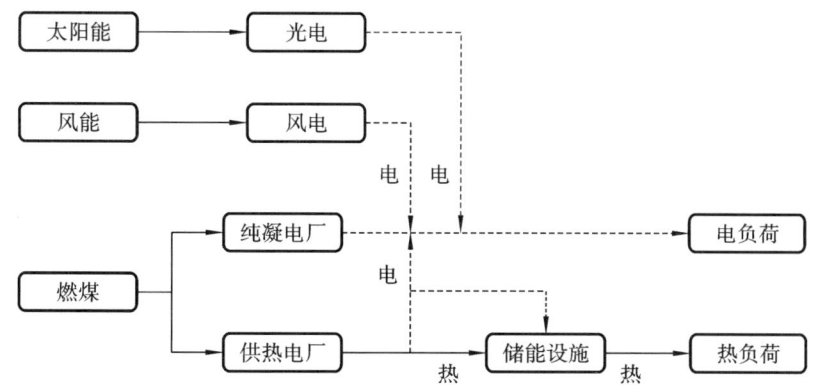

图3-91 供热电厂配置固体电蓄热储能工艺示意

电极热水锅炉应用于供热机组热电解耦的工艺如图3-92所示。电极热水锅炉与供热系统热网循环水侧并联布置,从热网循环水泵出口母管引出部分流量的热网水至电极锅炉加热,此时电极锅炉消耗一定的电功率,在上网功率一定的情况下,汽轮发电机组出力=深度调峰功率(低谷)+电极锅炉功率+厂用电,故汽轮机发电功率随电极锅炉功率增加而相应增加,机组自身供热能力和电极锅炉共同满足热网水的加热需求。为提高供热初期、末期电极热水锅炉运行负荷率,电极热水锅炉方案均配套一定容量的热水蓄热罐。

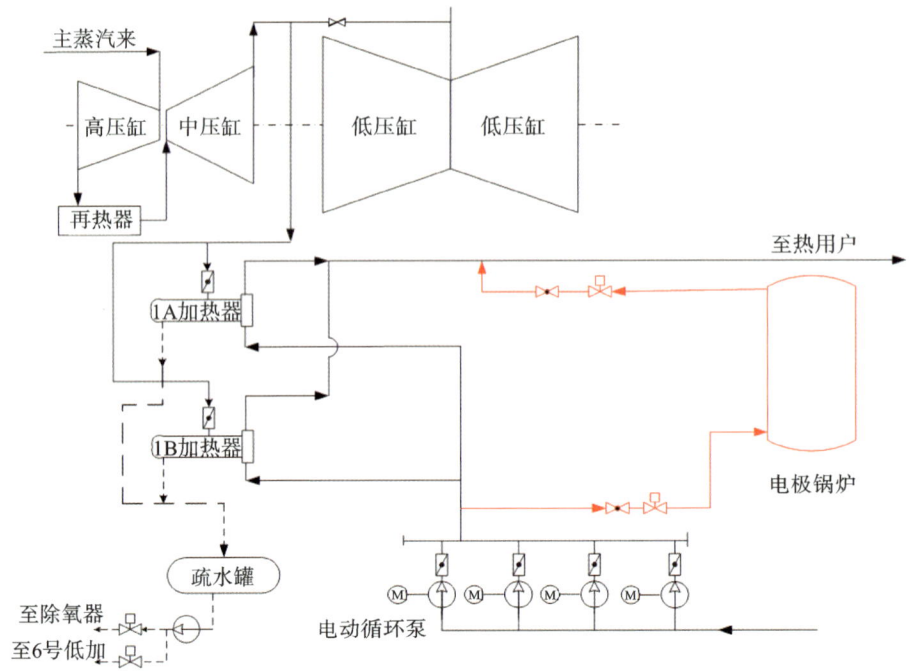

图 3-92 电极热水锅炉应用于供热机组热电解耦的工艺示意

2. 适用范围

电锅炉方案系统简单、自动化程度高;系统与热电联产机组并联运行,无汽水物质交换,若遇突发故障可直接解列,不影响供热机组自身安全运行,其安全性高;电锅炉具有"完全"的热电解耦能力,热电解耦能力强。

不足之处在于,直接将高品质的电能转换为热能,虽然电能到热能的转换效率可达99%以上,但在电能的生产过程中,一次能源的利用效率往往只有30%~50%(常规煤电机组热电转换效率)。煤电机组电出力直接用于居民供热,存在明显的"高品低用"现象,较为可行的模式是利用原应"废弃"的风电、光电,但需要制定相应的调度及政策支持。

因此,该方案适用于在机组自身蒸汽流程改造的基础上有进一步大幅提升电出力调节能力需求的燃煤热电联产机组。

3. 优缺点

电锅炉供热技术的优点如下。

(1) 通过在电厂内的电热转换可以改变燃煤供热机组传统的"以热定电"运行方式,实现"热电解耦",同时满足对外供热和供电的需要,提高燃煤供热机组的灵活性,可以说实现机组"0"负荷上网。

(2) 运行灵活,电锅炉功率能够根据电网调峰和热网负荷需求实时连续调整,响应速度快。

(3) 采用电锅炉改造对原有机组正常运行和逻辑控制影响较小,且由于机组实际发电负荷有一定的提高,不需要考虑对脱硝系统的改造,因此机组自身的发电效率、稳定性和安全性有一定提升。

电锅炉供热改造技术的缺点是投资大、经济性差。对于高热负荷机组,在采取上述某一种技术后仍不能满足调峰需求时,可考虑增设电锅炉的改造。

4. 应用情况

电蓄热锅炉技术在东北三省,以及内蒙古、宁夏、新疆等地区的多个公司均有应用,如华能伊春热电有限公司、华能吉林发电有限公司长春热电厂、华能大庆热电有限公司、沈阳华润热电有限公司、内蒙古能源发电金山热电有限公司、辽宁调兵山煤矸石发电有限责任公司、海拉尔热电厂(半容量)等,电极热水锅炉技术应用于宁夏电投西夏热电有限公司、满洲里达赉湖热电有限公司、海拉尔热电厂(半容量)、内蒙古大板发电有限责任公司等。下面对固体电蓄热锅炉技术和电极热水锅炉技术应用案例改造分别进行介绍。

(1) 固体电蓄热锅炉技术改造。

① 工程概况。

某电厂建设规模为 2×350 MW 燃煤发电供热机组,设计供热面积约 1 200 万 m^2,高压固体电蓄热调峰项目于 2016 年 10 月开工建设,在电厂厂区外西南侧建设一套容量为 320 MW 的固体电蓄热调峰装置,用于电网深度调峰及消纳清洁能源。整套装置共分为 4 个蓄热单元,容量分别为 2 组 90 MW、2 组 70 MW,该项目总占地面积约 1.9 万 m^2。4 组电蓄热装置电源均采用 66 kV 电压等级。在电厂原有的 220 kV 配电装置上新增 1 个间隔,并新增 1 台 220/66 kV 变压器,调压至 66 kV 后供电蓄热装置使用,降压变容量为 350 MV·A。该项目 0.4 kV 厂用电取自电厂 1、2 号机组 6 kV 母线段,经 2 台干式变压器送至 0.4 kV 母线。电蓄热装置为阻性负荷性质,其启动和运行期间不会对系统产生冲击电流和谐波分量。水系统采用串联方式接入电厂大热网,将热网水系统的加热方式由原一级加热改为二级加热,热网水首先经过热网加热器加热,再经过电蓄热锅炉二级加热,电厂循环水流量平均约为 10 000 m^3/h,电蓄热锅炉供热能力为 88.7 MW,提高循环水温度 8.5 ℃。

② 原系统说明。

某省热电联产机组占全省火电装机的 73%,进入冬季后,为保证居民供热,在被迫放弃所有风电全部机组并按最小方式运行的情况下,电源仍富余 260 万 kW。特别在节假日等用电低谷极限时段,情况尤为严峻。2017 年春节期间,用电负荷仅为国家核定最小发电出力的 50%,电源富余容量达 400 万 kW,热电机组长期以异常方式运行,电网调峰压力极大,严重威胁电网安全稳定和供热质量,调峰能力已成为该省"弃风限电"的主要原因之一。

该电厂建设规模为 2×350 MW 燃煤发电供热机组,供热面积 1 800 万 m^2。由于供热面积太大,为了在冬季能保证供热,机组不能通过自身减负荷参与调峰。

③ 改造情况。

(a) 方案介绍。

固体电蓄热锅炉技术主要是利用固体蓄热式电锅炉在电网负荷低谷时段吸收电厂发电机组产生的多余电能,并将能量转化成热能的形式进行储存,在城市热网需要热能时再将热能释放到热网中的一种技术。固体电蓄热锅炉主要由高压电发热体、高温蓄能体、高温热交换器、热输出控制器、耐高温保温外壳和自动控制系统等组成。固体电蓄热锅炉原理如图 3-93 所示。

固体电蓄热锅炉可以在预设的电网低谷时段或风力发电的弃风电时段,自动接通高压开关,高压电网为高压电发热体供电,高压电发热体将电能转换为热能,同时被高温蓄能体不断吸收。当高温蓄能体的温度达到设定的上限温度或电网低谷时段结束或风力发电弃风电时段结束时,自动控制系统切断高压开关,高压电网停止供电,高压电发热体停止工作。高温蓄能体通过热输出控制器与高温热交换器连接,高温热交换器将高温蓄能体储存的热能转换为热

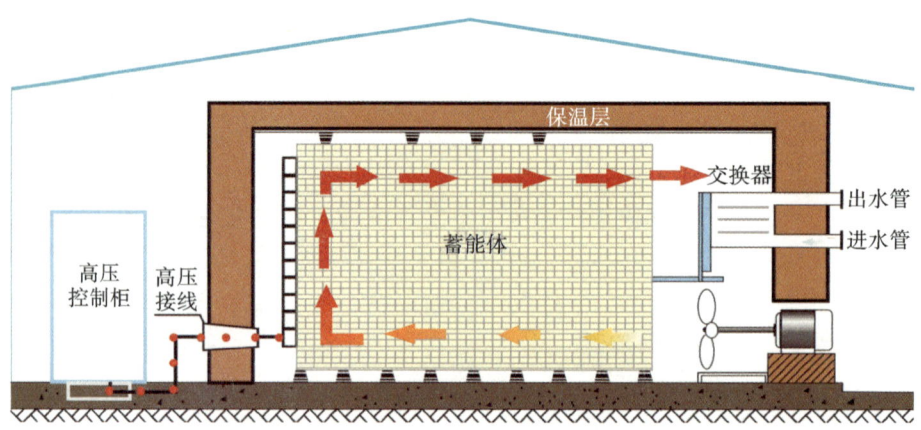

图 3-93 固体电蓄热锅炉原理

水输出到热电厂原热力系统中。该装置的水系统采用串联方式接入电厂大热网，热网水首先经过热网加热器加热，再经过电蓄热锅炉二级加热，从而达到提高电厂热网循环水出水温度的效果。固体电蓄热锅炉可实现 7 h 调峰蓄热，24 h 放热。

由图 3-94 可以看出，各种能源形式的发电均通过电网向用户输送，在电负荷和热负荷一定的情况下，各种能源形式根据需要，通过电网调度进行分配，如果燃煤电厂上网电量大，势必要减少风电、光电的上网电量。由于光电、风电、纯凝电厂没有自主调节能力，电无法直接储存，只能上网，因此当电负荷发生变化时，这几类电厂只能调整发电量；而供热电厂由于输出热能和电能，如果增加储能设施，可以将多余的电能通过储能设施转变成热能储存起来。因此供热电厂在用电低谷时，可以通过增加储能量来减少上网电量，这就变相地增加了光电、风电的上网电量，消纳了弃风、弃光等清洁能源，既达到了电网深度调峰的目的，又解决了清洁能源消纳的问题，同时还减少了供热机组为供热所消耗的化石能源的数量。

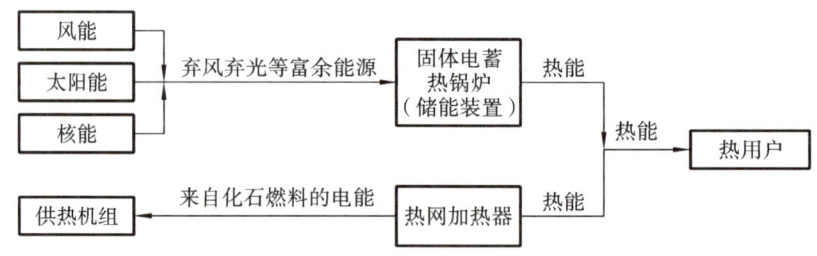

图 3-94 固体电蓄热锅炉供热示意

(b) 改造范围。
- 热力系统

热网水系统的加热方式由原一级加热改为两级加热，热网水首先经过热网加热器加热，再经过电蓄热锅炉二级加热，按照实际运行循环水流量平均约为 9 000 m³/h，电蓄热锅炉供热能力为 88.7 MW，可提高循环水温度 8.5 ℃。本项目处于严寒地区，冬季室外温度较低，为了防止冬季故障工况下的冻结问题，可在管道的高点设计放气阀，低点设计泄水阀，以防止当设备出现故障需要切断电蓄热系统时水系统冻结的危险。另外，可在各支路上增加连通阀，当支路出现故障时仅关闭支路阀、打开连通阀，以防止局部管道被冻。所以管道需采用导热系数低的保温材料,并严格保证施工质量,降低热损,以解决系统停运短时间内的管道防冻问题。

- 电气部分

本工程设置 1 套总容量为 320 MW 的电蓄热装置,共分为 4 组,容量分别为 90 MW、70 MW、90 MW、70 MW。4 组电蓄热装置电源均采用 66 kV 电压等级。电蓄热装置为阻性负荷性质,其启动和运行期间不会对系统产生冲击电流和谐波分量。

本工程电厂原有 220 kV 配电装置,新增 1 个间隔,并新增 1 台 220/66 kV 降压变压器,调压至 66 kV 后供电蓄热装置使用,降压变压器容量为 350 MV·A。新增 220 kV 间隔的主接线与现有 220 kV 配电装置保持一致,采用双母线接线方案,该进线间隔断路器作为降压变压器合分闸开关和 GIS 组合开关事故后的故障电流分闸开关。同时电蓄热装置就地配套设置 66 kV 的 GIS 气体绝缘金属封闭开关设备,作为电蓄热装置正常启停控制开关。该系统采用单母线分段接线方式,包含 1 个电源进线间隔、1 个 PT 间隔和 4 个出线间隔。

本工程新建电蓄热车间,车间区域设置电蓄热 PC 低压配电间,内设 2 台 SCB10-1600/6.3 kV,1 600 kV·A,(6.3±2)×2.5%/0.4 kV,$U_d=6\%$,Dy11 干式变压器和 2 段 380 V 低压母线,2 台干式变压器互为暗备用。电蓄热车间内工艺电负荷、照明及检修电负荷均由电蓄热 PC 段提供。2 台电蓄热 PC 干式变压器通过 2 根 ZC-YJV22-6-3×120 电缆分别接入电厂 2 台机组的 6 kV 厂用工作段备用回路。

- 热工控制系统

本工程包含电蓄热锅炉系统、循环水阀门等设备的控制,以及温度、流量、电流、电压和热量等参数的采集等。电锅炉内部控制系统由 PLC 系统实现,总的电蓄热系统的设备启动、联锁均由 DCS 系统实现,需在 DCS 系统画面上显示运行的参数、数据及故障报警等,并预留电网调度监控接口。

(c) 改造过程。

2016 年 6 月,国家能源局先后下达第一、二批火电灵活性改造试点项目,该热电厂被国家能源局确立为第二批火电灵活性改造试点单位。2016 年 7 月,该热电厂委托某设计研究院进行灵活性改造项目可行性研究,经过反复的技术调研与论证,确立了以固体电蓄热为核心的火电灵活性调峰改造的研究技术路线。2016 年 10 月,该项目开工建设。2017 年 3 月,该项目建设完成并正式投入使用。

- 改造效果

项目投入使用后,实现了 54% 负荷运行时对电网输出电负荷基本为零的深度调峰能力,实现了电厂调峰的快速投入与退出,为区域电网提供了一个非常可靠的调峰资源,有利于区域电网的安全稳定运行,较好地解决了对区域电网清洁能源的消纳问题。从 2017 年 11 月开始实现了跨省调峰支援,在 2017—2020 年供暖期,电锅炉共消纳调峰电量 8.47 亿 kW·h,获得辅助调峰收益 3.95 亿元。同时增加了供热的安全性,在异常极端条件下,一旦两台机组全部出现停运,在短时无法恢复时,只要 220 kV 线路不出现故障,电厂仍可进行系统受电,将固体电蓄热装置的热量输出功能全部打开,保证热网不会因受冻而停运,为机组抢修赢得宝贵时间,具有重大的社会效益。

(2) 电极热水锅炉技术改造。

① 工程概况。

某热电厂 1、2 号锅炉是哈尔滨锅炉厂生产的 HG-1025/17.5-YM36 型亚临界自然循环锅炉,锅炉为亚临界、一次中间再热、自然循环汽包炉,采用平衡通风、四角切圆燃烧方式,同步脱硝。汽轮机是由哈尔滨汽轮机厂生产的 CN300-16.7/537/537 型单轴、亚临界、一次中间再热、两缸两排汽、抽汽凝汽式汽轮机,额定功率 300 MW。机组配置有 8 段回热抽汽,分别供给 3 台高压加热器、1 台除氧器和 4 台低压加热器。发电机是由哈尔滨电机有限责任公司制造的 QFSN-300-2 型汽轮发电机。1、2 号机组于 2010 年 1 月投运。

本项目改造完成后,电力生产和热力生产的解耦运行深度调峰能力由原来的 30% 提升至 50%,增加了机组调峰收益。

②原系统说明。

锅炉以最大连续负荷(BMCR 工况)为设计参数,锅炉的最大连续蒸发量为 1 025 t/h;机组电负荷为 300 MW(THA 工况)时,锅炉蒸发量为 882.77 t/h。

汽轮机额定功率 300 MW,供热抽汽流量 480～550 t/h,供热抽汽压力 0.245～0.687 MPa,工作转速 3 000 r/min。

发电机视在功率 353 MV·A,有功功率 300 MW,最大连续输出功率 330 MW,效率 99.02%。

③改造情况。

项目新建一座电锅炉房,总建筑面积 2 105.66 m²,两期工程共建设 4 台 50 MW 容量的沉浸式电极锅炉,总容量 200 MW,作为热电联产机组调峰的主设备。电极锅炉电源采用 10 kV 电压等级。每台机组配置 1 台 20/10.5 kV 高压变压器作为蓄热变压器,发电机出口与新增高压变压器高压侧通过离相封闭母线连接,中间设可拆连接片,低压侧出线设 PT 及 10 kV 厂用段,两条 10 kV 厂用段互为备用,给电极锅炉供电,电锅炉可将电能转化为热能,给大热网补充供热。电网启动深度调峰后,该热电厂可通过启动 4×50 MW 电锅炉消耗发电机出口电量,降低上网电量,实现深度调峰盈利。

④改造效果。

项目于 2018 年 12 月正式投入东北电力辅助服务市场并开始运营,2×50 MW 火电灵活性改造扩建项目于 2019 年 12 月正式投入东北电力辅助服务市场并开始运营。进入供热期后,黑龙江省启动深度调峰市场,项目按省调 AGC 调度指令参与深度调峰。当负荷率在 40%～50% 之间时,为一档调峰,每 1 kW·h 补偿 0.4 元;当负荷率在 40% 以下时,为二档调峰,每 1 kW·h 补偿 1 元。

项目自 2018 年 12 月投入运营后,共获得 15 408.595 7 万元(含税)深度调峰奖励,共消耗电量 41 148.88 万 kW·h,共转换热量 1 320 374.73 GJ,核算经济效益为 4 536.357 万元(含税)。

通过对该热电厂灵活性改造后调峰能力进行性能考核,电锅炉额定功率均达到设计值 50 000 kW,电锅炉额定出力状态运行时均达到设计值 99%。全厂对外供热负荷为 552.69 MW,当电锅炉未投运时,全厂机组最小技术出力为 387.19 MW;全厂对外供热负荷为 554.77 MW,全厂机组发电负荷为 289.94 MW,电锅炉消耗功率为 100.3 MW,抵减后全厂发电出力为 189.64 MW,对应的负荷率为 31.61%。

3.4 本章小结

目前国内提升热电机组深度调峰改造的常规技术主要有 4 种,国内电厂对这 4 种技术均进行了尝试,整体来看各电厂基本达到了预期设计要求,其他技术均是在这4种技术上演变或者组合而成的。

低压缸零出力供热方案在多个电厂取得了很好的应用效果,机组最小技术出力可降低20%～30%额定负荷。在对末级、次末级叶片进行喷涂或者更换,并在采暖期结束后,要对低压缸叶片进行定期检查。目前来看,改造机组经过3～4年运行,运行稳定、可靠。该改造投资相对较少,工期相对较短,系统相对简单,且经济性最好,可作为热电机组灵活性调峰改造技术的首选方案。

蓄热罐供热改造方案受运行条件约束较大,机组在设计边界条件下运行,其最小技术出力可满足40%额定负荷要求。改造的供热经济性较好,改造投资较高,占地较大,对电网长时间深度调峰适应性较差。对于电网负荷峰谷差较大,深度调峰时间较短或热负荷需求较小的地区,可采用此项技术进行改造。

旁路供热改造技术和电锅炉(固体电蓄热锅炉+电极热水锅炉)改造技术虽然适应性强,但经济性较差,不推荐单纯采用此两项技术进行改造。建议与低压缸零出力技术或增设储热装置技术配合进行改造,弥补热电联产机组深度调峰能力的不足。旁路供热改造技术投资少,改造性价比相对较高。采用此项技术改造时,建议一是旁路阀门必须采用可靠性高的产品;二是此项技术调峰深度有限,如想实现更高的调峰目标,需要机组中压调速汽门参与调节,必要时需要对中压调速汽门进行改造。电锅炉供热改造技术投资大,适应性、灵活性及深度调峰能力强。采用此项技术改造时,应注意单纯的电极锅炉不具备储能功能,不符合现有政策的要求,不享受政策补偿。可采用增设小容量蓄热罐的方式,以满足政策要求。

第4章 火电机组供热及灵活性深度调峰技术改造工程调试

4.1 概述

火电机组供热改造技术是指一切与火电机组供热系统有关的改造技术，主要目的是增加机组供热功能或者改变其供热能力，其范畴包含热电机组灵活性深度调峰技术。灵活性深度调峰技术旨在提高已有煤电机组的调峰幅度、爬坡能力及启停速度，为消纳更多波动性的可再生能源，以及灵活参与电力市场创造条件。因机组类型及自身条件的不同，其灵活性改造方案也有所不同。本章主要针对供热机组及纯凝机组的改造调试进行介绍。

4.2 高背压供热改造工程调试

4.2.1 概述

高背压供热改造项目是机组在冬季采暖期间以高背压运行，将凝汽器改为供热系统的热网基本加热器，而冷却水直接用作热网循环水，充分利用凝汽式机组排汽的汽化潜热加热热网循环水，将冷源损失降低为零，提高机组循环热效率。此改造方案可实现机组在供热期间发电煤耗大幅度下降，使供热能力得到较大提升。

4.2.2 调试内容及目标

对高背压循环水供热改造项目的热网系统和机组进行调试，对机组冲转、升速、定速、并网、带负荷试验、静态试验、动态试验等进行调试,对制造、安装、设计的要求和质量以及机组的技术性能进行全面检查,从而保证机组长期、稳定、安全地运行。

4.2.3 调试条件及过程

1. 调试前应具备条件

(1) 调试现场已清理干净,脚手架已拆除,场地平整,道路畅通。调试现场各平台、楼梯、通道均施工完毕。现场照明充足,在主要的通道、楼梯、表盘等重要部位有事故照明。消防设施完整并通过有关单位的验收,能够及时投入,并有专人负责消防和保卫工作。机组的试运行区域划分明确,并做出标记。厂房内排水管道畅通。生活用水系统能正常投入使用。调试现场电话等通信设备齐全,使用方便。

(2) 所有设备、系统均按图纸施工完毕,并完成设备变更及修改。设备和阀门已挂牌,管道保温工作完成,色环及介质流向标志清楚。有关承压设备及管道经水压试验合格。

(3) 各系统分部试运完毕,相应的验收工作结束。

(4) 所有的表计经校验合格,安装齐全。

(5) 主机润滑油系统、控制油系统、密封油系统等的油循环结束,并有油质合格报告,顶轴油、控制油、盘车装置调试结束,可以投入。

(6) 真空系统的灌水试验及真空泵试运结束。

(7) 发电机内冷水外部系统冲洗干净,水质合格后进行全系统循环,密封油系统状态正常,发电机风压试验合格,氢气系统处于可投用状态。

(8) 高、低压旁路冷态状态正常。

(9) DEH 系统静态调整完毕,经仿真试验合格。

(10) 汽机监测系统调试完毕。

(11) 已准备足够的除盐水。

(12) 压缩空气系统静态调试完毕,满足投用条件。

(13) 主机和辅机的联锁保护、程控、报警信号试验合格。

2. 调试过程

(1) 凝汽器水压试验。

为了确保机组的运行性能,凝汽器在正式投入运行前,其水侧必须进行水压试验,真空系统进行严密性试验。一般凝汽器水侧的充水查漏试验压力为 0.3 MPa(g),用于水压试验的水温应不低于 15 ℃。

查漏范围是从机组热网回水滤水器后至热网循环水泵滤水器前,包含凝汽器水侧及新增部分管路。

充水查漏试验步骤如下。

①关闭所有管路及凝汽器水室的放水门。

②开启管路及凝汽器水室的放空气门,通过工业水泵向凝汽器及管路内充水提压,待放空气门见水后关闭。

③提升水压至 0.3 MPa(g)。

④保持此压力 30 min。

在试验过程中,必须注意水室、人孔及各连接焊缝等处有无漏水、渗水及整个水室有无变形等。发现问题应立即停止试验,并采取补救措施。若在规定时间内不能做完以上全部检查工作,则应延长持压时间。

(2) 系统阀门调试。

在机组启动前,需要对新增加的阀门进行传动验收试验,主要包括机械零位整定,以及严密性检查,如就地/远方阀门的开、关,并记录阀门的全开、全关时间,如表 4-1 所示。

表 4-1 高背压改造机组阀门传动验收

序号	阀门名称	全开时间	全关时间	传动时间	备注
1	热网回水至凝汽器电动门				
2	凝汽器至凉水塔上塔电动门				
3	凝汽器至凉水塔防冻电动门				
4	凝汽器出口至热网回水电动门				

(3) 机组整套启动。

①整套启动前的检查。

(a) 向 DEH 系统供电,检查各功能模块的性能是否正常。检查与 CCS 系统和 TBS 系统(旁路控制系统)I/O 接口通信是否正常。

(b) 检查 TSI 系统功能。

(c) 检查集控室及就地仪表能否正常工作。

(d) 检查各辅助油泵工作性能,电气控制系统必须保证各种辅助油泵能正常切换。

(e) 检查抗燃油系统各油系工作性能,电气控制系统必须保证各油泵能正常切换。

(f) 检查顶轴油泵工作性能。首次启动应进行顶起试验,并记录各瓦顶起油压和顶起高度。

(g) 启动排烟风机,检查风机工作性能。风机工作时,油箱内(表压)应维持在 $-200\sim-500$ Pa,轴承箱内(表压)应维持在 $-98\sim-196$ Pa。油箱负压不宜过高,否则易造成油中进水和吸进粉尘。

(h) 检查调节、保安系统各部件的工作性能是否满足要求。

(i) 检查抗燃油供油系统各部件的工作性能是否满足要求。

(j) 启动顶轴油泵后,确认转子已顶起方可进行盘车投入、甩开试验。

(k) 投盘车后,检查并记录转子偏心度,与转子原始值进行比较(其变化量不得超过 0.02 mm),确认转子没有发生弯曲,并监听通流部分有无摩擦声。

(l) 关闭真空破坏阀和所有疏水阀,向凝汽器热井补水,使凝汽器投入运行。检查凝汽器系统设备工作是否正常。

(m) 检查自密封汽封系统各汽源供汽调节站、温度控制站和溢流站能否正常工作。

(n) 疏水系统各电动截止阀能否正常工作,检查各抽汽(工业抽汽、采暖抽汽)管路用阀及减温减压阀、安全阀能否正常工作,并进行系统正常开关试验。

(o) 检查高排逆止门和所有抽汽止回阀能否正常工作,并进行联动试验。

(p) 应对高压和中压主汽门、调节阀进行静态试验并整定。

(q) 在冲转前进行轴向位移保护试验和其他电气试验。

(r) 检查确认连续盘车时间已经达到 4 h 以上。

②系统投入步骤。

(a) 按照运行规程要求,全面检查各系统阀门位置,确保正确,各主、辅设备状态良好,各辅机轴承润滑油量充足,各电动门、调整门及电磁阀等已送上电源,远操开关动作灵活,方向正确。

(b) 联系电气组测量各泵类电机,确保绝缘,合格后送电。

(c) 确认各系统水箱、水位(油箱、油位)正常,液位指示准确,水质(油质)化验合格。

(d) 检查并确认与主、辅机有关的主要联锁保护。检查 DEH 系统、CCS 系统和并网系统的 I/O 接口通信是否正常。

(e) 投入新循环冷却水系统,如下。

新循环冷却水系统检查:新循环冷却水系统及新循环冷却水泵调试完毕,满足投用条件;关闭新循环冷却水系统所有放水门,稍开系统管道所有放空气门,见水后关闭。

新循环冷却水系统注水:将机组循环水前池水位补至正常液位。

新循环冷却水系统启动:管道充水正常后,启动 1 台冷却水泵,检查转机运转是否正常,如果运转正常,则缓慢开启其出口门。

(f) 根据系统需要,相继开启各冷却器供、回水门。

(g) 投入热网循环水系统。

(h) 投入闭式冷却水系统。

(i) 投入凝结水系统,开启凝结水再循环。

(j) 启动交流润滑油泵及高压油泵,同时投入主油箱排烟风机。

(k) 确认 DEH、ETS、TSI 和 DAS 等系统提前供电,系统与表盘均应处于正常状态。

(l) 投入发电机密封油系统及氢系统,发电机充氢至 0.2 MPa 左右,各部油压及差压调至正常。

(m) 启动发电机定子冷却水泵,投入定子冷却水系统。

(n) 投入高压抗燃油系统,并将油温与油压控制在正常范围之内。

(o) 投入顶轴油泵及盘车装置,记录转子偏心值及盘车电流,在冲转前至少连续盘车 4 h,且转子偏心值不大于原始冷态值的 0.02 mm。

(p) 接收锅炉反馈信号,使用电动泵对锅炉进行补水操作。

(q) 对辅助蒸汽系统进行充分暖管,并将其投入正常使用。

(r) 关闭真空破坏阀,启动真空泵及轴抽风机抽真空,调节轴封加热器负压约为 −5.0 kPa。

(s) 建立凝汽器真空后,进行锅炉点火。

(t) 主蒸汽起压后进行暖管工作,根据需要投入旁路系统及相关减温喷水系统。

(u) 对轴封供汽系统进行充分暖管,确定轴封蒸汽管道中无水后,向各轴封送汽。根据轴封良好且不冒汽的原则,调整汽封母管压力为 0.04~0.06 MPa,严禁转子静止时向轴封送汽。

(v) 打开汽缸本体及蒸汽管道的有关疏水阀,注意汽缸温度胀差以及上下缸温差的变化情况。

(w) 根据冷态启动曲线,对汽轮机进行冲转升速,定速后按照电气专业相关要求进行并网操作,机组并网后,按照升负荷曲线进行带负荷。

4.2.4 调试安全措施

1. 安全工作目标

杜绝轻伤及以上的人身伤害。

杜绝发生火灾事故。

不发生一般及以上的设备事故。

不发生误操作事故、人为责任事故。

杜绝违章行为。

2. 危险源辨识

危险源辨识及预防控制措施如表 4-2 所示。

表 4-2 危险源辨识及预防控制措施

序号	危险源	伤害对象	伤害后果	危险源评价	拟采取控制措施
1	地面不平、光线不充足	人	人员受伤	一般	地面要平整,照明充足,对沟盖板、孔洞进行遮盖,围栏完善
2	不了解试验程序	人/设备	人员伤亡,设备损毁	一般	试验前认真学习试验措施,与负责人进行交底;禁止无关人员进入试验区域
3	不了解系统设备状态	人/设备	人员伤亡,设备损毁	一般	全面了解系统设备状态,消缺工作应办理工作票,做好隔离措施,必要地方专人监护
4	工作时通信不畅	人/设备	人员伤亡,设备损毁	一般	确保通信设备畅通、人员沟通良好
5	随意操作	人/设备	人员伤亡,设备损毁	一般	按照运行规程和试验措施操作,严禁随意操作
6	启停设备就地无人监护	设备	设备损毁	一般	远程启停设备时就地安排人员进行监护,发现问题及时汇报并进行处理
7	工作有交叉、安全措施不完备、作业资格不够、缺乏安全认识和教育	人/设备	人员伤亡,设备损毁	重大	严格实行工作票制度,并进行有效监督与防护;作业人员持证上岗;进入施工工地前接受必要的安全教育
8	高温烫伤	人	人员伤亡	一般	高温管道保温完善,对蒸汽泄漏区域进行安全隔离

4.2.5 调试建议

进入施工现场必须头戴安全帽,衣着符合安全规定,高空作业应有可靠、安全措施,确认工作人员的健康情况及精神状态符合工作要求。

当调试过程中可能或已经发生设备损坏、人员伤亡等情况时,应立即停止调试工作,并分析原因,提出解决措施。

机组在启、停和变工况运行期间,应定期检查轴振。运行中振动明显增大,应及时汇报、分析。当发现汽轮机有内部故障征象或轴振突然增大 0.05 mm 时,应打闸停机。

在调试过程中,应注意各个辅机出口压力、振动情况,发现异常应及时调整,并立即汇报给指挥人员。

调试工作应严格执行操作票制度,做好事故预想工作,防止发生人身和设备事故。

调试人员在现场应严格按有关安全规定执行,确保现场工作安全、可靠进行。

4.3 热泵供热改造工程调试

4.3.1 概述

热泵的驱动汽源一般采用汽轮机组5段抽汽,在改造工程中,可在采暖抽汽母管上增加一路蒸汽管道并连接到热泵房内,在管路上设置一道电动蝶阀,热泵房内每一台热泵入口都有调节阀,可对进入热泵的蒸汽量进行调节。热泵机组的驱动蒸汽压力一般维持在 0.2 MPa(g)。

驱动热泵工作的是驱动汽源从饱和蒸汽变成饱和水时释放的汽化潜热,且要求进入热泵的蒸汽的过热度不能太高,所以在蒸汽管道上会设置一个减温器,其减温水源来自主机凝结水。驱动蒸汽凝结水通过管道回到主机5号低压加热器入口凝结水管道上。热泵机组疏水汇集后进入疏水罐,经疏水泵升压后进入机组凝结水系统,以保证原机组的水平衡和系统综合能源效率。为了便于疏水泵的调节和节能,疏水泵可设置为变频器调节。

热泵系统热媒由热网循环水系统的回水管道通过一根管道引至热泵厂房。热网水回水由热网循环水升压泵驱动进入吸收式热泵,进入热泵吸收从循环水中提取的低品质热量后,热网循环水得以加热升温,考虑在热泵出口温度不能满足热网需要的情况下,从热泵出口的热网循环水还要进入原系统的热网加热器进行二次加热,达到热网要求的温度后进入供水母管。热泵系统运行后,采用闭式循环水系统,将机组经过凝汽器后的循环水大部分引入热泵机组,经热泵回收余热后,直接进入塔池。

热网系统的供水流程:凝汽器出水→循环水出水管→热泵供水管→热泵→热泵排水管→机组塔池→循环水泵→凝汽器进水。从凝汽器出来的剩余一小部分循环水通过本机与邻机之间的循环水回水母管联络门至邻机冷却烟塔冷却降温,再经由本机与邻机塔池底部的联络门回到本机塔池。

上邻机冷却塔冷却的循环水流程:本机凝汽器出水→本机循环水出水管→本机与邻机循环水联络管→邻机循环水出水管→邻机冷却塔→邻机冷却塔池→本机冷却塔池→本机循环水供水管→本机凝汽器。当本机遇到事故停机时,邻机循环水通过联络管供至热泵作为备用低温余热源。

4.3.2 调试内容及目标

1. 管道冲洗

(1)使疏水管道和减温水管道达到系统调试条件的要求。

(2)试转疏水泵,检验疏水泵,使其满足现场使用要求。

(3)疏水泵联锁备用,进行疏水泵启动等控制逻辑试验。

2. 管道吹扫

(1)使蒸汽管道符合质量标准,达到系统调试的要求。

（2）对驱动蒸汽出口至热泵蒸汽入口管道进行吹扫，带走管道内的焊渣、铁锈、氧化皮等杂物，避免运行时这些杂物堆积在阀门处，影响阀门开闭动作，同时防止杂物进入热泵系统管束，划伤或堵塞管束，以保证热泵组供热的安全、稳定运行。

（3）严格控制设备膨胀、高温烫伤、蒸汽泄漏、排放口布置等危险源。安全控制措施落实到位，无安全责任事故发生。

（4）严格控制设备的水、电、汽、燃料消耗及蒸汽、噪声排放等环境影响因素。环境控制措施落实到位，无影响环境责任事故发生。

（5）吹管质量标准结合实际情况并参考《火电机组启动蒸汽吹管导则》，在吹管系数大于1的条件下，各方肉眼共同确认吹管排放口处蒸汽无色、均匀、透明，达到该标准即认为吹管合格。

3. 热泵机组调试

对热泵系统进行单体调试和系统调试，保证热泵系统能够正常投运。

4.3.3 调试条件及过程

1. 管道冲洗调试条件及过程

（1）调试条件。

疏水电动门动作正常，并可在控制室内操作；管道支撑牢固、可靠，有膨胀间隙，防止管道热膨胀时受阻；疏水罐事先要经过清洗，并且测点等已经安装完毕；疏水管道上的测点安装完毕，放水门、放空气门安装完毕；排污泵安装完毕，并可自行启动、停止；放水管道安装完毕；疏水管道保温已完成；疏水泵冷却水系统冲洗完毕，安装就位。

（2）管道冲洗流程。

为节约除盐水，疏水管道冲洗可分两个阶段，第一阶段采用工业水对整个疏水系统进行冲洗，主要冲洗管道内的焊渣、铁锈等杂物；第二阶段采用热泵疏水对系统进行冲洗，直至水质合格。

（3）疏水管道冲管流程。

第一阶段流程：工业水→热泵疏水支管→疏水罐→疏水泵→疏水管→放水管→地沟；第二阶段流程：热泵疏水→热泵疏水支管→疏水罐→疏水泵→疏水管→放水管→地沟。第二阶段要连续冲管，直到达到要求的指标为止。

（4）减温水管道冲管流程。

减温水管道→放水管道→减温器排水管道。

2. 管道吹扫条件及过程

（1）管道吹扫条件。

热泵驱动蒸汽管道及其暖管疏水管道安装完毕，经验收合格，验收资料齐全，管道所有限位装置及支吊架具备投用条件，保温结束；吹管临时管道及支吊架施工完毕，验收合格；相关系统蒸汽压力、温度变送器安装完成；吹管控制门接好控制电源，具备远程操作条件，传动试验完毕并合格；化学车间备足除盐水，制水设备、给水加药系统能正常投用，并能向系统及时、足量补水；吹扫管道延程范围加设警戒线、警告牌；吹管现场整洁、道路畅通，妨碍运行操作的脚手架、临时设施等已被拆除，各运转地面基本平整，无孔洞等不安全因素，消防车可通行；平台、栏杆、沟盖板齐全；设备、阀门挂牌正确、齐全；试运转的指挥系统齐全，岗位职责分工和联系制度明确,调试、安装、运行人员上岗,吹管措施已批准并进行技术交底;吹管前,由监理负责组织施工、生产、调试等有关单位进行联合大检查,发现的问题已处理完毕。

(2) 管道吹扫过程。

吹管参数:吹管压力 0.15~0.20 MPa;蒸汽温度 260~300 ℃。以上参数需要经过工程部现场讨论通过。

① 开启机五段抽汽原气动逆止阀后疏水阀,确认驱动蒸汽管道及其母管上所有疏水阀打开。稍开吹管电动蝶阀,对驱动蒸汽管道进行暖管。为加强驱动蒸汽管道暖管工作,视实际情况可逐步开大吹管电动门,当排汽口蒸汽量很大且无水滴时,暖管结束,可逐步关小其他各部疏水,直至全关。在该暖管过程中,应对驱动蒸汽管道、临时管道和滑动支架进行检查,滑动支架应能自由滑动。

② 当暖管结束并渐关疏水阀后,抽汽压力上升,当压力升至 0.15 MPa 时,全开吹管电动蝶阀,进行试吹扫,检查临时系统支撑及固定情况,并摸索机组负荷波动及锅炉补水情况;当抽汽压力下降较多时,关闭吹管电动蝶阀。

③ 吹管电动阀全关后,调整机组运行,使吹管抽汽压力上升并维持在 0.15 MPa,通知各岗位注意,准备正式吹管。确认吹管抽汽压力在 0.15 MPa,同时全开吹管电动蝶阀,开始正式吹管,维持吹管压力时间约 8 min。关闭吹管电动蝶阀,结束本次吹管。重复上述的正式吹管过程,直至吹扫合格为止。

值得说明的是,为提高吹管效果,在吹管过程中需要合理安排一次管道冷却,时间约 8 h,目的是冷却蒸汽管道,以利于氧化皮的脱落。吹管质量标准结合实际情况并参考《火电机组启动蒸汽吹管导则》,在吹管系数大于 1 的条件下,吹管排气口蒸汽为连续无色、均匀、透明时,即吹管合格。

3. 热泵调试条件及过程

(1) 调试条件。

调试应具备条件的检查及确认:热泵本体调试完毕;电动阀门就地调试完毕,远传试验正常;疏水泵、升压泵试运行完毕,疏水罐水位合格,疏水再循环系统正常;减温水系统投运正常;蒸汽管道吹管完毕,热网水管道清扫完毕,验收合格;热泵机组 DCS 系统工作状态正常,具备投入控制条件;热泵 DCS 系统操作员站已完善,能满足整套启动及正常运行要求;热控室温度满足设备运行的温度条件;保护、联锁试验结果符合要求,热泵组系统的保护投入正常;热泵系统已送电,且运行正常,满足整套启动所需的负荷已送电;发电机组运行正常,并且无影响投运热泵组的条件。

调试前现场应具备的条件:消防系统投入,就地消防器材齐全;热泵厂区场地平整、道路畅通;试运范围内环境干净,现场的沟道及孔洞的盖板齐全,临时孔洞装好护栏或盖板,平台有正规的楼梯、通道、栏杆及底部护板;生产排水管道已安装好,排水系统及设施能正常使用;现场有足够的正式照明设备,事故照明系统完整、可靠并处于备用状态;设备及系统按要求安装完毕,经验收合格,记录齐全;具有可靠的操作和动力电源;各种阀件传动经检查合格,已编号、挂牌并处于备用状态;各运行岗位已有正式的通信装置,试运增设的临时岗位亦设有可靠的通信联络设施。

生产准备情况:电气及其他设备编号、挂牌完毕;运行人员培训合格,具备上岗资格;设备机组无缺陷;机组抽汽参数符合热泵投运条件,并能够在调试期间保持稳定;除盐水储备充足,汽包、热井保持高水位;操作票已经开好并确认;现场备齐调试用仪表、工具;热泵系统记录报表准备完毕;控制逻辑通过审核及模拟试验,热控、电气的调试已完成。

（2）调试过程。

热泵热网水系统的投入：确认机组及热网水系统运行正常，无影响热泵组启动条件；确认热泵组热网水与运行的热网水系统处于隔离状态，即热网水进出热泵系统母管电动蝶阀关闭；确认热泵组本体热网水放水阀及热网水进出支管路系统所有放水阀关闭；确认电动滤水器进出口的电动门完全开启，旁路电动门和排污门完全关闭；确认热网升压泵的进出口门全关，热网升压泵旁路门完全开启；确认热泵组热网水进出口电动阀全部关闭；确认机组带热网水系统运行正常。缓慢开启热泵组热网水出水母管上电动蝶阀至全开，同时观察热网回水压力变化。

热泵循环水系统的投入：确认热网水已经注水，蒸汽未投入；确认机组运行正常，无影响热泵组启动条件；确认热泵组本体循环水放水阀及循环水进出支管路系统所有放水阀关闭；确认热泵组循环水与主机循环水系统处于隔离状态，即热网水进出口电动门关闭，机组原循环系统正常运行；确认循环水回水联络门均关闭，且循环水冷却烟塔塔池联络门关闭；确认热泵组循环水进出口电动门全部关闭，对热泵组循环水管道进行注水，注水流程：循环水回水母管→热泵供水电动门→热泵机组循环水进入水母管→热泵机组循环水母管旁路管→热泵机组循环水回水母管→热泵组本体→热泵组循环水出水母管电动门→塔池。

监视循环水进出凝汽器的温度，保持循环水出凝汽器的温度为38 ℃左右，当凝汽器出口温度大于40 ℃时，适当关小循环水回水母管至热泵供水电动门，减少进入热泵的循环水流量，当凝汽器出口温度小于36 ℃时，适当开大1号机循环水回水母管至热泵供水电动门，增加进入热泵的循环水流量，直到循环水出凝汽器温度在38 ℃左右，当循环水进出凝汽器的温差稳定后，保持开度；确认热泵循环水系统、机组循环水系统、主机真空正常，前池液位正常；现场全面检查热泵组循环水系统无异常；在开启热源水出口母管电动门过程中，注意观察主机真空变化情况，如有异常，应立即暂停开启，并进行适当调整。

蒸汽疏水系统投运操作：疏水罐及疏水管道注水；打开疏水泵和疏水管道上的放空气门；打开疏水泵入口门，待疏水泵入口管放空气门见水后，关闭放空气门，使疏水泵满足启动条件；做好疏水泵及疏水系统投运准备；热泵驱动蒸汽系统进行暖管；确认无影响热泵组启动条件；确认五段抽汽未满负荷运行；确认热泵驱动蒸汽系统状态正常；五段抽汽管道上原有疏水阀保持关闭；确认驱动蒸汽管道上的接口电动蝶阀关闭；稍开采暖抽汽至驱动蒸汽电动蝶阀，对驱动蒸汽管道进行暖管。

打开减温水系统管道上的所有手动门，将减温器投入手动调节状态，并将目标温度设为130 ℃，减温器暂不投入使用；当驱动蒸汽母管温度以及进入各热泵前驱动蒸汽温度高于饱和温度，且疏水排放口全为蒸汽时，即暖管符合要求，可逐步关小各处疏水，直至全关。

在暖管过程中，应对驱动蒸汽管道、支架、法兰等进行全面检查，确认无异常，注意管道的热膨胀等，并对滑动支架进行标记；在暖管结束后，缓慢开大五段抽汽至驱动蒸汽母管电动蝶阀，具体开度待投热泵组后视情况调整。

热泵组的启动：确认热泵组具备启动条件；开启一台疏水泵，打开再循环，减温器压力达到使用条件，同时减温器投入自动调节状态；适当加大热源水进口母管电动门，保证进入热泵的循环水量满足启动要求；缓慢全开1号热泵组驱动蒸汽调阀前的2个电动蝶阀，同时减温器投入自动运行状态；缓慢稍开热泵组驱动蒸汽电动调节阀；通过PLC启动热泵机组，然后进行现场检查以确认热泵组已启动并进入工作程序。同时，需要监视并记录热泵组循环水、热网水进出口温度等相关参数变化情况。

严密监视疏水罐水位，确保第一台变频疏水泵已启动，手动调整疏水箱，当水位稳定后，将该变频泵投入自动运行状态,另一台疏水泵可视情况投入联锁。

当水质初期不合格时,疏水排放到汽机房 0 m 层地沟,待化学检验水质合格后,再切换疏水至原主机系统凝结水系统。

全开疏水泵出口母管电动门,监测循环水温度,逐渐开大热源水进口母管电动门,关小 2 号机上塔门,加大进入热泵系统的循环水流量,并逐渐提高热泵的负荷。

观察蒸汽、热网水、循环水及疏水系统的运行状态,如果所有系统运行稳定,无影响系统运行的因素,则保持热泵机组在低负荷状态运行,保持低负荷运行 6 h,检查整个余热利用系统的状态。

如果发生热泵系统故障,则缓慢关闭蒸汽管道调节阀,隔绝热泵蒸汽系统,保证所有的低压蒸汽进入热网加热器,同时调节上塔门和热源水进口母管电动门,使大部分循环水上塔。

保持热泵低负荷运行,投入待试运热泵。保持全部参与调试的热泵组同时低负荷运行 6 h,监测循环水温度,逐渐开大热源水进口母管电动门,关小上塔门,阀门操作交替进行,加大进入热泵系统的循环水流量,保持凝汽器出口循环水温度稳定在 35 ℃ 左右。6 h 之后,系统正常运行,交替操作热源水进口母管电动门和上塔门,直到热源水进口母管电动门全开。控制循环水温度达到设计值 38 ℃,提高热泵的出力。

监视记录热网系统参数和热泵系统参数(蒸汽和疏水参数、循环水参数、热网水参数等),逐渐调节凝汽器出口循环水温度达到设计值 38 ℃,逐渐提高热泵负荷,逐渐开大热泵蒸汽入口电动调阀,逐渐开大采暖抽汽至驱动蒸汽母管电动蝶阀,视情况逐渐关小采暖抽汽至热网加热器母管的电动蝶阀,具体开度根据热泵运行情况而定。

当热泵满负荷运行时,观察进入热泵的驱动蒸汽压力,若长期低于 0.3 MPa,需根据机组运行负荷等情况调整 LV 阀开度。

4.3.4 调试安全措施

1. 管道冲洗注意事项及安全措施
(1) 运行人员要严格按照规程要求精心操作,认真调整。
(2) 冲洗期间有关禁区由甲方划定并挂牌提示,无关人员不得进入。
(3) 冲洗时,控制门应挂上禁止操作牌,以免误操作。
(4) 运行人员要严格监视各仪表参数,保证各参数在正常范围之内。
(5) 保证各消防器材就位。
确保潜水泵就位,能正常工作。

2. 管道吹扫注意事项及安全措施
(1) 在吹管过程中,监视吹管系数,保证吹管系数大于 1。
(2) 在吹管运行中,要确保参数不超压、超温,以保证吹管安全。当达到吹管压力时,应迅速打开吹管临时门。
(3) 吹管前做好事故预想。在开启吹管电动蝶阀时,注意机组运行工况变化,及时做好相关调整。
(4) 当出现吹管侧异常时,应及时关闭吹管电动阀,以免影响主机运行安全。
(5) 吹管期间注意锅炉水位变化,及时补水并控制汽水品质。
(6) 吹管电动蝶阀何时关闭,取决于机组工况、安全、吹管系数和吹管时间,应综合全面考虑。

（7）两次吹管间隔不能过小，应在 20 min 以上。

3. 热泵组调试注意事项及安全措施

（1）在影响机组安全运行时，如机组真空因为余热系统的投切而发生剧烈波动，应立即停止试运行，并迅速恢复凝汽器循环水原始状态。

（2）在进行热泵进汽管道暖管时，应注意升温速度，同时在首次管道升温、升压过程中就地检查管道膨胀情况，确认吊架和支撑的状态。

（3）厂房内疏水排放时，注意汽水的走向，防止蒸汽剧烈扩散，造成转动设备绝缘下降。

（4）现场一切操作均遵照调试大纲规定的操作原则进行，禁止违规操作。

（5）热泵、热网水升压泵、疏水泵等转动设备如果出现异常，应按照相关规程和设备要求进行处理，详见各分系统调试措施。

4.3.5 调试建议

1. 热泵循环水减少

在余热利用系统内，在循环水系统电动门误关情况下，会出现循环水减少事故现象，此时应立即注意凝汽器真空和循环水出口温度变化，对系统设备和阀门进行全面检查，确认各设备的状态。在处理过程中，与主控单元加强联系，互相配合。当机组凝汽器真空低于 -87 kPa 时，应根据真空情况降低机组负荷，直至真空恢复。注意机组各吸收式热泵循环水出入口温度的变化，如果当部分吸收式热泵循环水出口温度低于 20 ℃ 或各台热泵之间循环水出口温度偏差大于 4 ℃ 时，可根据吸收式热泵出口温度，适当关小出口温度高的吸收式热泵循环水入口门，将各热泵循环水出口温度尽量调整一致。当凝汽器循环水入口温度超过 30 ℃ 或出口温度超过 40 ℃ 时，应开启热泵循环水至上塔电动门，控制凝汽器循环水入口温度不超过 30 ℃、出口温度不超过 40 ℃。因部分热泵循环水出、入口门误关，造成循环水流量减少时，及时将误关的截门开启并停电。

2. 循环水中断

在循环水至热泵系统电动门全关或者余热系统内循环水系统相同功能的截门全关的情况下，会出现循环水中断事故现象。此时应及时注意机组真空和供热抽汽压力变化，当凝汽器真空低于报警值时，根据真空下降速度，迅速降低机组负荷，直至真空恢复。在循环水中断后，注意循环水至冷却塔电动门自动开启，如果采取措施后，循环水回水母管仍无法与冷却水塔导通，则按照如下处理：①立即通知机组打闸停机。②切断所有向凝汽器的排汽。③注意各循环水冷却设备的运行情况，如润滑油温、密封油温、发电机内冷水温，可将密封油、发电机内的冷却水回水倒入射水池，将运行润滑油冷却器的放空气门和水室放水门全部开启。④注意顶轴油泵运转情况和顶轴油压力。⑤循环水具备恢复条件后，应稍开循环水回水至水塔的截门，待凝汽器循环水出口温度下降并稳定后，方可继续开大循环水回水至水塔的截门，以防止凝汽器内部温度变化过快，造成铜管泄漏。⑥其他操作参照机组紧急停机进行处理。

循环水中断后，注意各吸收式热泵进汽调节阀是否自动关闭，如果关闭失败，应及时关闭进汽电动门。

3. 热网系统参数大幅度波动

当部分或全部吸收式热泵故障停运时，会导致机组循环水温度迅速升高，热网加热器入口温度迅速降低到与热网回水温度相同或接近,部分或全部吸收式热泵循环水出、入口温度相同,热泵热网循环水出、入口温度相同等现象。此时需要注意机组真空和循环水温度、供热抽汽压力的变化,全开循环水至冷却烟塔上塔电动门,注意循环水供水温度变化,并注意及时开大热网加热器进汽调整门,维持热网加热器出口温度稳定。如果因热泵电源消失或驱动蒸汽消失造成热泵全停,应采取措施及时恢复供电、供汽。消除热泵故障后,重新恢复热泵及相关系统运行。

4.4 工业抽汽改造工程调试

4.4.1 概述

近几年来,清洁能源上网容量猛增,电力市场竞争激烈,机组利用小时数逐年下降,火电企业的经营压力逐年增大。火电机组经过工业抽汽改造可以产生更高的经济效益,对于一次中间再热机组,工业抽汽改造可以采用再热热段蒸汽减温减压为工业蒸汽的方法,相比于其他方案,再热热段蒸汽直接减温减压具有投资低、系统简单且易于实现的优点。下面主要介绍再热热段蒸汽减温减压为工业蒸汽的调试方法。

4.4.2 调试内容及目标

对工业抽汽改造项目的热力系统进行调试,对热力系统静态试验、动态试验、保护试验等进行调试考核。对制造、安装、设计的要求和质量以及机组的技术性能进行全面检查,从而保证机组长期、稳定、安全地运行。

4.4.3 调试条件及过程

1. 调试应具备的条件

(1) 工业抽汽旁路系统已安装完毕,具有完整的技术记录,经验收合格,符合试运的要求。
(2) 减温减压器旁路相关阀门完成传动,各手动阀门检验开关灵活,系统安全门经过校验,逻辑保护试验完成。
(3) 旁路系统各阀门、测点在DCS中显示正确。
(4) 旁路系统组态及保护逻辑已完成,保证减温水可自动调节并维持减温器后的温度。
(5) 动力电源、控制电源准备就绪。
(6) 调试现场清理干净,道路通畅,照明良好,并具备可靠的消防和通信设施。
(7) 参加系统调试人员熟悉本方案及设备现场环境。

2. 调试步骤

(1) 工业抽汽管线暖管。保持机组负荷稳定,开启工业抽汽减温减压器减温水调节门前后手动隔离阀,调节凝结水出口母管压力,减温水调门投自动。开启厂内工业供汽总阀前疏水,开启工业抽汽减温减压器后疏水旁路,开启抽汽管线疏水阀,开启工业供汽总阀、气动逆止阀、减温减压器出口阀,微开工业供汽压力调节阀(2%开度),对工业抽汽管道进行充分暖管疏水,并进行疏水外排,疏水结束,关小疏水阀开度,后续随系统投运继续关小阀门。

(2) 在抽汽系统投运时,冷态蒸汽管道的暖管时间一般不少于 2 h,热态蒸汽管道的暖管时间一般为 0.5~1 h。暖管时,应检查蒸汽管道的膨胀是否良好,支吊架是否正常,疏水一定要充分,如有不正常现象,应停止暖管,查明原因并消除故障。暖管要注意升温和升压的速度,只要时间允许,升温速度应尽量小,暖管的升温速度一般控制在 2~3 ℃/min;升压则一定在暖管结束后进行,应逐步增加工业抽汽减温减压器调节阀开度,当逐步调节减温减压器后,压力缓慢增加,速度一般不能大于 0.1 MPa/min。

(3) 在开启工业抽汽减温减压器调节阀过程中,检查减温水调节门自动开启,维持阀后温度正常。

(4) 在开启工业抽汽减温减压器调节阀过程中,密切监视机组高排压力,保持轴向位移、推力瓦温度、振动等参数处于正常范围,检查机组中压调门动作正常。

(5) 根据控制系统需求,调节抽汽量进行阀门优化。

(6) 在旁路开启过程中,若引起机组出力及抽汽略微变化,则需及时进行调节。

(7) 现场检查机组再热管线、工业抽汽管线有无明显振动。若管线振动,则停止增加抽汽操作,开启相应疏水,直至管线振动消失。

(8) 在工业抽汽量增加过程中,机组轴向位移、推力瓦温度、振动等参数未明显升高。若参数迅速变化,则停止操作;若参数接近报警值,则立即恢复系统至初始状态。

(9) 随系统对外供汽,检查工业供汽管线各疏水阀,若有蒸汽冒出 10 cm 透明汽体,则充分疏水后逐个关闭。

(10) 回收工业抽汽疏水。联系用户,若具备疏水回收条件(用户侧疏水罐取样点水质达到表 4-3 的要求),开启厂内外高点排气、低点放水阀门。

表 4-3 除铁器入口水质要求

硬度 /(mmol/L)	氢电导率 /(μS/cm)	钠含量 /(μg/L)	二氧化硅含量 /(μg/L)	全铁含量 /(μg/L)	铜含量 /(μg/L)
标准值	标准值	标准值	标准值	标准值	标准值
≈0	≤0.30	≤10	≤20	≤1 000	≤5

联系用户,启疏水泵、疏水回收管线排气阀,见水后关闭。当厂内有疏水排出后,沿线开启管线疏水阀,直至疏水澄清。化验疏水水质,水质达到要求后,投运管式换热器水侧,开启除铁器入口门,开启除铁器底部排污门,关闭除铁器出口门。当除铁器出口水质达到要求后,开启疏水凝泵出口管线手动隔离阀及电动隔离阀,微开电动调节阀,逐步关小疏水外排阀门开度,增加电动调节阀开度,直至疏水完全回收。

4.4.4 调试安全措施

1. 安全工作目标

杜绝轻伤及以上人身伤害。

杜绝火灾事故。

不发生一般及以上等级的设备事故。

不发生误操作事故、人为责任事故。

杜绝违章行为。

2. 危险源辨识

危险源辨识及预防控制措施如表 4-4 所示。

表 4-4 危险源辨识及预防控制措施

序号	危险源	伤害对象	伤害后果	危险源评价	拟采取控制措施
1	地面不平、光线不充足	人	人员受伤	一般	地面要平整,照明充足,沟盖板、孔洞进行遮盖,围栏完善
2	不了解试验程序	人/设备	人员伤亡,设备损毁	一般	试验前认真学习试验措施,负责人进行交底,无关人员禁止进入试验区域
3	不了解系统设备状态	人/设备	人员伤亡,设备损毁	一般	全面了解系统设备状态,消缺工作应办理工作票,做好隔离措施,必要地方有专人监护
4	工作时通信不畅	人/设备	人员伤亡,设备损毁	一般	确保通信畅通、人员沟通良好
5	随意操作	人/设备	人员伤亡,设备损毁	一般	按照运行规程和试验措施操作,严禁随意操作
6	启停设备就地无人监护	设备	设备损毁	一般	远方启停设备时就地安排人员进行监护,发现问题及时汇报并进行处理
7	工作有交叉、安全措施不完备、作业资格不够、缺乏安全认识和教育	人/设备	人员伤亡,设备损毁	重大	严格工作票制度并进行有效监督与防护,作业人员持证上岗,进入施工工地前进行必要的安全教育
8	高温烫伤	人	人员伤亡	一般	高温管道保温完善,对蒸汽泄漏区域进行安全隔离

4.4.5 调试建议

当旁路系统启动时,工作人员应站在安全地带;在调试时,工作人员应在减温减压器处 1 m 以外。

进入施工现场,必须头戴安全帽,衣着符合安全规范,高空作业应有可靠安全措施,确认工作人员的健康情况及精神状态符合工作要求。

机组在旁路启、停和变工况运行期间,应定期检查轴振。当运行中振动明显增大时,应及时汇报、分析。当发现汽轮机内部有故障征象或轴振突然增大 0.05 mm 时,应打闸停机。

机组在旁路启、停和变工况运行期间,应定期检查推力轴承温度。当运行中发现汽轮机支持轴承温度突然达到报警值或推力轴承温度突然达到报警值时,应及时查明原因,防止轴瓦烧损。调试人员在现场应严格执行安全规范及现场有关规定,确保机组工作安全、可靠地进行。

4.5 低压缸切除供热改造工程调试

4.5.1 概述

低压缸切除供热改造项目采用切除低压缸的运行方式提高机组调峰能力。在低压缸高真空运行条件下,采用可完全密封的液压蝶阀切除低压缸原进汽管道进汽,通过新增旁路管道通入约 20 t/h 的冷却蒸汽,用于带走低压缸不做功后低压转子转动产生的鼓风热量。与改造前相比,改造后的项目提升了供热机组的灵活性,解除了低压缸最小蒸汽流量的制约,可同时提高机组的供热能力及调峰能力。

4.5.2 调试内容及目标

对低压缸切除供热改造范围内系统阀门进行静态传动验收;对改造相关系统保护逻辑进行验证试验;对低压缸投入、切除及相关联锁保护功能进行严格的调试检验;对低压缸切除运行进行技术支持;对制造、安装、设计的要求和质量以及机组的技术性能进行全面检查,从而保证机组能够长期、稳定、安全运行。

4.5.3 调试条件及过程

1. 调试基本条件

(1) 管道系统按要求安装完毕,经验收合格。
(2) 阀门的单体调试、电机单机试运行已完成验收签证。
(3) 系统阀门应挂好标志牌,标志牌内容完整清晰,电动、气动阀门能正常投入。
(4) 设备具备可靠的操作电源和动力电源,电机接线及接地线良好,绝缘合格。
(5) 现场沟道及孔洞盖板齐全,梯子、栏杆按设计要求安装完毕,正式投入使用。
(6) 电气、热工仪表以及信号、音响设备已装设齐全,并经检验调整准确。
(7) 联锁保护逻辑完善,定值设定正确。
(8) 试运行现场施工脚手架全部拆除,危险区设有围栏和警告标志。
(9) 试运行现场应有良好的通信设备,且照明情况良好。
(10) 现场备齐调试用仪表、工具。
(11) 现场备齐合格的消防安全器材。
(12) 安装交接验收签证已完成。

2. 调试过程

(1) 机组启动前阀门传动验收。在机组启动前需要对新增加的阀门、测点进行传动验收,主要包括就地/远方开、关,记录阀门全开、全关时间。
(2) 改造系统的联锁保护试验。在机组启动前需要对改造的相关阀门、设备进行联锁保护传动试验,主要包括采暖抽汽系统、低压缸冷却蒸汽系统、低压缸喷水减温系统、连通管蝶阀系统的联锁保护试验,同时完成测点传动验收。

(3) 调试措施交底。在静态调试全部完成后,在低压缸切除运行之前,进行调试措施的技术及安全交底工作,完成调试措施交底并做好记录。

(4) 系统检查。在低压缸切除运行之前,依照机组切缸运行条件检查确认表的要求,对各个系统和设备的试运行条件进行逐项检查和确认。

(5) 动态调试。在满足动态调试条件后,进行低压缸切除和恢复动态调试相关工作。

4.5.4 调试安全措施

1. 低压缸切缸前检查

(1) 检查机组热网供汽系统,确保主/再热蒸汽参数稳定。
(2) 检查中低压连通管供热蝶阀控制柜,确认已送电,阀门状态正常。
(3) 联系热控组,投入热网系统有关表计、自动装置、各种保护信号等。
(4) 通知电气组,确认热网系统各泵、电动门送电正常。
(5) 通知化学组,准备除盐水。
(6) 热网系统各阀门开关试验正常。
(7) 检查采暖抽汽快关阀液压油泵站系统,确认投入正常。
(8) 检查外网系统具备投入条件。
(9) 联锁保护及报警试验项目已完成,且保护均投入正常。

2. 低压缸切缸步骤

(1) 低压缸切除试验条件。

①机组人员分工明确,各项指令均由值长下达,汽机主值负责低压缸切除及供热抽汽量的调整,统一兼顾协调其他运行人员的操作;专人负责调整汽包水位、锅炉燃烧及风烟系统监控;专人负责凝汽器及除氧器水位的调整及相关参数的监视工作;专人配合调整供热抽汽流量及热网疏水。

②低压缸连通管蝶阀油站及控制柜、低压缸喷水电动门、低压缸通流减压阀、低压缸通流减温阀、低压缸通流减温减压器前后疏水电动门等相关设备送电正常。

③投入有关表计、自动装置、各种保护信号及仪表电源。

④热网系统各阀门传动试验已完成且全部合格,低压缸连通管蝶阀油站工作正常。

⑤主机保护试验已完成且全部合格,并已投入。

⑥热网系统所有联锁保护试验已完成且全部合格,并已投入。

⑦低压缸连通管蝶阀保护试验已完成且全部合格,并已投入。

⑧低压缸冷却蒸汽系统联锁保护试验已完成且全部合格,并已投入。

⑨低压缸喷水电动门联动试验已完成且全部合格,并已投入。

⑩确认机组旁路系统工作性能正常。

⑪确认交、直流油泵试验已完成且全部合格,试运行正常后停止运行,投入联锁备用状态。

(2) 低压缸切除试验。

①解除机组协调,改为汽机跟随控制方式,汽轮机阀门控制方式为"顺序阀"控制,避免锅炉参与调节影响机组参数稳定。

②维持机组负荷在50%~60%额定负荷之间。

③凝汽器补水箱水位正常。
④检查确认热网系统运行情况正常。
⑤检查确认低压缸冷却蒸汽管道疏水完毕。
⑥检查确认低压缸通流减压阀全开,流量显示正常。
⑦检查确认低压缸通流电动门全开,流量显示正常。
⑧注意监视汽轮机本体振动、轴向位移、各瓦温度等参数处于正常范围,监视和调整凝汽器、除氧器和高、低压加热器水位。
⑨保持锅炉燃烧工况及蒸发量稳定,尽量保持主蒸汽压力稳定。
⑩在低压缸排汽高于 50 ℃时,开启低压缸喷水电动门。
⑪将低压缸连通管蝶阀关至 20% 位置,全面检查机组各参数并确认正常,通知锅炉人员做好切缸准备。
⑫全开低压缸通流减压阀,低压缸冷却蒸汽流量在 20 t/h 左右。
⑬在 DEH 抽汽控制画面中,点击"零出力投入"按钮,在"阀位设定"对话框内输入阀门指令 0,检查低压缸连通管蝶阀全关,切缸操作完毕。
⑭投入低压缸通流减温阀自动,控制低压缸冷却蒸汽温度在 130 ℃±10 ℃。
⑮在操作过程中,专人严密监视,及时调整主蒸汽压力、汽包水位、除氧器及凝汽器水位等,专人严密监视和记录汽轮机本体各参数,包括振动、胀差、轴向位移、次末级及末级叶片温度、低压排汽缸温度等。若参数发生异常变化,则及时暂停操作,分析原因,并进行处理。
⑯在切缸完成后,应严密监视低压缸次末级及末级叶片后蒸汽温度,控制低压缸次末级及末级叶片后蒸汽温度在设计范围内。具体措施如下。

(a)当低压缸末级叶片后蒸汽温度≥高一值 90 ℃时,报警,低压缸喷水减温Ⅰ路喷水投入。

(b)当低压缸末级叶片后蒸汽温度≥高二值 110 ℃时,报警,低压缸喷水减温Ⅱ路喷水投入。

(c)当低压缸次末级叶片后蒸汽温度达到 220 ℃时,将触发高温报警,并发出声光信号。

(d)当低压缸次末级叶片后蒸汽温度达到 230 ℃时,手动开启低压缸连通管蝶阀,机组从切缸状态恢复到抽凝状态。

(e)当低压缸末级叶片后蒸汽温度达到 150 ℃时,手动停机。

⑰在切缸完成后,严密监视中压缸排汽压力,控制中排压力在设计范围内,即不超过 0.294 MPa。当中排温度达 340 ℃时,增加主蒸汽进汽量。
⑱若参数发生异常变化,应及时暂停操作,及时恢复原工况,分析原因并处理后,再进行操作。
⑲在低压缸切除进汽操作完成后,保持机组工况稳定,全面检查设备系统运行情况,记录详细运行参数,确认机组正常后,可重新投入协调控制。

3. 恢复低压缸进汽操作步骤

(1)将凝汽器降至低水位运行,全面检查和记录机炉侧重要运行参数,确定机炉运行正常和稳定。

(2)将低压缸连通管蝶阀开至 20%。

(3)检查确认低压缸通流减压阀及通流电动门全开,待机组稳定后,方可关闭。

(4) 在操作过程中,由专人严密监视,及时调整主蒸汽压力、汽包水位、除氧器及凝汽器水位等,专人严密监视和记录汽轮机本体各参数,包括振动、瓦温、轴向位移、低压胀差、末级叶片温度及次末级叶片温度、低压缸排汽温度等。

(5) 检查低压缸减温水电动门,投入自动控制方式。

(6) 恢复其他相关设备和系统正常运行方式。

4.5.5 调试建议

1. 低压缸切除运行建议

(1) 调整凝结水再循环调整门开度,保持凝结水母管压力稳定。

(2) 调整低压缸通流减压阀,尤其在机组升降负荷过程中,控制低压缸冷却蒸汽流量在设计范围内。

(3) 在切缸过程中,控制低压缸末级温度、次末级温度、低压缸排汽温度在设计值范围内运行。

(4) 在切缸运行过程中,监控机组轴承振动、瓦温、轴向位移、低压胀差等情况。

(5) 在切缸运行过程中,监视和调整凝汽器、除氧器、高低压加热器水位,凝结水优先采用新增一路再循环管路运行,保证凝泵最小流量及轴封加热器冷却水流量。

(6) 在切缸运行过程中,监视和调整热网系统稳定运行,控制中排压力和中排温度在安全范围内运行。

2. 凝结水系统投运操作建议

(1) 低压缸不做功,改造后低压缸对应低压加热器汽侧切除,水侧正常运行,4 号低压加热器正常投运,1 号低压加热器疏水切除,4 号低压加热器疏水仍自流至 3 号低压加热器后再进入 2 号低压加热器,通过现有的 2 号低压加热器疏水泵打入凝结水管道。采暖抽汽经热网加热器后的疏水进入热网加热器疏水罐。进入热网加热器疏水罐的疏水通过热网加热器疏水泵进入 4 号低压加热器前凝结水管道。

(2) 在机组切缸运行时,为保证凝结水泵的最小流量及轴封加热器冷却流量,在切缸工况开启新增加的轴封加热器后至凝汽器的凝结水再循环管路,并保证凝结水泵安全运行流量及轴封加热器正常冷却流量。

(3) 低压缸冷却蒸汽管道减温水取自凝结水泵出口,在机组切缸运行时,保证凝泵出口压力稳定,以免压力波动影响冷却蒸汽管道减温水自动投入效果。

3. 循环水系统投运操作建议

(1) 结合凝汽器热负荷的大小调整循环冷却水流量需求,在循环水系统运行安全的条件下,提高机组运行经济性。

(2) 在切缸时,循环水不上冷却水塔,而是在塔池混合。在恢复低压缸运行时,根据循环水温及机组真空情况,调整循环水上塔水量。

(3) 在严寒期控制循环水出口温度,防止循环水前池结冻现象发生。

4. 热网循环水系统投运建议

(1) 新增采暖抽汽管道清扫合格,新增阀门传动正常,联锁保护投入正常。

(2) 热网疏水系统运行正常,疏水泵联锁保护投入正常,注意监控热网加热器水位,当热网加热器水位高时报警,及时调整热网疏水泵频率,保证热网正常运行。

(3) 在低压缸切缸过程中,热网系统热负荷会突然增加,运行人员要注意热网循环水流量变化。

4.6 高低旁联合供热改造工程调试

4.6.1 概述

高低旁联合供热改造是指热电联产机组在高旁蒸汽转换阀前加装电动闸阀及疏水管道阀门,在低旁蒸汽转换阀前引三通及弯头,布置电动闸阀、流量计、减温减压装置及过渡管道并接至热网母管。实施高低旁联合供热改造的机组,在非调峰期间,可以保证高旁系统不发生内漏,并保证低旁蒸汽转换阀不受冲刷,保留低旁安全特性,低旁处于热备用状态,满足事故时的需求;在调峰期间,实现电力生产和热力生产的解耦运行,显著提升热电机组的调峰能力,同时达到停机不停炉并保持供热的目的。

4.6.2 调试内容及目标

指导旁路供热系统安装结束后的分部试运行工作,以确认蒸汽旁路系统管道及辅助设备安装正确无误,设备运行性能良好,控制系统工作正常,系统能满足机组整套启动需要。

4.6.3 调试条件及过程

1. 调试基本条件

(1) 管道系统按要求安装完毕,经验收合格。
(2) 阀门的单体调试、电机单机试运行已完成验收签证。
(3) 系统阀门应挂好标志牌,标志牌内容完整清晰,电动、气动阀门能正常投入使用。
(4) 设备具备可靠的操作电源和动力电源,电机接线及接地线良好,绝缘合格。
(5) 现场沟道及孔洞盖板齐全,梯子、栏杆按设计要求安装完毕,已正式投入使用。
(6) 电气、热工仪表以及信号、音响设备已装设齐全,并经检验调整准确。
(7) 联锁保护逻辑完善,定值设定正确。
(8) 试运行现场施工脚手架全部拆除,危险区设有围栏和警告标志。
(9) 试运行现场有良好的通信设备,且照明情况良好。
(10) 现场备齐调试用仪表、工具。
(11) 现场备齐合格的消防安全器材。
(12) 安装交接验收签证已完成。

2. 调试过程

(1) 热态投运前阀门传动验收。在系统投运前,需要对新增加的阀门进行传动验收,主要包括就地/远方开、关,记录阀门全开、全关时间。
(2) 改造系统的联锁保护试验。在机组启动前,需要对改造的相关阀门、设备进行联锁保护传动试验,同时完成测点传动验收。

(3) 调试措施交底。在静态调试全部完成后,系统投入运行之前,进行调试措施的技术及安全交底工作,完成调试措施交底并做好记录。

(4) 系统检查。在旁路系统运行之前,依照《旁路供热系统投运条件检查确认表》的要求,对系统和设备的试运行条件进行逐项检查和确认。

(5) 系统热态调试。在系统满足投运条件后,进行系统热态投运及相关调试工作。

4.6.4 调试安全措施

1. 系统暖管及冲洗

(1) 确认热网系统具备投入条件,各表计投入、有关联锁保护校验正确,阀门校验工作已完成。

(2) 确认热网系统水侧注水完毕,热网循环水泵运行正常,热网加热器水侧连续运行。

(3) 确认高压旁路、热网低压旁路系统各项联锁保护逻辑正确投入。

(4) 将控制机组负荷调整至150~160 MW,并保持稳定,检查低旁供热电动门前疏水手动门、低旁供热电动调节阀后疏水阀手动门、低旁供热手动门后水阀手动门、高旁蒸汽隔离阀前疏水手动门均在开启位置。

(5) 开启低旁供热电动门前疏水阀、低旁供热电动调节阀后疏水阀、低旁供热手动门后疏水阀、高旁蒸汽隔离阀前疏水阀,观察机组凝汽器真空变化情况。

(6) 开启高旁蒸汽隔离阀、低旁供热电动门,微开低旁供热电动调节门后手动门,进行暖管疏水。当温度稳定后,微开低旁供热电动门,微开低旁供热电动调节门,缓慢对管道进行充压暖管。在检查系统无异常后,继续开启低旁供热电动调节门前电动阀,利用低旁供热电动调节门控制升温速率在5 ℃/min,直到管道壁温超过150 ℃,此过程中应始终开启疏水阀,并加强管道疏水,防止疏水积累。当管道壁温达到150 ℃后方可提高升温速度至10 ℃/min。全过程需40~60 min,利用低旁供热减温水调节门调节蒸汽温度不超过240 ℃。暖管结束后,缓慢开启低旁供热电动调节门后手动门至全开。

(7) 开启高旁蒸汽隔离阀,对高旁蒸汽转换阀前蒸汽管道进行充分暖管疏水,待高旁蒸汽转换阀前蒸汽温度达到主蒸汽温度,微开高旁蒸汽转换阀,缓慢对管道进行充压暖管,升温速率控制在5 ℃/min,直到管道壁温超过200 ℃,此过程中应始终开启疏水阀,并加强管道疏水,防止疏水积累。当管道壁温达到200 ℃后方可提高升温速度至10 ℃/min。全过程需40~60 min,对管道进行充分暖管疏水,利用减温水维持高旁蒸汽转换阀后蒸汽温度不超过320 ℃。暖管结束后,关闭气动疏水阀门。

(8) 控制低旁供热电动调节门开度,保持热网加热器水位稳定,通知化学组化验热网疏水水质,待疏水水质合格后,进行疏水回收。

2. 系统投入

(1) 机组运行控制方式处于基本方式,调整低旁供热电动调节门开度,逐步增加低旁供热电动调节门后压力,检查低旁供热减温水调节门确认共处于自动开启状态,维持阀后温度不超过240 ℃。对低旁供热减温水调节门进行扰动测试,以优化控制参数,直至达到控制目标。

(2) 根据热网低旁蒸汽流量,调整高旁蒸汽转换阀开度,逐步增加高旁后蒸汽压力,调节减温水调门开度,维持阀后温度不超过320 ℃。通过调整高旁蒸汽转换阀开度,调整再热器压力并维持在1.6 MPa左右。

（3）根据热网实际负荷需求，逐步增加低旁供热电动调节门开度，确保采暖抽汽流量。

（4）根据热网低旁蒸汽流量增加情况，逐步增加高旁蒸汽转换阀开度，调整再热器压力。

（5）重复（3）和（4）操作，直至采暖抽汽量接近设计值（此处应该监视并保持高旁后流量与低旁供热流量匹配）。

（6）在开启高旁蒸汽转换阀、低旁供热电动调节门过程中，密切监视机组轴向位移、推力瓦温度、透平压比、振动、瓦温、低压缸排汽温度、压力等参数处于正常范围。

（7）在旁路投运期间，现场检查机组再热管线、两级旁路抽汽管线，确认无明显振动。若管线振动，则停止增加抽汽操作，并分析原因。

（8）在机组调峰结束后，逐步增加机组负荷，缓慢关闭低旁供热电动调节门，检查低旁供热减温水调节门，确认其自动调节，并维持阀后温度正常。

（9）逐步关闭高旁蒸汽转换阀，逐步降低高旁后蒸汽压力，调整减温水调门开度，使高旁后温度正常。

（10）在关闭高旁、低旁供热电动调节门过程中，应缓慢操作，密切监视机组轴向位移、推力瓦温度、透平压比、振动、瓦温、低压缸排汽温度、压力等参数处于正常范围。

4.6.5 调试建议

在抽汽量增加过程中，若机组轴向位移、推力瓦温度、振动等参数迅速变化，则停止操作；若参数接近报警值，则恢复系统至初始状态。

在高压旁路投运后，需监视并保持高排温度、透平压比等参数处于正常范围。

在低旁供热管路投运后，一定注意高压旁路配合调整（参照再热器压力、主蒸汽流量和低旁供热流量）。

在旁路投运过程中，检查小机汽源稳定，若压力迅速下降，则及时切换高压汽源。

在旁路投运过程中，检查减温水压力，确保减温水压力始终高于汽侧压力，且温度调节正常。

4.7 蓄热罐供热改造工程调试

4.7.1 概述

通过在热电联产机组中增设储热系统，可实现电力生产和热力生产的解耦运行，显著提升热电机组的供热调峰能力，有效缓解可再生能源消纳困境。作为火电机组灵活性改造技术范畴的一个分项，其系统包括热网循环系统及储热系统，以及新装热网循环泵、蓄热罐、管道阀门。

储水系统及热网循环水系统中的蓄热罐蓄水分为高温水口进水和低温水口进水。蓄热罐第一次充水及储热流程：厂区采暖热网回水管道→原热网循环水泵→热水蓄热罐低温水口→热水蓄热罐→热水蓄热罐低温水口→新装热网循环水泵→热网加热器→热水蓄热罐高温水口

→热水蓄热罐。放热流程:热水蓄热罐→热水蓄热罐高温水口→新装热网循环水泵→至厂区热网供水→热水蓄热罐低温水口→热水蓄热罐。其中,储热和放热过程部分管道水流向不同,可通过控制阀门改变储热和放热时水流方向。

DCS 主要包括硬件调试和软件调试两大部分。硬件调试包括上述所有构成 DCS 的设备、控制机柜(DPU)和控制卡件的复原和调试;软件调试包括 DCS 控制逻辑、控制流程画面等应用软件的修改、完善以及 DCS 保护、联锁、自动等控制功能的投入和完善。

4.7.2 调试内容及目标

1. 调试准备内容

(1) 收集、熟悉蓄热罐改造范围的设备和系统设计及设备供货商材料,了解建设单位的网络进度计划。

(2) 完成蓄热罐调试措施编制、审核、批准。

(3) 准备调试所需仪器、仪表、工具及材料,完成调试传动检查、试运行条件检查、试运行记录和验收表格等各项调试准备工作。

(4) 参加单机及单机试运行后完成质量验收签证。

2. 调试实施内容

(1) 组织完成设备系统及系统的阀门、联锁、保护、报警、启停等传动试验。

(2) 组织相关系统投入试运行条件的检查和签证。

(3) 向参与调试的相关人员进行调试实施的技术及安全交底。

(4) 组织和指导运行人员进行蓄热罐相关系统首次试运行检查和调整。

(5) 记录调试过程。

(6) 调试完成后填写质量验收表并完成验收签证。

(7) 机组蓄热罐试运行完成后,进行调试报告编写、审核、批准、出版和相关资料移交。

3. 调试目标

(1) 保证系统及设备能够安全、正常投入运行。

(2) 保证电气、热工联锁保护和信号装置运行可靠。

(3) 检查设备的运行情况,检验系统的性能,发现并消除可能存在的缺陷。

4.7.3 调试条件及过程

1. 调试条件

(1) 资料要求。

热网循环系统图纸、设备的供应清单、技术标准及使用说明书齐全。

(2) 设备要求。

所配电机经过绝缘检查等试验并符合试运行要求。热网循环水泵进口、出口、旁路门及各泵入口旁路门动作灵活,指示正确。热网回水过滤器进口、出口、旁路及排污门动作灵活,指示正确。设备系统各指示和记录仪表以及信号设备装设齐全,并经校验指示准确。

(3) 安装要求。

热网循环水泵及其管道系统安装完毕,安装技术记录齐全,满足调试要求。热网循环水泵具备可靠的操作及动力电源。在热网循环系统调试前,应对系统进行严密性检查。热网储水罐安装完毕,电厂原热网循环水泵可用,可满足为蓄热罐补水要求。安装单位应提供设备及系统安装质量验收签证。

(4) 其他要求。

所有DCS设备应安装就位,包括所有工程师站、控制柜、打印机等,各设备及附件齐备完好。DCS机柜内的电缆敷设和接线完成。DCS的接地施工完成且接地电阻满足设计要求。主控室内应无基建杂物,保持主控室的清洁,保证主控室和调试现场的充足照明,电子间和主控室的空调已投用。控制室环境温度在0~45℃之间,环境湿度5%~85%(相对湿度),设备附近的环境应无灰尘及不良气体。接地电阻≤1Ω。装置电源系统绝缘满足要求:对于220 VAC,绝缘电阻≥10 MΩ;对于24 VDC和48 VDC,绝缘电阻≥5 MΩ。DCS已完成送电,且画面组态已完成,相关的软、硬件已完成静态功能的恢复,工作正常并满足设计要求。就地测点、取样管、接线盒等设备安装完成,就地电缆接线完成,且准确无误。就地控制设备已完成现场送电,就地静态调整完毕,阀门的开度里外一致。就地一次测量元件已根据定值校验完毕,相应的校验报告齐全。调试所需的P&ID图、原理接线图、端子接线图、DCS说明书、SCS逻辑图、保护/报警定值表等技术资料齐备。系统内防护措施到位。厂房土建施工结束,排水沟道畅通,栏杆及沟道盖板平整、齐全。调试现场配有足够的消防器材,照明及警示标志齐全。操作人员充分了解可能发生的事故及要遵守的有关安全规范。

2. 调试流程

(1) 调试前的检查。

确认所有的安装程序已经完成。特别要确认地板的找平和安装工作已经完成,主要管道和辅助管道已经连接牢固。确认安装过程中遗留的所有杂物和油迹已经清除干净。检查所有的电气连接和接地是否完整、可靠。检查确认接地回路电阻、仪表绝缘电阻和电动机绝缘电阻正常。检查确认所有控制和监视仪表的设置点合适。在接通电源之前,安装并关闭所有的端子盒盖。检查所有的管道连接是否牢靠。确认电机所有地脚螺栓无松动。确认电机及水泵需润滑部件已加润滑油或润滑脂。参考设备制造厂提供的资料,检查驱动设备是否具备运行条件。检查电动机的电源电压和频率是否合适。检查电动机加热器接线是否正确,以保证电动机在启动时加热器切断,电动机在停机时加热器接通。参考联轴器找正,并确认对中已经检查,根据需要进行必要的调整。确认所有的护罩已安装好。确认DCS硬件、软件,以及DAS、SCS、MCS功能正常并满足现场调试要求。

(2) 设备系统的调试运行。

①电机单转。新装电机单转属单体试运行项目,这里不做详细描述。进行电机单转试运行时,调试人员须确认电机运转稳定、可靠,以及电机的转向正确。

②蓄热罐充水。蓄热罐充水前要进行下列检查:确认储水罐安装施工完毕,满足充水要求。确认储水泵所用的原热网循环水泵可以正常使用,满足为储水罐充水要求。确认系统各阀门开关到位,新装热网循环水泵已经隔离。储水罐上液位计、温度计等仪表验收完成,指示正确。蓄热罐充水过程最好选择在夜间或电厂电力负荷较小时进行。启动一台原热网循环水泵,为储水罐上水。微开冷水阀,通过布水器向罐内缓慢注入热网水,检查管线无异常。开启蓄热罐冷水进出水电动门,利用原热网循环泵压头,调节蓄热罐冷水进水电动调节门,将热网回水减压后送至蓄热罐。在进水过程中,监视热网循环水回水压力,为维持压力稳定,应及时启动热网补水泵对热网系统进行补水。监测罐体上温度计及液位计,记录液面高度及位置,当

液面至设定液位时,停止注水,关闭冷水阀。通过罐顶人孔向罐内投放浮球,投放完成后关闭人孔并装好人孔垫片及螺栓。充水过程结束。

③新装热网循环水泵的试运行。新装热网循环水泵启动前要进行下列检查:确认水泵放水阀门已经关闭。检查泵的出口阀门处于初始关闭状态。确认蓄热罐储水量满足试运行要求。

④热网循环水泵的联锁保护报警试验。将新装热网循环水泵电气开关切换到试验位,根据设计院设计的连锁保护定值,通过输入强制信号进行联锁保护报警试验,确定所有连锁保护都已验收合格。

⑤新装热网循环水泵的启动试运行。全开蓄热罐冷水阀,打开蓄热罐冷水阀至新装循环水泵入口门上的所有阀门。确认水泵入口门处在关闭位置。确认蓄热罐冷水阀至新装循环水泵入口门上的所有管道内已注满水。打开新装循环水泵至蓄热罐热水阀路上的所有阀门。确认循环水泵至储热罐热水阀管路上除外的所有阀门都处于关闭状态,关闭新装热网循环水泵入口旁路门,关闭新装热网循环水泵出口电动门,关闭水泵及系统管道各放水门。开启热网循环水泵放空气门,缓慢打开给水泵入口门并向热网循环水泵注水,排除泵体、压力表管中的空气直到排净为止,当有水从放空气门流出时关闭空气门,检查无泄漏现象,然后全开入口门。将新装热网循环水泵调整到"手动"位,检查确认 DCS 画面热网循环水泵启动条件已允许。在DCS控制画面上点击"启动""确认"键,启动一台热网循环水泵,观察热网循环水泵的转速,应快速达到额定转速,并且出口及相关监视测点数值应在正常范围之内。检查水泵启动,当启动无异常后,维持运行并进行细致的机械检查,记录运行参数。再次点击"启动""确认"键,启动一台热网循环水泵,观察热网循环水泵的转速,应快速达到运行转速。检查水泵启动无异常,保持新装热网循环水泵连续运行 4 h 以上。

⑥新装热网循环水泵试运行中的检查。新装热网循环水泵的运行转速一旦达到对应频率的运行转速,泵的出口就应建立起与其对应的压力,否则应立即停泵。新装热网循环水泵在试运行期间,应加强监视水泵电机运行电流,热网循环水泵电机的运行电流不得超过电动机铭牌上的额定电流值。新装热网循环水泵在试运行期间,应加强监视水泵的振动水平,如果超过振动限定值较多,则停止运行水泵。新装热网循环水泵在试运行期间,应加强监视轴承温度,直到温度稳定,确认轴承温度不超过最大允许值,如果超过轴承温度限定值较多,则停止运行水泵。新装热网循环水泵在试运行期间,应加强监视入口压力,如果入口压力低于规定值较多,则停止运行水泵。新装热网循环水泵在试运行期间,应加强监视水泵的性能,并参考设备厂家提供的性能曲线和试验数据,与试运行的给水泵进行比较,确保水泵的性能参数维持在规定的范围内。

⑦新装热网循环水泵的停运。热网循环水泵试运行结束且一切正常后,准备停泵。关闭出口阀门,点击"停止""确认"键停止驱动设备,检查水泵是否平稳地停下。当水泵停止后,将热网循环水泵隔离。依照上述方法,试验另两台新装热网循环水泵,新装热网循环水泵每台要求试转 4 h 以上。

(3)蓄热罐储热过程。

在储热过程开始前,应首先判断以下两个条件是否满足:一是热电联产机组对外供热能力是否高于热网热负荷;二是目前热水蓄热罐内是否还有热水充入的空间,即充水温度高于蓄热罐下部设定位置传感器的温度。如果上述两个条件均满足,则可以打开蓄热罐热网循环水系统与原有机组热网循环水系统的隔离阀门,开始储热。

①当储热准备按钮投入时,应做以下隔离措施:关闭蓄热罐热水至储放热水泵入口电动总门、关闭热水罐储放热低温水调节阀及前后关断阀、关闭热水罐高温水至热网泵出口母管电动总门、关闭热水罐低温水至热网泵出口母管电动总门。

②在以上隔离措施实施后,所有阀门关到位并自动实施以下操作:关闭热水罐储热调节阀、关闭储热减温水流量调节阀、打开调节阀及前后关断阀、打开热水罐储放热高温水电动总门、打开热水罐储放热低温水电动总门、打开蓄热罐冷水至储放热水泵入口电动总门、打开热水罐高温水至热网泵出口母管电动总门。阀门关到位、开到位,储热信号状态准备完毕。

③循环水泵启动并建立压力(压力达到热网母管压力)后,手动打开热水罐低温水至热网泵出口母管电动总门,储热开始。

④打开储热减温水流量调节阀,通过储热减温水流量调节阀进行蓄热罐储水入水水温调节,监测目标值,手动设定给水系统温度(一般不超过90 ℃)。利用热水罐储热调节阀,控制目标流量及设定值,监测罐体液位计,调整系统流量调节装置,注意保持流量稳定且不超过设定值,蓄热罐进入储热过程。

⑤通过流量计、温度计反馈流量及温度值,监测蓄热罐实时储热量。

⑥斜温层缓慢下降,监测罐壁温度计,监测斜温层厚度及位置。

⑦当斜温层到达底部时,监测给水系统温度计,当温度到达设定值(高于低温热网水温度6 ℃,低温热网水温度由运行人员手动设定)时,关闭循环水泵,并关闭热水阀、冷水阀。

⑧储热过程结束。关闭储放热水泵及蓄热罐系统与原有热网循环水系统的隔离阀门。

(4)蓄热罐放热过程。

①当放热准备按钮投入时,应关闭以下阀门:蓄热罐冷水至储放热水泵入口电动总门、储热减温水流量调节阀及前后关断阀、热水罐储热调节阀及前后关断阀、热水罐储放热低温水调节阀、罐区循环水泵出口电动阀。

②打开以下阀门:热水罐储放热高温水电动总门、蓄热罐热水至储放热水泵入口电动总门、热水罐低温水至热网泵出口母管电动总门、热水罐储放热低温水调节阀入口电动门、热水罐储放热低温水调节阀出口电动门、热水罐储放热低温水电动总门。汇总阀门关闭和开启到位的逻辑,形成放热准备完毕的信号状态。

③启动循环水泵,正常情况下多台循环水泵并列运行。当任一台循环水泵发生故障时即退出运行,进行维护检修。循环水泵建立压力后,手动打开热水罐高温水至热网泵出口母管电动总门,放热开始。

④通过调节阀调节冷水回水流量与热水放热流量,保持两流量相同。

⑤监测罐壁温度计,监测斜温层厚度及位置,并记录相关数据。监测罐体液位计,调整系统流量调节装置,注意保持流量稳定且不超过设定值,蓄热罐进入放热过程。

⑥通过流量计、温度计反馈流量及温度值,监测蓄热罐实时放热量。

⑦斜温层缓慢上升,监测罐壁温度计,监测斜温层厚度及位置。

⑧当斜温层到达顶部时,监测给水系统温度计,当温度到达设定值(低于高温热网水温度6 ℃,低温热网水温度由运行人员手动设定)时,关闭循环水泵,关闭热水罐储放热高温水电动总门、热水罐储放热低温水电动总门。

关闭热水罐高温水至热网出口母管电动总门、热水罐低温水至热网泵出口母管电动总门。

⑨放热过程结束,关闭系统隔离阀,等待下一次储热过程开始。

4.7.4 调试安全措施

在调试运行过程中,新装热网循环水泵发现有下列情况之一应立即停泵。
(1)电流波动大或电流超过额定值。
(2)水泵有明显的振动。
(3)电机绕组或轴承温度超过规定值。
(4)系统出现泄漏且无法处理。

4.7.5 调试建议

在系统调试运行期间,建议如下。
(1)检验安全阀并确保其能正常工作,可以保证蓄热罐在异常工况下不超压,及时泄放罐内压力,保证安全性。
(2)检查蒸汽密封装置并确保其正常工作,可以维持蓄热罐内压力稳定,在储热及放热过程中不出现负压。
(3)检查斜温层,确认满足设计保证值,可以使蓄热罐在运行期间移动平稳。
(4)调节蓄热罐运行期间水量分配,可以维持蓄热罐液位稳定。

第5章 火电机组供热及灵活性深度调峰改造性能试验

5.1 概述

5.1.1 前言

汽轮机热力性能试验的研究对象是汽轮机的热力性能,这些性能包括热耗率、热效率等。汽轮机热力性能试验对汽轮机设计和制造技术的发展和进步、汽轮机组的运行优化、状态检测及评估、技术改造、经济性和安全性评价等方面起到重要的作用。

热力性能试验是随着汽轮机的技术进步而发展起来的一种特殊的工业试验。热力性能试验研究是指通过试验的方法对汽轮机组的热力性能进行研究分析。热力性能试验对运行中的汽轮机组节能降耗工作至关重要。性能试验把机组作为一个整体进行研究,也就是说,通过在线试验研究,获得能真实反映汽轮机组的运行状态和热力性能数据,寻求最优运行参数和方式,实现对汽轮机组节能运行方式的指导作用。

按照改造目的划分,火电机组改造可分成两大类,一类为供热能力提升改造;另一类为机组灵活性调峰改造。供热能力提升改造包括汽轮机中低压连通管打孔抽汽供热、高背压凝汽器乏汽余热回收、热泵余热回收供热、低压缸切缸供热;机组灵活性调峰改造包括低压缸切缸供热、蓄热罐、电锅炉。

火电机组供热及灵活性深度调峰改造性能试验就是在汽轮机热力性能试验基础上,对改造后机组进行供热能力及调峰能力等重要指标的验证,同时对改造后机组的热力性能进行全面评价。

5.1.2 试验标准

(1) 美国机械工程师协会《汽轮机性能试验规程》(ASME PTC 6—2004)。

(2)《汽轮机热力性能验收试验规程 第1部分:方法A——大型凝汽式汽轮机高准确度试验》(GB/T 8117.1—2008)。

(3)《汽轮机热力性能验收试验规程 第2部分:方法B——各种类型和容量的汽轮机宽准确度试验》(GB/T 8117.2—2008)。

(4)《汽轮机热力性能验收试验规程 第3部分:方法C——改造汽轮机的热力性能验证试验》(GB/T 8117.3—2014)。

(5)《用安装在圆形截面管道中的差压装置测量满管流体流量 第3部分:喷嘴和文丘里喷嘴》(GB/T 2624.3—2006)。

(6)《用安装在圆形截面管道中的差压装置测量满管流体流量 第2部分:孔板》(GB/T 2624.2—2006)。

(7)《火力发电厂技术经济指标计算方法》(DL/T 904—2015)。

(8)国际公式化委员会 IAPWS-IF97 或 IFC-67 水和水蒸汽热力性质公式(按照汽轮机组设计厂提供技术文件进行选择)。

(9)《蒸汽和热水型溴化锂吸收式冷水机组》(GB/T 18431—2001)。

(10)《采用吸收式热泵技术的热电联产机组技术指标计算方法》(DL/T 1646—2016)。

(11)《电气装置安装工程电气设备交接试验标准》(GB 50150—2016)。

汽轮机组设计技术性能指标以制造厂提供的技术文件为依据。

5.1.3 机组供热量计算公式

机组供热量计算公式:

$$Q_{gr} = Q_{zg} + Q_{jg} \tag{5-1}$$

式中,Q_{gr}——机组供热量,kJ/h;

Q_{zg}——直接供热量,kJ/h;

Q_{jg}——间接供热量,kJ/h。

1. 直接供热量计算

直接供热是指由汽轮机直接抽取蒸汽,或经减温、减压装置调节后,向热用户提供热量的供热方式。直接供热量由下述方法计算:

$$Q_{zg} = (D_i h_i - D_j h_j - D_k h_k) \times 1\,000 \tag{5-2}$$

式中,Q_{zg}——直接供热量,kJ/h;

D_i——机组直接供汽流量,t/h;

h_i——机组直接供汽的供汽焓值,kJ/kg;

D_j——机组直接供汽的凝结水回水量,t/h;

h_j——机组直接供汽的凝结水回水焓值,kJ/kg;

D_k——机组用于直接供热的补充水流量,t/h;

h_k——机组用于直接供热的补充水焓值,kJ/kg。

2. 间接供热量计算

间接供热是指通过热网加热器等设备加热供热介质后,间接向用户提供热量的供热方式。间接供热量采用下述方法计算。

当机组具有蒸汽流量计量装置时,间接供热量的计算公式为

$$Q_{jg} = D_{qs}(h_q - h_{qs}) \times 1\,000 \tag{5-3}$$

式中,Q_{jg}——间接供热量,kJ/h;
D_{qs}——间接供热时蒸汽的疏水流量,t/h;
h_q——间接供热时采用蒸汽的供汽焓,kJ/kg;
h_{qs}——间接供热时蒸汽的疏水焓,kJ/kg。

当机组无蒸汽流量计算装置时,间接供热量的计算公式为

$$Q_{jg} = \frac{D_{rgs}h_{rgs} - D_{rhs}h_{rhs} - D_k h_k}{\eta_{rw}} \times 1\,000 \tag{5-4}$$

式中,Q_{jg}——间接供热量,kJ/h;
D_{rgs}——机组热网循环水供水流量(当一台机组带多台热网加热器时,取循环水总供水流量),t/h;
h_{rgs}——机组热网循环水供水焓(当一台机组带多台热网加热器时,取多台热网加热器出口混合后循环水供水焓值),kJ/kg;
D_{rhs}——机组热网循环水回水流量(当一台机组带多台热网加热器时,取热网循环水总回水流量),t/h;
h_{rhs}——机组热网循环水回水焓,kJ/kg;
D_k——机组热网循环水的补充水量,t/h;
h_k——机组热网循环水的补充水焓,kJ/kg;
η_{rw}——热网加热器效率,%。

5.2 机组供热能力提升改造性能试验

5.2.1 纯凝机组供热改造性能试验

1. 试验目的

考核汽轮机在相同主蒸汽流量运行工况下,汽轮机中低压连通管打孔后机组新增供热能力。

2. 试验基准

试验以恒定主蒸汽流量作为基准。

3. 相关性能指标计算

机组试验热耗率:

$$HR_t = \frac{G_{ms} \times H_{ms} - G_{fw} \times H_{fw} + G_{hrh} \times H_{hrh} - G_{crh} \times H_{crh} - G_{rhsp} \times H_{rhsp} - G_{shsp} \times H_{shsp} - Q_{gr}}{P_e} \tag{5-5}$$

式中,HR_t——试验热耗率,kJ/(kW·h);
G_{ms}——主蒸汽流量,t/h;
H_{ms}——主蒸汽焓,kJ/kg;

G_{fw}——给水流量,t/h;
H_{fw}——给水焓,kJ/kg;
G_{hrh}——热再热蒸汽流量,t/h;
H_{hrh}——热再热蒸汽焓,kJ/kg;
G_{crh}——冷再热蒸汽流量,t/h;
H_{crh}——冷再热蒸汽焓,kJ/kg;
G_{rhsp}——再热蒸汽减温水流量,t/h;
H_{rhsp}——再热蒸汽减温水焓,kJ/kg;
G_{shsp}——过热蒸汽减温水流量,t/h;
H_{shsp}——过热蒸汽减温水焓,kJ/kg;
Q_{gr}——机组供热量,kJ/h;
P_e——发电机输出有功功率,MW。

4．改造后试验效果

某电厂 51-100-2 型机组连通管打孔改造后,当额定主蒸汽流量为 370 t/h 时,机组纯凝热耗为 9 330 kJ/(kW·h),供热工况机组热耗为 7 002 kJ/(kW·h)。热耗降低 2 328 kJ/(kW·h)。

5.2.2　高背压供热改造性能试验

1．试验目的

测试机组在高背压工况时的热力特性(热耗率、煤耗率、供热能力、各缸效率)及安全稳定性分析(振动、支持轴瓦运行状况、回热系统运行状况)。

2．试验基准

试验以恒定主蒸汽流量为基准。

3．相关性能指标计算

机组试验热耗率:

$$HR_t = \frac{G_{ms} \times H_{ms} - G_{fw} \times H_{fw} + G_{hrh} \times H_{hrh} - G_{crh} \times H_{crh} - G_{rhsp} \times H_{rhsp} - G_{shsp} \times H_{shsp} - Q_{gr}}{P_e}$$

(5-6)

式中,HR_t——试验热耗率,kJ/(kW·h);
H_{ms}——主蒸汽焓,kJ/kg;
H_{fw}——给水焓,kJ/kg;
H_{hrh}——热再热蒸汽焓,kJ/kg;
H_{crh}——冷再热蒸汽焓,kJ/kg;
H_{rhsp}——再热蒸汽减温水焓,kJ/kg;
H_{shsp}——过热蒸汽减温水焓,kJ/kg;
Q_{gr}——机组供热量,kJ/h;
P_e——发电机输出有功功率,MW。

试验发电煤耗:

$$b_{ft} = \frac{HR_t \times 10^3}{29\ 308 \times \eta_{gl} \times \eta_{gd}}$$

(5-7)

式中，b_{ft}——试验发电煤耗，g/(kW·h)；

HR_t——试验热耗率，kJ/(kW·h)；

η_{gl}——锅炉效率；

η_{gd}——管道效率。

4. 改造后试验效果

某电厂 200 MW 机组高背压供热改造前后技术规范如表 5-1 所示。

表 5-1　某电厂 200 MW 机组高背压供热改造前后技术规范

序号	名称	单位	改造前	改造后
1	汽轮机型号	—	CC145/N200-12.75/535/535	C170/N200-12.75/535/535/0.245
2	额定功率	MW	200	170
3	最大功率	MW	220	177
4	额定流量	t/h	640	640
5	最大流量	t/h	670	670
6	额定主蒸汽压力	MPa	12.75	12.75
7	额定主蒸汽温度	℃	535.00	535.00
8	额定再热蒸汽流量	t/h	498.72	543.40
9	额定再热蒸汽压力	MPa	2.077	2.273
10	额定再热蒸汽温度	℃	535.00	535.00
11	额定背压	kPa	4.9	30.0
12	额定抽汽量	t/h	350	250
13	最大抽汽量	t/h	410	275
14	机组热耗	kJ/(kW·h)	8 216.4	3 611.0（170 MW 抽汽工况）

该厂 200 MW 机组高背压供热改造后试验结果如表 5-2 所示。

表 5-2　某电厂 200 MW 机组高背压供热改造后试验结果

序号	项目名称	单位	最大供热工况 1（170 MW）	最大供热工况 2（170 MW）	140 MW 抽汽工况
1	发电机有功功率	MW	171.87	169.75	147.20
2	平均发电机有功功率	MW	170.810		47.201
3	主蒸汽压力	MPa	12.73	12.82	13.00
4	主蒸汽温度	℃	521.50	503.63	528.66
5	主蒸汽流量	t/h	640.08	638.50	514.31
6	平均主蒸汽流量	t/h	639.29		514.31
7	高压缸排汽压力	MPa	2.450	2.447	2.060
8	高压缸排汽温度	℃	305.28	289.43	294.76

续表

序号	项目名称	单位	最大供热工况1（170 MW）	最大供热工况2（170 MW）	140 MW抽汽工况
9	高压缸排汽流量	t/h	532.91	530.53	430.68
10	再热蒸汽压力	MPa	2.108	2.098	1.780
11	再热蒸汽温度	℃	513.37	502.19	522.11
12	再热蒸汽流量	t/h	536.11	538.83	440.65
13	中压缸排汽压力	MPa	0.226	0.222	0.238
14	中压缸排汽温度	℃	234.80	225.17	260.59
15	低压缸排汽压力	kPa	16.81	17.05	17.85
16	给水压力	MPa	14.84	14.93	14.77
17	给水温度	℃	241.51	240.08	233.29
18	给水流量	t/h	641.80	640.26	516.03
19	再热器减温水流量	t/h	3.20	8.30	9.97
20	过热器减温水流量	t/h	0.00	0.00	0.00
21	热网循环水流量	t/h	8 420.25	8 402.24	8 386.24
22	平均热网循环水流量	t/h	8 411.25		8 386.24
23	供暖抽汽量	t/h	252.43	250.50	154.35
24	平均供暖抽汽量	t/h	251.47		154.35
25	试验热耗率（供热）	kJ/(kW·h)	3 655.54	3 662.71	3 679.97
26	平均试验热耗率（供热）	kJ/(kW·h)	3 659.13		3 679.97
27	试验汽耗率	kg/(kW·h)	3.72	3.76	3.50
28	平均试验汽耗率	kg/(kW·h)	3.74		3.50
29	汽轮机热负荷	GJ/h	1 137.69	1 135.47	944.67
30	平均汽轮机热负荷	GJ/h	1 136.58		944.67
31	热网实测供热量	GJ/h	1 134.82	1 131.45	940.30
32	平均热网实测供热量	GJ/h	1 133.14		940.30
33	锅炉效率	—	90.43%		90.98%
34	管道效率	—	99%	99%	99%
35	发电煤耗	g/(kW·h)	139.32	139.59	139.40
36	平均发电煤耗	g/(kW·h)	139.46		139.40

在机组最大供热能力工况下，试验平均主蒸汽流量为 639.29 t/h，热网平均供暖抽汽量为 251.47 t/h，平均发电机有功功率为 170.80 MW，平均汽轮机热负荷为 1 136.58 GJ/h，平均热网实测供热量为 1 133.14 GJ/h。在机组最大供热能力工况下，汽轮机平均试验热耗率为 3 659.13 kJ/(kW·h)。

某电厂 300 MW 机组高背压供热改造前后技术规范如表 5-3 所示。

表 5-3　某电厂 300 MW 机组高背压供热改造前后技术规范

序号	名称	单位	纯凝工况	高背压供热工况
1	汽轮机型号	—	C300-16.7/0.43/537/537	C(B)300-16.7/0.43/537/537
2	汽轮机类型	—	亚临界、一次中间再热、单轴、双缸双排汽、抽汽凝汽式	亚临界、一次中间再热、单轴、双缸双排汽、一级调整抽汽、背压式
3	额定主蒸汽压力	MPa	16.7	16.7
4	额定主蒸汽温度	℃	537.00	537.00
5	额定再热蒸汽压力	MPa	3.191	3.260
6	额定再热蒸汽温度	℃	537.00	537.00
7	额定背压	kPa	5.6	54
8	额定主蒸汽流量	t/h	919.379	980.000
9	铭牌出力(TRL)	MW	300.234	255.624
10	最大连续出力(TMCR)	MW	316.370	267.955
11	工作转速	r/min	3 000	3 000
12	加热器级数	—	8	6
13	最终给水温度	℃	274.9	277.9
14	THA 工况保证热耗率	kJ/(kW·h)	7 991.5	3 663.5

该厂 300 MW 机组高背压供热改造后试验结果如表 5-4 所示。

表 5-4　某电厂 300 MW 机组高背压供热改造后试验结果

序号	项目名称	单位	260 MW	245 MW	225 MW
1	发电机组有功功率	MW	259.972	245.958	226.430
2	主蒸汽压力	MPa	16.417	16.475	16.495
3	主蒸汽温度	℃	528.20	536.50	535.30
4	主蒸汽流量	kg/h	984 981.0	894 164.7	820 847.0
5	调节级后压力	MPa	12.279	11.235	10.351
6	调节级后温度	℃	486.50	488.70	481.80
7	高压缸排汽压力	MPa	3.578	3.398	3.070
8	高压缸排汽温度	℃	317.90	321.50	311.70
9	高压缸排汽流量	kg/h	862 159.3	788 028.2	723 777.5
10	再热蒸汽压力	MPa	3.278	3.113	2.806
11	再热蒸汽温度	℃	525.50	535.70	533.80
12	再热蒸汽流量	kg/h	791 405.5	737 387.2	676 663.8
13	低压缸排汽压力	kPa	44.609	39.065	35.832
14	给水压力	MPa	18.117	17.911	17.758
15	给水温度	℃	278.90	275.30	269.90

续表

序号	项目名称	单位	260 MW	245 MW	225 MW
16	给水流量	kg/h	980 583.0	859 211.4	796 125.9
17	再热器减温水流量	kg/h	0.0	0.0	0.0
18	过热器减温水流量	kg/h	4 398.1	34 953.4	24 721.1
19	高压缸效率	—	83.1%	81.3%	79.9%
20	中压缸效率	—	92.9%	93.1%	93.2%
21	凝汽器供热量	MW	430.182	399.203	372.354
22	试验热耗率	kJ/(kW·h)	3 676.5	3 676.8	3 681.4

当机组以高背压供热运行时,仅使用低压缸排汽对流经凝汽器的热网循环水进行加热,不进行采暖抽汽供热。机组在主蒸汽流量为 984.981 t/h 的高背压供热工况下,发电负荷为 259.972 MW,大于发电负荷的设计保证值 255.624 MW,凝汽器供热量为 430.182 MW,机组热耗率为 3 676.5 kJ/(kW·h),比设计值 3 663.5 kJ/(kW·h) 高 13.0 kJ/(kW·h)。

机组以高背压供热,在 245 MW 纯凝工况和 225 MW 纯凝工况下,机组试验热耗率分别为 3 676.8 kJ/(kW·h) 和 3 681.4 kJ/(kW·h)。

5.2.3 热泵供热改造性能试验

1. 试验目的

(1) 测试机组在单元制运行工况下热泵投入运行和不投入运行的经济性指标;测定机组热耗率。

(2) 测试热泵系统性能系数 C_{OP}、回收余热量。

2. 试验基准

以定负荷、定阀位作为试验基准。

3. 相关性能指标计算

热电比为

$$I = \frac{Q_{gr}}{P_e} \tag{5-8}$$

式中,I——热电比;

Q_{gr}——机组供热量,kJ/h;

P_e——发电机出线端功率,W。

热网加热器进汽蒸汽流量为

$$G_{htsi} = \frac{G_{htwi}(H_{htwi} - H_{htwo})}{(H_{htsi} - H_{htd})} \tag{5-9}$$

式中,G_{htsi}——热网加热器进汽蒸汽流量,kg/h;

H_{htsi}——热网加热器进汽焓值,kJ/kg;

H_{htd}——热网加热器疏水焓值,kJ/kg;

G_{htwi}——热网加热器热网水流量,kg/h;

H_{htwi}——热网加热器热网水进水焓值,kJ/kg;

H_{htwo}——热网加热器热网水出水焓值,kJ/kg。

热泵进汽蒸汽流量为

$$G_{hpsi} = G_{hpcon} - G_{hpspray} \tag{5-10}$$

式中,G_{hpsi}——热泵进汽蒸汽流量,kg/h;

G_{hpcon}——热泵凝结水流量,kg/h;

$G_{hpspray}$——热泵进汽减温水流量,kg/h。

供热抽汽总流量为

$$G_{hext} = G_{htsi} + G_{hpsi} \tag{5-11}$$

式中,G_{hext}——供热抽汽总流量,kg/h。

热泵驱动蒸汽热负荷为

$$Q_{hpsi} = \frac{G_{hpsi}(H_{hpsi} - H_{hpcon})}{3.6} \tag{5-12}$$

式中,Q_{hpsi}——热泵驱动蒸汽热负荷,kW;

H_{hpsi}——热泵驱动蒸汽焓值,kJ/kg;

H_{hpcon}——热泵凝结水焓值,kJ/kg。

热泵热网水热负荷为

$$Q_{hpwi} = \frac{G_{hpwi}(H_{hpwi} - H_{hpwo})}{3.6} \tag{5-13}$$

式中,Q_{hpwi}——热泵热网水热负荷,kW;

G_{hpwi}——热泵热网水流量,kg/h;

H_{hpwi}——热泵热网水进口焓值,kJ/kg;

H_{hpwo}——热泵热网水出口焓值,kJ/kg。

热泵系统性能系数 C_{OP} 为

$$C_{OP} = \frac{Q_{hpwi}}{(Q_{hpsi} + Q_{pcon})} \tag{5-14}$$

式中,C_{OP}——热泵性能系数;

Q_{pcon}——热泵功耗,kW。

4. 改造后的试验结果

某电厂汽轮机组本体主要技术规范如表 5-5 所示。

表 5-5 汽轮机组本体主要技术规范

序号	项目名称	技术规范
1	汽轮机型号	C280/N350-16.67/537/537
2	汽轮机型式	亚临界、中间再热、双缸双排汽、抽汽凝汽式汽轮机
3	额定主蒸汽压力	16.670 MPa
4	额定主蒸汽温度	537.00 ℃
5	额定再热蒸汽压力	3.216 MPa
6	额定再热蒸汽温度	537.00 ℃
7	额定背压	4.9 kPa
8	额定主蒸汽流量	1 045.29 t/h

续表

序号	项目名称	技术规范
9	铭牌出力(TRL)	350.20 MW
10	最大连续出力(TMCR)	367.00 MW
11	阀门全开(VWO)下出力	382.60 MW
12	加热器级数	8级(3台高加、1台除氧器、4台低加)
13	最终给水温度	272.20 ℃
14	THA工况的保证热耗率	7 865.1 kJ/(kW·h)

热泵本体主要技术规范如表5-6所示。

表5-6 热泵本体主要技术规范

序号		项目名称		技术规范
1		型号		XRI1.6-38/30.5-4640(55/73.7)
2		制热量	kW	46 400
			10^4 kcal/h	3 989.3
3	热水	进/出口温度	℃	55.00/73.70
4		流量	t/h	2 133.3
5		压力降	MPa	0.098
6		接管直径(DN)	mm	600
7	余热水	进/出口温度	℃	38.00/30.50
8		流量	t/h	2 300
9		压力降	MPa	0.08
10	蒸汽	压力(表压)	MPa.G	0.16
11		耗量	t/h	40.54
12		凝水温度	℃	≤90.00
13		凝水背压(表压)	MPa.G	≤0.05
14		蒸汽管直径	mm	2×400
15		凝水管直径	mm	2×125
16	电气	电源的规格参数		3Φ-380 V-50 Hz
17		总电流	A	150
18		功率容量	kW	55
19	外形	长度		10 830
20		宽度	mm	9 250
21		高度		7 500(含底座)
22		分体后最大单件运输尺寸	mm×mm×mm	10 070×4 360×4 220
23		运行质量	t	335
24		运输质量		260

注:1 kcal=4.186 kJ。

新增热泵试验结果如表 5-7 所示。

表 5-7　新增热泵试验结果

序号	项目名称	单位	回水温度 60 ℃	回水温度 55 ℃	回水温度 52 ℃	回水温度 50 ℃
1	余热水进水温度	℃	33.10	33.60	32.00	37.30
2	余热水出水温度	℃	28.60	27.80	25.60	29.30
3	热泵进汽压力	MPa	0.215	0.248	0.251	0.257
4	热泵进汽温度	℃	132.60	129.30	127.70	134.00
5	热泵进汽焓	kJ/kg	2 730.9	2 720.6	2 717.0	2 729.9
6	热泵进汽流量	t/h	75.808	64.863	72.685	89.522
7	热泵疏水压力	MPa	0.728	1.007	1.015	0.885
8	热泵疏水温度	℃	69.90	71.80	71.10	75.30
9	热泵疏水焓	kJ/kg	293.1	301.5	298.3	315.9
10	热泵疏水流量	t/h	81.402	72.752	80.626	96.763
11	热泵进水压力	MPa	0.343	0.284	0.305	0.268
12	热泵进水温度	℃	59.60	54.40	52.50	51.10
13	热泵进水焓	kJ/kg	249.5	227.9	219.9	214.0
14	热泵出水压力	MPa	0.268	0.195	0.219	0.181
15	热泵出水温度	℃	71.30	66.70	66.40	70.50
16	热泵出水焓	kJ/kg	298.6	279.3	278.1	295.1
17	热泵进水流量	t/h	5 714.895	4 790.322	4 849.752	4 978.648
18	热泵供热量	MW	77.9	68.4	78.4	112.1
19	驱动蒸汽放热量	MW	50.9	42.9	48.2	59.4
20	热泵功耗（设计）	kW	149.7	99.8	99.8	99.8
21	试验 C_{OP}	—	1.526	1.590	1.624	1.884
22	修正后 C_{OP}^{1}（不修正回水温度）	—	1.741	1.795	1.846	1.895
23	修正后 C_{OP}^{2}（修正回水温度）	—	1.775	1.782	1.781	1.783

各工况修正后的热泵系统性能系数 C_{OP} 为 1.781，该系数随余热水温度的升高而升高，随热网回水温度的升高而降低，随驱动蒸汽压力的升高而升高。

在 240 MW 负荷下，热泵投入工况较不投入工况的抽汽流量减小了 116.519 t/h，热耗率降低约 248.1 kJ/(kW·h)，经济性改善约 4.1%。考虑热泵投入后，机组耗电量增加，机组经济性改善约 3.7%。

5.2.4 低压缸切除供热改造性能试验

1. 试验目的

分别测试机组在主蒸汽流量为 560 t/h 时的抽凝工况及低压缸切除供热工况下的热耗率、供热能力、发电煤耗;核定并对比机组改造前后供热量、发电煤耗。

2. 试验基准

以定主蒸汽流量作为试验基准。

3. 相关性能指标计算

机组试验热耗率为

$$HR_t = \frac{G_{ms} \times H_{ms} - G_{fw} \times H_{fw} + G_{hrh} \times H_{hrh} - G_{crh} \times H_{crh} - G_{rhsp} \times H_{rhsp} - G_{shsp} \times H_{shsp} - Q_{gr}}{P_e}$$

(5-15)

式中,HR_t——试验热耗率,kJ/(kW·h);

G_{ms}——主蒸汽流量,t/h;

H_{ms}——主蒸汽焓,kJ/kg;

G_{fw}——给水流量,t/h;

H_{fw}——给水焓,kJ/kg;

G_{hrh}——热再热蒸汽流量,t/h;

H_{hrh}——热再热蒸汽焓,kJ/kg;

G_{crh}——冷再热蒸汽流量,t/h;

H_{crh}——冷再热蒸汽焓,kJ/kg;

G_{rhsp}——再热蒸汽减温水流量,t/h;

H_{rhsp}——再热减温水焓,kJ/kg;

G_{shsp}——过热蒸汽减温水流量,t/h;

H_{shsp}——过热减温水焓,kJ/kg;

Q_{gr}——机组供热量,kJ/h;

P_e——发电机输出有功功率,MW。

试验发电煤耗为

$$b_{ft} = \frac{HR_t \times 10^3}{29\ 308 \times \eta_{gl} \times \eta_{gd}}$$

(5-16)

式中,η_{gl}——锅炉效率,%;

η_{gd}——管道效率,%。

4. 改造后的试验结果

某厂 200 MW 汽轮机组改造前后供热工况技术规范如表 5-8 所示。

表 5-8 200 MW 汽轮机组改造前后供热工况技术规范

序号	名称	单位	改造前	改造后
1	机组功率	MW	133.992	123.518
2	主蒸汽压力	MPa	12.749	12.749

续表

序号	名称	单位	改造前	改造后
3	主蒸汽温度	℃	535.00	535.00
4	再热蒸汽压力	MPa	1.862	1.864
5	再热蒸汽温度	℃	535.00	535.00
6	主蒸汽流量	t/h	530	530
7	采暖抽汽压力	MPa	0.245	0.245
8	采暖抽汽温度	℃	270.30	267.90
9	采暖抽汽流量	t/h	305.00	405.37
10	热网加热器疏水温度	℃	120.00	119.90
11	工作转速	r/min	3 000	3 000
12	加热器级数	—	7级（2台高加、1台除氧器、4台低加）	4级（2台高加、1台除氧器、1台低加）
13	最终给水温度	℃	240.30	237.70
14	热耗率	kJ/(kW·h)	5 504.3	4 051.2

各负荷工况试验结果汇总表如表5-9所示。

表5-9 各负荷工况试验结果汇总表

序号	项目名称	单位	主蒸汽流量为560 t/h 抽凝工况	主蒸汽流量为560 t/h 切缸工况
1	发电机有功功率	MW	147.936	142.802
2	主蒸汽压力	MPa	12.738	12.869
3	主蒸汽温度	℃	536.78	536.84
4	主蒸汽流量	t/h	556.009	556.296
5	高压缸排汽压力	MPa	2.186	2.046
6	高压缸排汽温度	℃	308.19	300.25
7	高压缸排汽流量	t/h	470.440	473.812
8	再热蒸汽压力	MPa	1.928	1.907
9	再热蒸汽温度	℃	536.16	532.53
10	再热蒸汽流量	t/h	483.555	497.904
11	中排蒸汽压力	MPa	0.120	0.125
12	低压缸冷却蒸汽旁路流量	t/h	—	14.999
13	低压缸冷却蒸汽调节阀阀位	—	0.00%	69.88%
14	给水压力	MPa	14.771	14.734
15	给水温度	℃	239.81	238.98
16	给水流量	t/h	557.195	557.034

续表

序号	项目名称	单位	主蒸汽流量为 560 t/h 抽凝工况	主蒸汽流量为 560 t/h 切缸工况
17	再热器减温水压力	MPa	8.401	8.459
18	再热器减温水温度	℃	155.39	154.87
19	再热器减温水流量	t/h	13.115	24.092
20	采暖抽汽压力	MPa	0.120	0.125
21	采暖抽汽温度	℃	192.52	194.83
22	热网加热器疏水母管温度	℃	95.71	102.53
23	热网加热器疏水母管流量	t/h	320.652	434.399
24	供热量	GJ/h	788.332	1 057.385
25	供热负荷	MW	218.981	293.718
26	试验热耗率	kJ/(kW·h)	5 554.21	4 143.89

在机组切缸供热工况下,主蒸汽流量为 526.79 t/h,供热负荷为 283.16 MW。在相同主蒸汽流量为 560 t/h 工况下,切缸工况较抽凝工况供热负荷增加 74.737 MW,热耗率降低 1 410.32 kJ/(kW·h),发电煤耗率降低 52.83 g/(kW·h)。

某厂 300 MW 汽轮机组改造前后供热工况技术规范如表 5-10 所示。

表 5-10 300 MW 汽轮机组改造前后供热工况技术规范

序号	名称	单位	改造前	改造后
1	机组功率	MW	177.2	147.1
2	主蒸汽压力	MPa	13.60	13.70
3	主蒸汽温度	℃	538.30	535.50
4	再热蒸汽压力	MPa	2.10	2.00
5	再热蒸汽温度	℃	532.30	525.90
6	主蒸汽流量	t/h	700.3	700.7
7	采暖抽汽压力	MPa	0.29	0.32
8	采暖抽汽温度	℃	266.37	279.80
9	采暖抽汽流量	t/h	291.512	435.736
10	热网加热器疏水温度	℃	104.90	98.50
11	工作转速	r/min	3 000	3 000
12	加热器级数	—	8级(3台高加、1台除氧器、4台低加)	5级(3台高加、1台除氧器、1台低加)
13	最终给水温度	℃	256.10	253.80
14	热耗率	kJ/(kW·h)	6 547.05	5 221.93

某厂 300 MW 汽轮机组改造前后供热工况试验结果如表 5-11 所示。

表 5-11　300 MW 汽轮机组改造前后供热工况试验结果

序号	项目名称	单位	主蒸汽流量为 460 t/h 低压缸切缸工况	主蒸汽流量为 460 t/h 抽凝工况
1	发电机有功功率	MW	96.68	120.34
2	主蒸汽压力	MPa	12.987	13.050
3	主蒸汽温度	℃	533.44	532.60
4	主蒸汽流量	t/h	457.663	463.162
5	高压缸排汽压力	MPa	1.689	1.624
6	高压缸排汽温度	℃	289.44	284.99
7	高压缸排汽流量	t/h	380.320	382.158
8	再热蒸汽压力	MPa	1.451	1.390
9	再热蒸汽温度	℃	529.70	525.88
10	再热蒸汽流量	t/h	380.466	382.228
11	中排蒸汽压力	MPa	0.208	0.188
12	中排蒸汽温度	℃	268.09	259.68
13	低压缸冷却蒸汽旁路流量	t/h	28.646	—
14	低压缸冷却蒸汽调节阀阀位	—	99.53%	0.00%
15	给水压力	MPa	13.816	13.875
16	给水温度	℃	230.94	229.18
17	给水流量	t/h	449.349	460.318
18	采暖抽汽流量	t/h	320.015	204.219
19	采暖抽汽压力	MPa	0.208	0.188
20	采暖抽汽温度	℃	268.09	259.68
21	热网加热器疏水母管温度	℃	120.25	101.57
22	供热量	GJ/h	800.877	523.900
23	供热负荷	MW	222.47	145.53
24	试验热耗率	kJ/(kW·h)	5 025.09	6 468.94

在机组主蒸汽流量相同(460 t/h)的条件下,切缸工况下供热能力为 222.47 MW,抽凝工况下供热能力为 145.53 MW,机组低压缸切缸改造后供热能力提高 76.94 MW。

5.3　机组灵活性深度调峰改造性能试验

5.3.1　低压缸切除供热改造性能试验

1. 试验目的

在保证机组安全稳定运行的条件下,保持机组供热量相同,检测机组改造后的调峰能力。

2. 试验基准

以热负荷作为试验基准。

3. 相关性能指标计算

与低压缸切除供热改造性能试验计算方法相同。

4. 改造后的试验结果

某厂 200 MW 汽轮机组改造前后供热工况技术规范如表 5-12 所示。

表 5-12　200 MW 汽轮机组改造前后供热工况技术规范

序号	名称	单位	改造前	改造后
1	机组功率	MW	133.992	123.518
2	主蒸汽压力	MPa	12.749	12.749
3	主蒸汽温度	℃	535.00	535.00
4	再热蒸汽压力	MPa	1.862	1.864
5	再热蒸汽温度	℃	535.00	535.00
6	主蒸汽流量	t/h	530	530
7	采暖抽汽压力	MPa	0.245	0.245
8	采暖抽汽温度	℃	270.30	267.90
9	采暖抽汽流量	t/h	305.00	405.37
10	热网加热器疏水温度	℃	120.00	119.90
11	工作转速	r/min	3 000	3 000
12	加热器级数	—	7级(2台高加、1台除氧器、4台低加)	4级(2台高加、1台除氧器、1台低加)
13	最终给水温度	℃	240.30	237.70
14	热耗率	kJ/(kW·h)	5 504.3	4 051.2

汽轮机组改造前后供热工况调峰试验结果如表 5-13 所示。

表 5-13　汽轮机组改造前后供热工况调峰试验结果

序号	项目名称	单位	采暖抽汽流量为 300 t/h 抽凝工况	采暖抽汽流量为 300 t/h 切缸工况
1	发电机有功功率	MW	138.572	97.222
2	主蒸汽压力	MPa	12.924	12.911
3	主蒸汽温度	℃	537.00	535.02
4	主蒸汽流量	t/h	526.058	391.870
5	高压缸排汽压力	MPa	2.136	1.451
6	高压缸排汽温度	℃	305.94	287.52
7	高压缸排汽流量	t/h	447.607	343.975
8	再热蒸汽压力	MPa	1.800	1.347
9	再热蒸汽温度	℃	536.68	528.89

续表

序号	项目名称	单位	采暖抽汽流量为300 t/h 抽凝工况	采暖抽汽流量为300 t/h 切缸工况
10	再热蒸汽流量	t/h	461.215	351.479
11	中排蒸汽压力	MPa	0.120	0.102
12	低压缸冷却蒸汽旁路流量	t/h	14.664	14.243
13	低压缸冷却蒸汽调节阀阀位	—	0.00%	66.89%
14	给水压力	MPa	14.643	14.044
15	给水温度	℃	235.91	221.54
16	给水流量	t/h	527.005	392.930
17	再热器减温水压力	MPa	8.351	7.881
18	再热器减温水温度	℃	154.89	142.87
19	再热器减温水流量	t/h	13.608	7.504
20	采暖抽汽压力	MPa	0.120	0.102
21	采暖抽汽温度	℃	199.51	206.78
22	热网加热器疏水母管温度	℃	92.68	95.51
23	热网加热器疏水母管流量	t/h	302.522	301.342
24	供热量	GJ/h	751.828	749.915
25	供热负荷	MW	208.841	208.310
26	试验热耗率	kJ/(kW·h)	5 686.84	4 344.33

在供热量(采暖抽汽流量约300 t/h,供热负荷约208 MW)相同的前提下,机组切缸工况下的发电机有功功率较抽凝工况下降低41.35 MW。

某厂300 MW汽轮机组改造前后供热工况技术规范如表5-14所示。

表5-14 某厂300 MW汽轮机组改造前后供热工况技术规范

序号	名称	单位	改造前	改造后
1	机组功率	MW	177.2	147.1
2	主蒸汽压力	MPa	13.60	13.70
3	主蒸汽温度	℃	538.30	535.50
4	再热蒸汽压力	MPa	2.10	2.00
5	再热蒸汽温度	℃	532.30	525.90
6	主蒸汽流量	t/h	700.3	700.7
7	采暖抽汽压力	MPa	0.29	0.32
8	采暖抽汽温度	℃	266.37	279.80
9	采暖抽汽流量	t/h	291.512	435.736
10	热网加热器疏水温度	℃	104.90	98.50
11	工作转速	r/min	3 000	3 000

续表

序号	名称	单位	改造前	改造后
12	加热器级数	—	8级(3台高加、1台除氧器、4台低加)	5级(3台高加、1台除氧器、1台低加)
13	最终给水温度	℃	256.10	253.80
14	热耗率	kJ/(kW·h)	6 547.05	5 221.93

汽轮机组改造前后供热工况调峰试验结果如表 5-15 所示。

表 5-15　汽轮机组改造前后供热工况调峰试验结果

序号	项目名称	单位	采暖抽汽为 310 t/h 低压缸切缸工况	采暖抽汽为 310 t/h 抽凝工况
1	发电机有功功率	MW	96.68	165.90
2	主蒸汽压力	MPa	12.987	13.271
3	主蒸汽温度	℃	533.44	539.26
4	主蒸汽流量	t/h	457.663	677.909
5	高压缸排汽压力	MPa	1.689	2.344
6	高压缸排汽温度	℃	289.44	310.16
7	高压缸排汽流量	t/h	380.320	557.604
8	再热蒸汽压力	MPa	1.451	2.045
9	再热蒸汽温度	℃	529.70	541.02
10	再热蒸汽流量	t/h	380.466	558.670
11	中排蒸汽压力	MPa	0.208	0.303
12	中排蒸汽温度	℃	268.09	280.50
13	低压缸冷却蒸汽旁路流量	t/h	28.646	—
14	低压缸冷却蒸汽调节阀阀位	—	99.53%	0.00%
15	给水压力	MPa	13.816	14.820
16	给水温度	℃	230.94	249.28
17	给水流量	t/h	449.349	664.101
18	采暖抽汽流量	t/h	320.015	314.045
19	采暖抽汽压力	MPa	0.208	0.303
20	采暖抽汽温度	℃	268.09	280.50
21	热网加热器疏水母管温度	℃	120.25	111.92
22	供热量	GJ/h	800.877	804.088
23	供热负荷	MW	222.466	223.358
24	试验热耗率	kJ/(kW·h)	5 025.09	6 383.45

在供热量相同(供热负荷约 223 MW)的条件下,低压缸切缸工况下机组负荷为 96.68

MW,抽凝工况下机组负荷为 165.90 MW,机组低压缸切缸改造后调峰能力提升了 69.22 MW。

5.3.2 蓄热罐改造性能试验

1. 试验目的

通过蓄热罐蓄热试验,测试蓄热罐蓄热能力;通过蓄热罐放热试验,测试蓄热罐放热能力;通过蓄热系统热电解耦能力试验,测试蓄热系统热电解耦能力。

2. 试验基准

以定热负荷作为试验基准。

3. 相关性能指标计算

蓄(放)热功率为

$$W = [\rho_1(P_5,T_5)F_5 h_1(P_5,T_5) - \rho_2(P_6,T_6)F_6 h_2(P_6,T_6)] \times 10^{-3} \tag{5-17}$$

式中,W——蓄(放)热功率,MW;

P_5——蓄热罐高温热水工作压力,MPa;

P_6——蓄热罐低温热水工作压力,MPa;

F_5——蓄热罐高温热水流量,m^3/h;

F_6——蓄热罐低温热水流量,m^3/h;

T_5——蓄热罐出口温度,℃;

T_6——蓄热罐入口温度,℃;

ρ_1——高温热水对应压力、温度条件下水的密度,kg/m^3;

ρ_2——低温热水对应压力、温度条件下水的密度,kg/m^3;

h_1——高温热水对应压力、温度条件下水的焓值,kJ/kg;

h_2——低温热水对应压力、温度条件下水的焓值,kJ/kg。

斜温层厚度为

$$L = \frac{Q}{A} = \frac{\sum_t F_5}{A} \tag{5-18}$$

式中,L——斜温层厚度,m;

Q——蓄热或放热体积,m^3;

A——蓄热罐的有效横截面积,m^2。

蓄热或放热体积为

$$Q = A \times H \tag{5-19}$$

式中,H——蓄热或放热水位高度,m。

蓄热罐的有效横截面积为

$$A = \pi \times r^2 \tag{5-20}$$

式中,r——蓄热罐半径,m。

4. 改造后的试验结果

某厂机组及新增常压热水蓄热罐主要设计参数如表 5-16 所示。

表 5-16　机组主要设计参数表

序号	名称	单位	技术参数
1	机组功率	MW	241.249
2	主蒸汽压力	MPa	17.750
3	主蒸汽温度	℃	540.00
4	再热蒸汽压力	MPa	3.859
5	再热蒸汽温度	℃	540.00
6	主蒸汽流量	t/h	960.00
7	采暖抽汽压力	MPa	0.390
8	采暖抽汽温度	℃	234.85
9	采暖抽汽流量	t/h	537.00
10	工作转速	r/min	3 000
11	加热器级数	—	7 级
12	最终给水温度	℃	259.84
13	热耗率	kJ/(kW·h)	5 553.9

常压热水蓄热罐主要设计参数如表 5-17 所示。

表 5-17　常压热水蓄热罐主要设计参数

序号	项目	单位	数值
1	蓄热形式	—	斜温层
2	蓄热负荷	MW·h	1 188
3	有效容积	m³	26 000
4	设计压力	kPa	3/−1
5	设计温度	℃	98.00
6	设计最高液位	m	42.30
7	设计最低液位	m	41.40
8	蓄热/放热时间	h	18/6
9	蓄热介质	—	热网水
10	介质高温	℃	90.00
11	介质低温	℃	50.00
12	蓄热罐内径	m	30.00
13	蓄热罐罐壁高度	m	43.70
14	蓄热罐总高	m	48.74
15	蓄热设计流量	m³/h	1 650
16	放热设计流量	m³/h	4 950

试验结果如表 5-18、表 5-19 所示。

表 5-18　蓄热、热电解耦工况试验数据汇总表

序号	项目名称	单位	蓄热工况		热电解耦工况	
			3号机组	4号机组	3号机组	4号机组
1	发电机有功功率	MW	225.14	224.98	132.70	137.20
2	中压缸排汽压力	MPa	0.290	0.151	0.248	0.121
3	中压缸排汽温度	℃	229.03	181.62	242.20	177.90
4	热网疏水流量	t/h	380.50	440.67	195.45	245.54
5	热网疏水温度	℃	127.04	102.51	124.10	99.69
6	热网疏水压力	MPa	0.654	0.735	0.563	0.621
7	热网循环水流量	t/h	8 665.89		8 865.00	
8	热网循环水供水温度	℃	91.64		92.30	
9	热网循环水回水温度	℃	47.84		47.87	
10	热网循环水供水压力	MPa	0.743		0.710	
11	热网循环水回水压力	MPa	0.264		0.230	
12	热网供热负荷	MW	442.71		459.42	

表 5-19　蓄、放热工况试验结果汇总表

序号	项目名称	单位	蓄热工况	热电解耦工况
1	蓄热/放热时间	h	13.5	8.5
2	蓄热/放热体积流量	m³/h	2 036.92	3 339.92
3	蓄热/放热高温水密度	kg/m³	964.20	964.38
4	蓄热/放热介质流量	t/h	1 963.47	3 220.97
5	高温水温度	℃	91.79	91.71
6	低温水温度	℃	47.51	47.65
7	蓄热/放热水压力	MPa	0.749	0.729
8	斜温层厚度	mm	795.83	—
9	蓄热/放热负荷	MW	102.10	161.54
10	蓄热/放热量	MW·h	1 377.95	1 373.17

在全厂对外供热负荷为 442.71 MW 的试验条件下，在连续有效蓄热时间内蓄热罐的有效蓄热量为 1 377.95 MW·h，比设计值 1 188 MW·h 高 189.95 MW·h，满足蓄热罐设计蓄热能力。

在保证全厂对外供热负荷为 459.42 MW 的试验条件下，在连续有效放热时间内，受电网调峰期间调峰负荷限制，试验期间蓄热罐放热负荷为 161.54 MW，全厂机组最小技术出力为 270 MW（负荷率为 40.9%）。如果无电网调峰负荷限制，蓄热罐放热负荷达到 198 MW，此时全厂机组最小技术出力可达到 260.46 MW（负荷率为 39.46%），能够实现可行性研究报告中全厂机组最小技术出力 260 MW 的目标。

5.3.3 电锅炉改造性能试验

1. 试验目的

在保证机组安全稳定运行的前提下,对电锅炉蓄热系统进行热力试验;在对电锅炉蓄热系统进行灵活性调峰改造后,评价机组的深度调峰能力。

2. 试验基准

以定热负荷作为试验基准。

3. 相关性能指标计算

机组供热负荷为

$$P_e = \frac{G_{rwss} \times (H_{rwjq} - H_{rwss})}{3\,600} \tag{5-21}$$

式中,P_e——机组供热负荷,MW;

G_{rwss}——热网加热器疏水流量,t/h;

H_{rwjq}——热网加热器进汽焓,kJ/kg;

H_{rwss}——热网加热器疏水焓,kJ/kg。

电锅炉额定出力为

$$P_n = P_d - P'_d \tag{5-22}$$

式中,P_n——电锅炉额定功率,kW;

P_d——电锅炉启动前厂内关口表后测量功率,kW;

P'_d——电锅炉启动后厂内关口表后测量功率,kW。

电锅炉效率为

$$\eta = \frac{Q_{bo}}{E_{bo}} \times 100\% \tag{5-23}$$

式中,η——电锅炉效率,%;

Q_{bo}——热网循环水吸热量,kJ;

E_{bo}——电锅炉能耗量,kJ。

热网循环水吸热量为

$$Q_{bo} = (h_{out} - h_{in}) \times M \tag{5-24}$$

式中,h_{out}——电锅炉出口热网循环水比焓,kJ/kg;

h_{in}——电锅炉入口热网循环水比焓,kJ/kg;

M——电锅炉热网循环水流量,t/h。

电锅炉能耗量为

$$E_{bo} = E_b - E_o \tag{5-25}$$

式中,E_b——试验结束后记录的电能表读数,kJ;

E_o——试验开始前记录的电能表读数,kJ。

管壳式换热器效率为

$$\eta = \frac{Q_1}{Q_2} \times 100\% \tag{5-26}$$

式中，η——管壳式换热器效率，%；
　　　Q_1——热流体放热量，W；
　　　Q_2——冷流体吸热量，W。

4．改造后的试验结果

电锅炉主要参数如表 5-20 所示。

表 5-20　电锅炉主要参数

序号	项目	单位	技术参数
1	型号	—	ZHPI-2850
2	型式	—	电极加热
3	额定热功率下的电消耗量	kW	50 000
4	额定工作电压	kV	10
5	额定工作电流	A	2 887
6	制造厂	—	DSIC
7	制造厂等级	—	B 级及以上
8	额定工作压力（承压型）	MPa	1.0
9	额定工作压力（常压型）	MPa	0.0
10	额定出水温度	℃	160.00
11	额定进水温度	℃	130.00
12	单台额定供热量	MW	45
13	最大供热量	kW	50 000
14	最小供热量	kW	1 500
15	锅炉负荷调节范围	—	0%～100%
16	额定负荷时热效率	—	≥99%
17	锅炉运输质量	kg	12 000
18	锅炉运行质量	kg	38 500
19	锅炉水容量	L	26 500
20	锅炉长	mm	3 450
21	锅炉宽	mm	2 800
22	锅炉高	mm	7 700
23	四周最小净空尺寸	mm	1 500
24	运行噪声	dB(A)	<60
25	锅炉主要材料	—	Q235
26	炉体保温材料	—	硅酸铝
27	锅炉外壳保护层	—	冷轧钢板
28	炉胆形式	—	立式
29	探伤规格	—	对接焊缝探伤比例：>25%焊缝长度
30	排污阀接口管径	mm	50

续表

序号	项目	单位	技术参数
31	进水阀接口管径	mm	400
32	出水阀接口管径	mm	400
33	人孔数量	个	1
34	人孔规格	mm	DN600

电锅炉试验结果汇总表如表 5-21 所示。

表 5-21 电锅炉试验结果汇总表

序号	项目名称	单位	正常工况		电锅炉调峰工况	
			1号机组	2号机组	1号机组	2号机组
1	发电机有功功率	MW	191.08	196.11	142.33	147.61
2	1号电锅炉功率	MW	—	—	50.2	—
3	2号电锅炉功率	MW	—	—	—	50.12
4	采暖抽气压力	MPa	0.331	0.436	0.202	0.340
5	采暖抽气温度	℃	239.12	239.12	243.18	258.46
6	热网疏水流量	t/h	66.7	148.7	77.2	105.0
7	热网疏水温度	℃	84.52	84.27	88.35	79.75
8	热网疏水压力	MPa	0.754	0.796	0.611	0.671
9	热网循环水流量	t/h	9 725.2		9 836.9	
10	热网循环水供水温度	℃	90.70		90.80	
11	热网循环水回水温度	℃	43.31		43.59	
12	热网循环水供水压力	MPa	1.104		1.114	
13	热网循环水回水压力	MPa	0.396		0.396	
14	热网供热负荷	MW	552.69		554.77	
15	抵减后机组出力	MW	387.19		189.64	
16	电锅炉效率	—	—	—	99.23%	99.26%

1号和2号电锅炉额定功率分别为50.2 MW、50.12 MW,两台电锅炉额定功率均达到设计值50 000 kW;1、2号电锅炉以额定出力状态运行时,电锅炉效率分别为99.23%、99.26%。

全厂对外供热负荷为 552.69 MW,电锅炉未投运时,全厂机组最小技术出力为 387.19 MW;全厂对外供热负荷为 554.77 MW,全厂机组发电负荷为 289.94 MW,电锅炉消耗功率为 100.3 MW,抵减后全厂发电出力为 189.64 MW。

5.4 锅炉低负荷稳燃性能试验

1. 试验目的

摸清机组最低不投油稳燃负荷,以及最低稳燃负荷下的主要参数指标,全面了解机组运行过程中存在的问题。

2. 试验基准

以锅炉蒸发量作为试验基准。

3. 相关性能指标计算

锅炉效率按《电站锅炉性能试验规程》(GB/T 10184—2015)计算,计算公式如下:

$$\eta_t = 1 - \frac{Q_2 + Q_3 + Q_4 + Q_5 + Q_6 - Q_{ex}}{Q_{net,ar}} \tag{5-27}$$

$$\eta_t = 100 - (q_2 + q_3 + q_4 + q_5 + q_6 - q_{ex}) \tag{5-28}$$

式中,$Q_{net,ar}$——入炉煤收到基低位发热量,kJ/kg;

Q_2——排烟热损失热量,kJ/kg;

Q_3——气体未完全燃烧损失热量,kJ/kg;

Q_4——固体未完全燃烧损失热量,kJ/kg;

Q_5——锅炉散热损失热量,kJ/kg;

Q_6——灰渣物理显热损失热量,kJ/kg;

Q_{ex}——外来热量,kJ/kg;

q_2——排烟热损失比,%;

q_3——气体未完全燃烧热损失比,%;

q_4——固体未完全燃烧热损失比,%;

q_5——锅炉散热损失比,%;

q_6——灰渣物理显热损失比,%;

q_{ex}——外来热量与燃料低位发热量百分比,%。

排烟热损失热量为离开锅炉系统边界的烟气带走的物理显热。

$$q_2 = \frac{Q_2}{Q_{net,ar}} \times 100\% \tag{5-29}$$

$$Q_2 = Q_{2.fg.d} + Q_{2.wv.fg} \tag{5-30}$$

$$Q_{2.fg.d} = V_{fg.d.AH.lv} c_{p.fg.d} (t_{fg.AH.lv} - t_{re}) \tag{5-31}$$

$$V_{fg.d.AH.lv} = V_{fg.d.th.cr} + (\alpha_{cr} - 1) V_{a.d.th.cr} \tag{5-32}$$

$$V_{a.d.th.cr} = 0.0888 w_{c.b} + 0.0333 w_{S.ar} + 0.2647 w_{H.ar} - 0.0334 w_{O.ar} \tag{5-33}$$

$$V_{fg.d.th.cr} = 1.8658 \frac{w_{c.b}}{100} + 0.6989 \frac{w_{S.ar}}{100} + 0.79 V_{a.d.th.cr} + 0.8000 \frac{w_{N.ar}}{100} \tag{5-34}$$

$$\alpha_{cr} = \frac{21}{21 - \varphi_{O_2.fg.d}} \tag{5-35}$$

$$c_{p.fg.d} = c_{p.O_2} \frac{\varphi_{O_2.fg.d}}{100} + c_{p.CO_2} \frac{\varphi_{CO_2.fg.d}}{100} + c_{p.N_2} \frac{\varphi_{N_2.fg.d}}{100} \tag{5-36}$$

$$Q_{2.wv.fg} = V_{wv.fg.AH.lv} c_{p.wv} (t_{fg.AH.lv} - t_{re}) \tag{5-37}$$

$$V_{wv.fg.AH.lv} = 1.24 \left(\frac{9 w_{H.ar} + w_{m.ar}}{100} + 1.293 \alpha_{cr} V_{a.d.th.cr} h_{a.ab} + \frac{q_{m.st.at}}{q_{m.f}} \right) \tag{5-38}$$

式中,$V_{fg.d.th.cr}$——修正的理论干烟气量,m³/kg;

$w_{c.b}$——实际燃烧掉的碳占入炉燃料的质量分数,%;

$\varphi_{O_2.fg.d}$、$\varphi_{CO_2.fg.d}$、$\varphi_{N_2.fg.d}$——烟气中 O_2、CO_2、N_2 的体积分数,%;

$w_{C.ar}$、$w_{S.ar}$、$w_{H.ar}$、$w_{O.ar}$、$w_{N.ar}$——入炉燃料中元素碳、硫、氢、氧、氮的质量分数,%;

α_{cr}——修正的过量空气系数;

$Q_{2.fg.d}$——干烟气带走的热量,kJ/kg;

$Q_{2.wv.fg}$——烟气所含水蒸气带走的热量,kJ/kg;

$V_{fg.d.AH.lv}$——空气预热器出口每千克(标准立方米)燃料燃烧生成的干烟气体积,m³/kg;

$c_{p.fg.d}$——干烟气从 t_{re} 至 $t_{fg.AH.lv}$ 的定压比热容,kJ/(m³·K);

$t_{fg.AH.lv}$——空气预热器出口烟气温度,℃;

$c_{p.wv}$——水蒸气从 t_{re} 至 $t_{fg.AH.lv}$ 的定压比热容,kJ/(m³·K);

$V_{wv.fg.AH.lv}$——空气预热器出口每千克(标准立方米)燃料燃烧生成的烟气中水蒸气的体积,m³/kg。

气体未完全燃烧损失热量为

$$Q_3 = V_{fg.d.AH.lv}(126.36\varphi_{CO.fg.d} + 358.18\varphi_{CH_4.fg.d} + 107.98\varphi_{H_2.fg.d} + 590.79\varphi_{C_mH_n.fg.d})$$

$$q_3 = \frac{Q_3}{Q_{net.ar}} \times 100\% \tag{5-39}$$

式中,$\varphi_{CO.fg.d}$、$\varphi_{CH_4.fg.d}$、$\varphi_{H_2.fg.d}$、$\varphi_{C_mH_n.fg.d}$——干烟气中 CO、CH_4、H_2、C_mH_n 的体积分数,%。

固体未完全燃烧损失热量为

$$Q_4 = 3.3727 w_{as.ar} w_{c.rs.m} \tag{5-40}$$

$$q_4 = \frac{Q_4}{Q_{net.ar}} \times 100\% \tag{5-41}$$

锅炉散热损失为

$$q_5 = q_{5.BMCR} \times \frac{Q_{BMCR}}{Q_r} \times \beta \tag{5-42}$$

$$\beta = \frac{E}{0.3943} \tag{5-43}$$

式中,$q_{5.BMCR}$——最大出力下锅炉的散热损失比,查取,%;

Q_r——锅炉实际输出热量,MW;

Q_{BMCR}——锅炉最大输出热量,MW;

β——锅炉表面辐射率系数;

E——锅炉表面辐射率查取,kW/m²。

灰渣物理显热损失热量为

$$Q_6 = \frac{w_{as.ar}}{100} \left(\frac{w_s(t_s - t_{re})c_s}{100 - w_{c.s}} + \frac{w_{pd}(t_{pd} - t_{re})c_{pd}}{100 - w_{c.pd}} + \frac{w_{as}(t_{as} - t_{re})c_{as}}{100 - w_{c.as}} \right) \tag{5-44}$$

$$q_6 = \frac{Q_6}{Q_{net.ar}} \times 100\% \tag{5-45}$$

式中,c_s、c_{pd}、c_{as}——炉渣、沉降灰和飞灰的比热,kJ/(kg·K);

t_s、t_{pd}、t_{as}——炉渣、沉降灰和飞灰的温度,℃。

外来热量与燃料基低位发热量的百分比为

$$q_{ex} = \frac{Q_{ex}}{Q_{net.ar}} \times 100\% \tag{5-46}$$

附录 A 某公司 1 号机组灵活性调峰及热网改造项目可行性研究报告

A.1 概述

某公司所在地属典型的中温带大陆性季风气候区,气温低、冬季漫长、采暖期长。该公司现有 2 台 350 MW 超临界热电联产机组。

近年来,随着国民经济的发展与进步,国家对资源节约、环境保护、能源综合利用等方面的要求不断提高,对现役电厂的节能、升级与灵活性改造提出了一系列具体要求,鼓励电厂实施技术改造,充分回收利用电厂余热,推广先进供热技术,整体提高电厂能源、资源利用效率与灵活性。

该公司结合本电厂集中供热需求,提出提升 1 号机组灵活性调峰改造的要求,并对热网等辅助系统进行部分适应性改造。

A.1.1 项目背景

燃煤火力发电在现在及未来相当长的一段时间内都将是我国能源系统的重要组成部分。随着全社会用电需求增速放缓及可再生能源的大规模发展,火电机组利用小时数将会逐年下降,为此提升火电机组运行灵活性、推动火电机组大规模参与电网深度调峰是大势所趋。

在我国三北地区,热电联产机组比重大,水电、纯凝火力发电机组等可调峰资源稀缺,调峰困难已经成为电网运行中最为突出的问题。以东北电网为例,其火电占总装机约 70%,风电占总装机约 20%,核电机组也在陆续投运。在冬季采暖期,供热机组运行容量占火电机组运行总容量的 70%,热电机组按"以热定电"的方式运行,调峰能力仅为 10% 左右,使得风电消纳问题更为突出。上述现状导致东北电网供热期运行出现了三个主要问题:一是用电低谷时段电力平衡异常困难,调度压力巨大,显著增加了电网安全运行的风险;二是电网消纳风电、光伏及核电等新能源的能力严重不足,弃风弃光问题十分突出,不利于地区节能减排和能源结构转型升级;三是电网调峰与热电联产机组供热之间的矛盾突出,影响居民冬季供热安全,存在引发民生问题的风险。

为解决上述问题并发挥市场在资源配置中的决定性作用,保障东北地区电力系统安全、稳定、经济地运行,缓解热电之间的矛盾,促进风电、核电等清洁能源消纳,按照国家能源局《关于同意开展东北区域电力辅助服务市场专项改革试点的复函》(国能监管〔2016〕292号)的要求,国家能源局东北监管局于2016年11月18日发布了《东北电力辅助服务市场运营规则(试行)》(东北监能市场〔2016〕252号)文件。东北电力辅助服务市场主要围绕东北电力最紧缺、最关键的调峰资源,开展多品种、多形式、多主体的辅助服务市场化交易。2019年6月6日,国家能源局东北监管局发布了《东北电力辅助服务市场运营规则》(东北监能市场〔2019〕63号)文件,于2019年7月1日零点起正式启用。

本次改造计划对1号机组进行低压缸零功率运行改造,通过减少低压缸冷端余热损失,实现对外供热,在满足对外供热负荷要求的情况下降低机组发电功率,同时满足对外供热和供电的需要,提高热电联产机组的灵活性。

A.1.2 项目建设必要性

10月进入供热期,东北电网启动深度调峰频次及时间大幅增加,同时存在部分全天24 h调峰情况。风能资源和环境温度决定了黑龙江省网在供热期内实时深度调峰资源的调用情况,2018—2019年供热期,该公司2018年供热期调峰小时均值为7.5 h,截至2019年2月末,供热期调峰小时均值为7.8 h,计划2020年供热期调峰小时均值超过8 h。

该市属于东北严寒地区,冬季供热安全和供热质量对民生十分重要。在保障供热的前提下,依据2018—2019年采暖季数据分析,若电厂2020年不进行供热改造,在采暖中期,两台机组平均发电负荷为51.75%,采暖中期共有123 d,将被考核470.4万元。随着省内其他电厂逐渐进行机组调峰改造,考核还将进一步加剧。

A.1.3 投资方及项目单位

本项目由该公司投资建设。

A.1.4 研究范围与分工

本可行性研究报告研究涉及建设规模、设备配置、自动控制设施、辅助生产设施、节能、环保、消防、职业安全卫生、项目实施计划、投资估算及资金筹措、财务分析及社会效益分析等方面。

本改造项目针对该公司1号机组实施改造,将尽量充分利用电厂现有的内、外部设施,降低工程投资。本工程将利用电厂现有的水源、交通运输及热网系统等的外部接口,计划增设新的接口。

电科院根据该公司及哈尔滨汽轮机厂有限责任公司(以下简称哈汽厂)提供的论证后的基本方案编制可行性研究报告。可行性研究报告采用的基础资料及数据也由该公司及哈汽厂提供。

电科院的研究范围如下。

(1) 1号机组提升机组灵活性改造方案比选论证。

(2) 1号机组低压缸零功率改造的范围、技术方案及安全性校核。

(3) 热力系统、电气系统及热工控制系统的工程设想。

(4) 与本改造项目相关的劳动安全、工业卫生及其风险评估。

(5) 编制本项目投资估算和财务评价。

(6) 提出本项目可行性研究报告的结论和建议。

A.1.5 工作简要过程

2020年3月,电科院受该公司委托,开展1号机组低压缸零功率改造项目可行性研究工作。为保证本项工作的顺利开展,电科院专门成立工作组对该公司1号机组低压缸零功率改造项目进行了深入的研究和分析。

为进一步沟通和了解现场实际情况,电科院与该公司有关人员多次沟通,进一步落实项目建设的外部条件,前期已派驻专业组成员收集项目资料、交流设计原则和思路。在调研中,专业组成员重点勘察了电厂热机系统的机组运行状况及现场布置情况,同时与电厂有关人员就本项目的实施内容、设计原则等交换了意见。资料收集完后,着手开展方案研究、论证工作,并针对性提出改造方案,最终形成本可行性研究报告,为1号机组低压缸零功率改造项目的实施提供依据。

A.1.6 编制依据

(1) 可行性研究报告编制委托书。

(2) 该公司确认的主要技术原则。

(3) 该公司1号机组低压切缸改造项目会议纪要。

(4) 哈尔滨汽轮机厂有限责任公司和该公司提供的汽轮机本体改造技术方案及资料。

(5) 项目建设单位提供的电厂有关技术资料。

(6)《东北电力辅助服务市场运营规则》(东北监能市场〔2019〕63号)。

(7)《火力发电厂可行性研究报告内容深度规定》(DL/T 5375—2018)等国家或行业颁布的有关规程、规定及相应的技术标准。

A.1.7 主要设计原则

(1) 贯彻可持续发展战略,按照国家关于节能减排的产业政策要求,积极落实国家节能工作的战略部署。

(2) 贯彻"安全可靠、符合国情、先进适用"的电力建设方针,优化设计方案。

(3) 充分利用1号机组现有系统和布置现状,统筹规划,采取可行的最佳优化方案,力求总体设计合理,并降低对机组的影响。

(4) 加强资源节约和低温余热综合利用,充分利用低品位余热,采取切实有效的技术措施,最大限度地提高资源的综合利用率,节能降耗、保护环境。

(5)提升火电机组灵活性改造深度调峰负荷目标暂定为在满足两台机组 1 137 万 m^2 供热面积热负荷需求的前提下尽可能降低电厂平均发电负荷率,参与深度调峰辅助服务市场。

A.1.8 投资规模及主要经济性指标

本工程 1 号机组低压缸零功率改造静态投资 2 853.17 万元,其中,建筑工程费 39.75 万元,设备购置费与安装工程费 2 451.25 万元,其他费用 362.17 万元。

1 号机组完成低压缸零功率运行改造后,全年节约标煤 0.933 万 t,显著提高机组经济性。该公司 2 台机组在采暖中期,将具有以平均发电负荷率 36% 连续参与深度调峰的能力,在满足对外供热负荷需求的前提下能够更好地参与深度调峰辅助服务市场,获得相应的收益。

A.2 热负荷及主要设备概况

A.2.1 热负荷性质及规划

该公司供热区域内的热负荷以集中采暖热负荷为主,属于季节性热负荷,集中采暖热负荷需求量随天气的变化而变化,任意时刻采暖热负荷的计算表达式如下:

$$Q'_h = Q_h \frac{18 - t_0}{18 - t'_0}$$

式中,Q'_h——任意时刻采暖热负荷,MW;

Q_h——采暖设计热负荷(由设计决定),MW;

t_0——采暖期任意时刻室外温度(参照当地历年气象资料),℃;

t'_0——采暖期室外计算温度,℃。

根据《民用建筑供暖通风及空气调节设计规范》(GB 50736—2012)及某市的实际情况,采暖期为每年的 10 月 15 日至次年 4 月 15 日,共 183 d(4 392 h),设计供暖室外计算温度为 −26 ℃,供暖室内计算温度为 18 ℃。

该公司设计总供热面积为 1 200 万 m^2。单台机组最大采暖抽汽量为 550 t/h。2018—2019 年采暖期,该公司实际供热面积约 850 万 m^2。

A.2.2 供热现状

1. 热负荷现状

该公司于 2017 年底将 2 台机组投入运行,热负荷距离设计值还有较大差距。机组热网供、回水设计温度为 130 ℃、70 ℃,共设有 3 台热网循环水泵(2 台汽泵和 1 台电泵)。汽动热网循环水泵额定流量为 6 200 m^3/h,扬程为 136 m;电动热网循环水泵额定流量为 4 200 m^3/h,扬程为 136 m。

随着电厂周边供热面积的不断增长及分散式锅炉房承担供热面积的不断替代,该公司 2

台机组承担的供热负荷逐年增加。根据电厂计划部门提供的有关资料,2018—2019 年采暖期,电厂承担的供热面积达到 720 万 m^2;2019—2020 年采暖期,电厂承担的供热面积达到 750 万 m^2。但据电厂供热参数及实际回访调研,电厂承担的实际供热面积达到 850 万 m^2。2020—2021 年采暖期,供热面积预计达到 1 137 万 m^2。按照该市政府要求,要在 1~2 年内全部实现热电联产集中供热。2021 年后,电厂供热面积将逐渐达到设计值,供热能力趋于饱和。按照该公司目前供热区域运行情况分析,采暖初、末期(10 月 15 日—11 月 13 日及 3 月 17 日—4 月 15 日,共 60 d)实际运行采暖综合热指标平均值为 18.47 W/m^2;采暖中期(11 月 14 日—3 月 16 日,共计 123 d)实际运行采暖综合热指标平均值为 33.25 W/m^2,最大值为 46.5 W/m^2。各阶段实际供热负荷如表 A-1 所示。

表 A-1 该公司 2019—2020 年采暖初、中、末期实际供热负荷

项目	单位	参数
2019 年采暖初、末期供热平均负荷(850 万 m^2)	MW	157.00
2019 年采暖中期供热平均负荷(850 万 m^2)	MW	282.63
2019 年采暖中期供热最大负荷(850 万 m^2)	MW	395.25
2020 年采暖初、末期供热平均负荷(1 137 万 m^2)	MW	210.00
2020 年采暖中期供热平均负荷(1 137 万 m^2)	MW	378.05
2020 年采暖中期供热最大负荷(1 137 万 m^2)	MW	528.71

本次 1 号机组低压缸零功率改造项目计划于 2020 年采暖期前投运,但由于近期热负荷增长较快,故本次改造热力系统及热网系统以 2020 年采暖期规划热负荷为基准进行分析校核。2020 年后,随着供热负荷的增长,可择机对 2 号机组进行相应的供热能力提升及热网系统扩容改造,以满足热负荷的需求。

2. 供热能力现状

该公司 2 台 350 MW 超临界热电联产机组在采暖期运行过程中,单台机组最大采暖抽汽工况对外供热蒸汽流量约 550 t/h(0.4 MPa,261 ℃),对外供热负荷为 372.98 MW。目前该公司 2 台机组暂未进行其他方面的供热及余热利用改造,因此全厂对外最大供热能力约 745.96 MW。

A.2.3 主机设备概况

该公司 2×350 MW 热电联产机组 1、2 号锅炉为哈尔滨锅炉厂有限责任公司自主开发制造的超临界变压运行直流炉,采用不带循环泵的大气扩容式启动系统,是单炉膛、一次中间再热、平衡通风、干式固态排渣、全钢架、全悬吊结构、锅炉紧身封闭布置 Π 型燃煤锅炉,其额定蒸发量为 1 110 t/h。

汽轮机为哈尔滨汽轮机厂有限责任公司制造的超临界、一次中间再热、单轴、双抽供热、双缸双排汽、凝汽式汽轮机,型号为 C350/283-24.2/0.4/566/566。汽轮机主要设计参数如表 A-2 所示。

表 A-2 汽轮机主要设计参数

编号	项目	单位	参数
1	机组型式	—	一次中间再热、单轴、双缸双排汽

续表

编号	项目	单位	参数
2	汽轮机型号	—	C350/283-24.2/0.4/566/566
3	铭牌功率	MW	350
4	额定主蒸汽压力	MPa	24.2
5	额定主蒸汽温度	℃	566
6	额定再热蒸汽进口温度	℃	566
7	额定排汽压力	kPa	4.9
8	额定转速	r/min	3 000
9	旋转方向(从汽轮机向发电机看)	—	顺时针
10	调节控制系统形式	—	DEH控制
11	给水回热级数(高加+除氧器+低加)	—	3台高加、1台除氧器、4台低加
12	通流级数(调节级+高压+中压+低压)	—	Ⅰ+14+12+2×6
13	低压缸末级叶片长度	mm	1 040
14	机组外形尺寸(长、宽、高)	m×m×m	19×10.5×7.05
15	汽轮机中心距运行层标高	m	12.6

A.2.4 热网系统概况

该公司供热采用二级换热闭式循环系统,在厂内设一级换热站,用汽机抽汽将70 ℃的热网回水加热至130 ℃,在热用户附近设二级换热站,用高温热网循环水加热二次循环水向用户供热,热网循环水量约11 000 t/h。高温热水网采用中央质量调节和分阶段流量调节相结合的办法。在采暖期初、末两阶段,在一定流量下,随室外温度的波动来调热网水温。在采暖期中期,当室外温度下降较大时,加大热网循环水量以增加供热能力,并同时随室外温度波动采用质调节。

1. 热网加热蒸汽系统

热网加热器加热汽源采用汽轮机中压缸排汽(5段抽汽)。额定采暖工况蒸汽压力为0.4 MPa,蒸汽温度为268.6 ℃,抽汽压力调节范围为0.25~0.55 MPa,额定抽汽量为274.5 t/h+汽动热网循环水泵小汽机排汽量70 t/h,最大抽汽量为462 t/h+汽动热网循环水泵小汽机排汽量70 t/h。

机组的2根采暖抽汽管由中压缸末级引出,管径为DN1000。为防止汽轮机跳闸时抽汽管道内蒸汽倒灌进汽轮机引起汽轮机超速,在靠近汽轮机的位置设置快关调节阀和抽汽逆止阀。供热压力和温度由快关调节阀调节。

驱动热网循环水泵的小汽机驱动汽源为三段抽汽,每台机组配置一台汽动热网循环水泵,排汽分别进入两台热网加热器。

2. 热网加热器疏水系统

2台机组疏水采用单元制,每台机组设置2台热网疏水冷却器,疏水冷却器采用板式换热器,不设备用。疏水冷却器冷却介质采用凝泵出口凝结水。热网加热器疏水经疏水冷却器冷却至 39 ℃(平均抽汽工况)进入凝汽器,由于热网疏水进入凝汽器热井,系统不设热网疏水泵。凝结水经热网疏水冷却器加热后温度约 80 ℃,进入 5 号低加前凝结水管道,此时由于回收热网疏水热量,7、8 号低加抽汽量为零。

3. 热网循环水系统

热网循环水系统为双管制系统,供水母管、回水母管的管道直径均为 DN1400,热网循环水回水由热网循环水泵升压经热网加热器加热后,通过供水母管供至厂外的二级热网换热站。此部分系统运行时为母管制。

热网回水经热网循环水泵升压后进入热网加热器加热,再供给热网。

系统设 3 台热网循环水泵,其中 2 台各 50% 容量热网循环水泵为汽动,设置 1 台 35% 容量的电动泵作为备用。在热网循环水泵入口母管至出口母管之间设一旁路管道,在其上安装逆止阀,起到泄压作用。

热网循环泵前回水管设滤网,滤除水中杂质,保持热网循环水的清洁。对外供水母管设流量测量装置,设温度、压力、流量测点,作为供热计量测点。

4. 热网循环水补水系统

补水量按 0.5% 循环水量计算,正常补水不超过 60 t/h,热网补水设备容量按 0.5% 的循环水量选择。热网补水采用化学软化水。化学水车间来的软化水通过大气式热网补水除氧器除氧,除氧软化水经热网补充水泵通过补水调节阀补入热网循环水回水管。

另有两路补水进入低压除氧器,一路当凝结水水质不合格时补入低压除氧器,以回收热量和工质;另一路由生水管道直接补入,用作热网循环水系统事故导致大量失水且软化水量不足时应急补充水源。

为保证热网循环水泵在因事故停运时系统压力稳定,防止热网循环水汽化,利用热网补充水泵作为定压水泵,水源取自热网补水除氧器。采用循环泵入口定压,静压线为 30 mH_2O(与管道回水压力相等)。

5. 热网系统主要设备

(1) 热网加热器。

共设 4 台热网加热器,每台机组设 2 台热网加热器。选用卧式 U 型管式。

设计压力:管程(夹套)压力为 2.5 MPa;壳程(壳体)压力为 0.8 MPa。

设计温度:管程(夹套)温度为 150 ℃;壳程(壳体)温度为 285 ℃。

换热面积:2 600 m^2。

(2) 热网循环水泵。

本期工程设 3 台热网循环水泵,其中,2 台汽动泵运行,1 台电动泵备用。汽动泵投运可保证 50% 以上流量,1 台汽泵和 1 台电动泵运行可保证 75% 流量。汽动泵驱动小汽机采用背压式小汽机,驱动汽源为 3 段抽汽。

汽动热网循环水泵参数如下。

流量:6 200 m^3/h。

扬程:136 mH_2O。

水温:70 ℃。

驱动汽轮机参数如下。

型式:三级、背压式汽轮机。

进汽参数:1.718 MPa,460.2 ℃。

背压:0.4 MPa。
电动热网循环水泵参数如下。
流量:4 200 m³/h。
扬程:136 mH₂O。
水温:70 ℃。

A.3 深度调峰时间的确定

机组参与深度调峰的时间是对深度调峰改造投资影响较大的参数,深度调峰时间越长,改造投资越高,但机组参与深度调峰的幅度也越大。对火电机组灵活性进行改造的目的是解决电网调峰困难问题并为可再生能源消纳创造条件,因此,深度调峰时间的选择应综合考虑电网负荷特性和可再生能源的发电特性。

A.3.1 东北电网电力负荷特性分析

东北电网冬季典型日负荷大致可描述为3个峰值,一个早峰、一个午峰和一个晚峰。其基本变化趋势为:00:00—03:00负荷缓慢下降,03:00左右为全日负荷最低时段,这时主要是一些连续性生产的工业用电及少量的采暖负荷。电负荷从04:00开始上升,07:00达到一日中的第一个高峰,08:00左右有所下降,08:00—11:00逐步进入一天的工作,负荷平稳增长,11:00达到午峰。11:00以后负荷迅速下降,13:00为曲线变化的拐点,13:00以后用电负荷持续上升,一直持续到18:00,电网负荷达到一日内的最高峰,18:00后电负荷开始有所下降,21:00以后全网电负荷以较快的速度下降。

某省日均用电量变化:发电低谷出现在00:00—07:00,低谷时段持续时间约7 h,这段时间是燃煤火电机组参与深度调峰需求较为迫切的时段。

A.3.2 东北地区风电特性分析

风能资源较为丰富的地区主要分布在西北、华北和东北的草原和戈壁,以及东部和东南沿海及岛屿。东北地区面积广,风能储量丰富,风电可开发条件较好,风力发电潜力巨大。黑龙江春季风大,秋、冬季风较大,夏季风小。黑龙江2019年批复新增风电约630 MW,新增风电将增加火电机组参与深度调峰的空间。

A.3.3 深度调峰时间分析

通过电力负荷特性分析和风电特性分析可以看出,东北地区用电负荷在03:00左右达到最低,低于平均值的持续时间一般为6 h左右。冬季是东北电网风能资源较为丰富的季节,夜间社会用电负荷过低和为满足供热需求而产生的热电联产机组强迫发电大大挤占了风电在夜间上网的空间,导致此时段内风电消纳困难显著增加,因此可以认为电网对火电机组在夜间4~6 h内参与深度调峰热电解耦的需求最为迫切。

2018—2019 年供热期,该地区 12 月初至 2 月初气温较低,11 月及 3 月气温均较高。该公司 2018—2019 年供热期气温统计曲线如图 A-1 所示。

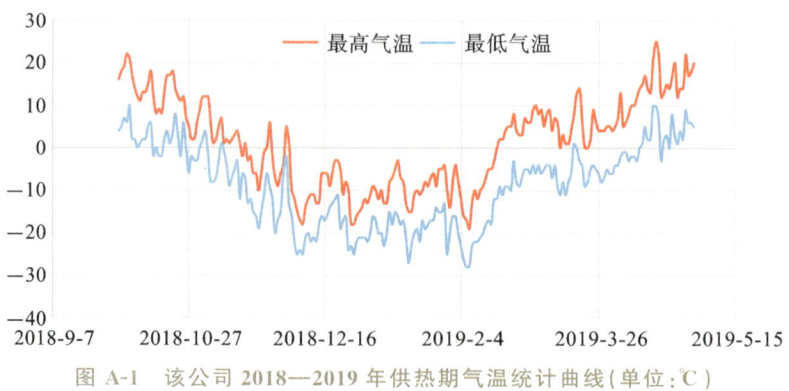

图 A-1　该公司 2018—2019 年供热期气温统计曲线(单位:℃)

考虑到财务评价的稳妥性并计及未来几年该省电网深度调峰辅助服务市场的竞争与政策变化,本改造项目推荐选择采暖期深度调峰时间为 8 h。

A.4　深度调峰改造技术路线

根据 A.2 节热负荷分析中的说明,在 2020 年前,该公司 2 台机组热负荷约为 850 万 m^2,还未达到原有机组设计值,2020 年计划增加供热负荷至 1 137 万 m^2,因此 1 号机组灵活性改造的主要目的是在目前热负荷条件下降低机组发电煤耗,提高供热效率,同时在电网有深度调峰需求的时段积极参与实时深度调峰辅助服务市场,在避免因保证供热而承担调峰辅助服务考核的同时,还能在一定程度上获得调峰辅助服务补贴,提高电厂运行经济效益。

2016 年 11 月,东北能源监管局发布《东北电力辅助服务市场专项改革试点方案》(东北能监市场〔2016〕251 号)及《东北电力辅助服务市场运营规则(试行)》(东北能监市场〔2016〕252 号),在东北地区建立电力辅助服务分担共享市场机制。2019 年 6 月,国家能源局东北监管局发布了《东北电力辅助服务市场运营规则》(东北监能市场〔2019〕63 号)文件,东北电力辅助服务市场正式投入运营。

根据相关政策文件,平均负荷率小于或等于有偿调峰补偿基准时获得辅助服务补偿;平均负荷率大于有偿调峰补偿基准时参与分摊调峰补偿费用。

平均负荷率=火电厂开机机组发电电力/火电厂开机机组容量×100%

实时深度调峰交易采用"阶梯式"报价方式和价格机制,发电企业在不同时期分两档浮动报价,具体分档及报价上下限如表 A-3 所示。

表 A-3　实时深度调峰补偿负荷率及报价上下限

时期	报价档位	火电厂类型	火电厂负荷率	报价下限 /元	报价上限 /[元/(kW·h)]
非供热期	第一档	纯凝火电机组	40%<负荷率≤50%	0.0	0.4
		热电机组	40%<负荷率≤48%		
	第二档	全部火电机组	负荷率≤40%	0.4	1.0

续表

时期	报价档位	火电厂类型	火电厂负荷率	报价下限 /元	报价上限 /[元/(kW·h)]
供热期	第一档	纯凝火电机组	40%<负荷率≤48%	0.0	0.4
		热电机组	40%<负荷率≤50%		
	第二档	全部火电机组	负荷率≤40%	0.4	1.0

按照上述文件要求,在采暖期电网有深度调峰需求的时段,热电联产机组深度调峰负荷率应不高于50%,否则将承担调峰辅助服务考核。参考某公司提供的2018—2019年采暖期运行数据,由于承担的供热负荷相对较少,热电耦合特性并不明显。某公司2台机组具备在满足热负荷需求的前提下参与深度调峰灵活性运行的能力,然而,随着某公司供热负荷的增长,当供热面积接近设计值1 200万 m^2 时,发电负荷率均超过了50%,不仅无法获得调峰辅助服务补贴,还需要在特定时段承担调峰辅助服务考核,这显著降低了电厂的发电收益。因此,为满足目前东北电网对采暖期电厂深度调峰灵活性运行的要求,且避免相应的调峰辅助服务考核,有必要对电厂机组进行深度调峰灵活性改造。

根据《国家发展改革委 国家能源局关于提升电力系统调节能力的指导意见》(发改能源〔2018〕364号)文件及《国家能源局综合司关于下达火电灵活性改造试点项目的通知》(国能综电力〔2016〕397号)文件,应优先提升30万kW级煤电机组的深度调峰能力。改造后的纯凝机组最小技术出力达到30%~40%额定容量,热电联产机组最小技术出力达到40%~50%额定容量。对于某公司,完成深度调峰灵活性改造后,采暖中期满足热网最大热负荷需求时的最小技术出力应降低至50%以下,采暖初、末期满足热网最大热负荷需求时的最小技术出力应降低至40%以下,从而满足政策对机组灵活性运行的要求,并获得较为稳定的调峰辅助服务补贴。

基于上述分析,以下从深度调峰灵活性改造方面对1号机组改造方案进行分析比选。

A.4.1 吸收式热泵改造

吸收式热泵的全称为第一类溴化锂吸收式热泵,其原理是在高温热源(蒸汽、热水、燃气、燃油、高温烟气等)的驱动下,提取低温热源(地热水、冷却循环水、城市废水等)的热能,输出中温或采暖热水。

蒸汽型溴化锂吸收式热泵运行原理流程如图A-2所示。

蒸汽型溴化锂吸收式热泵以蒸汽为驱动热源,以溴化锂浓溶液为吸收剂,以水为蒸发剂,利用水在低压真空状态下低沸点沸腾的特性,提取低品位余热源的热量,通过吸收剂回收热量并将其转换,制取工艺或采暖用热水。

蒸汽型溴化锂吸收式热泵包括蒸发器、吸收器、冷凝器、发生器、热交换器、屏蔽泵和其他附件等。它以蒸汽为驱动热源,在发生器内释放热量 Q_g,加热溴化锂稀溶液并产生冷剂蒸汽。冷剂蒸汽进入冷凝器,释放冷凝热 Q_c,加热流经冷凝器传热管内的热水,自身冷凝成液体后,节流进入蒸发器。冷剂水经冷剂泵喷淋到蒸发器传热管表面,吸收流经传热管的低温热源水的热量 Q_e,使热源水温度降低后流出机组,冷剂水吸收热量后汽化成冷剂蒸汽,进入吸收器。被发生器浓缩后的溴化锂溶液返回吸收器后喷淋,吸收从蒸发器过来的冷剂蒸汽,并放出吸收

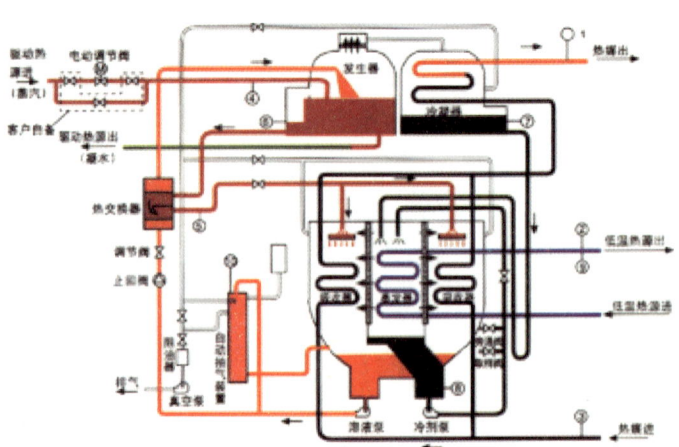

图 A-2　蒸汽型溴化锂吸收式热泵运行原理流程

热 Q_a，加热流经吸收器传热管的热水。热水流经吸收器、冷凝器升温后，输送给热用户。屏蔽泵做的功与以上几种热量相比较小，因此，可以列出以下平衡式：

$$Q_g + Q_e = Q_a + Q_c$$

吸收式热泵的输出热量为 $Q_a + Q_c$，则其性能系数 C_{OP} 为

$$C_{OP} = \frac{Q_a + Q_c}{Q_g} = \frac{Q_g + Q_e}{Q_g} = 1 + \frac{Q_e}{Q_g} > 1$$

由以上两式可知：吸收式热泵的供热量等于从低温余热吸收的热量和驱动热源的补偿热量之和，即供热量始终大于消耗的高品位热源的热量（$C_{OP} > 1$），故称为增热型热泵。根据不同的工况条件，C_{OP} 一般为 1.65～1.85，由此可见，溴化锂吸收式热泵具有较大的节能优势。

吸收式热泵提供的热水温度一般不超过 98 ℃，热水升温幅度越大，则 C_{OP} 值越小。驱动热源可以是 0.2～0.8 MPa 的蒸汽，也可以是燃油或燃气。蒸汽驱动吸收式热泵机组的单机容量可达 30 MW 以上，应用范围比较广泛。

溴化锂吸收式热泵机组余热利用改造方案，是利用第一类吸收式溴化锂热泵技术将循环水中低品位的热量提取出来，对热网循环水进行加热。由于提取低品位的热量，减少了汽轮机冷端损失，因而提高了机组的热效率。

由于第一类吸收式溴化锂热泵技术需要以蒸汽作为热泵的驱动汽源，其蒸汽需要从本机组抽取，另外从循环水中提取热量与循环水在凝汽器出口的温度有着直接的关系。因此，为了将循环水中的热量全部提取出来，同时满足机组对外供热的需求，其抽汽量与低压缸排汽量、循环水量之间必须保持一定的匹配关系。

根据目前某公司 1 号机组热平衡图进行分析，350 MW 超临界机组在最大采暖抽汽工况下能够回收的余热量约 90 MW，吸收式热泵系统总制热功率约 200 MW，估算的改造总投资在 7 000 万元以上。采用吸收式热泵机组的改造方案，能够回收 1 号机组部分余热用于对外供热，但投资过高，因此吸收式热泵改造方案并不适用于本次改造项目。

A.4.2　高背压循环水供热改造

高背压循环水供热技术，是将凝汽器中乏汽的压力提高，降低凝汽器的真空度，提高冷却

水温,将凝汽器改为供热系统的热网加热器,而冷却水直接用作热网的循环水,充分利用凝汽式机组排汽的汽化潜热加热循环水,将冷源损失降低为零,从而提高机组的循环热效率。采用该方案供热可在不增加机组发电容量的前提下,减少供热抽汽量,增大供热面积,回收大量余热,经济效益显著。

高背压循环水供热改造原则性系统如图 A-3 所示。

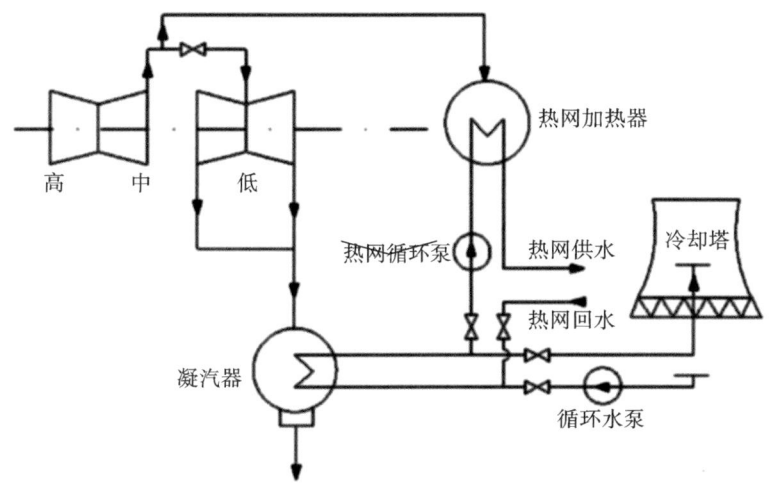

图 A-3　高背压循环水供热改造原则性系统

机组在纯凝工况下运行时,退出热网循环泵及热网加热器运行,恢复原循环水泵及冷却塔运行后,凝汽器背压恢复至 5~8 kPa。从目前国内采用高背压循环水供热技术的系统参数来看,由于汽轮机长期稳定运行受排汽温度不高于 80 ℃ 的限制,考虑凝汽器端差,高背压供热的循环水出水温度一般不高于 75 ℃,供水温度范围一般为 60~75 ℃,而回水温度范围一般为 40~55 ℃,对应运行背压为 25~45 kPa。

对于湿冷机组来说,高背压供热可以采用双转子方案和改造转子方案。对于双转子方案,汽轮机低压部分配两根转子,一根是冬季高背压时采用的,另一根则是夏季正常背压时采用的。冬季高背压转子的末叶短、级数少,夏季正常转子采用正常的末叶和级数。冬季,将机组停机,揭开低压缸,换上高背压转子运行;夏季,将机组再停机,揭开低压缸,换上正常转子运行。对于改造转子方案,原有正常转子被改造成低真空转子,原有低压转子末 2~3 级被拆除,并新设计一级末叶片和相应导叶,新末叶的叶根照配,叶高适当缩短,该转子比正常转子少 1~2 级,前面各级与旧转子相同,满足冬季高背压运行,相应的新末级隔板和导叶也重新设计,原来末级隔板更换成导流环。转子改造后就不再变动。

对于双转子互换方案,每年更换转子时需要两次停机、揭开低压缸、倒换转子及相应隔板等附件,每次停机换转子的时间为 7~10 d。这些都增加了电厂的维护和检修工作量,在一定程度上也影响电厂的经济性。同时,一台机组需要配两根低压转子,不同季节拆卸下来的转子还需要很好地保管,这些都增加了电厂的设备成本和维护成本。此外,更换转子时由于每次都要将高压-低压转子间的靠背轮螺栓和低压-发电机之间的转子对轮的螺栓拆下和再装上一次,若相应的螺孔位置不是正好吻合,还需要现场再铰孔一次,而靠背轮螺旋孔铰孔次数又不能过多,因此要求互换的两根转子靠背轮螺旋孔位置和大小要尽可能一样,对加工尺寸精度的要求很高,应尽可能不发生现场再铰孔的情况。

对于改造转子方案,在冬季低真空时,新转子可以很好满足高背压要求;在夏季纯凝工况下运行时,由于末级叶片变短,且级数也减少,机组的低压缸效率显著下降,热耗升高,对机组的经济性将会产生较大影响。此外,进行高背压供热改造还需要更换凝汽器管板、中间管板、换热管、水室及支座弹簧等,并增加补偿器及相关部件。

根据对已有的改造案例进行分析,单台 350 MW 超临界机组高背压循环水供热改造投资超过 2 500 万元,且与吸收式热泵改造方案相同。完成 1 号机组高背压供热改造后,在采暖中期,电厂对外供热负荷达到需求,2 台机组的平均负荷率仍将高于 50%,即仍需要承担部分调峰辅助服务考核,因此高背压循环水供热改造方案并不适用于本次改造项目。

A.4.3 光轴供热改造

光轴供热改造是在采暖期将低压缸转子更换为光轴,仅留下少量的蒸汽进入低压缸冷却光轴,主蒸汽由高压主汽门、高压调节汽门进入高中压缸做功。中压缸排汽全部进入热网加热器供热。低压转子被拆除,更换成一根光轴,连接高中压转子与发电机,起到传递扭矩的作用。

在机组运行过程中,光轴转子会与低压缸内的蒸汽(或空气)产生摩擦鼓风热,因此需要对光轴转子进行冷却,冷却方案应结合凝汽器的运行方式进行考虑,有两种方式:一是凝汽器以部分负荷运行,蒸汽内循环或通入冷却蒸汽;二是凝汽器停用,采用鼓风机冷却。

在采暖期低压缸光轴运行时,主蒸汽流量决定了发电功率和供热能力,运行方式为纯背压运行,机组完全采用以热定电的运行方式,没有调整手段,机组不具备调峰能力,不能满足电网调峰要求。《东北电力辅助服务市场运营规则》(东北监能市场〔2019〕63 号)第三十条规定:若可再生能源调峰机组的最大能力负荷率低于 80%,则其同厂参与辅助服务市场的机组当日辅助服务市场收益全部扣除。此外,文件还提出建立旋转备用辅助服务,采用光轴运行改造的热电联产机组不能满足旋转备用辅助服务市场的基本要求。这表明,目前电网调度并不推荐采用此种采暖期不可调整方式的改造,且此种方式获得的补贴费用也将显著降低,并不具备较好的经济性。

此外,完成光轴供热改造后,1 号机组在冬季运行使用光轴转子,在夏季使用纯凝转子,供热期前后需要更换低压转子,每个检修期约 15 d,也将显著影响机组发电量并增加电厂运行检修压力。与低压缸零功率运行改造相比,光轴供热改造增加的供热能力基本相同,其需要进行每年两次的转子更换且用电高峰时段出力下降,无法满足电网对于尖峰负荷的要求。因此,光轴改造对于某公司来说同样不具有较强的适应性。

A.4.4 低压缸零功率改造

为避免低压转子发生鼓风而过热,国内热电联产机组中低压缸导汽管蝶阀在设计时保证在"全关"状态下低压转子也能有足够的冷却流量,或者在运行时导汽管蝶阀有最小开度限制(通常为 20% 左右)。

机组低压缸零功率运行改造是打破机组低压缸最小冷却流量的限制,在低压缸高真空运行条件下,采用可完全密封的液动蝶阀切除低压缸原进汽管道进汽,通过新增旁路管道引入少量冷却蒸汽,用于带走低压缸零功率改造后低压转子转动产生的鼓风热量。与改造前相比,提升供热机组灵活性的低压缸零功率改造技术解除了低压缸最小蒸汽流量的制约,在供热量不变的情况下,可显著降低机组发电功率,实现深度调峰。低压缸零功率改造后,为防止低压缸末两级叶片出现鼓风损失从而引起叶片超温及应力超限等问题,需要引入一定量的中压缸排汽对低压缸进行冷却,其原理如图 A-4 所示。

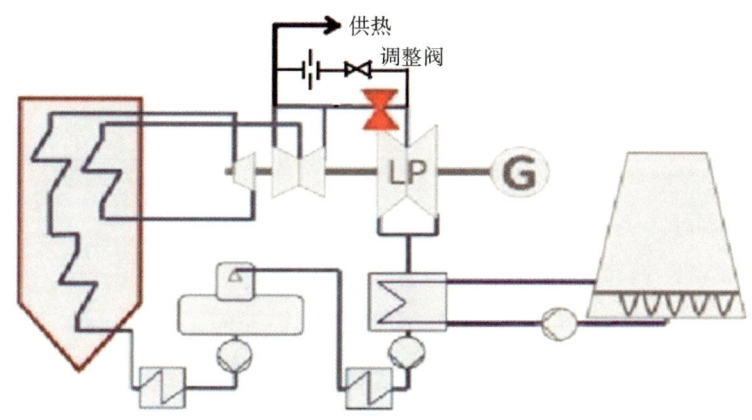

图 A-4 低压缸零功率改造原理示意图

低压缸零功率运行改造可以将原有必须进入低压缸的冷却蒸汽大幅减少,从而在相同发电负荷下显著增加采暖抽汽流量。近两年,这一技术逐渐在国内热电联产机组中得到推广应用,取得了较好的效果。目前华能北方联合电力有限公司临河热电厂1号机组、国电吉林龙华热电股份有限公司延吉热电厂2号机组、国家电投辽宁东方发电有限公司1号机组、华能天津杨柳青热电厂7号机组、华能济南黄台发电有限公司及华电沈阳苏家屯金山热电有限公司已经完成了低压缸零功率改造并投入运行。随着改造及运行经验的逐步积累,低压缸零功率改造技术也将日臻成熟。

根据哈汽厂提供的低压缸零功率改造后热平衡图,为满足对外供热负荷需求,在2019年采暖期及2020年采暖期,某公司2台机组的运行方式如表 A-4 所示。根据供热负荷与发电负荷的平衡分析计算,在电厂对外供热面积不超过 1 200 万 m² 的条件下,对单台机组进行低压缸零功率改造即可满足采暖中期热网最大热负荷需求,并降低电负荷。随着热负荷的不断增长及调峰辅助服务市场的不断变化,后续可根据情况择机完成另外一台机组的低压缸零功率改造或其他方式的提升火电机组灵活性改造,提高电厂的整体收益。根据某公司检修与停机计划,本次计划针对1号机组进行低压缸零功率运行改造。1号机组改造完成后在不同热负荷条件下的运行方式如表 A-5 所示。

表 A-4 2020 年采暖初末期 1 137 万 m² 供热面积机组运行方式

项目	单位	参数
热网热负荷需求	MW	210
1号机组发电负荷	MW	152
1号机组采暖抽汽流量	t/h	137
1号机组供热负荷	MW	105
2号机组发电负荷	MW	152
2号机组采暖抽汽流量	t/h	137

续表

项目	单位	参数
2号机组供热负荷	MW	105
全厂供热负荷	MW	210
全厂平均发电负荷率	—	43.51%

表 A-5 2020年采暖中期 1 137 万 m^2 供热面积机组运行方式

项目	单位	参数
热网热负荷需求	MW	378.05
1号机组发电负荷(低压缸零功率)	MW	78.16
1号机组采暖抽汽流量	t/h	242.26
1号机组供热负荷	MW	191.82
2号机组发电负荷	MW	175
2号机组采暖抽汽流量	t/h	242.26
2号机组供热负荷	MW	186.24
全厂供热负荷	MW	378.05
全厂平均发电负荷率	—	36.17%

由表 A-5 可知，在 2020 年采暖中期热负荷达到 1 200 万 m^2 的条件下，未进行改造的 2 号机组以抽凝运行工况 175 MW 发电负荷运行，完成改造的 1 号机组以 50% 发电负荷率 175 MW 发电负荷切缸运行，能够满足热网供热负荷的需求，全厂平均发电负荷率约 36%，避免了深度调峰辅助服务考核，还能在部分时段获得一定收益。

但是低压缸零功率改造后的机组存在低压缸叶片水蚀、颤振的风险。针对以上风险，国内汽轮机厂家也采用了多种措施，例如，更换强度更大的叶片，加装叶片振动监测系统、加装冷却蒸汽及减温水系统、采取叶片防水蚀喷涂等措施，有效控制叶片水蚀、颤振的风险。

低压缸零功率运行改造技术系统较为简单，各项风险可控，对于原有机组热力系统等影响较小，工期较短，改造投资较低，因此该方案对某公司目前机组及热负荷条件具有较好的适应性。

A.4.5 热水蓄热系统改造

蓄热技术是有利于提高能源利用效率和保护环境的重要技术，旨在解决热能供求之间在时间和空间上不匹配的矛盾。以热水蓄热装置、熔盐蓄热装置为代表的蓄热系统在太阳能利用、电力调峰、废热和余热的回收利用及工业与民用建筑和空调的节能等领域具有广泛的应用前景。但考虑本项目的蓄热以解决采暖为目的，并综合考虑投资、系统复杂程度等方面的因素，对蓄热系统方案选择以热水蓄热形式为主。

目前，有较大规模工程实际应用的蓄热技术主要有显热蓄热技术与潜热蓄热技术。显热蓄热主要是通过蓄热材料温度的上升或下降来存储热能，显热蓄热是各种蓄热方式中原理最简单、技术最成熟、材料来源最丰富、成本最低廉的，因而实际应用最为普遍。

热水蓄热系统主要利用水的显热来储存热量。蓄热设备主要采用蓄热罐,蓄热罐的型式有多种,按压力变化的情况划分,可分为变压式蓄热罐和定压式蓄热罐。变压式蓄热罐分为直接储存蒸汽的蓄热罐及储存热水和小部分蒸汽的蓄热罐两类,定压式蓄热罐分为常压式蓄热罐和承压式蓄热罐两类。按照安装形式还可分为立式、卧式及露天与直埋式蓄热罐。

根据区域供热系统的特点,蓄热装置通常采用常压或承压式热水蓄热罐。一般而言,当供热管网供水温度低于98 ℃时设置常压蓄热罐,当高于98 ℃时设置承压蓄热罐。常压蓄热罐结构简单,投资较低,最高工作温度一般为95～98 ℃,蓄热罐内水的压力为常压,如同热网循环水系统的膨胀水箱;承压蓄热罐最高工作温度一般为110～125 ℃,工作压力与工作温度相适应,对蓄热罐的设计制造技术要求较高,但系统运行与控制相对简单,与热网循环水系统耦合性较好。蓄热罐与热网循环水系统的连接方式分别如图A-5及图A-6所示。

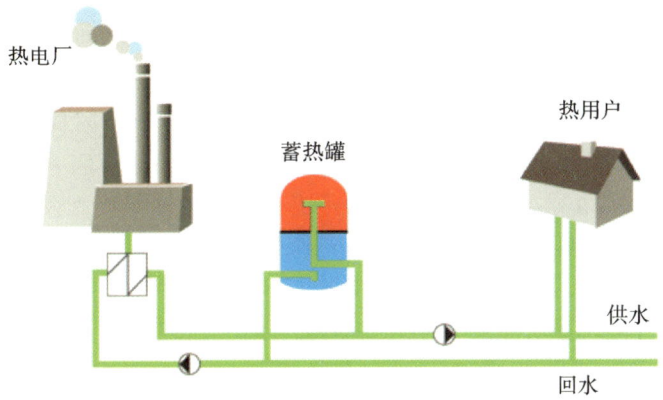

图 A-5　蓄热罐与热网直接连接方式

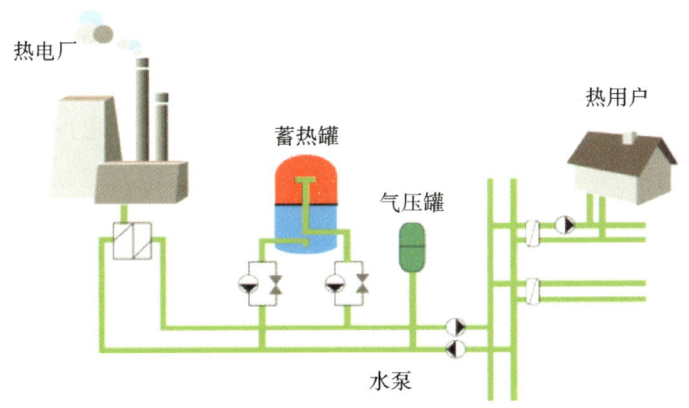

图 A-6　蓄热罐与热网间接连接方式

蓄热罐的应用可以使热和电这两种产品在生产过程中解耦,解耦时间的长短取决于蓄热罐蓄热能力的大小。国外采用蓄热罐主要是通过热电解耦实现热和电两种产品销售利润最大化,热电联产机组可在上网电价高峰时段大量生产电能,并将产生的热能储存起来;在用热高峰且上网电价处于较低的区间时,则可以维持较少的发电量,缺少的部分热量由蓄热罐储存的热量来提供。

对热电厂而言,如果用户侧热负荷波动较大且比较频繁,蓄热罐则可以在热负荷较低时将多余的热量储存,在热负荷较高时再对外放出热量。在蓄热过程中,蓄热罐相当于一个热用户,使得用户热负荷需求曲线变得更加平滑,有利于机组保持在较高的效率下运行,提高经济性。蓄热罐的蓄热过程完成后,机组可在夜间或者某一段时间内降低负荷甚至停机而不影响对外供热。

热水蓄热罐的主要功能如下。

(1) 实现热电解耦,使热电联产机组具有深度调峰灵活性运行的能力。

(2) 实现热源与供热系统的优化与经济运行。

(3) 可作为热网系统中热源与用户之间的缓冲器。

(4) 可作为尖峰热源。

(5) 可作为备用热源。

(6) 可用于紧急事故补水。

(7) 可用于系统定压。

目前,在国际上工程应用较多的热水蓄热技术是斜温层蓄热技术,斜温层的基本原理是以温度梯度层隔开冷热介质。斜温层蓄热系统利用同一个蓄热罐同时储存高低温两种介质,比起传统的冷热分存双罐系统,投资显著降低。目前斜温层蓄热技术已经应用于光热发电蓄热、燃煤供热调峰等系统中,在欧洲尤其是北欧的丹麦、瑞典、挪威等国家发展较为成熟。

北京左家庄供热厂的热水蓄热罐于 2005 年投运,是我国第一座区域供热用常压热水蓄热罐装置,蓄热罐直径为 23 m,总高度为 25.5 m,总容积为 8 000 m^3,蓄热罐热水区温度为 98 ℃,冷水区温度为 65 ℃,最大蓄热能力为 628.05 GJ。华电能源股份有限公司富拉尔基热电厂热水蓄热罐系统于 2017 年投运,采用常压热水蓄热罐,其有效容积为 8 000 m^3;国能吉林江南热电有限公司热水蓄热罐系统于 2018 年投运,采用常压热水蓄热罐,其有效容积为 22 000 m^3。大唐吉林发电有限公司辽源发电分公司热水蓄热罐系统于 2018 年投运,采用常压热水蓄热罐,有效容积为 26 000 m^3。

以热电厂为热源的集中供热系统,其热用户热负荷类型为采暖热负荷,此类负荷属季节性热负荷,负荷大小主要受室外气温变化影响。白天用电负荷较高,当发电余热满足供热外仍有余量时,这部分多余的热量就可以存储起来。夜间发电负荷率根据电网深度调峰要求降低,机组供热能力下降,不足的供热能力由热水蓄热罐承担,从而避免了为满足供热需求而在用电低谷时段产生强迫发电的情况。

当电网调度发出调峰指令时,电厂降低发电功率,机组的供热能力也随之降低,供热能力不足,这部分缺少的热量将由白天存储的供热量来补充。在完成供热任务的同时,并未出现强迫发电,而是利用白天多余的部分供热量来满足调峰时导致的供热能力不足的问题,从而满足了火电机组在提升运行灵活性方面的需求。

对于某公司而言,由于目前供热面积暂未达到设计值,因此热水蓄热系统在非深度调峰时段能够进行较为充分的蓄热,从而在深度调峰时段对外放出热量,实现热电解耦。然而蓄热系统只是实现了热量在时间上的转移,并没有回收部分余热从而提高供热系统效率,受到蓄热系统自身散热等因素的限制,热水蓄热系统实际降低了电厂对外供热效率。此外,随着供热面积的逐渐增加,热水蓄热系统将逐渐丧失在非深度调峰时段实现蓄热的能力,从而使整个系统的应用受到较大限制。与此同时,目前热水蓄热系统投资较高,国能吉林江南热电有限公司及大唐吉林发电有限公司辽源发电分公司常压热水蓄热罐系统总投资均超过 6 000 万元,相对经济性较差,在实现相同深度调峰效果的条件下适用性比低压缸零功率改造差。

A.4.6 减温减压系统改造

减温减压供热系统通过对机组旁路系统进行供热改造或新增减温减压器,使机组在正常运行时,部分或全部主蒸汽及再热蒸汽能够通过旁路对外供热,实现机组热电解耦,降低机组发电负荷的同时补充热网所需的热量。

受锅炉再热器冷却的限制,单独的高压旁路供热的供热能力较为有限。受汽轮机轴向推力的限制,单独的低压旁路供热的供热能力也十分有限,二者均无法单独实现热电解耦,达到深度调峰目的。

高低压旁路联合供热利用机组原有的高压旁路阀或者新设置的减温减压器,将部分主蒸汽引出,通过减温减压后再进入锅炉再热器,加热后从再热段蒸汽管道引出,后面根据热网加热蒸汽参数要求进行减温减压。高低压旁路联合供热改造主要受机组轴向推力和高压缸末级叶片强度限制,锅炉侧主要考虑再热蒸汽温度偏低问题。

如前所述,对于某公司而言,要通过减温减压系统改造实现与低压缸零功率改造相同的深度调峰及供热负荷需求,则单台机组需要进入高压减温减压系统的主蒸汽流量达到160 t/h,原有机组采用二级串联大旁路系统,旁路的功能按只满足机组启动功能设计,高旁容量为40%BMCR蒸汽量,在发电负荷率为50%工况下,原有旁路设计可以基本通过上述流量。但采用此种运行方式将显著提高机组发电煤耗,流量约160 t/h的主蒸汽没有在高压缸内做功发电而直接回到锅炉再热器系统。此外,根据电厂实际运行情况,对于高压旁路阀而言,由于其阀门前后压力差较大,且阀前承压很高,针对采暖期深度调峰热电解耦工况,需要频繁开启或关闭高压旁路阀,在负荷变化过程中,也需要对旁路阀进行实时调节,这都会造成旁路阀因频繁动作而出现泄漏等问题。如果高压旁路阀出现泄漏,将可能造成高压旁路阀后管道超温、机组效率降低等问题,极大地影响机组安全稳定运行。现有高压旁路阀不能满足这一工况运行的要求。

如果采用新增高低压两级减温减压器的方式,计入减温水后进入再热冷段的中压蒸汽流量显著超过原有设计值,这将引起再热系统阻力以平方关系上升。受汽轮机系统压力建立顺序的影响,为保证中压缸及低压缸进汽压力,再热蒸汽系统阻力的显著上升将导致高压缸排汽压力的显著上升,用以克服系统阻力,这一较高的排汽压力将使高压缸排汽温度迅速提升,可能超过原有机组再热冷段管道设计温度及材料允许使用的温度。随着高压缸排汽压力及温度的升高,汽轮机高压缸内部的通流特性将发生变化,原有轴向推力的平衡被破坏,汽轮机高压缸末级叶片强度也将受到影响。另一方面,由于通过高压减温减压器的流量较大,其出口压力必须严格跟踪高压缸排汽压力,一旦此处压力出现波动,会直接排挤高压缸排汽,同时也将导致高压缸排汽超温。总之,此种工况下汽轮机的安全运行存在一定技术风险且运行并不灵活,难以随时满足电网对机组深度调峰的需求。

综上所述,受机组设备特性及调节运行不灵活性等因素的限制,采用减温减压供热系统的灵活性改造方式也并不适用于本改造项目。

A.4.7 电锅炉系统改造

采用电锅炉系统实现深度调峰的主要原理是通过设置电锅炉满足采暖热水热负荷,电锅炉用电来自机组发电,由于电锅炉消耗了部分电能,因此机组实际发电负荷可以不用降至过低。机组保持较高发电负荷的同时,可以保持较高的对外供热负荷。因此,电锅炉系统能够在降低机组实际发电负荷(抵减电锅炉用电)参与深度调峰的同时,满足热负荷的需求,从而实现对机组的深度调峰。

按照是否配置蓄热装置,电锅炉系统可以分为蓄热式电锅炉系统和非蓄热式电锅炉系统。目前,蓄热式电锅炉系统主要采用固体蓄热的方式,而非蓄热式电锅炉系统则主要采用电极式锅炉。

固体蓄热式电锅炉采用高压固体蓄热技术,其由高压电发热体、高温蓄能体、高温热交换器、热输出控制器、耐高温保温外壳和自动控制系统等组成。固体蓄热式电锅炉的工作原理是在预设的电网低谷时间段或存在大量弃风弃光等时段,自动控制系统接通高压开关,高压电网为高压电发热体供电,高压电发热体将电能转换为热能,同时被高温蓄能体不断吸收,当高温蓄能体的温度达到设定的上限温度,或电网低谷时段结束,或大量弃风弃光时段结束时,自动控制系统切断高压开关,高压电网停止供电,高压电发热体停止工作。高温蓄热体通过热输出控制器与高温热交换器连接,高温热交换器将高温蓄热体储存的高温热能转换为热水、热风或蒸汽输出。

高压固体蓄热式电锅炉结构示意图如图 A-7 所示。

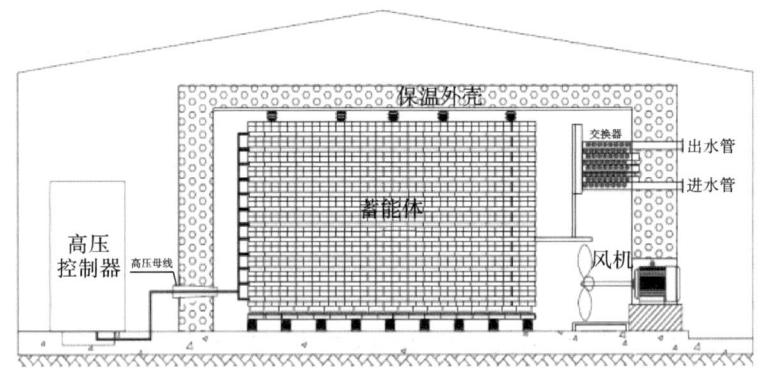

图 A-7 高压固体蓄热式电锅炉结构示意图

然而,固体蓄热式电锅炉需要配置大容量的蓄热系统,其占地面积极大,且造价远高于电极式锅炉系统。

目前应用较为成熟的直接加热式电锅炉是电极式热水锅炉,如图 A-8 所示,其利用插入水中的电极对水进行直接加热。电极式热水锅炉系统主要由电极式热水锅炉、循环水泵、定压补水设备及换热器等设备组成,如图 A-9 所示。

电锅炉是将电能转化为热能并将热能传递给介质的能量转换装置,电流通过电极与水接触产生热量,将热能传递给介质。通电的电极不断地产生热量,热量被介质不断地吸收带走,介质由低温升至高温,再由循环水泵送到热用户,释放能量,介质由高温降至低温,进入电极锅炉,以此往复保持热量平衡。

由于电极式锅炉自身并不具备蓄热能力,因此通常可以配置热水蓄热系统作为其蓄热装置,电锅炉系统产生的热量能够以热网循环水的形式存储在热水蓄热罐中,并在热网有需要时对外放出,实现电厂的深度调峰和热电解耦。

电极式锅炉适用的电压范围是 6～20 kV,可适用于电压不稳定的电网系统。

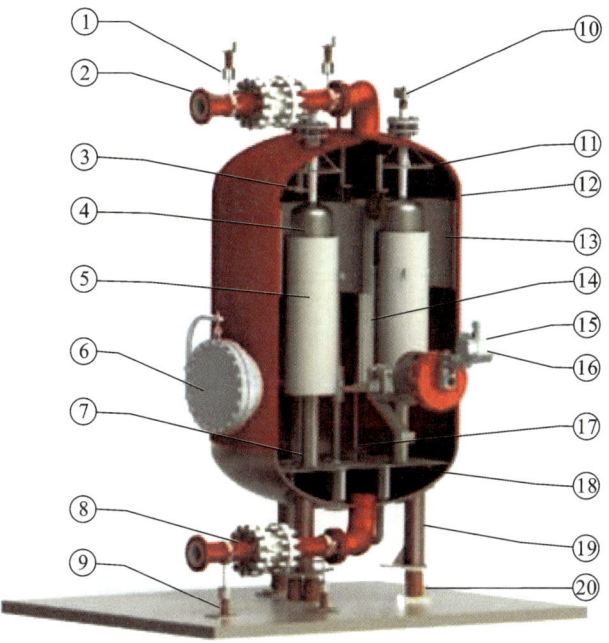

①——出水绝缘管	⑪——上部保护盾
②——绝缘管吊架	⑫——保护盾滑轮组
③——电极瓷套管	⑬——零点电极
④——相电极	⑭——保护盾保持架
⑤——移动保护盾	⑮——保护盾调整装置
⑥——检查人孔	⑯——伺服马达
⑦——下部保护盾	⑰——保护盾调节导轨
⑧——回水绝缘管	⑱——安装底板
⑨——回水绝缘管支架	⑲——锅炉支腿
⑩——电极接线点	⑳——绝缘支柱

图 A-8　电极式热水锅炉

图 A-9　电极式热水锅炉系统

电极式热水锅炉系统具有以下诸多方面的优势。
（1）电极式锅炉自身效率在 99% 以上，体积较小，节省空间。
（2）可以采用 10 kV 高压电直供，降低变压器初投资。
（3）运行安全稳定可靠，没有蒸汽换热环节，不需要锅炉排污。
（4）可调节电网峰谷差值，减少电网白天负荷，充分利用电网夜间低谷电。
（5）可无级调节，根据用户负荷实现从零到满负荷功率无级调节。
（6）智能化控制程度高，出水温度控制精度为 ±0.5 ℃。
（7）采用封闭式设计，对高压电绝对隔离。

(8) 不产生拉弧，可保护电网安全。

(9) 电极实际使用寿命超过30年，电锅炉设计使用寿命在40年以上。

此外，设置电极式电锅炉的提升火电灵活性方案还具有以下优点。

(1) 运行灵活，电锅炉功率能够根据热网负荷需求实时连续调整，调整响应速率快。

(2) 对原有机组的正常运行及控制逻辑影响较小，且由于机组实际发电负荷有一定的提高，机组自身发电效率及运行稳定性也将有一定提升。

(3) 与固体蓄热式电锅炉系统相比，电极式电锅炉方案占地面积较小，能够分散布置，并且可以同时配置热水蓄热系统实现蓄热。

(4) 机组负荷率较高，不需要考虑对烟气脱硝系统进行改造。

与低压缸零功率改造相比，新增电锅炉系统改造增加了新的外部热源，能够在充分发挥现有机组供热能力的基础上增加部分外部热源，在参与深度调峰的同时满足供热负荷增长的需求。根据电锅炉系统初步选型配置方案，可以配置5台40 MW等级的电极式锅炉，在2020年采暖供热面积达到1 200万 m^2 的条件下，能够实现在整个供热期将实际供电负荷率(抵减电锅炉系统用电)降低至10%以下，实现长时间连续深度调峰，获得较为可观的调峰辅助服务补贴。然而，配置5台40 MW等级的电极式锅炉及相关的热水蓄热系统，总投资超过1.5亿元，初投资及实际运行成本均较高，电锅炉系统直接用电进行热网循环水加热，综合能源利用效率低。随着东北地区灵活性改造项目的逐步推广及可再生能源消纳问题的改善，实时深度调峰辅助服务市场政策可能发生一定变化，这也为电锅炉系统带来了一定的政策风险。

本项目是结合某公司现有机组的实际情况，针对冬季采暖期对外供热负荷特点，对现有电厂进行的余热利用及深度调峰改造项目，可提高电厂深度调峰能力。推荐工程方案是完成1号机组低压缸零出力运行改造。

近两年，低压缸零出力技术逐渐在国内热电联产机组中推广应用，取得了较好的效果，目前华能北方联合电力有限公司临河热电厂1号机组、国电吉林龙华热电股份有限公司延吉热电厂2号机组、国家电投辽宁东方发电有限公司1号机组、华能天津杨柳青热电厂7号机组、华能济南黄台发电有限公司及华电沈阳苏家屯金山热电有限公司已经完成了低压缸零出力改造并投入运行。随着改造及运行经验的逐步积累，低压缸零出力改造技术也日臻成熟，并且通过完善各项措施保证了改造的安全性。

此外，本项目的其他系统的改造都属于电厂常规系统改造，系统设计能够满足项目投产后正常运行的需求，因此在系统设计方面不存在任何技术风险。

针对上述分析，对于某公司1号机组灵活性调峰改造项目，低压缸零功率改造技术具有初投资较低、系统简单的特点，并且能够满足参与深度调峰的要求。鉴于电厂目前的设备及供热负荷情况，推荐在2020年先对一台机组进行低压缸零功率运行改造，随着热负荷的增长与拓展，可择机进行另外一台机组的低压缸零功率运行改造。

A.5 改造工程设想

A.5.1 汽轮机本体改造方案

某公司1号机组汽轮机由哈尔滨汽轮机厂有限责任公司制造，由于低压缸零功率运行改造主要为低压缸本体范围内的改造,因此主要依据汽轮机制造厂提供的推荐技术方案。

根据哈汽厂提供的相关资料,在1号机组低压缸零功率改造中,主要遵循以下原则。

(1) 在保持原机组设计蒸汽参数、热力系统不变的前提下进行改造。

(2) 安全可靠性第一,采用的技术成熟可靠,以提高机组的可用率与可靠性。

(3) 更换连通管液控蝶阀,更换低压转子相关叶片。

(4) 对控制系统进行相应的调整与优化。

(5) 设计、制造与检验符合现行的国际、国家及行业的标准和要求。

(6) 改造后设备运行应力控制值能适应原机组运行参数变化的要求,并且满足现场运行需要。

1. 中低压缸连通管改造

根据低压缸零功率运行的需要,从中压缸排汽引出冷却蒸汽至低压缸进汽口,用于冷却低压缸末级叶片,因此,需要对原中低压连通管进行改造。

在中低压缸连通管上加装与原蝶阀接口一致的新液动供热蝶阀(带独立油源),并在供热蝶阀前预留供热抽汽接口,在供热蝶阀后预留冷却蒸汽旁路接口。

供热蝶阀选用具有良好通流特性及调节特性的、可完全密封的液动蝶阀,执行机构选用自带独立油源的形式。

2. 低压缸冷却蒸汽系统改造

供热系统在非抽汽工况下处于非截流状态,蒸汽进入低压缸;低压缸零功率改造后,在抽汽工况下,连通管蝶阀关闭,蒸汽从连通管抽汽管道全部引出并进入热网供热,仅引部分蒸汽进入低压缸以冷却低压转子,带走由于鼓风产生的热量。

根据低压缸零功率改造技术要求,新增低压缸通流部分冷却蒸汽系统,流量约为30 t/h,冷却蒸汽汽源取自中压缸排汽,接入点在中低压缸连通管低压缸进汽口竖直管道上。为降低低压缸冷却蒸汽过热度,实现更好的低压缸冷却效果,在低压缸冷却蒸汽管道中配置喷水减温装置,与此同时配置汽水分离装置,保证进入低压缸的冷却蒸汽不带水。

在低压缸冷却蒸汽管道上设置流量测量装置、电动关断阀、喷水减温装置、汽水分离器、电动调节阀、电动关断阀及管道疏水阀等管件,低压缸冷却蒸汽系统工作流程如图A-10所示。

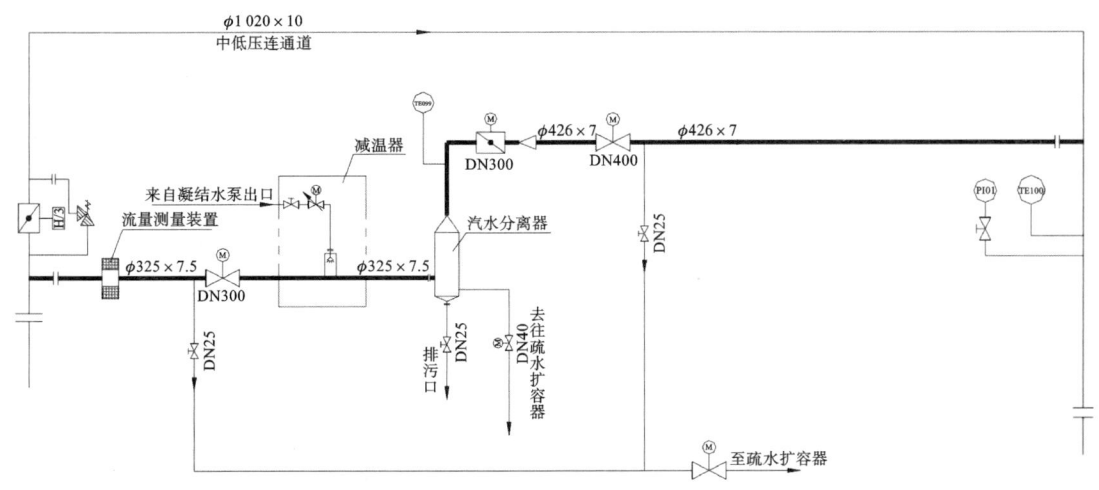

图 A-10 低压缸冷却蒸汽系统工作流程

3. 汽轮机本体运行监视测点改造

完成低压缸零功率改造后,机组在低压缸零功率运行工况时,低压缸通流部分运行条件大幅偏离设计工况,在极低容积流量条件下运行,为充分监视低压缸通流部分运行状态,确保机组安全运行,需增加低压缸末级、次末级级后蒸汽温度测点。本体系统新增监视测点如图 A-11 所示。

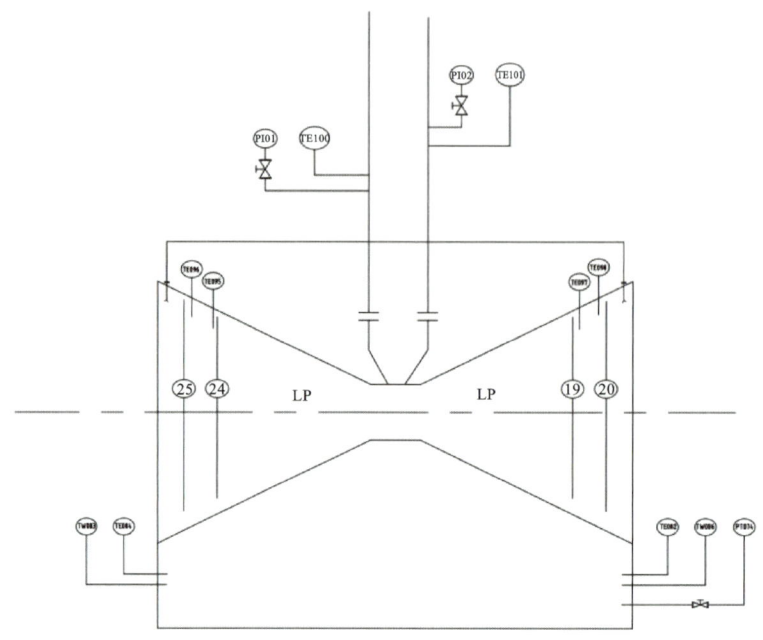

图 A-11 汽轮机低压缸新增监视测点

本体范围内新增的所有监视测点均接入机组 DCS 系统,根据现场实际情况,对低压外缸进行补充加工,即现场钻孔,焊接热电偶用引线接头,安装保护锥套、锥套垫片、热电偶,并将信号引出,同时对机组自控部分进行优化调整。

4. 低压缸喷水系统改造

根据哈汽厂提供的有关低压缸喷水系统的分析与校核资料,为避免低压缸零功率运行时转子鼓风和水蚀,需要优化低压缸喷水系统,合理控制喷水量,强化雾化效果,减少叶片水蚀。

哈汽厂提供的解决措施如下:优化低压缸喷水系统,降低叶片温度,为末两级叶片设置温度测点;从旁路引入蒸汽,经过减温减压装置,实现有效降温;采用优秀雾化喷头,保证喷水减温效果;采用双路喷水系统,分阶段投入,既保证减温效果,又避免喷水过量。

A.5.2 热力系统改造方案

1. 热网系统改造

根据前面章节的分析说明,由于在 2020 年前该公司 2 台机组规划热负荷约 850 万 m^2,还未达到原有机组设计值,因此本次改造的主要目的是在目前热负荷条件下降低机组发电煤耗,提高供热效率。

对于热网加热蒸汽,在低压缸零功率运行、最大切缸供热工况下,主蒸汽流量为 1 110 t/h,发电负荷为 267 MW 时,采暖抽汽流量为 653.390 t/h,超过最大设计流速,此时需要增加一路 DN600 的管道,保证流速小于设计最大流速。因此,抽汽管道应增设一根 DN600 管道,满足低压缸零功率运行要求。流速核算表如表 A-6 所示。

表 A-6 流速核算表

项目	单位	数值
最大抽汽流量	t/h	653.39
温度	℃	261.1
压力	MPa	0.4
体积流量	m^3/s	110
管道内径	m	0.992
管道面积	m^2	1.5
流速	m/s	71
新增管径	m	0.6

对于热网循环水系统,为确保在异常状态下热网首站与二次网严密隔离,保障热网安全,同时考虑到蝶阀和闸阀严密性不如球阀,需在热网供、回水母管各安装 DN1400 电动球阀。按照某市在最冷天气情况下需要 46.5 W/m^2 供热功率计算,热网循环水实际流速为 1.9 m/s,未超过设计要求,故不用对热网循环水管道进行扩容改造。进入采暖季后,电动热网循环水泵在工频条件下运行,调节方式完全依靠汽动热网循环水泵。通过分析历史运行数据发现,汽动热网循环水泵汽轮机在调节转速时,存在排汽不畅、瓦温偏高、振动较大等问题。为保障热网供热安全,对现有电动热网循环水泵增加一套变频控制系统,便于调节热网供热流量。1 号机组切缸改造后,热网加热器进汽量增加,汽侧超过设计流量,且 2020 年某公司供热面积计划达到 1 137 万 m^2,接近设计值 1 200 万 m^2,在供热中期,当 1 台机组出现运行事故而停机时,无法满足供热要求。考虑未来 3～5 年内的供热面积增长情况,为保证供热安全余量,并匹配切缸后的供热能力,须增加 2 台换热面积为 600 m^2 的 U 形管热网加热器,布置在原有 4 台热网加热器中间。在 1、2 号热网供汽母管之间连接一根 1 020 mm 联络管,中间设置 2 道手动阀门。增加加热器后,可以将小机排汽引至新加热器中,在有效降低小机运行能耗的同时,又可以解决原小机排汽不畅、背压高及轴瓦温度偏高的问题。

热网循环水泵汽轮机运行曲线如图 A-12 所示。

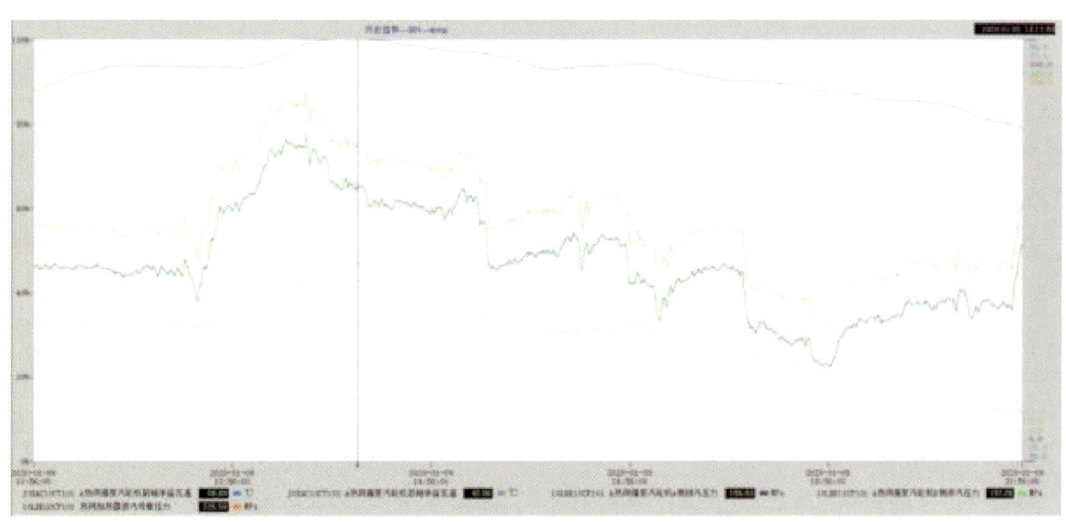

图 A-12 热网循环水泵汽轮机运行曲线

对于热网疏水系统,可通过核算疏水冷却器流速来满足设计要求,不必对疏水系统进行改造。

2. 凝汽器抽真空系统改造

机组低压缸零功率运行工况对凝汽器运行没有明显的安全性影响,但机组在低压缸零功率工况下凝汽器热负荷较少,同时低压缸零功率工况的季节为冬季,循环冷却水温度较低,机组理论上处于低背压(高真空)的运行状态。受水环式真空泵极限抽吸压力问题影响,汽轮机真空系统内可能会出现空气聚积问题而引发凝汽器压力升高,进而导致低压缸末级、次末级叶片鼓风摩擦损失增大,影响低压缸安全运行。

在凝汽器循环冷却水进口温度为20 ℃和10 ℃的条件下,凝汽器背压分别约2.8 kPa和1.5 kPa,凝汽器压力处于较低水平,低于水环式真空泵极限抽吸压力。

由于在机组投产时,已经配备1台罗茨真空泵组和2台水环式真空泵,满足改造后真空系统运行要求,故维持原有真空系统运行方式不变,不需要进行改造。

3. 循环水泵及循环水系统

本工程每台机组配置2台双速循环水泵及一座自然通风冷却塔,机组低压缸零功率运行工况对循环水泵运行没有明显的安全性影响,但可结合凝汽器热负荷大小和对循环冷却水流量的需求优化循环水泵运行方式,以提高机组运行经济性。

结合凝汽器特性分析可知,在机组低压缸零功率运行工况下,凝汽器热负荷减少为原最大抽汽工况的40%左右,仅需较少量循环冷却水流量就可满足机组运行需求。凝汽器冷却水流量过小、冷却管内流量过低,容易造成凝汽器冷却管内脏污、结垢,凝汽器可采取单侧运行方式以提高换热管内水流速。当2台机组运行时,可采用"两机一塔"运行方式,或考虑采用循环水不上冷却塔而仅流经冷却塔下部的循环方式。

综上所述,循环水泵及循环水系统不需要进行改造,仅通过运行方式调整即可满足低压缸零功率运行工况的要求。

4. 凝结水泵及凝结水系统

1号机组凝结水系统配置2台凝结水泵,当前机组正常运行时两泵一用一备,在冬季供热工况凝结水流量较少,低压缸零功率运行时凝结水流量更少,但由于配置了热网疏水至汽轮机本体疏水扩容器的管道,增加了进入凝汽器热井中的凝结水量,因此可以保证凝结水流量高于凝结水泵最小运行工况流量。

凝结水泵安全经济运行的理想状态是在机组切低压缸运行工况下除氧器上水调节阀全开、凝结水泵再循环阀保持关闭,完全由凝结水泵变频器调节凝结水流量来满足除氧器上水需求。当凝结水流量过低或凝结水压力过低时,理论上可以通过开启凝结水再循环及除氧器上水调门节流阀等措施来确保凝结水泵的安全运行,但存在一定的经济性损失。

低压缸零功率运行改造后,经过轴封冷却器的凝结水流量较最大抽汽工况并未减少,轴封漏汽等可以得到较为充分的冷却,因此轴封冷却器及相关系统不需要进行改造。

低压缸零功率运行改造后,由于低压缸进汽量显著减少,8号低压加热器、7号低压加热器及6号低压加热器汽侧切除,水侧正常运行。5号低压加热器正常投运,经过轴封加热器加热后,5号低压加热器出口的凝结水温度可达到120 ℃左右,能满足除氧器热力除氧的温度要求。

A.5.3　低压缸零功率改造安全性分析

1. 低压缸零出力叶片运行风险分析

（1）鼓风风险。

鼓风使排汽温度上升超过 200 ℃，将带来如下问题。

①末三级叶片许用值发生变化，存在静力超标的可能。

②末三级叶片整圈动频率下降，存在共振点落入避开区的可能。

（2）动应力风险。

在低压缸切缸过程中，蒸汽流量下降，导致流场不稳定，使汽流从叶片表面脱落，产生聚集现象，形成倒流涡流区，涡流引起不规律的汽流激振，导致动应力增大。

在不同负荷下，叶片动应力变化曲线如图 A-13 所示。

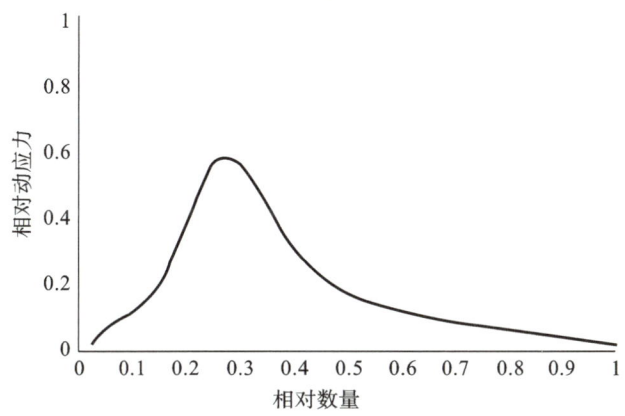

图 A-13　不同负荷下叶片动应力变化曲线

（3）水蚀风险。

叶片在低负荷工况下运行，叶片根部的脱流和叶片顶部的涡流汽流夹带的水滴随蒸汽倒流冲刷叶片，使叶片根、顶部出现水蚀，如图 A-14 所示。

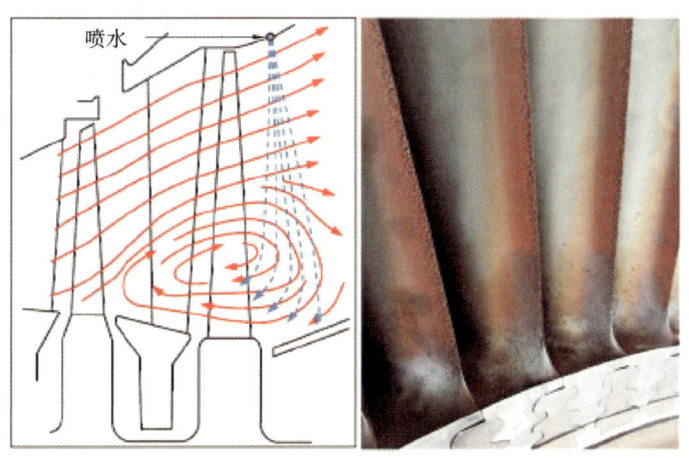

图 A-14　叶片根部水蚀

2. 风险解决措施

(1) 鼓风风险解决措施。

鼓风风险解决措施如下。

①优化低压缸喷水系统,降低叶片温度,在末两级叶片设置温度测点。

②详细计算叶片强度与振动频率,给定叶片运行温度上限,并设置报警保护。

③从旁路引入蒸汽,经过减温减压装置,形成冷却蒸汽,实现有效降温。

优化后的低压缸喷水系统有如下特点。

①全部采用不锈钢产品,保证系统稳定运行。

②采用优秀的雾化喷头,保证喷水减温效果。

③采用双路喷水系统,分阶段投入,既保证减温效果,又避免喷水过量。

根据哈汽厂对末级 1 040 mm 叶片与次末级 515 mm 叶片的整圈振动频率测试值进行计算分析可以得到,叶片转速为 2 820~3 090 r/min 时无共振点,温度升高至 200 ℃后,按叶片振动设计标准,叶片在第 M0~M8 节径内的共振频率转速未进入 2 820~3 090 r/min 之间,因此,在温度 200 ℃以内,整圈叶片共振转速满足设计要求。

(2) 动应力风险解决措施。

机组使用的末级 1 040 mm 与次末级 515 mm 叶片为哈汽厂成熟叶片,得到了广泛应用。对于末级 1 040 mm 叶片,由其理论计算值可知,该叶片在低负荷小流量等非设计工况下存在动应力峰值,可通过加装动应力测试系统找到叶片在切缸过程中的高应力值区间,并给出提示,从而帮助电厂运行人员在切缸过程中主动避开动应力峰值区域。

在电厂现场切缸试验过程中,叶片应力监测系统能够提供叶片实时振动状态,揭示叶片振动响应随低压缸阀门开度的变化规律,帮助电厂人员找到切缸过程中的峰值区域,确保切缸操作的安全性。叶片应力在线监测系统如图 A-15 所示,在切缸过程中叶片应力在线监测系统的监测曲线如图 A-16 所示。

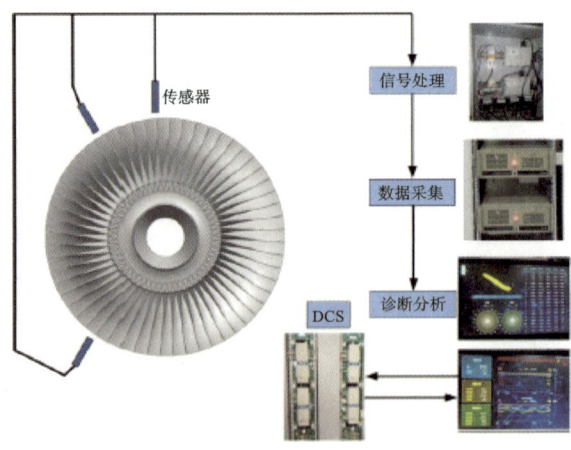

图 A-15　叶片应力在线监测系统

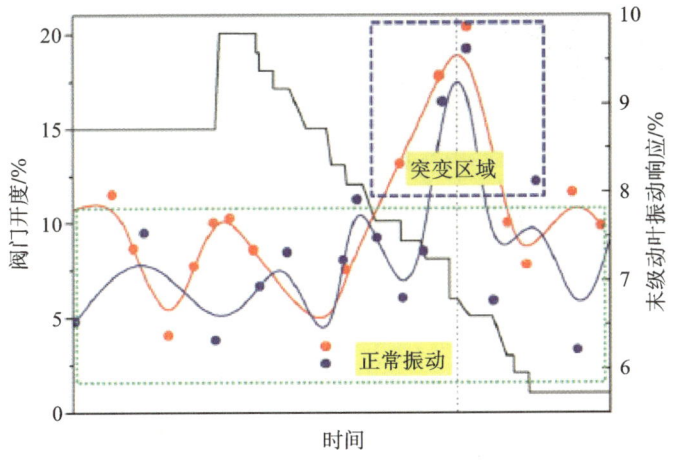

图 A-16　切缸过程中叶片应力监测系统的监测曲线

(3) 水蚀风险解决措施。

水蚀风险解决措施如下。

①对末级、次末级叶片出汽边进行喷涂处理,提高叶片抗水蚀冲刷性能。

②优化低压缸喷水系统,合理控制喷水量,加强雾化效果,减少叶片水蚀。

③加装叶片应力在线监测系统,对叶片运行情况进行监测,给出报警提示。

优化后的喷水系统如图 A-17 所示。

图 A-17　优化后的喷水系统

根据哈汽厂提供的叶片专题报告,末级及次末级叶片在切缸过程中会经过动应力峰值区域,但是叶片不能长期停留在该区域,否则会对叶片带来影响。对应解决的措施是采用叶片应力监测系统,确定该区域低压缸阀门开度范围及变化规律,帮助运行人员找到切缸过程中的危险区域,采取防止阀门中停的技术措施,主动避开此区域,确保切缸操作的安全性。切缸技术是安全的,但频繁的切缸也相当于低压缸频繁地经历启停机过程,叶片会存在应力疲劳,对叶片的长期寿命会有一定影响,因此,从确保汽轮机长期寿命的角度出发,建议对末级及次末级叶片进行更换。考虑到今年改造工期紧张问题及现有叶片良好的状态,如图 A-18 所示,2020年改造可以暂时不更换末级及次末级叶片,仅进行现场超声速火焰喷涂即可,另外,尽量减少切缸次数。待 2021 年机组大修时,一并进行返厂更换。这样既可以保证今年改造后机组安全运行,又可以保证 2021 年大修后叶片的长期使用寿命。

图 A-18　1 号机组目前末级叶片状态

A.5.4　电气系统改造方案

对于本工程电气系统的改造,只为热网循环水泵增加 1 台变频器,6 kV 开关柜至变频器的动力电缆不变,新增变频器至热网循环水泵电机动力电缆 1 根,新增 6 kV 开关柜至变频器二次电缆 1 根,新增变频器至 DCS 机柜二次电缆 7 根。电气系统增设电缆明细如表 A-7 所示。

表 A-7　电气系统增设电缆明细

型号	规格	长度/m	数量	起始名称	终止名称
ZRC-YJY22-6/6	3×185	100	1	变频器	热网循环水泵电机
KYJYP2	10×1.5	400	1	变频器	6 kV 开关柜
KYJYP2	10×1.5	400	6	变频器	热控接口柜
DJYP2YP2	4×2×1	400	1	变频器	热控接口柜

A.5.5　热工自动化系统改造方案

1. 控制方式

本改造项目采用集中控制方式,汽轮机本体改造部分纳入原有 1 号机组 DEH 进行控制,低压缸冷却蒸汽系统部分、凝汽器抽真空系统部分、热网疏水及凝结水系统部分分别纳入 1 号机组 DCS 系统进行控制。在集中控制室内,系统运维人员可以完成正常运行的自动调节和事故状态的有关操作,在就地人员的配合下还能完成相关的启停操作。

2. 控制逻辑改造

(1) 梳理原控制系统中与供热抽汽相关的控制逻辑,取消与低压蝶阀关闭对应的所有闭锁控制逻辑,取消供热低负荷投入保护逻辑,取消与低压缸零功率供热有冲突的相关控制逻辑。

(2) 梳理原控制系统中与低压缸运行有关的保护定值设置,确认各控制逻辑与低压缸零功率运行要求一致。

(3) 增加低压缸零功率供热投入/切除控制逻辑及画面投切功能。

(4) 根据低压缸零功率供热后机组电-热负荷特性,优化调整机组 AGC 负荷控制逻辑,确保改造后机组安全、稳定运行。

(5) 改造后对机组保护、自动控制系统进行整体调试,进行 AGC、一次调频、RB 等动态试验,最终取得权威机构试验报告。

3. 仪表及控制系统改造

(1) 中低压缸连通管改造。

更换液控蝶阀。

(2) 低压缸冷却蒸汽系统改造。

增加 1 套蒸汽流量测量装置、1 套水流量测量装置、4 个电动门、1 个电动调门、2 个热电偶温度测点。

(3) 汽机本体运行监视测点改造。

增加 5 个压力测点、12 个热电偶温度测点。

(4) 低压缸喷水系统改造。

增加 1 个电动调门、1 个气动关断门。

(5) 热网系统改造。

增加 2 个 DN1400 电动球阀、1 套变频控制系统、2 套热网加热器(每套包括 8 个电动门、4 个气动门、1 个电动调门、1 套水流量测量装置、2 个压力测点、7 个热电偶温度测点、3 个液位测点、4 个液位开关、4 个热电阻温度测点)。

经过现场勘察发现,DCS 系统卡件排布较满,无空余位置,因此需要增加 1 面 I/O 控制柜(含电源模块、机笼等标准配置)、5 套 DO 卡件、10 套 DI 卡件、1 套 RTD 卡件、2 套 TC 卡件、1 套 AO 卡件、4 套 AI 卡件。

DEH 系统需要新增 2 套 TC 卡件、1 套 AO 卡件、1 套 AI 卡件。

4. 电源

DCS 系统新增的 I/O 控制柜电源采用双电源设计,接入原 DCS 系统配电柜;现场仪表电源均取自热工仪表电源柜。

5. 气源

仪表气源取自原有机组仪用压缩空气母管。

A.5.6 化学部分改造方案

本工程低压缸零功率改造项目没有增加电厂对外供热能力,因此不需要对热网补水等系统进行增容。对锅炉及汽轮机主要热力系统没有进行改造,因此原有机组锅炉补给水等容量可以满足改造后的要求,化学部分不进行相关改造与增容。

A.5.7 土建部分改造方案

某公司的建筑设计使用年限为 50 年,楼面采用焊接或轧制 H 型钢次梁、现浇钢筋混凝土楼板,梁顶设置有抗剪件与钢梁连接,属于组合构件。设计地震动峰值加速度值为 $0.10g$,抗震设防烈度为 7 度,地震动反应谱特征周期均为 0.45 s,场地类别为Ⅲ类。热网首站外墙等特殊部位采用内部砌体、外部金属墙板的双层墙体。加热器平台柱及主框架梁采用现浇钢筋混凝土框架结构,横向与 A、B 列柱固接。热网首站柱距为 9.00 m,纵向长度为 9 个柱距,中间设插入距 1.20 m,总长度为 82.20 m,横向跨度为 12.00 m(目前设计安装加热器的 6.3 m 平台底部设有 5 根横向钢轨,跨度为 2.5 m)。

本工程新增热网加热器基础2个。经过复核,满足《建筑结构可靠性设计统一标准》(GB 50068—2018)的要求,汽轮机切缸改造后,不会引起汽轮发电机原有扰力分布变化,不需要对汽机基座进行加固改造。此外,本工程须新增低压缸冷却蒸汽管道支吊架埋件及低压缸喷水管道支吊架埋件等。

A.6 劳动安全与职业卫生

A.6.1 劳动安全

根据国家及电力与市政行业有关规定要求,本工程为贯彻"安全第一,预防为主"的方针,保障劳动者在劳动过程中的人身安全和健康,遵照国家和行业有关标准、规范、规程和规定的要求,在设计上将采取有效的防护设施和防范措施。

1. 设计依据

(1)《中华人民共和国安全生产法》。

(2)《建设项目安全设施"三同时"监督管理暂行办法》。

(3)《火力发电厂职业安全设计规程》(DL 5053—2012)。

2. 生产过程中存在的危险及危害分析

本改造项目涉及的转动机械设备,如各种泵类的外露部分,存在安全隐患。在运行和检修期间,操作人员如有不慎,均有可能发生卷入转动机械的伤亡事故。

3. 劳动安全措施

为转动机械均设置安全护罩,防止发生人身伤害事故;对高温管道按照有关要求进行保温,运行、检修人员在操作时严格遵守相关安全、操作规程,防止人员烫伤。

4. 劳动安全机构与设施

本工程为改造工程,劳动安全机构和设施直接利用某公司现有的劳保监测站、安全教育室等,劳保监测站和安全教育室已经配备了人员及相应仪器设备,能够满足本改造工程需要,本改造工程不再增设。

5. 预期效果

综上所述,本改造工程投产后能够安全、经济地运行,同时为减少事故、保证劳动者在生产过程中的健康与安全,本工程关于劳动安全的设计,将结合本改造工程的生产工艺及特点,应尽可能将威胁安全的各种因素控制到最小或最低程度,针对其危险因素,依托原有设施或采取相应技术措施和防范设施,以期有效地保护职工的安全。

A.6.2 职业卫生

1. 设计依据

(1)《中华人民共和国职业病防治法》。

(2)《建设项目职业卫生"三同时"监督管理暂行办法》。

(3)《工业建筑供暖通风与空气调节设计规范》(GB 50019—2015)。

(4)《工业企业设计卫生标准》(GBZ 1—2010)。

(5)《工作场所化学有害因素职业接触限值 第1部分:化学有害因素》(GBZ 2.1—2007)。

(6)《工作场所化学有害因素职业接触限值 第2部分:物理因素》(GBZ 2.2—2007)。

(7)《工业企业噪声控制设计规范》(GB/T 50087—2013)。

2. 危害因素识别

(1) 机械动力性噪声。

本改造涉及的机械设备在运转过程中由于振动、摩擦、碰撞等产生的噪声,以中、低频为主,如泵类等大型转动设备产生的噪声。

(2) 流体动力性噪声。

热力管道中流体的流动、扩容、节流、排气、漏气等可产生流体动力噪声。

操作人员、巡检人员和施工人员长期接触生产性噪声可引起耳鸣、耳痛、头晕、烦躁、失眠、记忆力减退等症状,之后可引起暂时性听阈位移、高频听力损伤、语频听力损失,严重者出现噪声聋。

3. 职业卫生防护设计

本改造工程各车间及工作场所的噪声控制设计,应满足《工业企业设计卫生标准》(GBZ 1—2010)的有关规定。

本改造工程的噪声和振动主要来自各种机械设备的运转,为保证运行安全和职工的身心健康,在设计上采取有效措施,以降低噪声。首先,应对设备制造厂提出设备噪声限值的要求;其次,应做好消声和隔振的设计。

采光、照明应按《建筑照明设计标准》(GB 50034—2013)和《建筑采光设计标准》(GB 50033—2013)进行设计,以满足生产、生活需要。

4. 预期效果

综上所述,为使项目在投产后能够安全、经济地运行,同时为保证劳动者在生产过程中的健康与安全,在职业病防护设施、个人使用的职业病防护用品和职业卫生管理措施及设施等方面进行安全设计,或利用原有职业病防护措施及设施。

应结合改造工程的生产工艺及特点,并尽可能将危害劳动者身体健康与安全的各种因素控制到最小或最低程度。为减少事故,应针对危害及危险因素,采取各种技术措施和各种防范设施,以期有效地改善职工的生产劳动条件,保护职工的健康与安全。

在本工程设计中,对职工有危害及危险的生产环境及工作场所,采取各种技术措施等,可以使职工的劳动条件达到 GBZ 2.1—2007 和 GBZ 2.2—2007 的要求。

为使前述设计的各种技术措施及各种防范设施得以实施,确保工程质量,劳动安全和工业卫生工程与主体工程同时施工、同时投产,并通过相关部门组织的劳动安全和工业卫生设施的竣工验收。

A.7 节能及收益分析

A.7.1 节能分析

完成 1 号机组低压缸零功率改造后,在对外供热面积到达 1 137 万 m^2 的条件下,机组运行经济性分析如表 A-8 所示。

表 A-8 低压缸零功率改造后 1 137 万 m^2 供热面积机组运行经济性分析

采暖期	项目	单位	不改造运行参数	改造后运行参数
采暖初末期	1 号机组发电负荷	MW	152	152
	1 号机组发电热耗率	kJ/(kW·h)	7 405.38	7 405.38
	2 号机组发电负荷	MW	152	152
	2 号机组发电热耗率	kJ/(kW·h)	7 405.38	7 405.38
采暖中期	1 号机组发电负荷	MW	181.11	78.16
	1 号机组发电热耗率	kJ/(kW·h)	6 983.94	5 618.30
	2 号机组发电负荷	MW	181.11	175.00
	2 号机组发电热耗率	kJ/(kW·h)	6 983.94	6 075.60

如果考虑全年计划电量保持不变,则机组在采暖期参与深度调峰时段少发的电量可在非采暖期进行追补。根据上述计算结果,采暖期深度调峰时段较基准负荷率少发电量为 16 065 万 kW·h。根据某公司提供的有关资料,2019 年全年平均发电标准煤耗率为 273.84 g/(kW·h),综合考虑全年发电总耗煤量,总计节约标准煤燃煤量约 0.93 万 t,节约燃煤费用约 625.89 万元。

A.7.2 调峰辅助服务补贴收益

到 2020 年采暖期,某公司采暖供热面积将达到 1 137 万 m^2,改造后 2 台机组调峰辅助服务补贴收益如表 A-9 所示。

表 A-9 改造后 1 137 万 m^2 供热面积电厂调峰辅助服务补贴收益

项目	单位	参数
供热面积	万 m^2	1 137
供热期	d	182
采暖初末期	d	60
采暖中期	d	122
1 号机组发电负荷	MW	78.16
2 号机组发电负荷	MW	175

续表

项目	单位	参数
电厂平均发电负荷率	—	36.17%
第一档调峰补贴电价	元/(kW·h)	0.2
第二档调峰补贴电价	元/(kW·h)	0.4
第一档调峰补贴金额	万元	672
第二档调峰补贴金额	万元	386.064
采暖中期总补贴金额	万元	1 058
不改造被考核金额	万元	470
调峰收益	万元	1 528

由表 A-9 可知,完成低压缸零功率改造后,2020 年采暖供热面积为 1 137 万 m^2,某公司能够获得的调峰收益为 1 528 万元,收益十分明显。此外需要说明的是,如果不进行 1 号机组低压缸零功率改造,电厂在采暖供热面积为 1 137 万 m^2 的运行工况下,深度调峰时段平均发电负荷率将超过 50%,不仅无法获得调峰辅助服务补贴,还将承担部分调峰辅助服务考核,这将降低该公司的发电收益。

A.7.3 改造后深度调峰能力分析

完成 1 号机组低压缸零功率改造后,某公司机组调峰深度较改造前显著增加,调峰的深度及持续时间根据电网调度机构下达的调度指令在竞价调峰辅助服务市场上完成。具体的深度调峰持续时间及调峰深度由电网调度机构根据省内及区域社会用电负荷和发电负荷情况综合考量确定,本章节仅对全厂供热面积达到 1 137 万 m^2 时的深度调峰能力进行分析。

A.8 项目实施的条件、建设进度及工期

A.8.1 项目实施的条件

本工程施工电源、施工用水、施工通信、施工用气均依托现有机组设施。
本工程建设主要设备及施工材料的运输均采用汽车运输方式。

A.8.2 项目实施的建设进度及工期

可行性研究报告的编制及审查时间:2020 年 4 月 1 日—2020 年 4 月 30 日。
招标、签订施工合同、初步设计、施工图设计时间:2020 年 5 月 1 日—2020 年 6 月 15 日。
配套热网等辅助系统改造施工时间:2020 年 6 月 15 日—2020 年 10 月 10 日。
低压缸零功率改造施工时间:2020 年 8 月 30 日—2020 年 10 月 15 日。
设备调试至项目投产时间:2020 年 10 月 15 日—2020 年 10 月 20 日。

A.9 投资估算与财务

1. 编制原则

编制范围:本估算涉及的项目包括 1 号机组进行低压缸零出力运行改造所需的供热设备及其安装和建筑工程。

项目划分及编制办法:执行定额〔2016〕45 号文《电力工程造价与定额管理总站关于发布电力工程计价依据营业税改征增值税估价表的通知》及财政部、税务总局、海关总署公告的 2019 年第 39 号文件关于增值税的调整。

费用构成及取费标准:依据国能电力〔2013〕289 号《关于颁布 2013 版电力建设工程定额和费用计算规定的通知》。

工程量:依据设计专业推荐方案及现行概算定额规定计算工程量,不足部分参考类似工程。

设备购置及其他费用设备价格参照同类工程设备厂家报价或按询价计列。

汽机本体设备询价表如表 A-10 所示。

表 A-10 汽机本体设备询价表

序号	成套设备名称	单位	数量	价格/元
1	连通管零泄漏装置	台	1	1 800 000
2	抽汽系统装置(包含逆止阀、快关阀、闸阀及安全阀)	台	1	2 100 000
3	低压末级正、反向叶片(含装配件)	套	1	5 200 000
4	低压次末级正、反向叶片(含装配件)	套	1	4 800 000
5	叶片在线监测系统	套	1	2 200 000
6	低压缸冷却蒸汽系统(含电动阀、减温阀门、疏水阀及电动流量调节阀)	套	1	1 800 000
7	低压缸喷水系统及阀门	套	1	1 100 000

(1) 定额及规范选用。

执行国家能源局颁布的国能电力〔2013〕289 号文《电力建设工程概算定额(2013 版) 第一册 建筑工程》《电力建设工程概算定额(2013 版) 第二册 热力设备安装工程》、《电力建设工程概算定额(2013 版) 第三册 电气设备安装工程》和《电力建设工程概算定额(2013 版) 第四册 调试工程》。

(2) 建筑、安装工程费的取定。

定额人工单价及人工单价调整:定额人工单价按《电力建设工程概算定额(2013 年版)》计算,其中,普通工 34 元/工日,建筑技术工 48 元/工日,安装技术工 53 元/工日,调试技术工 75 元/工日。人工单价调整依据定额〔2020〕3 号文件,即《电力工程造价与定额管理总站关于发布 2013 版电力建设工程概预算定额 2019 年度价格水平调整的通知》。在黑龙江地区,建筑工程的人工调整系数为 33.72%、安装工程的人工调整系数为 30.22%。调整金额只计取税金,并计入编制基准期的价差。

(3) 材料机械价格。

建筑工程:主要材料价格采用2020年2月黑龙江地区建筑材料价格,机械台班单价依据电力定额总站定额〔2020〕3号文,按黑龙江省标准计取价差。

安装工程:装置性材料综合价格依据中电联定额〔2013〕470号文《关于颁布〈电力建设工程装置性材料综合预算价格〉(2013年版)的通知》计列,定额材机调整按电造价总站定额〔2020〕3号文计取价差,以上价差只计取税金,并计入编制基准期的价差。

(4) 取费说明。

对于技术改造项目,已具有完整的组织机构和组织人员,取消项目法人管理费。

价差预备费:建设工程项目在建设期间由于价格等变化引起的工程造价变化的预测预留费用。

建筑、安装工程取费:按照电力工程造价与定额管理总站定额〔2016〕45号文《关于发布电力工程计价依据营业税改征增值税估价表的通知》发布的《2013年版电力建设工程定额估价表》附录A"营改增后火力发电建筑安装工程取费系数"的相应规定执行。

增值税抵扣:依据《财政部 税务总局 海关总署关于深化增值税改革有关政策的公告》(2019年第39号)"关于增值税转型相关事项的通知"执行。

(5) 其他说明。

基本预备费:依据《火力发电工程建设预算编制与计算规定(2013版)》规定,现阶段按建筑工程费、安装工程费、设备购置费及其他费用之和的4.25%计算。

勘测设计费:勘察费按市场询价情况计列。设计费、招标代理费、工程监理费改按中电联定额〔2015〕162号《关于落实〈国家发展改革委关于进一步放开建设项目专业服务价格的通知〉(发改价格〔2015〕299号)的指导意见》执行。

建设项目工程价款调整:按《电力工程造价与定额管理总站关于发布应对新型冠状病毒肺炎疫情期间电力工程项目费用计列和调整指导意见的通知》执行。

建设期资金来源:本工程总投资由该热电有限公司投资建设。

2. 工程投资

本工程静态投资为2 853.17万元,无建设期贷款利息,动态投资为2 853.17万元。其中:

建筑工程费:39.75万元,占静态投资的1.39%。

设备购置费:2 084.00万元,占静态投资的73.04%。

安装工程费:367.25万元,占静态投资的12.87%。

其他费用:362.17万元,占静态投资的12.69%。

投资估算表包括以下项目。

(1) 发电工程总估算表(表A-11)。

(2) 建筑工程专业汇总估算表(表A-12)。

(3) 安装工程专业汇总估算表(表A-13)。

(4) 建筑工程估算表(表A-14)。

(5) 安装工程估算表(表A-15)。

(6) 其他费用估算表(表A-16)。

表 A-11 发电工程总估算表

金额单位：万元

序号	工程项目名称	建筑工程费	设备购置费	安装工程费	其他费用	合计	各项占静态投资的比例	单位投资/(元/kW)
一	主辅生产工程	39.75	2 084	367.25		2 491.00	87.31%	71.17
(一)	热力系统	39.75	2 060	336.40		2 436.15	85.38%	69.6
(二)	电气系统			9.71		9.71	0.34%	0.28
(三)	热工控制系统		24	21.14		45.14	1.58%	1.29
	小计	39.75	2 084	367.25		2 491.00	87.31%	71.17
三	编制基准期价差	1.65		6.19		7.84	0.27%	0.22
四	其他费用				245.85	245.85	8.62%	7.02
(二)	项目建设管理费				32.59	32.59	1.14%	0.93
(三)	技术服务费				213.26	213.26	7.47%	6.09
五	基本预备费				116.32	116.32	4.08%	3.32
	工程静态投资	39.75	2 084	367.25	362.16	2 853.17	100%	
	各项静态投资比例	1.39%	73.04%	12.87%	12.69%	100%		
	工程建设总费用(动态投资)	39.75	2 084	367.25	362.16	2 853.17		
	生产期可抵扣的增值税	3.28	239.75	30.32	20.50	293.86		
	各项占动态投资的比例	1.39%	73.04%	12.87%	12.69%	100%		
八	铺底流动资金							
	项目计划总资金	39.75	2 084	367.25	362.16	2 853.17		

注：机组容量：2×350 MW。

附录 A　某公司 1 号机组灵活性调峰及热网改造项目可行性研究报告

表 A-12　建筑工程专业汇总估算表

金额单位：元

序号	工程项目名称	建筑费		建筑工程费合计	经济技术指标		
		金额	其中人工费		单位	数量	指标
一	主辅生产工程	397 545	63 836	397 545			
(一)	热力系统	397 545	63 836	397 545			
1	主厂房本体及设备基础	37 949	4 592	37 949			
1.1	主厂房本体	37 949	4 592	37 949			
1.1.2	框架结构	37 949	4 592	37 949	元/m³	4.10	6 546.32
	钢结构工程						
3	热网系统建筑	359 596	59 244	359 596			
3.1	热网首站	48 026	4 048	48 026	元/m³	46.83	370.98
3.1.1	一般土建	48 026	4 048	48 026			
3.2	厂区热网支架	311 570	55 196	311 570			
	合计	397 545	63 836	397 545			

表 A-13　安装工程专业汇总估算表

金额单位：元

序号	工程项目名称	设备购置费	安装工程费					技术经济指标		
			装置性材料费	安装费	其中人工费	设备合价	小计	合计	单位	数量	指标
一	主辅生产工程	20 840 000	325 409	3 347 123	298 014	22 840 000	3 672 532	24 512 532			
(一)	热力系统	20 600 000	167 732	3 196 218	266 357	22 600 000	3 363 950	23 963 950			
2	汽轮发电机组	19 000 000		827 625	198 832	19 000 000	827 625	19 827 625	元/kW	350 000	57
2.1	汽轮发电机本体	19 000 000		827 625	198 832	19 000 000	827 625	19 827 625			

续表

序号	工程项目名称	设备购置费	安装工程费					技术经济指标		
			装置性材料费	安装费	设备合价	其中人工费	小计	合计	单位	数量	指标
	汽轮发电机设备安装	19 000 000		827 625		198 832	827 625	827 625			
	补充分部	19 000 000						19 000 000			
3	热力系统汽水管道		113 880	2 123 999	1 900 000	5 003	2 237 879	2 237 879			
3.3	中、低压汽水管道		113 880	2 123 999	1 900 000	5 003	2 237 879	2 237 879	元/t	3.97	28 714
3.3.1	抽汽管道		113 880	47 146		3 440	161 026	161 026			
	热力系统汽水管道安装			15 609			15 609	15 609			
	补充分部		113 880	31 537		3 440	145 417	145 417			
3.3.9	主厂房循环水			2 076 853	1 900 000	1 564	2 076 853	2 076 853			
	控制、继电保护及屏及低压电器			5 853			5 853	5 853			
	补充分部			2 071 000	1 900 000	1 564	2 071 000	2 071 000			
4	热网系统设备及管道	1 600 000	52 446	41 111	1 600 000	4 534	93 557	1 693 557			
4.1	热网设备	1 600 000		21 992	1 600 000	3 444	21 992	1 621 992			
	热网系统安装			21 992		3 444	21 992	21 992			
	补充分部	1 600 000			1 600 000			1 600 000			
4.2	热网管道		52 446	19 119		1 090	71 565	71 565			
4.2.1	厂房内热网管道		52 446	19 119		1 090	71 565	71 565	元/t	2.9	18 091
	热网系统安装			4 595			4 595	4 595			
	补充分部		52 446	14 524		1 090	66 970	66 970			
5	热力系统保温及油漆		1 406	108 669		26 303	110 075	110 075	元/m³	166	287

续表

序号	工程项目名称	设备购置费	安装工程费 装置性材料费	安装工程费 安装费	安装工程费 设备合价	安装工程费 其中人工费	安装工程费 小计	合计	技术经济指标 单位	技术经济指标 数量	技术经济指标 指标
5.7	热网系统保温		1 406	108 669		26 303	110 075	110 075			
	炉墙敷设及保温油漆补充分部		1 406	108 280		26 303	108 280	108 280			
				389			1 795	1 795			
6	调试工程			94 814		31 685	94 814	94 814			
6.1	分系统调试			94 814		31 685	94 814	94 814			
	发电厂调试			94 814		31 685	94 814	94 814			
(六)	电气系统		56 901	40 241		7 988	97 142	97 142			
6	电缆及接地		56 901	40 241		7 988	97 142	97 142			
6.1	电缆		35 558	11 282		332	46 840	46 840	元/m	120	390
6.1.2	控制电缆		35 558	11 282		332	46 840	46 840			
	电缆			1 435		332	1 435	1 435			
	补充分部		35 558	9 847			45 405	45 405			
6.4	电缆防火		12 019	20 459		5 678	32 478	32 478			
	电缆			17 131		5 678	17 131	17 131			
	补充分部		12 019	3 328			15 347	15 347			
6.5	全厂接地		9 324	8 500		1 978	17 824	17 824			
6.5.1	接地		9 324	8 500		1 978	17 824	17 824			
	照明及接地			5 918		1 978	5 918	5 918			
	补充分部		9 324	2 582			11 906	11 906			
(七)	热工控制系统	240 000	100 776	110 665	240 000	23 669	211 441	451 441			

续表

序号	工程项目名称	设备购置费	安装工程费					技术经济指标		
			装置性材料费	安装费	设备合价	其中人工费	小计	合计	单位	数量	指标
1	系统控制	165 000		48 552	165 000	14 119	48 552	213 552			
1.2	分散控制系统	165 000		48 552	165 000	14 119	48 552	213 552	元/IO点数	247	865
	自动控制装置及仪表	165 000		48 552	165 000	14 119	48 552	48 552			
	补充分部				165 000			165 000			
2	机组控制	75 000		14 351	75 000	3 911	14 351	89 351			
2.2	现场仪表及执行机构	75 000		14 351	75 000	3 911	14 351	89 351			
	自动控制装置及仪表	75 000		14 351	75 000	3 911	14 351	14 351			
	补充分部				75 000			75 000			
4	电缆及辅助设施		100 776	47 762		5 639	148 538	148 538			
4.1	电缆		100 776	47 762		5 639	148 538	148 538	元/m	3 200	46
	电缆			19 853			19 853	19 853			
	补充分部		100 776	27 909			128 685	128 685			
	合计	20 840 000	325 409	3 347 123	22 840 000	298 014	3 672 532	24 512 532			

表 A-14 建筑工程估算表

金额单位:元

序号	编制依据	工程项目名称	单位	数量	建筑费单价		建筑费合价	
					金额	其中工资	金额	其中工资
一		主辅生产工程					397 545	63 836
(一)		热力系统					397 545	63 836

续表

序号	编制依据	工程项目名称	单位	数量	建筑费单价 金额	建筑费单价 其中工资	建筑费 金额	建筑费合价 金额	建筑费合价 其中工资
1		主厂房本体及设备基础						37 949	4 592
1.1		主厂房本体						37 949	4 592
1.1.2		框架结构						37 949	4 592
		钢结构工程						37 949	4 592
	GT8-9	主厂房钢结构 其他钢结构	t	4.10	6 546	1 119.93		26 839	4 592
一、		直接费	元		29 134.71			29 135	
(一)		直接工程费	元		26 839.91			26 840	
1		人工费	元		4 591.71			4 592	
2		材料费	元		17 973.05			17 973	
3		装置性材料费	元						
4		施工机械使用费	元		4 275.15			4 275	
(二)		措施费	元		2 294.80			2 295	
1		冬雨季施工增加费	%	0.63	26 839.91			169	
2		夜间施工增加费	%	0.43	26 839.91			115	
3		施工工具用具使用费	%	0.48	26 839.91			129	
4		大型施工机械安拆与机道铺拆费	%	1.13	26 839.91			303	
5		特殊地区施工增加费	%		26 839.91				
6		临时设施费	%	2.74	26 839.91			735	
7		施工机构迁移费	%	0.51	26 839.91			137	
8		安全文明施工费	%	2.63	26 839.91			706	
二、		间接费	元		2 179.40			2 179	

续表

序号	编制依据	工程项目名称	单位	数量	建筑费单价 金额	建筑费单价 其中工资	建筑费合价 金额	建筑费合价 其中工资
(一)		规费	元		45.63		46	
1		社会保险费	%		5 367.98			
2		住房公积金	%	0.17	5 904.78			
3		危险作业意外伤害保险费	%		26 839.91		46	
(二)		企业管理费	%	7.95	26 839.91		2 134	
三、		利润	%	6.36	31 314.11		1 992	
四、		编制基准期价差	元		1 509.65		1 510	
1		人工费价差	元		1 054.72		1 055	
2		材料价差	元					
3		机械价差	元		454.93		455	
4		装置性材料价差	元					
五、		乙供设备不含税价	%					
六、		甲供设备含税价	元	9	34 815.34		3 133	
七、		税金	元					
八、		建筑工程费	元		37 948.72		37 949	
3		热网系统建筑					359 596	59 244
3.1		热网首站					48 026	4 048
3.1.1		一般土建					48 026	4 048
	GT2-18	设备基础(主要辅机基础,单体小于50 m³)	m³	46.83	371	54.19	17 374	2 538
	GT7-23	普通钢筋	t	4.05	4 261	373.11	17 257	1 511

附录 A　某公司 1 号机组灵活性调峰及热网改造项目可行性研究报告

续表

序号	编制依据	工程项目名称	单位	数量	建筑费单价		建筑费合价	
					金额	其中工资	金额	其中工资
一、		直接费	元		37 580.22		37 580	
(一)		直接工程费	元		34 620.19		34 620	
1		人工费	元		4 048.07		4 048	
2		材料费	元		29 268.71		29 269	
3		装置性材料费	元					
4		施工机械使用费	元		1 303.41		1 303	
(二)		措施费	元		2 960.03		2 960	
1		冬雨季施工增加费	%	0.63	34 620.19		218	
2		夜间施工增加费	%	0.43	34 620.19		149	
3		施工工具用具使用费	%	0.48	34 620.19		166	
4		大型施工机械安拆与轨道铺拆费	%	1.13	34 620.19		391	
5		特殊地区施工增加费	%		34 620.19			
6		临时设施费	%	2.74	34 620.19		949	
7		施工机构迁移费	%	0.51	34 620.19		177	
8		安全文明施工费	%	2.63	34 620.19		911	
二、		间接费	元		2 811.16		2 811	
(一)		规费	元		58.85		59	
1		社会保险费	%		6 924.04			
2		住房公积金	%		7 616.44			
3		危险作业意外伤害保险费	%	0.17	34 620.19		59	
(二)		企业管理费	%	7.95	34 620.19		2 752	

续表

序号	编制依据	工程项目名称	单位	数量	建筑费单价 金额	建筑费单价 其中工资	建筑费合价 金额	建筑费合价 其中工资
三、		利润	%	6.36	40 391.38		2 569	
四、		编制基准期价差	元		1 100.36		1 100	
1		人工费价差	元		929.82		930	
2		材料价差	元					
3		机械价差	元		170.54		171	
4		装置性材料价差	元					
五、		乙供设备不含税价	%	9				
六、		甲供设备含税价	元		44 060.63		3 965	
七、		税金	元		48 026.09		48 026	
八、		建筑工程费	元					
3.2		厂区热网支架					311 570	55 196
	GT10-29	混凝土支架（单层）	m³	75	2 602	655.9	195 150	49 193
	GT10-34	混凝土支墩	m³	18	679	178.79	12 222	3 218
	GT7-25	铁件	t	2.34	5 020	1 190.4	11 747	2 786
一、		直接费	元		237 855.8		237 856	
（一）		直接工程费	元		219 120.96		219 121	
1		人工费	元		55 196.26		55 196	
2		材料费	元		154 256.46		154 256	
3		装置性材料费	元					
4		施工机械使用费	元		9 668.24		9 668	
（二）		措施费	元		18 734.84		18 735	

续表

序号	编制依据	工程项目名称	单位	数量	建筑费单价		建筑费合价	
					金额	其中工资	金额	其中工资
1		冬雨季施工增加费	%	0.63	219 120.96		1 380	
2		夜间施工增加费	%	0.43	219 120.96		942	
3		施工工具用具使用费	%	0.48	219 120.96		1 052	
4		大型施工机械安拆与轨道铺拆费	%	1.13	219 120.96		2 476	
5		特殊地区施工增加费	%		219 120.96			
6		临时设施费	%	2.74	219 120.96		6 004	
7		施工机构迁移费	%	0.51	219 120.96		1 118	
8		安全文明施工费	%	2.63	219 120.96		5 763	
三、		间接费	元		17 792.63		17 793	
(一)		规费	元		372.51		373	
1		社会保险费	%		43 824.19			
2		住房公积金	%		48 206.61			
3		危险作业意外伤害保险费	%	0.17	219 120.96		373	
(二)		企业管理费	%	7.95	219 120.96		17 420	
三、		利润	%	6.36	255 648.43		16 259	
四、		编制基准期价差	元		13 936.78		13 937	
1		人工费价差	元		12 678.57		12 679	
2		材料价差	元					
3		机械价差	元					
4		装置性材料价差	元		1 258.21		1 258	
五、		乙供设备不含税价	元					

续表

序号	编制依据	工程项目名称	单位	数量	建筑费单价 金额	建筑费单价 其中工资	建筑费合价 金额	建筑费合价 其中工资
六、		税金	%	9				25 726
七、		甲供设备含税价	元		285 844.45			
八、		建筑工程费	元		311 570.45		311 570	

表 A-15 安装工程估算表

金额单位:元

序号	编制依据	工程项目名称	单位	数量	单价 设备	单价 装置性材料	单价 安装	单价 其中工资	合价 设备	合价 装置性材料	合价 安装	合价 其中工资
一		主辅生产工程										
(一)		热力系统							22 840 000	325 409	3 672 532	298 014
2		汽轮发电机组							22 600 000	167 732	3 363 950	266 357
2.1		汽轮发电机本体							19 000 000	827 625	827 625	198 832
		汽轮发电机设备安装							19 000 000	827 625	827 625	198 832
	借 YJ6-5	汽轮机本体安装（供热式,300 MW）	台	0.5			771 436.84	397 664			385 718	198 832
一、		直接费	元				497 424.3				497 424	
(一)		直接工程费	元				385 718.43				385 718	198 832
1		人工费	元				198 832				198 832	198 832
2		材料费	元				29 956.5				29 957	
3		装置性材料费	元				156 929.93				156 930	
4		施工机械使用费	元									

续表

序号	编制依据	工程项目名称	单位	数量	单价 设备	单价 装置性材料	单价 安装	单价 其中工资	合价 设备	合价 装置性材料	合价 安装	合价 其中工资
(二)		措施费	元								111 706	
1		冬雨季施工增加费	%	1.97			198 832	111 705.87				
2		夜间施工增加费	%	8.85			198 832				3 917	
3		施工工具用具使用费	%	9.06			198 832				17 597	
4		特殊工程技术培训费	%	15.38			198 832				18 014	
5		大型施工机械安拆与轨道铺拆	%				198 832				30 581	
6		特殊地区施工增加费	%	4.51			198 832					
7		临时设施费	%	7.07			385 718.43				17 396	
8		施工机构迁移费	%	2.63			198 832				14 057	
9		安全文明施工费	元				385 718.43				10 144	
三、		间接费	元				170 971.85				170 972	
(一)		规费	%	2.31			4 593.02				4 593	
1		社会保险费	%	79.2			318 131.2					
2		住房公积金	%	1.79			318 131.2					
3		危险作业意外伤害保险费	%	7.42			198 832				4 593	
(二)		企业管理费	%				198 832				157 475	
(三)		施工企业配合调试费	%				497 424.3				8 904	
三、		利润	%				668 396.15				49 595	
四、		编制基准期价差	元				41 297.41				41 297	

续表

序号	编制依据	工程项目名称	单位	数量	单价 设备	单价 装置性材料	单价 安装	单价 其中工资	合价 设备	合价 装置性材料	合价 安装	合价 其中工资
1		人工费价差	元				41 297.41				41 297	
六、		税金	%	9			759 288.55				68 336	
七、		安装费	元				827 624.52				827 625	
九、		安装工程费	元				827 624.52				827 625	
		补充部分							19 000 000			
	补充设备 007@1	连通管零泄漏装置	台	1	1 800 000				1 800 000			
	补充设备 007@8	抽汽系统装置(包含逆止阀、快关阀、闸阀及安全阀)	台	1	2 100 000				2 100 000			
	补充设备 054@1	低压末级正、反向叶片(含装配件)	套	1	5 200 000				5 200 000			
	补充设备 054@2	低压次末级正、反向叶片(含装配件)	套	1	4 800 000				4 800 000			
	补充设备 054@3	叶片在线监测系统	套	1	2 200 000				2 200 000			
	补充设备 054@4	低压缸冷却蒸汽系统(含电动阀、减温阀门、疏水阀及电动流量调节阀)	套	1	1 800 000				1 800 000			
	补充设备 054@5	低压缸喷水系统及阀门	套	1	1 100 000				1 100 000			

附录 A 某公司 1 号机组灵活性调峰及热网改造项目可行性研究报告

续表

序号	编制依据	工程项目名称	单位	数量	单价 设备	单价 装置性材料	单价 安装	单价 其中工资	合价 设备	合价 装置性材料	合价 安装	合价 其中工资
		设备费小计							19 000 000			
		小计							19 000 000			
3		热力系统汽水管道							1 900 000	113 880	2 237 879	5 003
3.3		中、低压汽水管道							1 900 000	113 880	2 237 879	5 003
3.3.1		抽汽管道								113 880	161 026	3 440
	GJ3-36	热力系统汽水管道安装 中、低压管道安装（300 MW，含部分阀门及联通管道）	t	3.97			1 937.44	867.31			15 609	3 440
一		直接费	元				9 688.56				7 684	
(一)		直接工程费	元				7 683.89				7 684	
1		人工费	元				3 439.75				9 689	
2		材料费	元				2 331.85				3 440	
3		装置性材料费	元								2 332	
4		施工机械使用费	元				1 912.29				1 912	
(二)		措施费	元				2 004.67				2 005	
1		冬雨季施工增加费	%				3 439.75					
2		夜间施工增加费	%	1.97			3 439.75				68	
3		施工工具用具使用费	%	8.85			3 439.75				304	
4		特殊工程技术培训费	%	9.06			3 439.75				312	

续表

序号	编制依据	工程项目名称	单位	数量	单价 设备	单价 装置性材料	单价 安装	单价 其中工资	合价 设备	合价 装置性材料	合价 安装	合价 其中工资
5		大型施工机械安拆与轨道铺设费	%	15.38			3 439.75				529	
6		特殊地区施工增加费	%	4.51			3 439.75				347	
7		临时设施费	%	7.07			7 683.89				243	
8		施工机构迁移费	%	2.63			3 439.75				202	
9		安全文明施工费		元			7 683.89				2 977	
二、		间接费	元				2 977.17				79	
(一)		规费	%				79.46					
1		社会保险费	%				5 503.6					
2		住房公积金	%				5 503.6					
3		危险作业意外伤害保险费	%	2.31			3 439.75				79	
(二)		企业管理费	%	79.2			3 439.75				2 724	
(三)		施工企业配合调试费	%	1.79			9 688.56				173	
三、		利润	%	7.42			12 665.73				940	
四、		编制基准期价差	元				714.44				714	
1		人工费价差	元				714.44				714	
六、		税金	%	9			14 319.97				1 289	
七、		安装费	元				15 608.77				15 609	
八、		主材费	元									
九、		安装工程费	元				15 608.77				15 609	

续表

序号	编制依据	工程项目名称	单位	数量	单价				其中工资	合价			
					设备	装置性材料	安装		设备	装置性材料	安装	其中工资
		补充部分								113 880	145 417	
补充主材 039@1		中低压管道	t	3.97		28 714				113 880		
		主材费小计								113 880		
		小计								113 880		
一、		直接费	元				122 010.74				122 011	
(一)		直接工程费	元				113 879.72				113 880	
1		人工费	元									
2		材料费	元									
3		装置性材料费	元				113 879.72				113 880	
4		施工机械使用费	元									
(二)		措施费	元				8 131.02				8 131	
1		冬雨季施工增加费	%	1.97								
2		夜间施工增加费	%	8.85								
3		施工工具用具使用费	%	9.06								
4		特殊工程技术培训费	%	15.38								
5		大型施工机械安拆与轨道铺拆费	%									
6		特殊地区施工增加费	%									
7		临时设施费	%	4.51			113 879.72				5 136	

续表

序号	编制依据	工程项目名称	单位	数量	单价					合价			
					设备	装置性材料	安装	其中工资	设备	装置性材料	安装	其中工资
8		施工机构迁移费	%	7.07								
9		安全文明施工费	%	2.63			113 879.72				2 995	
二、		间接费	元				2 183.99				2 184	
(三)		施工企业配合调试费	%	1.79			122 010.74				2 184	
三、		利润	%	7.42			124 194.73				9 215	
六、		税金	%	9			133 409.98				12 007	
七、		安装费	元				31 537.16				31 537	
八、		主材费	元				113 879.72				113 880	
九、		安装工程费	元				145 416.88				145 417	
3.3.9		主厂房循环水控制、继电保护屏及低压电器							1 900 000		2 076 853	1 564
	借 GD5-22	变频器安装(10 kV)	套	1			2 519.57	1 563.69			5 853	1 564
一、		直接费	元				3 361.37				2 520	
(一)		直接工程费	元				2 519.57				3 361	
1		人工费	元				1 563.69				2 520	
2		材料费	元				171.01				1 564	
3		装置性材料费	元								171	
4		施工机械使用费	元				784.87				785	
(二)		措施费	元				841.8				842	
1		冬雨季施工增加费	%				1 563.69					

续表

序号	编制依据	工程项目名称	单位	数量	单价 设备	单价 装置性材料	单价 安装	单价 其中工资	合价 设备	合价 装置性材料	合价 安装	合价 其中工资
2		夜间施工增加费	%	1.97			1 563.69				31	
3		施工工具用具使用费	%	8.85			1 563.69				138	
4		特殊工程技术培训费	%	9.06			1 563.69				142	
5		大型施工机械安拆与轨道铺拆费	%	15.38			1 563.69				240	
6		特殊地区施工增加费	%				1 563.69					
7		临时设施费	%	4.51			2 519.57				114	
8		施工机构迁移费	%	7.07			1 563.69				111	
9		安全文明施工费	%	2.63			2 519.57				66	
二		间接费	元				1 334.73				1 335	
(一)		规费	元				36.12				36	
1		社会保险费	%				2 501.9					
2		住房公积金	%				2 501.9					
3		危险作业意外伤害保险费	%	2.31			1 563.69				36	
(二)		企业管理费	%	79.2			1 563.69				1 238	
(三)		施工企业配合调试费	%	1.79			3 361.37				60	
三、		利润	%	7.42			4 696.1				348	
四、		编制基准期价差	元				324.78				325	
1		人工费价差	元				324.78				325	
2		材料价差	元									

续表

序号	编制依据	工程项目名称	单位	数量	单价				合价			
					设备	装置性材料	安装	其中工资	设备	装置性材料	安装	其中工资
	六、	税金	%	9			5 369.33				483	
	七、	安装费	元				5 852.57				5 853	
	八、	主材费	元									
	九、	安装工程费	元				5 852.57				5 853	
		朴充部分										
	朴充设备005@2	成套循环水变频装置	台	1	1 900 000				1 900 000			
		设备费小计							1 900 000			
		小计：										
		乙供设备不含税价	元		1 900 000				1 900 000			
	五、	税金	%	9							171 000	
	六、	安装费	元				2 071 000				2 071 000	
	七、	主材费	元									
	八、	安装工程费	元				2 071 000				2 071 000	
4		热网系统设备及管道							1 600 000	52 446	93 557	4 534
4.1		热网设备							1 600 000		21 992	3 444
		热网系统安装									21 992	3 444
	GJ4-3	热网加热器安装（换热面积 $F \leqslant 800\ \mathrm{m}^2$）	台	2		6 338.69		1 722			12 677	3 444
	一、	直接费	元			15 040.4					15 040	

续表

序号	编制依据	工程项目名称	单位	数量	单价 设备	单价 装置性材料	单价 安装	单价 其中工资	合价 设备	合价 装置性材料	合价 安装	合价 其中工资
(一)		直接工程费	元				12 677.38				12 677	
1		人工费	元				3 444				3 444	
2		材料费	元				1 121.56				1 122	
3		装置性材料费	元									
4		施工机械使用费	元				8 111.82				8 112	
(二)		措施费	元				2 363.02				2 363	
1		冬雨季施工增加费	%				3 444					
2		夜间施工增加费	%	1.97			3 444				68	
3		施工工具用具使用费	%	8.85			3 444				305	
4		特殊工程技术培训费	%	9.06			3 444				312	
5		大型施工机械安拆与轨道铺设费	%	15.38			3 444				530	
6		特殊地区施工增加费	%				3 444					
7		临时设施费	%	4.51			12 677.38				572	
8		施工机构正移费	%	7.07			3 444				243	
9		安全文明施工费	%	2.63			12 677.38				333	
二		间接费	元				3 076.43				3 076	
(一)		规费	元				79.56					
1		社会保险费	%				5 510.4				80	
2		住房公积金	%				5 510.4					

续表

序号	编制依据	工程项目名称	单位	数量	单价 设备	单价 装置性材料	单价 安装	单价 其中工资	合价 设备	合价 装置性材料	合价 安装	合价 其中工资
3		危险作业意外伤害保险费	%	2.31			3 444				80	
	(二)	企业管理费	%	79.2			3 444				2 728	
	(三)	施工企业配合调试费	%	1.79			15 040.4				269	
	三、	利润	%	7.42			18 116.83				1 344	
	四、	编制基准期价差	元				715.32				715	
	1	人工费价差	元				715.32				715	
	五、	乙供设备不含税价	元									
	六、	税金	%	9			20 176.42				1 816	
	七、	安装费	元				21 992.3				21 992	
	八、	主材费	元									
	九、	安装工程费	元				21 992.3				21 992	
		补充部分										
补充设备001@2		U 型管热网加热器	台	2	800 000				1 600 000			
		甲供设备费小计：							1 600 000			
		小计：							1 600 000			
4.2		热网管道								52 446	71 565	1 090
4.2.1		厂房内热网管道								52 446	71 565	1 090
		热网系统安装									4 595	1 090
	GJ4-6	热网站管道安装（含阀门）	t	2.9			745.1	375.88			2 160	1 090

附录 A　某公司 1 号机组灵活性调峰及热网改造项目可行性研究报告

续表

序号	编制依据	工程项目名称	单位	数量	单价 设备	单价 装置性材料	单价 安装	单价 其中工资	合价 设备	合价 装置性材料	合价 安装	合价 其中工资
一		直接费	元				2 775.55				2 776	
(一)		直接工程费	元				2 160.05				2 160	
1		人工费	元				1 089.68				1 090	
2		材料费	元				448.59				449	
3		装置性材料费	元									
4		施工机械使用费	元				621.78				622	
(二)		措施费	%				615.5				616	
1		冬雨季施工增加费	%	1.97			1 089.68				21	
2		夜间施工增加费	%	8.85			1 089.68				96	
3		施工工具用具使用费	%	9.06			1 089.68				99	
4		特殊工程技术培训费	%				1 089.68					
5		大型施工机械安拆与轨道铺拆费	%	15.38			1 089.68				168	
6		特殊地区施工增加费	%				1 089.68					
7		临时设施费	%	4.51			2 160.05				97	
8		施工机构迁移费	%	7.07			1 089.68				77	
9		安全文明施工费	%	2.63			2 160.05				57	
二		间接费	元				937.88				938	
(一)		规费	元				25.17				25	
1		社会保险费	%				1 743.49					

续表

序号	编制依据	工程项目名称	单位	数量	单价				合价			
					设备	装置性材料	安装	其中工资	设备	装置性材料	安装	其中工资
2		住房公积金	%	2.31			1 743.49				25	
3		危险作业意外伤害保险费	%	79.2			1 089.68				863	
(二)		企业管理费	%	1.79			1 089.68				50	
(三)		施工企业配合调试费	%	7.42			2 775.55				276	
三、		利润	元				3 713.43				226	
四、		编制基准期价差	元				226.33				226	
1		人工费价差	元				226.33					
2		材料价差	元									
3		机械价差	元									
4		装置性材料价差	元									
五、		乙供设备不含税价	元									
六、		税金	%	9			4 215.3				379	
七、		安装费	元				4 594.68				4 595	
八、		主材费	元									
九、		安装工程费	元				4 594.68				4 595	
		补充部分							52 446		66 970	
补充主材038@1		热网管道	t	2.9		18 091				52 446		
		主材费小计								52 446		
		小计:								52 446		

续表

序号	编制依据	工程项目名称	单位	数量	单价				合价			
					设备	装置性材料	安装	其中工资	设备	装置性材料	安装	其中工资
一、		直接费	元				56 190.44				56 190	
(一)		直接工程费	元				52 445.81				52 446	
1		人工费	元									
2		材料费	元									
3		装置性材料费	元				52 445.81				52 446	
4		施工机械使用费	元									
(二)		措施费	元				3 744.63				3 745	
7		临时设施费	%	4.51			52 445.81				2 365	
8		施工机构迁移费	%	7.07								
9		安全文明施工费	%	2.63			52 445.81				1 379	
二、		间接费	元				1 005.81				1 006	
(三)		施工企业配合调试费	%	1.79			56 190.44				1 006	
三、		利润	%	7.42			57 196.25				4 244	
六、		税金	%	9			61 440.21				5 530	
七、		安装费	元				14 524.02				14 524	
八、		主材费	元				52 445.81				52 446	
九、		安装工程费	元				66 969.83				66 970	
5		热力系统保温及油漆								1 406	110 075	26 303
5.7		热网系统保温								1 406	110 075	26 303
		炉墙敷设及保温油漆									108 280	26 303

续表

序号	编制依据	工程项目名称	单位	数量	单价 设备	单价 装置性材料	单价 安装	单价 其中工资	合价 设备	合价 装置性材料	合价 安装	合价 其中工资
	GJ5-8	保温油漆,设备保温、硬质材料	m³	25.5			359.66	163.81			9 171	4 177
	GJ5-10	保温油漆,管道保温、硬质材料	m³	141.3			287.2	154.9			40 581	21 887
	GJ5-15	保温层金属护壳安装	m²	47.1			7	5.07			330	239
一、		直接费	元				64 792.49				64 792	
(一)		直接工程费	元				50 082.4				50 082	
1		人工费	元				26 303.33				26 303	
2		材料费	元				15 107.8				15 108	
3		装置性材料费	元									
4		施工机械使用费	元				8 671.27				8 671	
(二)		措施费	元				14 710.09				14 710	
1		冬雨季施工增加费	%	1.97			26 303.33				518	
2		夜间施工增加费	%	8.85			26 303.33				2 328	
3		施工工具用具使用费	%	9.06			26 303.33				2 383	
4		特殊工程技术培训费	%				26 303.33					
5		大型施工机械安拆与轨道铺设费	%	15.38			26 303.33				4 045	
6		特殊地区施工增加费	%				26 303.33					

续表

序号	编制依据	工程项目名称	单位	数量	单价 设备	单价 装置性材料	单价 安装	单价 其中工资	合价 设备	合价 装置性材料	合价 安装	合价 其中工资
7		临时设施费	%	4.51			50 082.4				2 259	
8		施工机构迁移费	%	7.07			26 303.33				1 860	
9		安全文明施工费	%	2.63			50 082.4				1 317	
二、		间接费	元				22 599.64				22 600	
(一)		规费	元				607.61				608	
1		社会保险费	%	2.31			42 085.33					
2		住房公积金	%	79.2			42 085.33					
3		危险作业意外伤害保险费	%	1.79			26 303.33				608	
(二)		企业管理费	%	7.42			64 792.49				20 832	
(三)		施工企业配合调试费	元				87 392.13				1 160	
三、		利润	元				5 463.09				6 485	
四、		编制基期时价差	元				5 463.09				5 463	
1		人工费价差	元								5 463	
2		材料价差	元									
3		机械价差	元									
4		装置性材料价差	元									
五、		乙供设备不含税价	元									
六、		税金	%	9			99 339.72				8 941	
七、		安装费	元				108 280.29				108 280	
八、		主材费	元									

续表

序号	编制依据	工程项目名称	单位	数量	单价				合价			
					设备	装置性材料	安装	其中工资	设备	装置性材料	安装	其中工资
九、		安装工程费	元				108 280.29				108 280	
		补充部分										
补充主材 044@1		保温外保护层（镀锌铁皮）	t	0.19		7 600				1 406	1 795	
		主材费小计	元							1 406		
		小计：	元							1 406		
一、		直接费	元				1 506.39				1 506	
（一）		直接工程费	元				1 406				1 406	
1		人工费	元									
2		材料费	元									
3		装置性材料费	元				1 406				1 406	
4		施工机械使用费	元									
（二）		措施费	元				100.39				100	
1		冬雨季施工增加费	%									
2		夜间施工增加费	%	1.97								
3		施工工具用具使用费	%	8.85								
4		特殊工程技术培训费	%	9.06								
5		大型施工机械安拆费与轨道铺设费	%	15.38								
6		特殊地区施工增加费	%									

续表

序号	编制依据	工程项目名称	单位	数量	单价 设备	单价 装置性材料	单价 安装	单价 其中工资	合价 设备	合价 装置性材料	合价 安装	合价 其中工资
7		临时设施费	%	4.51			1 406				63	
8		施工机构迁移费	%	7.07								
9		安全文明施工费	%	2.63			1 406				37	
二、		间接费	元				26.96				27	
(一)		规费	元									
1		社会保险费	%	2.31								
2		住房公积金	%									
3		危险作业意外伤害保险费	%	79.2								
(二)		企业管理费	%	1.79			1 506.39				27	
(三)		施工企业配合调试费	%	7.42			1 533.35				114	
三、		编制基准期价差	元									
四、		利润	%	9			1 647.12				148	
六、		税金	元				389.36				389	
七、		安装费	元				1 406				1 406	
八、		主材费	元									
九、		安装工程费	元				1 795.36				1 795	
6		调试工程									94 814	31 685
6.1		分系统调试									94 814	31 685
	GS1-10	汽机分系统调试（容量 300 MW）	台	0.2	189 082.82		158 423.54		37 817		31 685

续表

序号	编制依据	工程项目名称	单位	数量	单价 设备	单价 装置性材料	单价 安装	单价 其中工资	合价 设备	合价 装置性材料	合价 安装	合价 其中工资
一、		直接费	元				48 162.21				48 162	
(一)		直接工程费	元				37 816.57				37 817	
1		人工费	元				31 684.71				31 685	
2		材料费	元				251.16				251	
3		装置性材料费	元									
4		施工机械使用费	元				5 880.7				5 881	
(二)		措施费	元				10 345.64				10 346	
1		冬雨季施工增加费	%	6.24			31 684.71				1 977	
2		夜间施工增加费	%	1.97			31 684.71				624	
3		施工工具用具使用费	%	8.85			31 684.71				2 804	
4		特殊地区施工增加费	%				31 684.71					
5		临时设施费	%	4.51			37 816.57				1 706	
6		施工机构转移费	%	7.07			31 684.71				2 240	
7		安全文明施工费	%	2.63			37 816.57				995	
二、		间接费	元				26 688.31				26 688	
(一)		规费	元				731.92				732	
1		社会保障费	%				50 695.54					
2		住房公积金	%				50 695.54					
3		危险作业意外伤害保险费	%	2.31			31 684.71				732	
(二)		企业管理费	%	79.2			31 684.71				25 094	

续表

序号	编制依据	工程项目名称	单位	数量	单价 设备	单价 装置性材料	单价 安装	单价 其中工资	合价 设备	合价 装置性材料	合价 安装	合价 其中工资
(三)		施工企业配合调试费	%	1.79			48 162.21				862	
三、		利润	%	7.42			74 850.52				5 554	
四、		编制基准期价差	元				6 580.91				6 581	
1		人工费价差	元				6 580.91				6 581	
2		材料价差	元									
3		机械价差	元									
4		装置性材料价差	元									
五、		乙供设备不含税价	元									
六、		税金	%	9			86 985.34				7 829	
七、		安装费	元				94 814.02				94 814	
八、		主材费	元									
九、		安装工程费	元				94 814.02				94 814	
6.2		整套启动调试										
	GS1-67	发电厂调试										
		汽机整套启动调试 (容量 300 MW)	台				219 333.45	142 562.25				
(六)		电气系统								56 901	97 142	7 988
6		电缆及接地								56 901	97 142	7 988
6.1		电缆								35 558	46 840	332
6.1.2		控制电缆								35 558	46 840	332

续表

序号	编制依据	工程项目名称	单位	数量	单价 设备	单价 装置性材料	单价 安装	单价 其中工资	合价 设备	合价 装置性材料	合价 安装	合价 其中工资
		电缆									1 435	332
	GD8-1	全厂电力电缆敷设（6 kV 及以下）	100 m	1.2			617.65	276.99			741	332
一、		直接费	元				874.31				874	
（一）		直接工程费	元				741.18				741	
1		人工费	元				332.39				332	
2		材料费	元				349.82				350	
3		装置性材料费	元									
4		施工机械使用费	元				58.97				59	
（二）		措施费	元				133.13				133	
1		冬雨季施工增加费	%	6.24			332.39				21	
2		夜间施工增加费	%	1.97			332.39				7	
3		大型施工工具用具使用费	%	8.85			332.39				29	
4		特殊地区施工增加费	%				332.39					
5		临时设施费	%	4.51			741.18				33	
6		施工机构迁移费	%	7.07			332.39				24	
7		安全文明施工费	%	2.63			741.18				19	
二、		间接费	元				286.58				287	
（一）		规费	元				7.68				8	
1		社会保险费	%				531.82					

续表

序号	编制依据	工程项目名称	单位	数量	单价				合价			
					设备	装置性材料	安装	其中工资	设备	装置性材料	安装	其中工资
2		住房公积金	%	2.31			531.82				8	
3		危险作业意外伤害保险费	%	79.2			332.39				263	
(二)		施工企业管理费	%	1.79			332.39				16	
(三)		施工企业配合调试费	%	7.42			874.31				86	
三、		利润	元				1 160.89				69	
四、		编制基准期价差	元				69.04				69	
1		人工费价差	元				69.04					
六、		税金	%	9			1 316.07				118	
七、		安装费	元				1 434.52				1 435	
八、		主材费	元									
九、		安装工程费	元				1 434.52				1 435	
补充主材041@1		补充部分				296.32				35 558	45 406	
		动力电缆	m	120								
		主材费小计：								35 558		
		小计：	元							35 558		
一、		直接费	元				38 097.27				38 097	
(一)		直接工程费	元				35 558.4			35 558	35 558	
1		人工费	元									
2		材料费	元									

续表

序号	编制依据	工程项目名称	单位	数量	单价 设备	单价 装置性材料	单价 安装	单价 其中工资	合价 设备	合价 装置性材料	合价 安装	合价 其中工资
3		装置性材料费	元				35 558.4				35 558	
4		施工机械使用费	元									
(二)		措施费	元				2 538.87				2 539	
1		冬雨季施工增加费	%	6.24								
2		夜间施工增加费	%	1.97								
3		大型施工工具用具使用费	%	8.85								
4		特殊地区施工增加费	%									
5		临时设施费	%	4.51			35 558.4				1 604	
6		施工机构迁移费	%	7.07								
7		安全文明施工费	%	2.63			35 558.4				935	
二、		间接费	元				681.94				682	
(三)		施工企业配合调试费	%	1.79			38 097.27				682	
三、		利润	%	7.42			38 779.21				2 877	
六、		税金	%	9			41 656.63				3 749	
七、		安装费	元				9 847.33				9 847	
八、		主材费	元				35 558.4				35 558	
九、		安装工程费	元				45 405.73				45 406	
		电缆防火								12 019	32 478	5 678
6.4		电缆防火安装(防火隔板)									17 131	5 678
	GD8-12	电缆	100 m²	0.54			5 623.75	4 182.17			3 037	2 258

附录 A 某公司 1 号机组灵活性调峰及热网改造项目可行性研究报告

续表

序号	编制依据	工程项目名称	单位	数量	单价 设备	单价 装置性材料	单价 安装	单价 其中工资	合价 设备	合价 装置性材料	合价 安装	合价 其中工资
	GD8-13	电缆防火安装(防火堵料)	t	0.35			1 744.44	1 702.02			611	596
	GD8-14	电缆防火安装(防火涂料)	t	0.35			9 097.11	7 913.36			3 184	2 770
	GD8-17	电缆防火安装(防火包)	t	0.1			573.59	573.59			54	54
一、		直接费	元				8 747.67				8 748	
(一)		直接工程费	元				6 885.86				6 886	
1		人工费	元				5 678.25				5 678	
2		材料费	元				1 087.16				1 087	
3		装置性材料费	元									
4		施工机械使用费	元				120.45				120	
(二)		措施费	元				1 861.81				1 862	
1		冬雨季施工增加费	%	6.24			5 678.25				354	
2		夜间施工增加费	%	1.97			5 678.25				112	
3		大型施工工具用具使用费	%	8.85			5 678.25				503	
4		特殊地区施工增加费	%	4.51			5 678.25				311	
5		临时设施费	%	7.07			6 885.86				401	
6		施工机构迁移费	%				5 678.25					
7		安全文明施工费	%	2.63			6 885.86				181	
二、		间接费	元				4 784.92				4 785	
(一)		规费	元				131.17				131	
1		社会保险费	%				9 085.2					

续表

序号	编制依据	工程项目名称	单位	数量	单价 设备	单价 装置性材料	单价 安装	单价 其中工资	合价 设备	合价 装置性材料	合价 安装	合价 其中工资
2		住房公积金	%				9 085.2					
3		危险作业意外伤害保险费	%	2.31			5 678.25				131	
(二)		企业管理费	%	79.2			5 678.25				4 497	
(三)		施工企业配合调试费	%	1.79			8 747.67				157	
三、		利润	%	7.42			13 532.59				1 004	
四、		编制基准期价差	元				1 179.37				1 179	
1		人工费价差	元				1 179.37				1 179	
2		材料价差	元									
3		机械价差	元									
4		装置性材料价差	元									
五、		乙供设备不含税价	元									
六、		税金	%	9			15 716.08				1 414	
七、		安装费	元				17 130.53				17 131	
八、		主材费	元									
九、		安装工程费	元				17 130.53				17 131	
		补充部分							12 019		15 347	
补充主材034@1		有机防火涂料	t	0.35		7 842				2 745		
补充主材034@2		无机防火涂料	t	0.17		7 842				1 333		

续表

序号	编制依据	工程项目名称	单位	数量	单价 设备	单价 装置性材料	单价 安装	单价 其中工资	合价 设备	合价 装置性材料	合价 安装	合价 其中工资
	补充主材 034@4	防火隔板	m²	0.45		135				61		
	补充主材 034@5	防火包	t	0.1		5 500				523		
	补充主材 034@6	防火涂料	t	0.45		16 350				7 358		
一		主材费小计:										
		小计:	元				12 876.72			12 019	12 877	
(一)		直接费	元				12 018.59			12 019	12 019	
1		直接工程费	元									
2		人工费	元									
3		材料费	元				12 018.59				12 019	
4		装置性材料费	元									
		施工机械使用费	元				858.13				858	
(二)		措施费										
1		冬雨季施工增加费	%	6.24								
2		夜间施工增加费	%	1.97								
3		大型施工工具用具使用费	%	8.85								
4		特殊地区施工增加费	%									
5		临时设施费	%	4.51			12 018.59				542	

续表

序号	编制依据	工程项目名称	单位	数量	单价 设备	单价 装置性材料	单价 安装	单价 其中工资	合价 设备	合价 装置性材料	合价 安装	其中工资
6		施工机构迁移费	%	7.07								
7		安全文明施工费	%	2.63			12 018.59				316	
二、		间接费	元								230	
(一)		规费	元				230.49					
1		社会保险费	%	2.31								
2		住房公积金	%	79.2								
3		危险作业意外伤害保险费	%	1.79								
(二)		企业管理费	%	7.42			12 876.72				230	
(三)		施工企业配合调试费	元				13 107.21				973	
三、		利润	元									
四、		编制基准期价差	元									
1		人工费价差	元									
2		材料价差	元									
3		机械价差	元									
4		装置性材料价差	元									
六、		税金	%	9			14 079.76				1 267	
七、		安装费	元				3 328.35				3 328	
八、		主材费	元				12 018.59				12 019	
九、		安装工程费	元				15 346.94				15 347	
6.5		全厂接地								9 324	17 824	1 978

附录 A 某公司 1 号机组灵活性调峰及热网改造项目可行性研究报告

续表

序号	编制依据	工程项目名称	单位	数量	单价 设备	单价 装置性材料	单价 安装	单价 其中工资	合价 设备	合价 装置性材料	合价 安装	合价 其中工资
6.5.1	GD9-7	接地 照明及接地 全厂接地	100 m	1.64			1 439.15	1 205.9		9 324	17 824 5 918	1 978
一、		直接费	元								2 360	1 978
(一)		直接工程费	元				3 005.94				3 006	
1		人工费	元				2 360.21				2 360	
2		材料费	元				1 977.68				1 978	
3		装置性材料费	元				295.56				296	
4		施工机械使用费	元				86.97				87	
(二)		措施费	元				645.73				646	
1		冬雨季施工增加费	%	6.24			1 977.68				123	
2		夜间施工增加费	%	1.97			1 977.68				39	
3		大型施工工具用具使用费	%	8.85			1 977.68				175	
4		特殊地区施工增加费	%	4.51			1 977.68					
5		临时设施费	%				2 360.21				106	
6		施工机构迁移费	%	7.07			1 977.68				140	
7		安全文明施工费	%	2.63			2 360.21				62	
二、		间接费	元				1 665.81				1 666	
(一)		规费	元				45.68				46	
1		社会保险费	%				3 164.29					

续表

序号	编制依据	工程项目名称	单位	数量	单价 设备	单价 装置性材料	单价 安装	单价 其中工资	合价 设备	合价 装置性材料	合价 安装	合价 其中工资
2		住房公积金	%	2.31			3 164.29					
3		危险作业意外伤害保险费	%				1 977.68				46	
(二)		企业管理费	%	79.2			1 977.68				1 566	
(三)		施工企业配合调试费	%	1.79			3 005.94				54	
三、		利润	%	7.42			4 671.75				347	
四、		编制基准期价差	元				410.76				411	
1		人工费价差	元				410.76				411	
2		材料价差	元									
3		机械价差	元									
4		装置性材料价差	元									
五、		乙供设备不含税价	元									
六、		税金	%	9			5 429.15				489	
七、		安装费	元				5 917.77				5 918	
八、		主材费	元									
九、		安装工程费	元				5 917.77				5 918	
		补充部分								9 324	11 906	
补充主材045@1		接地扁钢	t	2.68		3 479				9 324		
		主材费小计：								9 324		
		小计：								9 324		

附录 A 某公司 1 号机组灵活性调峰及热网改造项目可行性研究报告

续表

序号	编制依据	工程项目名称	单位	数量	单价 设备	单价 装置性材料	单价 安装	单价 其中工资	合价 设备	合价 装置性材料	合价 安装	合价 其中工资
一、		直接费	元				9 989.43				9 989	
(一)		直接工程费	元				9 323.72				9 324	
1		人工费	元									
2		材料费	元									
3		装置性材料费	元				9 323.72				9 324	
4		施工机械使用费	元									
(二)		措施费	元				665.71				666	
5		临时设施费	%	4.51			9 323.72				421	
6		施工机构迁移费	%	7.07								
7		安全文明施工费	%	2.63			9 323.72				245	
二、		间接费	元				178.81				179	
(三)		施工企业配合调试费	%	1.79			9 989.43				179	
三、		利润	%	7.42			10 168.24				754	
六、		税金	%	9			10 922.72				983	
七、		安装费	元				2 582.04				2 582	
八、		主材费	元				9 323.72				9 324	
九、		安装工程费	元				11 905.76				11 906	
(七)		热工控制系统							240 000	100 776	211 441	23 668
1		系统控制							165 000		48 552	14 119
1.2		分散控制系统							165 000		48 552	14 119

259

续表

序号	编制依据	工程项目名称	单位	数量	单价				合价			
					设备	装置性材料	安装	其中工资	设备	装置性材料	安装	其中工资
	GD10-1	自动控制装置及仪表										
		分散控制系统安装	100点	2.47			8 820.81	5 716.03			48 552	14 119
一		直接费	元				26 749.84				21 787	14 119
(一)		直接工程费	元				21 787.4				26 750	
1		人工费	元				14 118.59				21 787	
2		材料费	元				1 931.49				14 119	
3		装置性材料费	元								1 931	
4		施工机械使用费	元				5 737.32				5 737	
(二)		措施费	元				4 962.44				4 962	
1		冬雨季施工增加费	%	6.24			14 118.59				881	
2		夜间施工增加费	%	1.97			14 118.59				278	
3		大型施工工具用具使用费	%	8.85			14 118.59				1 250	
4		特殊地区施工增加费	%				14 118.59					
5		临时设施费	%	4.51			21 787.4				983	
6		施工机构迁移费	%	7.07			14 118.59				998	
7		安全文明施工费	%	2.63			21 787.4				573	
二		间接费	元				11 986.88				11 987	
(一)		规费	元				326.14				326	
1		社会保险费	%				22 589.74					
2		住房公积金	%				22 589.74					

附录 A 某公司 1 号机组灵活性调峰及热网改造项目可行性研究报告

续表

序号	编制依据	工程项目名称	单位	数量	单价 设备	单价 装置性材料	单价 安装	单价 其中工资	合价 设备	合价 装置性材料	合价 安装	合价 其中工资
3		危险作业意外伤害保险费	%	2.31			14 118.59				326	
(二)		企业管理费	%	79.2			14 118.59				11 182	
(三)		施工企业配合调试费	%	1.79			26 749.84				479	
三、		利润	%	7.42			38 736.72				2 874	
四、		编制基准期价差	元				2 932.43				2 932	
1		人工费价差	元				2 932.43				2 932	
六、		税金	%	9			44 543.41				4 009	
七、		安装费	元				48 552.32				48 552	
九、		安装工程费	元				48 552.32				48 552	
		补充部分										
	补充设备055@1	DCS 控制柜及组件改造	套	1	165 000				165 000			
		设备费小计							165 000			
		小计:							165 000			
2		机组控制							75 000		14 351	3 911
2.2		现场仪表及执行机构							75 000		14 351	3 911
		自动控制装置及仪表									14 351	3 911
	GD10-3	盘台柜安装(辅助厂房 300 MW 机组 单价×1)	块	1			6 741.48	3 911			6 741	3 911
一、		直接费	元				8 166.55				8 167	

续表

序号	编制依据	工程项目名称	单位	数量	单价 设备	单价 装置性材料	单价 安装	单价 其中工资	合价 设备	合价 装置性材料	合价 安装	合价 其中工资
(一)		直接工程费	元				6 741.48				6 741	
1		人工费	元				3 911				3 911	
2		材料费	元				595.88				596	
3		装置性材料费	元									
4		施工机械使用费	元				2 234.6				2 235	
(二)		措施费	元				1 425.07				1 425	
1		冬雨季施工增加费	%	6.24			3 911				244	
2		夜间施工增加费	%	1.97			3 911				77	
3		大型施工工具使用费	%	8.85			3 911				346	
4		特殊地区施工增加费	%				3 911					
5		临时设施费	%	4.51			6 741.48				304	
6		施工机构迁移费	%	7.07			3 911				277	
7		安全文明施工费	%	2.63			6 741.48				177	
二、		间接费	元				3 334.03				3 334	
(一)		规费	元				90.34				90	
1		社会保险费	%				6 257.6					
2		住房公积金	%				6 257.6					
3		危险作业意外伤害保险费	%	2.31			3 911				90	
(二)		企业管理费	%	79.2			3 911				3 098	
(三)		施工企业配合调试费	%	1.79			8 166.55				146	

续表

序号	编制依据	工程项目名称	单位	数量	单价 设备	单价 装置性材料	单价 安装	单价 其中工资	合价 设备	合价 装置性材料	合价 安装	合价 其中工资
三、		利润	%	7.42			11 500.58				853	
四、		编制基期期价差	元				812.31				812	
1		人工费价差	元				812.31				812	
六、		税金	%	9			13 166.23				1 185	
七、		安装费	元				14 351.19				14 351	
八、		主材费	元									
九、		安装工程费	元				14 351.19				14 351	
		补充部分										
	补充设备049@1	变频控制柜及组件改造	套	1	75 000				75 000			
		甲供设备费小计：							75 000			
		小计：							75 000			
4.1	GD8-5	全厂控制电缆敷设	100 m	32			283.24	176.21		100 776	148 538	5 639
一、		电缆	元				11 071.45				19 853	5 639
(一)		电缆	元									
1		直接费	元				9 063.68				9 064	5 639
2		直接工程费	元								11 071	
3		人工费	元				5 638.72				5 639	
		材料费	元				2 880.32				2 880	
		装置性材料费	元									

续表

序号	编制依据	工程项目名称	单位	数量	单价 设备	单价 装置性材料	单价 安装	单价 其中工资	合价 设备	合价 装置性材料	合价 安装	合价 其中工资
4		施工机械使用费	元				544.64				545	
(二)		措施费	元				2 007.77				2 008	
1		冬雨季施工增加费	%	6.24			5 638.72				352	
2		夜间施工增加费	%	1.97			5 638.72				111	
3		大型施工工具用具使用费	%	8.85			5 638.72				499	
4		特殊地区增加费	%				5 638.72					
5		临时设施费	%	4.51			9 063.68				409	
6		施工机构正移费	%	7.07			5 638.72				399	
7		安全文明施工费	%	2.63			9 063.68				238	
二、		间接费	元				4 794.3				4 794	
(一)		规费	元				130.25				130	
1		社会保险费	%				9 021.95					
2		住房公积金	%				9 021.95					
3		危险作业意外伤害保险费	%	2.31			5 638.72				130	
(二)		企业管理费	%	79.2			5 638.72				4 466	
(三)		施工企业配合调试费	%	1.79			11 071.45				198	
三、		利润	%	7.42			15 865.75				1 177	
四、		编制基准期价差	元				1 171.18				1 171	
1		人工费价差	元				1 171.18				1 171	
六、		税金	%	9			18 214.17				1 639	

续表

序号	编制依据	工程项目名称	单位	数量	单价 设备	单价 装置性材料	单价 安装	单价 其中工资	合价 设备	合价 装置性材料	合价 安装	合价 其中工资
七、		安装费	元				19 853.45				19 853	
八、		主材费	元									
九、		安装工程费	元				19 853.45				19 853	
		补充部分								100 776	128 684	
补充主材040@1		控制电缆 10×1.5	m	2 400		30.32				72 768		
补充主材040@2		计算机电缆 4×2×1	m	800		35.01				28 008		
		主材费小计:	元							100 776		
		小计:	元							100 776		
一、		直接费	元				107 971.41				107 971	
(一)		直接工程费	元				100 776				100 776	
1		人工费	元									
2		材料费	元									
3		装置性材料费	元				100 776				100 776	
4		施工机械使用费	元									
(二)		措施费	元				7 195.41				7 195	
1		冬雨季施工增加费	%	6.24								
2		夜间施工增加费	%	1.97								
3		大型施工工具具使用费	%	8.85								

续表

金额单位:元

序号	编制依据	工程项目名称	单位	数量	单价				合价			
					设备	装置性材料	安装	其中工资	设备	装置性材料	安装	其中工资
4		特殊地区施工增加费	%									
5		临时设施费	%	4.51			100 776				4 545	
6		施工机构迁移费	%	7.07								
7		安全文明施工费	%	2.63			100 776				2 650	
二、		间接费	元				1 932.69				1 933	
(三)		施工企业配合调试费	%	1.79			107 971.41				1 933	
三、		利润	%	7.42			109 904.1				8 155	
六、		税金	%	9			118 058.98				10 625	
七、		安装费	元				27 908.29				27 908	
八、		主材费	元				100 776				100 776	
九、		安装工程费	元				128 684.29				128 684	

表 A-16 其他费用估算表

金额单位:元

序号	工程或费用项目名称	编制依据及计算说明	合价
2	项目建设管理费	(建筑工程费+安装工程费)×1.03%	325 881.36
2.2	招标费	(建筑工程费+安装工程费+安装甲供设备甲供设备含税价)×0.19%	47 329.15
2.3	工程监理费	监理费率按发改价格[2015]299号文计算	256 573.79
2.5	工程结算审核费	(建筑工程费+安装工程费)×0.23%	9 361.18
2.6	工程保险费	(建筑工程费+安装工程费)×0.31%	12 617.24
3	项目建设技术服务费		2 132 590.89

续表

序号	工程或费用项目名称	编制依据及计算说明	合价
3.1	项目前期工作费	前期可研编制费用等	498 201.54
3.3	设备成套技术服务费	性能试验及其他试验	521 000
3.4	勘察设计费		669 300
3.4.2	设计费		669 300
3.4.2.1	基本设计费	(基本设计费)×100%,根据中电联定额〔2015〕162号文执行	544 200
3.4.2.2	其他设计费	(其他设计费)×100%	125 100
3.5	设计文件评审费		406 724.23
3.5.1	可行性研究设计文件评审费	按实际发生计列	211 735.65
3.5.2	初步设计文件评审费	按实际发生计列	186 825.58
3.5.3	施工图文件审查费	(基本设计费)×1.5%	8 163
3.6	项目后评价费		37 365.12
	小计		2 458 472.25

附录A 某公司1号机组灵活性调峰及热网改造项目可行性研究报告

A.10 经济评价

A.10.1 财务评价依据

经济评价是根据国家现行财税制度和现行价格,按《建设项目经济评价方法与参数》(第三版)、《火力发电工程经济评价导则》、《投资项目可行性研究指南》、《电力工程技术改造项目经济评价暂行办法(试行)》及我国现行的有关财税政策和相关法规,进行费用和效益计算,考察项目盈利能力、偿债能力等财务生存能力状况,以判断其在财务上的可行性。

盈利能力的主要指标包括项目投资财务内部收益率和财务净现值、项目资本金财务内部收益率、投资回收期、总投资收益率等。盈利能力分析可根据项目的特点及财务分析的目的、要求等选用上述指标。

偿债能力应通过计算利息备付率、偿债备付率和资产负债率等指标来分析判断。

财务生存能力分析,应在财务分析辅助表和利润与利润分配表的基础上编制财务计划现金流量表,通过考察项目计算期内的投资、融资和经营活动所产生的各项现金流入和流出,计算净现金流量和累计盈余资金,分析项目是否有足够的净现金流量维持正常运营,以实现财务可持续性。

A.10.2 投资总额及资金来源

(1) 项目动态投资 2 853.17 万元,静态投资为 2 853.17 万元。
(2) 资金筹措与贷款:企业自筹。

A.10.3 财务评价基础原始数据

财务评价基础原始数据如表 A-17 所示。

表 A-17 财务评价基础原始数据

序号	项目	单位	参数
1	计算年限	年	20
2	建设期	月	2
3	折旧年限	年	17
4	残值率	—	5%
5	基准收益率	—	8%
6	上网电价(含税)	元/(kW·h)	0.378
7	售热价(含税)	元/GJ	27.10
8	改造前本台机组发电标准煤耗	g/(kW·h)	273.84

续表

序号	项目	单位	参数
9	改造后本台机组发电标准煤耗	g/(kW·h)	259.21
10	标准煤单价(含税)	元/t	673.51
11	本台机组改造前发电量	kW·h	1 636 341 600
12	本台机组改造后发电量	kW·h	1 636 341 600
13	本台机组改造前供用水量	万 t	324.553 5
14	本台机组改造前供热产量	GJ	2 553 149.873
15	本台机组改造后供用水量	万 t	262.000 0
16	脱硫剂耗量	万 t	1.018
17	脱硫剂单价	元/t	200.00~250.00
18	脱硝剂耗量	万 t	0.149 5
19	脱硝剂单价	元/t	1 800.00~2 500.00

A.10.4 损益原始数据

增值税及附加:电力工程缴纳的税金包括增值税、销售税金及附加、所得税,其中,制造业等行业增值税税率将从16%降至13%;交通运输、建筑、基础电信服务等行业及农产品等货物的增值税税率将从10%降至9%;发电销项税税率为13%;附加税有城市维护建设税,税率为5%,教育费附加,税率为5%,以上附加税以增值税为基础征收。

所得税:所得税按应纳税所得额计算,本项目的应纳税所得额为发电销售收入扣除成本和销售税金及附加后的余额。根据新颁布的《中华人民共和国企业所得税法实施条例》,所得税按照25%征收。

A.10.5 主要经济指标

财务效益与费用是财务分析的重要基础,财务效益和费用估算应遵循"有无对比"的原则,正确识别和估算"有项目"和"无项目"状态的财务效益和费用。

现金流量表:应正确反映计算期内的现金流入和流出,具体可分为下列两种类型:项目投资现金流量表,用于计算项目投资内部收益率及净现值等财务分析指标;项目资本金现金流量表,用于计算项目资本金财务内部收益率。

利润与利润分配表:反映项目计算期内各年营业收入、总成本费用、利润总额等情况,以及所得税后利润的分配,用于计算总投资收益率、项目资本金净利润率等指标。

下面分别给出某公司1号机组灵活性调峰及热网改造项目(建设规模:2×350 MW)的项目投资现金流量表如表A-18所示,项目资本金现金流量表如表A-19所示,利润与利润分配表如表A-20所示。

表 A-18 项目投资现金流量表

单位:万元

序号	项目名称	合计	2020	2021	2022	2023	2024	2025	2026	2027	2028	2029	2030	2031	2032	2033	2034	2035	2036
			1	2	3	4	5	6	7	8	9	10	11	12	13	14	15	16	17
1	现金流入	33 670	1 924	1 924	1 924	1 924	1 924	1 924	1 924	1 924	1 924	1 924	1 924	1 924	1 924	1 924	1 924	1 924	2 886
1.1	产品销售收入	10 727	631	631	631	631	631	631	631	631	631	631	631	631	631	631	631	631	631
1.2	补贴收入	21 981	1 293	1 293	1 293	1 293	1 293	1 293	1 293	1 293	1 293	1 293	1 293	1 293	1 293	1 293	1 293	1 293	1 293
1.3	回收固定资产余值	122																		122
1.4	回收流动资金	840																		840
2	现金流出	8 607	3 911	218	218	256	308	308	308	308	308	308	308	308	308	308	308	308	308
2.1	建设投资	2 853	2 853																	
2.2	流动资金	840	840																	
2.3	经营成本	5 100	300	300	300	300	300	300	300	300	300	300	300	300	300	300	300	300	300
2.4	城建税及教育附加	107				3	8	8	8	8	8	8	8	8	8	8	8	8	8
2.5	建设期可抵扣的增值税	−293	−82	−82	−82	−47													
3	所得税前净现金流量(1-2)	25 063	−1 987	1 706	1 706	1 668	1 616	1 616	1 616	1 616	1 616	1 616	1 616	1 616	1 616	1 616	1 616	1 616	2 578
4	所得税前累计净现金流量	190 378	−1 990	−284	1 422	3 089	4 705	6 321	7 936	9 552	11 167	12 783	14 398	16 014	17 630	19 245	20 861	22 476	25 053
5	调整所得税	6 260	406	364	364	363	362	362	362	362	362	362	362	365	365	365	365	365	404

续表

序号	项目名称	合计	2020	2021	2022	2023	2024	2025	2026	2027	2028	2029	2030	2031	2032	2033	2034	2035	2036
			1	2	3	4	5	6	7	8	9	10	11	12	13	14	15	16	17
6	所得税后净现金流量(3-5)	18 803	−2 393	1 342	1 342	1 305	1 254	1 254	1 254	1 254	1 254	1 254	1 254	1 251	1 251	1 251	1 251	1 251	2 174
7	所得税后累计净现金流量	134 040	−2 396	−1 054	288	1 592	2 845	4 099	5 352	6 605	7 859	9 112	10 366	11 616	12 866	14 116	15 367	16 617	18 790

表 A-19 项目资本金现金流量表

单位：万元

序号	项目名称	合计	2020	2021	2022	2023	2024	2025	2026	2027	2028	2029	2030	2031	2032	2033	2034	2035	2036
			1	2	3	4	5	6	7	8	9	10	11	12	13	14	15	16	17
1	现金流入	33 670	1 924	1 924	1 924	1 924	1 924	1 924	1 924	1 924	1 924	1 924	1 924	1 924	1 924	1 924	1 924	1 924	2 886
1.1	产品销售收入	10 727	631	631	631	631	631	631	631	631	631	631	631	631	631	631	631	631	631
1.2	补贴收入	21 981	1 293	1 293	1 293	1 293	1 293	1 293	1 293	1 293	1 293	1 293	1 293	1 293	1 293	1 293	1 293	1 293	1 293
1.3	回收固定资产余值	122																	122
1.4	回收流动资金	840																	840
2	现金流出	15 241	3 751	604	604	641	692	692	692	692	692	692	692	695	695	695	695	695	1 322
2.1	建设投资资本金	2 853	2 853																
2.2	自有流动资金	252	252																
2.3	经营成本	5 100	300	300	300	300	300	300	300	300	300	300	300	300	300	300	300	300	300
2.4	流动资金借款本金偿还	588																	588

续表

序号	项目名称	合计	2020	2021	2022	2023	2024	2025	2026	2027	2028	2029	2030	2031	2032	2033	2034	2035	2036
			1	2	3	4	5	6	7	8	9	10	11	12	13	14	15	16	17
2.5	流动资金借款利息支付	493	29	29	29	29	29	29	29	29	29	29	29	29	29	29	29	29	29
2.6	城建税及教育费附加	107				3	8	8	8	8	8	8	8	8	8	8	8	8	8
2.7	所得税	6 141	399	357	357	356	355	355	355	355	355	355	355	358	358	358	358	358	397
2.8	建设期可抵扣的增值税	−293	−82	−82	−82	−47													
3	净现金量 (1-2)	18 429	−1 827	1 320	1 320	1 283	1 232	1 232	1 232	1 232	1 232	1 232	1 232	1 229	1 229	1 229	1 229	1 229	1 564

表 A-20 利润与利润分配表

单位:万元

序号	项目名称	合计	2020	2021	2022	2023	2024	2025	2026	2027	2028	2029	2030	2031	2032	2033	2034	2035	2036
			1	2	3	4	5	6	7	8	9	10	11	12	13	14	15	16	17
1	产品销售收入(不含税)	10 727	631	631	631	631	631	631	631	631	631	631	631	631	631	631	631	631	631
1.1	产品销售收入(含税)	12 121	713	713	713	713	713	713	713	713	713	713	713	713	713	713	713	713	713
1.2	供热收入	10 727	631	631	631	631	631	631	631	631	631	631	631	631	631	631	631	631	631
1.2.5	节煤单价(不含税)	10 132	596	596	596	596	596	596	596	596	596	596	596	596	596	596	596	596	596

附录 A 某公司 1 号机组灵活性调峰及热网改造项目可行性研究报告

续表

序号	项目名称	合计	2020	2021	2022	2023	2024	2025	2026	2027	2028	2029	2030	2031	2032	2033	2034	2035	2036
			1	2	3	4	5	6	7	8	9	10	11	12	13	14	15	16	17
1.2.6	节煤单价价格（含税）	11 458	674	674	674	674	674	674	674	674	674	674	674	674	674	674	674	674	674
1.2.7	节约用水量/万 t	1 071	63	63	63	63	63	63	63	63	63	63	63	63	63	63	63	63	63
2	销售税金及附加	1 208				38	90	90	90	90	90	90	90	90	90	90	90	90	90
2.1	销售税金	1 101				35	82	82	82	82	82	82	82	82	82	82	82	82	82
2.1.1	销项税	1 394	82	82	82	82	82	82	82	82	82	82	82	82	82	82	82	82	82
2.1.3	增值税抵扣	293	82	82	82	47													
2.2	城建税及教育附加	107				3	8	8	8	8	8	8	8	8	8	8	8	8	8
3	总成本费用	8 033	329	496	496	496	496	496	496	496	496	496	496	483	483	483	483	483	329
4	补贴收入（应税）	21 981	1 293	1 293	1 293	1 293	1 293	1 293	1 293	1 293	1 293	1 293	1 293	1 293	1 293	1 293	1 293	1 293	1 293
4.1	其中：增值税退税款																			
5	利润总额（1-2.2-3+4）	24 568	1 595	1 428	1 428	1 425	1 420	1 420	1 420	1 420	1 420	1 420	1 420	1 433	1 433	1 433	1 433	1 433	1 587
6	弥补以前年度亏损																			

续表

序号	项目名称	合计	2020 1	2021 2	2022 3	2023 4	2024 5	2025 6	2026 7	2027 8	2028 9	2029 10	2030 11	2031 12	2032 13	2033 14	2034 15	2035 16	2036 17
7	应纳税所得额（5-6）	24 568	1 595	1 428	1 428	1 425	1 420	1 420	1 420	1 420	1 420	1 420	1 420	1 433	1 433	1 433	1 433	1 433	1 587
8	所得税	6 141	399	357	357	356	355	355	355	355	355	355	355	358	358	358	358	358	397
9	净利润（5-8+9）	18 427	1 196	1 071	1 071	1 069	1 065	1 065	1 065	1 065	1 065	1 065	1 065	1 075	1 075	1 075	1 075	1 075	1 190
9.1	法定盈余公积金	1 424	120	107	107	107	106	106	106	106	106	106	106	107	107				
9.3	各投资方利润分配	16 993	1 077	964	964	962	958	958	958	958	958	958	958	967	967	1 048	1 074	1 074	1 190
9.3.1	其中：投资方1	16 993	1 077	964	964	962	958	958	958	958	958	958	958	967	967	1 048	1 074	1 074	1 190
10	息税前利润（利润总额+财务费用）	25 055	1 624	1 457	1 457	1 453	1 449	1 449	1 449	1 449	1 449	1 449	1 449	1 461	1 461	1 461	1 461	1 461	1 616
11	息税折旧前利润（利润总额+财务费用+折旧+摊销）	27 500	1 624	1 624	1 624	1 620	1 616	1 616	1 616	1 616	1 616	1 616	1 616	1 616	1 616	1 616	1 616	1 616	1 616

注：2033年"法定盈余公积金"列值为 27。

A.10.6 财会评价结果

根据财务现金流量表计算出以下财务各评价指标(税后):内部收益率(全年投资)54.75%,总投资收益率(ROI)39.88%,全部投资回收期2.17年,该三项指标说明该项目具有较好收益,该项目单位投资对企业累计具有一定的贡献水平。

A.10.7 不确定性分析

1. 敏感性分析结果

某公司1号机组灵活性调峰及热网改造项目敏感性分析结果如表A-21所示。

表A-21 敏感性分析结果

变化因素	变化率/%	项目投资内部收益率/%	项目投资内部收益率变化率/%	项目投资内部收益率敏感度系数	资本金内部收益率/%
标煤单价 (含税)	−10	53.23	−5.2	0.52	68.53
	−5	54.68	−2.63	0.53	70.63
	0	56.15	0	0	72.78
	5	57.66	2.69	0.54	75.01
	10	59.2	5.43	0.54	77.29
节水用水量	−10	55.74	−0.73	0.07	72.18
	−5	55.95	−0.37	0.07	72.48
	0	56.15	0	0	72.78
	5	56.36	0.37	0.07	73.09
	10	56.56	0.73	0.07	73.39
水单价 (含税)	−10	55.74	−0.73	0.07	72.18
	−5	55.95	−0.37	0.07	72.48
	0	56.15	0	0	72.78
	5	56.36	0.37	0.07	73.09
	10	56.56	0.73	0.07	73.39
调峰补贴 产值	−10	56.15	0	0	72.78
	−5	56.15	0	0	72.78
	0	56.15	0	0	72.78
	5	56.15	0	0	72.78
	10	56.15	0	0	72.78

续表

变化因素	资本金内部收益率变化率/%	资本金内部收益率敏感度系数	投资方内部收益率/%	投资方内部收益率变化率/%	投资方内部收益率敏感度系数
标煤单价（含税）	-5.85	0.59	41.06	-5.69	0.57
	-2.97	0.59	42.28	-2.87	0.57
	0	0	43.53	0	0
	3.05	0.61	44.81	2.93	0.59
	6.19	0.62	46.12	5.93	0.59
节水用水量	-0.83	0.08	43.19	-0.8	0.08
	-0.41	0.08	43.36	-0.4	0.08
	0	0	43.53	0	0
	0.42	0.08	43.71	0.4	0.08
	0.83	0.08	43.88	0.8	0.08
水单价（含税）	-0.83	0.08	43.19	-0.8	0.08
	-0.41	0.08	43.36	-0.4	0.08
	0	0	43.53	0	0
	0.42	0.08	43.71	0.4	0.08
	0.83	0.08	43.88	0.8	0.08
调峰补贴产值	0	0	43.53	0	0
	0	0	43.53	0	0
	0	0	43.53	0	0
	0	0	43.53	0	0
	0	0	43.53	0	0

2. 敏感性分析图

某公司 1 号机组灵活性调峰及热网改造项目敏感性分析如图 A-19 所示。

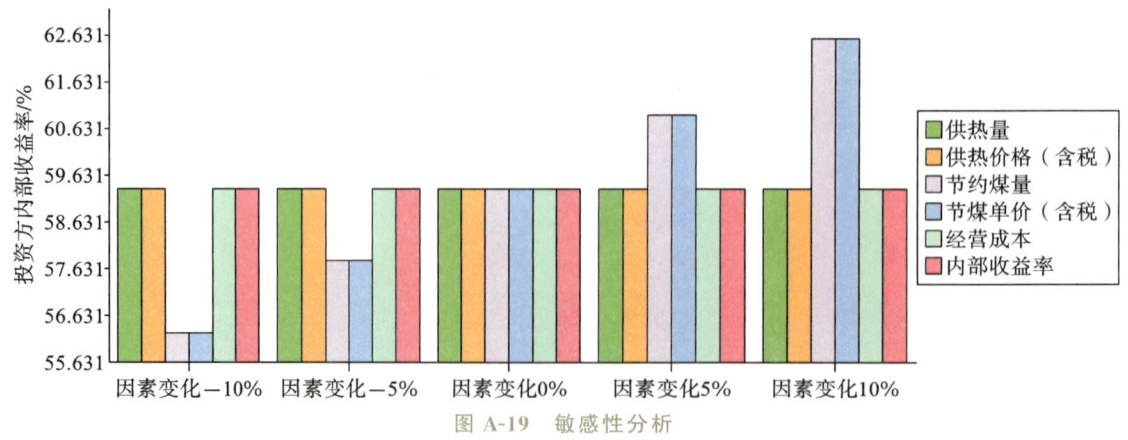

图 A-19　敏感性分析

A.11 结论与建议

A.11.1 结论

1. 必要性方面

为实现热电解耦,解决调峰考核和供热质量的突出矛盾,适应不断增长的供热面积需求,提高热网系统运行的安全可靠性,进行1号机组灵活性调峰及热网改造是十分必要的。

通过对1号机组实施低压缸零出力改造,在采暖中期深度调峰时段双机以253.16 MW发电负荷运行,整个电厂深度调峰能力增加了109.06 MW,满足国家能源局东北监管局颁发的《东北电力辅助服务市场运营规则》文件要求,不承担调峰辅助服务分摊费用,可为黑龙江省电网消纳更多可再生能源做出一定贡献,符合国家倡导的绿色能源、清洁能源的大政方针。

改造后,机组能够大幅提升供热能力,满足1 137万 m^2 采暖供热需求,同时能够提高热网系统运行的安全可靠性,有力保证供热质量。

2. 安全性方面

近两年低压缸零出力技术在国内热电联产机组中得到了快速推广应用,华能北方联合电力有限公司临河热电厂1号机组、国电吉林龙华热电股份有限公司延吉热电厂2号机组、国家电投辽宁东方发电有限公司1号机组、华能天津杨柳青热电厂7号机组、华能济南黄台发电有限公司电厂及华电沈阳苏家屯金山热电有限公司、大唐鸡西第二热电有限公司等四十余台机组都已经完成了低压缸零出力改造,运行效果良好。随着改造及运行经验的逐步积累,低压缸零出力改造技术也日臻成熟,并且通过完善各项措施保证了改造的安全性。

根据哈汽厂提供的叶片专题报告,对于低压缸零出力运行时可能存在的叶片鼓风、颤振、水蚀等影响,可通过采用多种措施,例如现场动应力测试、加装冷却蒸汽及减温水系统、叶片防水蚀喷涂等措施,有效控制风险。但若改造后频繁切缸,也相当于低压缸频繁地经历启停机过程,叶片会存在应力疲劳,对叶片的长期寿命会有一定影响,因此从确保汽轮机长期寿命的角度出发,建议对末级及次末级叶片进行更换。

考虑到2020年改造工期较为紧张、返厂换叶片时间较长及1号机组现有叶片处于良好的状态,2020年改造可以暂时不更换末级及次末级叶片,仅做现场超声速火焰防水蚀喷涂即可,另外改造后要尽量减少切缸次数,避免应力疲劳。2021年再结合1号机组大修一并进行返厂更换,这样在保证2020年改造后安全运行的基础上,今后叶片的长期寿命也有了保证。

综上,依据以往试验研究结果、所采取的技术措施及国内多家电厂改造及运行经验,本次某热电有限公司1号机组低压缸零出力运行改造项目在技术上是可行的,改造后主机运行安全是有保证的。

3. 经济性方面

通过对1号机组进行低压缸零出力改造,能够显著提高机组发电供热效率,降低发电标准煤耗率,其发电标准煤耗率显著低于原有抽凝运行工况发电标准煤耗率。

1号机组低压缸零出力改造后,在2020年采暖供热面积为1 137万 m^2 时,某公司能够获得调峰辅助服务补贴1 528.464万元。通过改造,某公司具备参与东北电力辅助服务市场实时深度调峰辅助服务市场报价的基本条件。在电网有深度调峰需求的时段,能够参与东北电网、黑龙江省电网的深度调峰运行,可以提供较大调峰容量,获得相应的调峰辅助服务补偿。

本工程静态总投资 2 853.17 万元,包括节能及调峰补贴在内每年综合收益可达 2 154 万元,这样在 1.3 个供热期即可回收投资,经济收益十分可观。

综上,经过本可行性研究报告论证,在现有补贴政策的条件下,本项目的投资较为合理,经济收益显著,安全能够保证,在技术、经济及安全方面均是可行的。

A.11.2 建议

(1) 改造涉及本体增加的相关设备,如低压缸连通管蝶阀、冷却蒸汽系统阀门、减温水系统阀门、包括各测点等,要求选用较高质量产品,避免运行中产生故障,影响主机运行安全。

(2) 目前改造工期较紧,建议某公司完成可研审查立项后尽快开展主要设备的招标采购工作,保证在采暖期前顺利完成改造。

(3) 建议某公司与当地能源监管部门紧密沟通,密切关注目前调峰辅助服务补贴政策的调整及变化情况,根据政策调整改造工程规划及改造后的运行方式等。

附录 B 某机组低压缸零出力改造项目调试方案

B.1 前言

某公司为增加 2 号机组极寒期的供热能力，降低机组发电煤耗，提高供热效率，于 2021 年 10 月实施低压缸零出力改造工程项目。电科院根据该公司 2 号机组低压缸零出力改造范围和内容，制定本调试方案。

B.2 调试内容及目标

对改造后系统阀门进行静态传动验收；对机组改造相关系统保护逻辑进行验证试验；对低压缸投入、切除及相关联锁保护功能进行严格的调试检验；对低压缸切除运行进行技术支持；对设计、制造、安装的要求和质量以及机组的技术性能进行全面检查，从而保证机组能够长期、稳定、安全运行。

B.3 编制依据

(1)《火力发电建设工程启动试运及验收规程》(DL/T 5437—2009)。
(2)《火力发电建设工程机组调试技术规范》(DL/T 5294—2013)。
(3)《电力建设施工质量验收规程 第 6 部分：调整试验》(DL/T 5210.6—2019)。
(4)《汽轮机启动调试导则》(DL/T 863—2016)。
(5)《电力建设施工质量验收规程 第 3 部分：汽轮发电机组》(DL/T 5210.3—2018)。
(6)《电力建设安全工作规程 第 1 部分：火力发电》(DL 5009.1—2014)。

(7) 设备制造厂家的运行维护说明书及随机图纸。

(8)《某热电有限公司 2 号机组灵活性调峰及热网改造项目可行性研究报告》。

B.4 改造系统简述

B.4.1 概述

2 号机组低压缸零出力改造项目采用切除低压缸的运行方式提高机组供热能力,采用可完全密封的液压蝶阀切除低压缸原进汽管道进汽,通过新增旁路管道通入约 30 t/h 的冷却蒸汽,用于带走低压缸不做功后低压转子转动产生的鼓风热量。与改造前相比,提升供热机组的灵活性,解除了低压缸最小蒸汽流量的制约;在同等供热负荷前提下,可降低发电负荷,提高机组供热效率及调峰能力。

B.4.2 改造范围

1. 低压缸进汽蝶阀改造

在中低压缸连通管上加装与原蝶阀接口一致的新液动供热蝶阀(带独立油源),并在低压缸进汽蝶阀前预留供热抽汽接口,在低压缸进汽蝶阀后预留冷却蒸汽旁路接口。

低压缸进汽蝶阀选用具有良好通流特性及调节特性的、可完全密封的液动蝶阀,执行机构选用自带独立油源的形式。低压缸进汽蝶阀安装于连通管上,位于中压排汽口上的垂直管三通上部,在非抽汽工况时处于非截流状态,蒸汽进入低压缸;当抽汽压力不足时,调节低压缸进汽蝶阀,截流升压,不同负荷对应不同的抽汽压力限值;低压缸进汽蝶阀全关时零泄漏,以满足灵活性改造的需要。

2. 低压缸冷却蒸汽系统改造

机组低压缸设计有低压冷却蒸汽系统。中低压连通管进行利旧改造,即保留原连通管水平管段(含热压弯头、直管段、压力平衡室等),新设计并更换中低压连通管中压缸及低压缸上部的垂直管段,在中、低压汽缸上部连通管垂直管段上打孔,增加冷却蒸汽进、出口。

冷却汽源为:从中排处引出部分蒸汽(在最大进汽工况下,流量 20～30 t/h,温度 268.6 ℃,压力 0.4 MPa),经过减温减压后进入低压缸进行冷却。

3. 低压缸喷水系统改造

对低压缸喷水系统进行优化,全部采用不锈钢产品,保证系统稳定运行;采用优秀的雾化喷头,保证喷水减温效果;采用双路喷水系统,分阶段投入,既保证减温效果,又避免喷水过量;优化喷水角度,减少减温水回流导致的叶片水蚀。

4. 低压缸新增测点改造

为检测低压缸排汽温度,在低压正、反向末级及次末级级后增加温度测点。

5. 低压动叶片改造

该项目低压次末级叶片为 515 mm 叶片,低压末级叶片为 1 040 mm 叶片,为适应切缸工况,对两级叶片进行改造。其中,将次末级 515 mm 叶片更换为哈汽厂新型加强型 515 mm 叶片,并对出汽边进行喷涂处理;对末级 1 040 mm 叶片的原叶片直接进行喷涂。

B.5 组织分工

B.5.1 建设单位

(1) 负责为各参建单位提供设计和设备文件及资料。
(2) 负责协调设备供货商供货和提供现场服务。
(3) 负责组织相关单位对机组联锁保护定值和逻辑的讨论和确定。
(4) 负责组织由设备供货商或其他承包商承担的调试项目的实施及验收。
(5) 负责试运现场的消防和安全保卫管理工作,实施建设区域与生产区域的隔离措施。
(6) 参加试运日常工作的检查和协调,参加试运后的质量验收签证。
负责人:设备部汽机专工。

B.5.2 监理单位

(1) 做好工程项目科学组织、规范运作的咨询和监理工作,负责对试运过程中的安全、质量、进度和造价进行监理和控制。
(2) 按照质量控制监检点计划和监理工作要求,做好机组设备和系统安装的监理工作,严格控制安装质量。
(3) 负责组织对设备及系统试运调试措施的审核。
(4) 负责试运过程的监理,参加试运条件的检查确认和试运结果确认。
(5) 负责试运过程中的缺陷管理,建立台账,确定缺陷性质和消缺责任单位,组织消缺后的验收,实行闭环管理。
(6) 协调办理设备和系统代保管有关事宜。
(7) 组织或参加重大技术问题解决方案的讨论。
负责人:汽机监理工程师。

B.5.3 施工单位

(1) 负责完成试运所需要的建筑和安装工程,以及试运中临时设施的制作、安装和系统恢复工作。
(2) 负责组织完成单体调试、单机试运条件检查确认、单机试运指挥工作,提交单体调试报告和单机试运记录,参加单机试运后的质量验收签证。
(3) 全面组织协调分部试运工作。
(4) 负责单机试运期间工作票安全措施的落实和许可签发。
(5) 负责向生产单位办理设备及系统代保管手续。
(6) 参与和配合改造设备及系统试运工作,参加试运后的质量验收签证。
(7) 负责试运阶段设备与系统的就地监视、检查、维护、消缺和完善,使与安装相关的各项指标满足达标要求。

(8) 负责试运现场的安全、保卫、文明试运工作,做好试运设备与施工设备的安全隔离措施。

负责人:施工单位项目部负责人。

B.5.4 调试单位

(1) 负责编制、报审、报批或调试方案或措施。
(2) 参与机组联锁保护定值和逻辑的讨论,提出建议。
(3) 参加单体调试及单机试运结果的确认,参加相关质量验收签证。
(4) 负责低压缸零出力改造调试前的技术及安全交底,并做好交底记录。
(5) 负责全面检查试运机组各系统的完整性和合理性,组织低压缸零出力改造项目试运条件的检查确认。
(6) 按合同规定组织完成改造涉及的调试项目和试验工作。
(7) 负责对试运中的重大技术问题提出解决方案或建议。
(8) 在低压缸零出力改造项目试运期间,监督和指导运行操作。

负责人:电科院汽机专业负责人。

B.5.5 生产单位

(1) 负责完成各项生产运行的准备工作。
(2) 负责试运全过程的运行操作工作,运行人员应分工明确、认真监盘、精心操作,防止发生误操作。对运行中发现的各种问题提出处理意见或建议,参加相关质量验收签证。
(3) 在低压缸零出力改造调试中,在调试单位人员的监督指导下,负责设备启动前的检查及启停操作、运行调整、巡回检查和事故处理。
(4) 在静态调试及低压缸零出力改造调试期间,负责工作票的管理、工作票安全措施的实施及工作票和操作票的许可签发及消缺后的系统恢复。
(5) 负责试运机组与运行机组联络系统的安全隔离。
(6) 负责已经代保管设备和区域的管理及文明生产。

负责人:发电部汽机运行专责工程师。

B.6 调试条件及过程

B.6.1 调试基本条件

(1) 管道系统按要求安装完毕,经验收合格。
(2) 阀门的单体调试、电机单机试运已完成验收签证。
(3) 系统阀门应挂好标志牌,标志牌内容完整清晰,电动、气动阀门能正常投入使用。
(4) 设备具备可靠的操作电源和动力电源,电机接线及接地线良好,绝缘合格。

(5) 现场沟道及孔洞盖板齐全,梯子、栏杆按设计要求安装完毕,正式投入使用。
(6) 电气、热工仪表以及信号、音响装置已装设齐全,并经检验调整准确。
(7) 联锁保护逻辑完善,定值设定正确。
(8) 试运现场施工脚手架全部拆除,危险区设有围栏和警告标志。
(9) 试运现场应有良好的通信设备,且照明情况应良好。
(10) 现场备齐调试用仪表、工具。
(11) 现场备齐合格的消防安全器材。
(12) 安装交接验收签证已完成。

B.6.2 调试过程

1. 机组启动前阀门传动验收

在机组启动前,需要对新增加的阀门进行传动验收,验收内容主要包括就地/远方开、关操作,并记录阀门全开、全关时间,具体如表 B-1 所示。

表 B-1 新增阀门传动验收清单

序号	名称	阀门编号	数据记录 开时间	数据记录 关时间	备注
1	2号机低压缸冷却管道电动闸阀	20NDB66AA002			
2	2号机低压缸冷却蒸汽电动调节阀	20NDB66AA003			
3	2号机低压缸冷却蒸汽电动闸阀前疏水阀	20MAB66AA401			
4	2号机低压缸冷却蒸汽电动闸阀后疏水阀	20NDB66AA402			
5	2号机低压缸冷却管道疏水阀	20NDB66AA403			
6	2号机减温水电动调节门	20LCE10AA101			
7	2号机第二路低压缸喷水调节阀	20LCE70AA102			
8	2号机低压缸进汽蝶阀	20NDB66AA001			

2. 改造系统的联锁、保护试验

在机组启动前,需要对改造的相关阀门、设备进行联锁保护传动试验,试验范围主要包括低压缸抽汽模式、低压缸零出力模式、低压缸进汽蝶阀系统、低压缸喷水减温系统的联锁保护试验,如表 B-2~表 B-5 所示。

表 B-2 低压缸抽汽模式联锁保护试验内容

系统名称		抽汽控制模式(按钮投切)		
序号	试验项目	逻辑关系	传动结果	备注
抽汽模式投入条件				
1	机组已挂闸			
2	机组已并网			
3	低压缸进汽蝶阀位置反馈信号与指令信号偏差<5%	与		
4	低压缸进汽蝶阀及 EV 阀在远方位			
5	无抽汽控制模式切除条件			

续表

系统名称	抽汽控制模式(按钮投切)			
序号	试验项目	逻辑关系	传动结果	备注
抽汽模式自动切除条件				
1	机组未挂闸			
2	机组未并网			
3	OPC 动作	或		
4	中排压力超过 0.45 MPa 该值会切掉抽汽控制模式和零出力控制模式			
5	2 个 EV 阀全关 与 低压缸进汽蝶阀<30%			
6	2 个抽汽逆止阀均关闭			

注:抽汽控制模式投入后,低压缸进汽蝶阀最小开度限值为 20%。低压缸的最小通流一般为 20%～30%,需要根据现场情况确认。

表 B-3 低压缸零出力模式联锁保护试验内容

系统名称	零出力控制模式(按钮投切)			
序号	试验项目	逻辑关系	传动结果	备注
零出力模式投入允许条件				
1	抽汽模式投入	与		
2	2 个 EV 阀开度皆>30%			
3	低压缸进汽蝶阀开度<30%			
4	低压缸冷却蒸汽电动调阀>80%	与		
5	低压缸冷却蒸汽电动调阀前电动门开启			
零出力模式自动切除条件				
1	非抽汽工况(低压缸进汽蝶阀设置指令 100%,且不可调整)			

表 B-4 低压缸进汽蝶阀系统联锁保护试验内容

系统名称	低压缸进汽蝶阀			
序号	试验项目	逻辑关系	传动结果	备注
低压缸进汽蝶阀联锁开启				
1	机组未挂闸			
2	机组未并网			
3	OPC 动作	或		
4	中排压力超过 0.45 MPa			
5	2 个 EV 全关 与 低压缸进汽蝶阀<30%			
6	2 个抽汽管路逆止阀均关闭			

续表

系统名称		低压缸进汽蝶阀			
序号	试验项目		逻辑关系	传动结果	备注
	低压缸进汽蝶阀开度低限制(20%)				
1	抽汽模式投入				
	低压缸进汽蝶阀联锁关闭				
1	零出力模式投入				

注：①抽汽工况，低压缸进汽蝶阀控制范围 20%～100%。②在零出力供热投入时，点击零出力按钮，阀门指令不变——该方式只是在调试期间使用，机组试运正常后改为自动，即零出力供热投入时，点击零出力按钮，阀门指令自动置为零，阀门关闭。③在零出力供热退出时，指令自动设置 20%。④低压缸进汽蝶阀快开电磁阀在联锁开时需要动作，业主根据现场情况自行修改。

表 B-5 低压缸喷水减温系统联锁保护试验内容

系统名称		低压缸喷水减温系统			
序号	试验项目		逻辑关系	传动结果	备注
	低压缸冷却蒸汽电动调节门联锁关				
1	非抽汽工况				
	低压缸冷却蒸汽电动调节门开度限制				
1	阀门最小开度＞30%(零功率模式下)				
	2 号机凝结水至低压缸冷却蒸汽管道减温水电动调节门联锁关				
1	非抽汽工况				
	低压缸喷水调节阀联锁开条件				
1	低压缸末级温度≥高一值 80 ℃：画面报警，2 号机凝结水至低压缸第一路排汽减温水气动调整门联锁开。在零出力模式下，低压缸末级温度≥高二值 110 ℃：画面报警，2 号机凝结水至低压缸第二路排汽减温水电动调整门联锁开				

3. 调试措施交底

在低压缸切除运行之前，进行调试措施的技术及安全交底工作，完成调试措施交底记录表。

4. 系统检查

在低压缸切除运行之前，依照《机组切缸运行条件检查确认表》的要求，对各个系统和设备的试运条件进行逐项检查和确认。

B.7 低压缸切缸及辅助系统操作技术措施

B.7.1 低压缸切缸前检查

(1) 检查机组热网供汽系统,确认其运行正常,主再热蒸汽参数稳定。
(2) 检查低压缸进汽蝶阀控制箱,确认已送电,阀门状态正常。
(3) 联系热控,投入热网系统有关表计、自动装置、各种保护。
(4) 通知电气,为热网系统各泵、电动门送电。
(5) 通知化学,准备除盐水。
(6) 试验热网系统各电动门开关,确认其正常。
(7) 检查热网系统,确认其具备投入条件。
(8) 联锁保护及报警试验项目已完成,且保护均正常投入。

B.7.2 低压缸切缸步骤

1. 低压缸切除试验条件

(1) 机组人员分工明确,各项指令均由值长下令,主值负责低压缸切除及供热抽汽量的调整,统一兼顾协调其他运行人员的操作;专人负责调整锅炉燃烧及监控风烟系统;专人负责凝汽器及除氧器水位的调整及相关参数的监视工作;专人配合调整供热抽汽流量及热网疏水。
(2) 低压缸进汽蝶阀油站及控制柜、低压缸冷却蒸汽电动调节门前电动门、低压缸冷却蒸汽电动调节门、2号机凝结水至低压缸冷却蒸汽管道减温水电动调节门、3个低压冷却管道电动疏水门等相关设备已通电。
(3) 投入有关表计、自动装置、各种保护信号及仪表电源。
(4) 热网系统各阀门传动试验已完成且全部合格。
(5) 主机保护试验已完成且全部合格,并已投入。
(6) 热网系统所有联锁保护试验已完成且全部合格,并已投入。
(7) 低压缸进汽蝶阀保护试验已完成且全部合格,并已投入。
(8) 低压缸喷水调门联动试验已完成且全部合格,并已投入。
(9) 机组旁路系统工作性能正常。
(10) 交、直流油泵联锁启动试验已完成且全部合格,试运正常后停止运行,投入联锁备用状态。

2. 低压缸切除试验

(1) 汽轮机控制方式退出协调,阀门为"顺序阀"控制方式。
(2) 机组负荷维持在 120~190 MW 之间。
(3) 凝汽器补水箱水位正常。
(4) 检查热网系统运行情况,确认其正常。
(5) 检查确认低压缸冷却蒸汽管道疏水完毕。

(6) 检查确认低压缸冷却蒸汽电动调门全开,流量显示正常。

(7) 检查确认低压缸冷却蒸汽电动截门全开,流量显示正常。

(8) 注意监视汽轮机本体振动、轴向位移、各瓦温度等参数,确认其处于正常范围,监视和调整凝汽器、除氧器、高、低压加热器水位。

(9) 保持锅炉燃烧工况及蒸发量稳定,尽量保持主蒸汽压力稳定。

(10) 在切缸前,根据实际情况投入低压缸喷水。

(11) 将低压缸进汽蝶阀关至20%位置,全面检查机组各参数,确认其正常。

(12) 确认低压缸冷却蒸汽电动调节门全开,低压缸冷却蒸汽流量在30 t/h左右。

(13) 投入"零出力投入"按钮,低压缸进汽蝶阀阀门指令不变。自动关闭低压缸进汽蝶阀,在关闭过程中重点监视推力瓦温度、次末级及末级蒸汽温度,如出现推力瓦温度、次末级及末级蒸汽温度快速上升,立即停止"零出力投入",将低压缸进汽蝶阀恢复开启到20%开度;检查低压缸进汽蝶阀,确认其全关,切缸操作完毕;投入2号机凝结水至低压缸冷却蒸汽管道减温水电动调节门自动,控制低压缸冷却蒸汽温度在(130±10)℃。

(14) 在操作过程中,专人严密监视、及时调整主蒸汽压力、除氧器及凝汽器水位等,专人严密监视和记录汽轮机本体各参数:振动、差胀、轴向位移、次末级及末级蒸汽温度、低压排汽缸温度等。若参数发生异常变化,及时暂停操作,分析原因,并进行处理。

(15) 在切缸完成后,尤应严密监视低压缸次末级及末级蒸汽温度,控制低压缸末级温度在设计范围内:

①当末级温度≥高一值80 ℃,报警,2号机凝结水至低压缸第一路排汽减温水气动调整门喷水投入;

②当末级温度≥高二值110 ℃,报警,2号机凝结水至低压缸第二路排汽减温水电动调整门喷水投入;

③当低压缸次末级蒸汽温度达到190 ℃时,发送温度高报警声光信号;

④当低压缸次末级蒸汽温度达到200 ℃时,手动解除抽汽工况;

⑤当低压缸末级蒸汽温度达到150 ℃时,手动停机。

(16) 在切缸完成后,严密监视中压缸排汽压力,确保排汽压力小于0.45 MPa,当中排温度达380 ℃时,增加主蒸汽进汽量。

(17) 若参数发生异常变化,及时暂停操作,恢复原工况,分析原因并处理后,再进行操作。

(18) 在低压缸切除进汽操作完成后,保持机组工况稳定,全面检查设备系统运行情况,记录详细运行参数。

(19) 在整体操作完成后,投入机组协调系统。

B.7.3 恢复低压缸进汽操作步骤

(1) 将凝汽器降至低水位运行,全面检查和记录机炉侧重要运行参数,确认机炉运行正常和稳定。

(2) 将低压缸进汽蝶阀开至20%。开启过程应快速、连续不间断。

(3) 检查确认低压缸冷却蒸汽电动调节门及低压缸冷却蒸汽电动调节门前电动门全开,待机组稳定后,方可关闭。

(4) 在操作过程中,专人严密监视、及时调整主蒸汽压力、除氧器及凝汽器水位等,专人严密监视和记录汽轮机本体各参数:振动、瓦温、轴向位移、低压胀差、末级蒸汽温度及次末级蒸汽温度、低压缸排汽温度等。

(5) 恢复其他相关设备和系统正常运行方式。

B.7.4　低压缸切缸运行注意事项

(1) 保持凝结水母管压力稳定。

(2) 调整低压缸冷却蒸汽电动调节门,尤其在机组升降负荷过程中,控制低压缸冷却蒸汽流量在设计范围内。

(3) 在切缸过程中,控制低压缸末级温度、次末级温度、低压缸排汽温度在设计值范围内运行。

(4) 在切缸过程中,监控机组轴承振动、瓦温、轴向位移、低压胀差等情况。

(5) 在切缸运行过程中,监视和调整凝汽器、除氧器、高低压加热器水位。

(6) 在切缸运行过程中,监视和调整热网系统,确保其稳定运行,控制中排压力在安全范围内。

B.7.5　环水系统投运操作技术措施

(1) 结合凝汽器热负荷的大小调整循环冷却水流量需求,在循环水系统运行安全的条件下,提高机组运行经济性。

(2) 循环水在汽轮机低压缸切缸运行时,可根据循环水温度,选择循环水下塔运行。在恢复低压缸运行时,根据循环水温及机组真空情况,调整循环水上塔水量。

(3) 在严寒期控制循环水出口温度,防止循环水前池结冻现象发生。

B.7.6　热网系统投运技术措施

(1) 确保热网疏水系统运行正常,注意监控热网加热器水位变化。

(2) 在低压缸切缸过程中,热网系统热负荷会突然增加,运行人员要注意热网疏水流量变化及热网循环水温升变化。

B.8　事故与应对

B.8.1　机组超速

1. 超速现象

(1) 机组负荷突然变为零,发电机解列。

(2) 转速飞升,超过危急遮断器动作值。

(3) 润滑油压、主油泵出口油压上升。

(4) 汽轮机声音异常,振动增大。

2. 超速危害

严重时导致叶轮、叶片及围带松动变形脱落、轴承损坏、动静摩擦甚至断轴飞车。

3. 超速原因

(1) 发电机甩负荷到零,汽轮机调速系统工作不正常。

(2) 危急遮断器超速试验时转速失控。

(3) 高中压主汽门、调门、抽汽逆止阀、高排逆止门等关闭不严或卡涩而关不到位。

(4) 汽轮机调速部套如伺服阀、卸荷阀等卡涩。

4. 处理方法

(1) 立即进行紧急故障停机操作,确认转速下降。

(2) 若转速继续升高,应果断采取隔离及泄压措施,开启汽轮机旁路。

(3) 倾听机组内部声音,记录转子惰走时间。

(4) 查明超速原因并消除故障,全面检查确认汽轮机正常后方可重新启动,应经校验危急遮断器及各超速保护装置动作正常后,方可并网带负荷。

(5) 在重新启动过程中,应对汽轮机振动、内部声音、轴承温度、轴向位移、推力瓦温度等进行重点检查与监视,发现异常应停止启动。

5. 防止汽轮机超速措施

(1) 在启动前,认真执行汽轮机开机前试验,确认调速系统静态试验合格;确认调节系统正常,在调节部套存在卡涩、调节系统工作不正常的情况下,严禁启动。

(2) 在运行中,应注意监视汽轮机各调门的开度,当发现阀门异常摆动或卡涩时,应及时处理或隔离。

(3) 在运行中,若汽轮机任一超速保护故障且不能消除时,应停机消缺。

(4) 按规定进行危急遮断器充油试验、各停机保护在线试验和主汽阀调节阀及各段抽汽逆止阀活动试验。

(5) 加强汽、水、油品质监测,确保品质符合规定。

(6) 转速监测控制系统工作应正常,否则应停机消缺或禁止开机。

(7) 要慎重对待调节系统的重大改造,应在确保系统安全、可靠的前提下,进行全面的、充分的论证。

(8) 汽机专业人员必须熟知 DEH 的控制逻辑、功能及运行操作,参与 DEH 系统改造方案的确定及功能设计,以确保系统实用、安全、可靠。

(9) 在机组正常启动或停机的过程中,应按要求投入汽轮机旁路系统;在机组甩负荷或事故超速状态下,必须开启旁路系统;在机组再次启动时,应确保再热蒸汽压力不得大于制造厂的规定值。

(10) 对新投产或调节系统经重大改造后的机组,必须进行甩负荷试验;对已投产尚未进行甩负荷试验的机组,应积极创造条件进行甩负荷试验。

(11) 在进行超速试验时,在满足试验条件的前提下,确保主蒸汽和再热蒸汽压力尽量取最低值;在机组运行中,严禁退出超速保护。

(12) 在停机过程中,若发现主汽门或调速汽门卡涩,应设法将负荷减至 0 MW,先对汽轮机打闸,再解列发电机,严禁带负荷解列发电机。

B.8.2 机组强烈振动

1. 强烈振动现象

(1) 在汽轮机运行中,声音异常,DCS 振动指示增大。

(2) DCS、TSI 盘"汽机轴振大"声光报警。

2. 强烈振动危害

造成轴承损坏,动静摩擦,甚至严重损坏汽轮机。

3. 强烈振动原因

(1) 汽轮机动静碰摩、大轴弯曲。

(2) 转子质量不平衡或叶片断落。

(3) 轴承工作不正常或轴承座刚度不足。

(4) 汽缸进水或进冷汽造成汽缸变形。

(5) 轴承进油温度大幅度变化或油压不正常。

(6) 主蒸汽和再热蒸汽温度与汽缸金属温度相差太大。

(7) 转子中心不正或联轴器松动。

(8) 滑销系统卡涩造成缸体膨胀不均匀。

(9) 发电机各组氢气冷却器氢温偏差过大。

(10) 汽轮机排汽缸温度过高。

(11) 发电机定转子电流不平衡。

(12) 汽轮机振动测量表计故障。

(13) 低压缸进汽流量偏小。

4. 处理方法

(1) 注意每一轴承的振动趋势,判明振动类型。

(2) 汽轮机在一阶临界转速前,若任一轴振超过 0.13 mm,应立即打闸停机以查找原因。

(3) 当过临界转速时,若轴振超过 0.18 mm,应立即打闸停机并查找原因,严禁强行通过临界转速或降转速暖机。

(4) 升速期间振动超限,应停机检查,不得降转速运行。

(5) 在运行中,当轴振变化±0.05 mm 时,应查明原因设法消除。

(6) 当轴振动突然增加 0.1 mm 时,应立即打闸停机。

(7) 若机组负荷或进汽参数大幅变化,应稳定负荷调节参数。

(8) 在运行中,若机组轴振动达 0.13 mm 而报警,应汇报值长,适当降低负荷,查找原因。

(9) 检查机组油温、油压、风温、差胀、轴移、缸胀、缸体上下温差、蒸汽温度等参数是否正常,并进行相应的调整处理。

(10) 检查发电机定转子电流、线圈铁芯温度等参数是否正常,并消除不正常原因。

(11) 当确认汽轮机内部有明显的金属摩擦、撞击声或汽轮机发生强烈振动时,应立即紧急停机。

5. 防止异常振动措施

(1) 在机组运行中,确保上、下缸温差及法兰与螺栓温差在规定范围内。

(2) 在机组启动过程中,要充分疏水,若正常运行时主蒸汽温度 10 min 下降 50 ℃,应停机。

(3) 根据启动方式,选择合理冲转参数及轴封供汽温度,启动后轴封汽源切换应缓慢,保证轴封供汽温度温升/降率不超过 2 ℃/min。

(4) 在机组启动前,连续盘车时间不得少于 2~4 h,若盘车中断应重新计时。

(5) 在机组启动过程中,因振动异常停机,必须回到盘车状态,全面检查、认真分析、查明原因。当机组已符合启动条件时,连续盘车不少于 4 h 才能再次启动。

(6) 停机后立即投入盘车。当盘车电流较正常值大、摆动或有异音时,应查明原因及时处理。当轴封摩擦严重时,将转子高点置于最高位置,关闭汽缸疏水,保持上下缸温差不超过规定,监视转子弯曲度;当确认转子弯曲度正常后,再手动盘车180°;当盘车盘不动时,严禁用吊车强行盘车。

(7) 在机组热态启动前,检查停机记录,并与正常停机曲线进行比较,若有异常应认真分析,查明原因,采取措施及时处理。

(8) 在机组热态启动投轴封供汽时,应确认盘车装置运行正常,先向轴封供汽,后抽真空。在停机后,凝汽器真空到零,方可停止轴封供汽。应根据缸温选择供汽汽源,以使供汽温度与金属温度相匹配。

(9) 在疏水系统投入时,严格控制疏水系统各容器水位,注意保持凝汽器水位低于疏水联箱标高,供汽管道应充分暖管、疏水,严防水或冷汽进入汽轮机。

(10) 在停机后,应认真监视凝汽器、高压加热器水位和除氧器水位,防止汽轮机进水。

(11) 机组应装有可靠的振动监视、保护系统,且正常投入,便于及时监视,对照分析。

(12) 在运行中,润滑油温不应有大幅度的变化,尤其不能偏低。

(13) 在运行中,突然发生振动的常见原因是转子平衡恶化和油膜振荡。若因掉叶片或转子部件损坏、动静磨损而引起热弯曲而导致振动,应立即停机。若发生轻微油膜失稳,则无须立即停机,应首先减少负荷,提高油温至规定上限,振动仍不减少时再停机。

(14) 在机组运行中,若工况突然发生变化(机组甩负荷、调门脱落等),应加强对机组振动的监视,并做好各轴承振动值的记录工作。

B.8.3 叶片损坏

1. 主要现象

(1) 机组振动明显增大。
(2) 汽轮机内部有不同程度的金属撞击声。
(3) 在停机后,盘车时有摩擦声,盘车电流异常变化。
(4) 断落叶片打断凝汽器铜管,凝结水硬度及导电率急剧增大。
(5) 当负荷未变时,调门开度增大,监视段压力异常。

2. 主要危害

造成汽轮机动静摩擦、运行工况恶化、转子质量不平衡而发生振动。

3. 损坏原因

(1) 叶片频率不合格或制造质量不良。
(2) 汽轮机超速或运行频率长时间偏离正常值造成叶片疲劳。
(3) 汽轮机过负荷运行,使叶片受力超过允许应力。

(4) 汽轮机新蒸汽温度经常超限,使叶片金属材料的机械强度降低。
(5) 发生水冲击。

4. 处理方法

(1) 若确认汽轮机内部发生明显的金属撞击或汽轮机发生强烈振动,应立即破坏真空停机。
(2) 若在运行中发现调节级或抽汽压力异常,应立即进行分析,同时参照振动、轴向位移、推力轴承金属温度的变化,若确认叶片断落,应立即停机处理。

5. 防止叶片损坏措施

(1) 严防汽轮机超速及水冲击。
(2) 防止长期低汽温、低真空、低频率及超负荷运行。
(3) 保持加热器在正常水位运行,严防发生满水,杜绝叶片受到水冲击。
(4) 严格控制调节级和监视段压力、真空等,不准超过制造厂规定的极限值。
(5) 机组不宜长时间在较低或空负荷下运行,防止低压末级叶片产生水蚀、颤振。
(6) 加强汽水品质监督。
(7) 按规定进行汽轮机停机后的养护。
(8) 定期进行叶片测频及探伤。

B.8.4 切缸工况末级、次末级蒸汽温度高

注意末级蒸汽温度监测主要体现在以下几个方面。

(1) 当末级温度≥高一值80 ℃,2 号机凝结水至低压缸第一路排汽减温水气动调整门喷水投入。
(2) 当末级温度≤85 ℃,2 号机凝结水至低压缸第一路排汽减温水气动调整门喷水退出。
(3) 当末级温度≥高二值110 ℃,2 号机凝结水至低压缸第二路排汽减温水电动调整门喷水投入。
(4) 当末级温度≤105 ℃,2 号机凝结水至低压缸第二路排汽减温水电动调整门喷水退出。
(5) 当次末级蒸汽温度≥200 ℃,手动切除抽汽工况。
(6) 当末级蒸汽温度≥150 ℃,手动打闸停机。

B.9 安全措施

B.9.1 安全工作目标

(1) 杜绝轻伤及以上人身伤害。
(2) 杜绝发生火灾事故。
(3) 不发生一般及以上的设备事故。
(4) 不发生误操作事故、人为责任事故。
(5) 杜绝违章行为。

B.9.2 危险源辨识

危险源辨识及预控措施如表 B-6 所示。

表 B-6 危险源辨识及预控措施

序号	危险源	伤害对象	伤害后果	危险源评价	拟采取控制措施
1	地面不平、光线不充足	人	人员受伤	一般	平整地面,保证照明充足,对沟盖板、孔洞进行遮盖,完善围栏
2	不了解试验程序	人/设备	人员伤亡、设备损毁	一般	试验前认真学习试验措施,负责人进行交底;无关人员禁止进入试验区域
3	不了解系统设备状态	人/设备	人员伤亡、设备损毁	一般	全面了解系统设备状态,消缺工作应办理工作票,做好隔离措施,必要地方专人监护
4	工作时通信不畅	人/设备	人员伤亡、设备损毁	一般	确保通信畅通、人员沟通良好
5	随意操作	人/设备	人员伤亡、设备损毁	一般	按照运行规程和试验措施操作,严禁随意操作
6	启停设备就地无人监护	设备	设备损毁	一般	远方启停设备时就地安排人员进行监护,发现问题及时汇报并进行处理
7	工作有交叉、安全措施不完备、作业资格不够、缺乏安全认识和教育	人/设备	人员伤亡、设备损毁	重大	严格工作票制度、有效监督、有效监护;作业人员持证上岗;进入施工工地前进行必要的安全教育
8	高温烫伤	人	人员伤亡	一般	高温管道保温完善,对蒸汽泄漏区域进行安全隔离

B.9.3 安全注意事项

(1) 参加调试的所有工作人员应严格执行现场有关安全规定,确保调试工作安全可靠地进行。

(2) 系统试运前的条件检查应严格按照本措施以及电厂运行规程执行。

(3) 操作人员应熟悉工作流程,并应在指挥人员的指挥下操作,严禁无票、无令操作。

(4) 在试运期间,应对各旋转机械及其系统进行全面巡回检查,发现异常及时处理和汇报。凡本方案未涉及的内容均按电厂运行规程执行。

(5) 如果在调试过程中可能或已经发生设备损坏、人身伤亡等情况,应立即停止调试工作,并分析原因,提出解决方案。

(6) 如果旋转设备有异音,设备或管道发生剧烈振动,或运行参数明显超标等,调试人员应立即紧急停机,终止操作,并分析原因,提出解决方案。

(7) 在调试前,对参与试运的人员进行安全技术交底,做好事故预想,防止事故的发生。

附录C 某公司2号机组低压缸零出力改造项目调试报告

C.1 前言

某公司为增加2号机组在极寒期的供热能力,提升机组深度调峰能力,降低机组发电煤耗,提高供热效率,于2021年8月完成了机组灵活性改造工程。某电科院受该公司委托对2号机组灵活性改造项目进行调试,自2021年10月7日至10月15日,完成了改造系统相关阀门传动验收及联锁保护静态试验,2021年11月22日至11月27日,完成了改造系统热态试运。电科院调试人员根据此次调试工作内容,编制此调试报告。

C.2 调试依据

(1)《火力发电建设工程启动试运及验收规程》(DL/T 5437—2009)。
(2)《火力发电建设工程机组调试技术规范》(DL/T 5294—2013)。
(3)《电力建设施工质量验收规程 第6部分:调整试验》(DL/T 5210.6—2019)。
(4)《汽轮机启动调试导则》(DL/T 863—2016)。
(5)《电力建设施工质量验收规程 第3部分:汽轮发电机组》(DL/T 5210.3—2018)。
(6)《电力建设安全工作规程 第1部分:火力发电》(DL 5009.1—2014)。
(7)设备制造厂家的运行维护说明书及随机图纸。
(8)《某公司2号机组灵活性调峰及热网改造项目可行性研究报告》。

C.3 项目改造实施过程

C.3.1 概述

2号机组低压缸零出力改造项目采用切除低压缸的运行方式提高机组供热能力,采用可完全密封的液压蝶阀切除低压缸原进汽管道进汽,通过新增旁路管道通入约30 t/h的冷却蒸汽,用于带走低压缸不做功后低压转子转动产生的鼓风热量。与改造前相比,低压缸零出力改造提升了供热机组的灵活性,解除了低压缸最小蒸汽流量的制约;在同等供热负荷前提下,降低了发电负荷,提高了机组供热效率及调峰能力。

C.3.2 改造范围

1. 低压缸进汽蝶阀改造

在中低压缸连通管上加装与原蝶阀接口一致的新液动供热蝶阀(带独立油源),并在低压缸进汽蝶阀前预留供热抽汽接口,在低压缸进汽蝶阀后预留冷却蒸汽旁路接口。

低压缸进汽蝶阀选用具有良好通流特性及调节特性的、可完全密封的液动蝶阀,执行机构选用自带独立油源的形式。低压缸进汽蝶阀安装于连通管上,位于中压排汽口上的垂直管三通上部,在非抽汽工况时处于非截流状态,蒸汽进入低压缸;当抽汽压力不足时,调节低压缸进汽蝶阀,截流升压。不同负荷对应不同的抽汽压力限值,低压缸进汽蝶阀全关时零泄漏,以满足灵活性改造的需要。

2. 低压缸冷却蒸汽系统改造

机组低压缸设计有低压冷却蒸汽系统。中低压连通管通过利旧改造而来,即保留原连通管水平管段(含热压弯头、直管段、压力平衡室等),新设计并更换中低压连通管中压缸及低压缸上部的垂直管段,在中、低压汽缸上部连通管垂直管段上打孔,增加冷却蒸汽进、出口。

冷却汽源为:从中排处引出部分蒸汽(在最大进汽工况下,流量20~30 t/h,温度268.6 ℃,压力0.4 MPa),经过减温减压后进入低压缸进行冷却。

3. 低压缸喷水系统改造

对低压缸喷水系统进行了优化,全部采用不锈钢产品,保证系统稳定运行;采用优秀的雾化喷头,保证喷水减温效果;采用双路喷水系统,分阶段投入,既保证减温效果,又避免喷水过量;优化喷水角度,减少减温水回流导致的叶片水蚀。

4. 低压缸新增测点改造

为检测低压缸排汽温度,在低压正、反向末级及次末级级后增加温度测点。

5. 低压动叶片改造

该项目低压次末级叶片为515 mm叶片,低压末级叶片为1 040 mm叶片,为适应切缸工况,对两级叶片进行改造。其中,将次末级515 mm叶片更换为哈汽厂新型加强型515 mm叶片,并对出汽边进行喷涂处理;对末级1 040 mm叶片的原叶片直接进行喷涂。

C.4 调试过程

该公司 2 号机组灵活性改造项目调试分两个阶段进行：

第一阶段是静态调试，2021 年 10 月 7 日—2021 年 10 月 15 日，在该阶段完成了以下调试工作：2 号机组灵活性改造系统逻辑组态讨论；2 号机组灵活性改造系统阀门传动验收试验；2 号机组采暖抽汽系统、低压缸减温水系统、冷却蒸汽系统联锁保护试验。

第二阶段是热态调试，2021 年 11 月 22 日—2021 年 11 月 27 日，在该阶段完成了以下调试工作：监测 2 号机组在低压缸零出力投入与切除过程中，低压缸末级及次末级叶片区域蒸汽温度变化；监测 2 号机组在低压缸零出力投入与切除过程中，汽轮机轴瓦振动、胀差、转子轴向位移等的变化趋势与规律；调整冷却蒸汽调节阀开度及变化中压排汽压力，观察对机组运行情况的影响。

C.5 静态调试阶段

2021 年 10 月 7 日—2021 年 10 月 15 日，在该阶段完成了改造系统逻辑组态讨论，相关系统阀门传动验收试验，采暖抽汽系统、低压缸减温水、冷却蒸汽系统联锁保护试验。阀门传动、试验结果均合格，如表 C-1～表 C-4 所示，试验内容如表 C-5、表 C-6 所示。

表 C-1 新增电动阀门传动验收清单

某公司 2 号机组低压缸零出力改造项目						
序号	阀门名称	开时间/s	关时间/s	反馈指示	传动结果	传动日期
1	低压缸冷却管道电动闸阀	326	327	正常	正确	2021-10-13
2	低压缸冷却蒸汽电动闸阀前疏水阀	17	17	正常	正确	2021-10-13
3	低压缸冷却管道疏水阀	17	16	正常	正确	2021-10-13
4	低压缸冷却蒸汽电动闸阀后疏水阀	16	17	正常	正确	2021-10-13

表 C-2 新增调节型阀门传动验收清单

某公司 2 号机组低压缸零出力改造项目											
序号	阀门名称	传动结果									传动日期
		指令/%	反馈/%	指令/%	反馈/%	指令/%	反馈/%	指令/%	反馈/%	指令/%	反馈/%	
1	减温水电动调节门	0	0.0	25	23.9	50	48.9	75	73.9	100	99.9	2021-10-13
2	第二路低压缸喷水调节阀	0	0.0	25	24.1	50	49.1	75	74.2	100	100.2	2021-10-13

续表

序号	阀门名称	某公司2号机组低压缸零出力改造项目										传动日期
		传动结果										
		指令/%	反馈/%	指令/%	反馈/%	指令/%	反馈/%	指令/%	反馈/%	指令/%	反馈/%	
3	低压缸冷却蒸汽电动调节阀	0	0.1	25	24.4	50	49.3	75	74.2	100	100.1	2021-10-13
4	低压缸进汽蝶阀	0	0.8	25	25.7	50	49.5	75	75.8	100	99.8	2021-10-13

表 C-3 低压缸抽汽模式联锁保护试验内容

抽汽控制模式（按钮投切）				
序号	试验项目	逻辑关系	传动结果	传动日期
抽汽模式投入允许条件				
1	机组已挂闸	与	正确	2021-10-13
2	机组已并网		正确	2021-10-13
3	低压缸进汽蝶阀位置反馈信号与指令信号偏差＜5%		正确	2021-10-13
4	低压缸进汽蝶阀及EV阀在远方位		正确	2021-10-13
5	无抽汽控制模式切除条件		正确	2021-10-13
抽汽模式切除条件				
1	机组未挂闸	或	正确	2021-10-13
2	机组未并网		正确	2021-10-13
3	OPC动作		正确	2021-10-13
4	中排压力＞0.45 MPa		正确	2021-10-13
5	2个EV阀全关与低压缸进汽蝶阀开度＜30%		正确	2021-10-13
6	2个抽汽逆止阀全关		正确	2021-10-13

表 C-4 低压零出力模式联锁保护试验内容

零出力控制模式（按钮投切）				
序号	试验项目	逻辑关系	传动结果	传动日期
零出力模式投入允许条件				
1	抽汽模式投入	与	正确	2021-10-13
2	2个EV阀开度皆＞30%		正确	2021-10-13
3	低压缸进汽蝶阀开度＜30%		正确	2021-10-13
4	低压缸冷却蒸汽电动调节阀＞80%		正确	2021-10-13
5	低压缸冷却蒸汽电动调节阀前电动门开启		正确	2021-10-13

续表

零出力控制模式(按钮投切)				
序号	试验项目	逻辑关系	传动结果	传动日期
零出力模式切除条件				
1	非抽汽工况		正确	2021-10-13

表 C-5 低压缸喷水减温系统联锁保护试验内容

系统名称	低压缸进汽蝶阀			
序号	试验项目	逻辑关系	传动结果	传动日期
低压缸进汽蝶阀联锁开启				
1	机组未挂闸	或	正确	2021-10-13
2	机组未并网		正确	2021-10-13
3	OPC 动作		正确	2021-10-13
4	中排压力超过 0.45 MPa		正确	2021-10-13
5	2 个 EV 阀全关与低压缸进汽蝶阀开度＜30%		正确	2021-10-13
6	2 个抽汽管路逆止阀全关		正确	2021-10-13
低压缸进汽蝶阀开度低限制(20%)				
1	抽汽模式投入		正确	2021-10-13

表 C-6 低压缸喷水减温系统联锁保护试验内容

系统名称	低压缸喷水减温系统			
序号	试验项目	逻辑关系	传动结果	传动日期
低压缸冷却蒸汽电动调节门联锁关				
1	非抽汽工况		正确	2021-10-13
低压缸冷却蒸汽电动调节门开度限制				
1	阀门最小开度＞30%(零出力模式下)		正确	2021-10-13
2 号机凝结水至低压缸冷却蒸汽管道减温水电动调节门联锁关				
1	非抽汽工况		正确	2021-10-13
低压缸喷水调节阀联锁开条件				
1	低压缸末级温度≥80 ℃， 联锁开第一路排汽减温水气动调整门		正确	2021-10-13
2	零出力模式投入,低压缸末级温度≥110 ℃， 联锁开第二路排汽减温水电动调整门		正确	2021-10-13

C.6 动态调试阶段

C.6.1 动态调试前准备

2021年11月25日,进行了调试安全技术交底及试运前系统检查确认,集控运行人员按照经过会议讨论审批的调试方案,对2号机组低压缸切除试运前准备工作进行确认,其中包括:

(1) 管道系统按要求安装完毕,经验收合格。
(2) 阀门的单体调试已完成。系统阀门应挂好标志牌,标志牌内容完整清晰,电动、气动阀门能正常投入。
(3) 确认2号机组热网系统运行正常,确保主蒸汽、再热蒸汽参数稳定。
(4) 确认低压缸连通管蝶阀控制柜、低压缸喷水调整门、低压缸冷却蒸汽调整门等设备已通电。
(5) 联系热控,确认热网系统有关表计、自动装置、各种保护正常投入。
(6) 确认低压缸连通管蝶阀保护试验已完成且全部合格,并投入保护。
(7) 确认低压缸喷水调整门联动试验已完成且全部合格,并投入保护。
(8) 试运现场施工脚手架全部被拆除,危险区设有围栏和警告标志。
(9) 试运现场应有良好的通信设备,且照明情况良好,现场备齐合格的消防安全器材。
(10) 机组控制方式为"机跟随模式",保持锅炉燃烧工况及蒸发量稳定,试验期间尽量保持主蒸汽压力稳定。

C.6.2 低压缸切除

(1) 机组负荷134 MW,主蒸汽压力11.37 MPa,温度557 ℃,再热蒸汽压力1.48 MPa,温度559 ℃,保证主、再热蒸汽参数稳定。
(2) 打开低压缸冷却蒸汽管道疏水阀门以进行暖管疏水,疏水结束后关闭阀门。
(3) 全开低压缸冷却蒸汽调整门。
(4) 逐渐将低压缸连通管蝶阀关至20%位置,监视汽轮机本体振动、轴向位移、各轴承金属温度等参数,确认其处于正常范围内,通知锅炉侧监视人员做好切缸准备。
(5) 在切缸系统控制画面中,投入"零出力模式投入"按钮,手动控制低压缸连通管蝶阀逐渐全部关闭,切缸操作完毕。
(6) 在切缸操作过程中,严密监视主蒸汽、再热蒸汽参数,并记录了汽轮机本体各参数:振动、胀差、轴向位移、次末级及末级叶片蒸汽温度、低压排汽缸温度等变化情况。
(7) 切缸完成,监视低压缸次末级及末级叶片蒸汽温度变化情况,控制低压次末级温度在设计范围内,监视中压缸排汽压力,控制中排压力在设计范围内。

C.6.3 切缸前后参数对比

切除低压缸进汽前后,主要运行参数变化如表 C-7、表 C-8 所示。

表 C-7 低压缸切除进汽前后机组主要运行参数汇总

试验参数		单位	切缸前	切缸后	切缸前后参数变化
机组电功率		MW	134.17	121.27	-12.9
主蒸汽流量		t/h	478.48	477.51	-0.97
主蒸汽压力		MPa	11.37	11.34	-0.03
主蒸汽温度		℃	557.69	556.26	-1.43
再热蒸汽压力		MPa	1.48	1.47	-0.01
再热蒸汽温度		℃	559.80	560.38	0.58
中压缸排汽压力		MPa	0.050	0.070	0.020
中压缸排汽温度		℃	220.57	235.93	15.36
低压缸进汽压力		MPa	0.025	0.026	0.001
热网加热器出水温度		℃	88.01	92.99	4.98
供热抽汽流量		t/h	224.49*	318.86*	94.37
供热抽汽压力	A 侧	kPa	5.34	27.16	21.82
	B 侧		3.66	25.40	21.74
供热抽汽温度	A 侧	℃	224.06	237.90	13.84
	B 侧		221.52	235.29	13.77
中低压缸连通管蝶阀开度		—	20%	0%	-20%
冷却蒸汽调整阀开度		—	100%	100%	0%
原供热抽汽速关调节阀开度		—	100%	100%	0%
中低压缸连通管冷却蒸汽调节阀开度		—	100%	100%	0%
低压缸冷却蒸汽流量		t/h	25.29	30.30	5.01
低压缸冷却蒸汽温度		℃	201.49	183.93	-17.56
低压缸排汽温度 1(调端)		℃	34.60	31.49	-3.11
低压缸排汽温度 2(调端)		℃	35.71	31.76	-3.95
低压缸排汽温度 1(电端)		℃	34.60	31.79	-2.81
低压缸排汽温度 2(电端)		℃	33.37	30.77	-2.60
低压缸正向次末级后蒸汽温度 1		℃	31.64	66.04	34.40
低压缸正向次末级后蒸汽温度 2		℃	32.02	62.40	30.38
低压缸反向次末级后蒸汽温度 1		℃	31.10	60.73	29.63
低压缸反向次末级后蒸汽温度 2		℃	32.36	62.26	29.90
低压缸正向末级后蒸汽温度 1		℃	44.90	27.85	-17.05

续表

试验参数	单位	切缸前	切缸后	切缸前后参数变化
低压缸正向末级后蒸汽温度 2	℃	31.94	24.37	−7.57
低压缸反向末级后蒸汽温度 1	℃	43.16	31.06	−12.10
低压缸反向末级后蒸汽温度 2	℃	36.50	26.49	−10.01
机组胀差	mm	9.77	9.45	−0.32
轴向位移(左 1)	mm	0.19	0.15	−0.04
轴向位移(左 2)	mm	0.18	0.14	−0.04
轴向位移(右 1)	mm	0.16	0.12	−0.04
轴向位移(右 2)	mm	0.17	0.13	−0.04

注:*表示 DCS 数据,实际精确的供热抽汽流量以改造后性能考核试验为准。

表 C-8 低压缸切除进汽前后机组各轴振测点测量数据表

测点	转速	单位	切缸前	切缸后
1X	3 000	μm	39.25	40.28
1Y	3 000	μm	35.36	38.75
1W	3 000	μm	10.62	10.83
2X	3 000	μm	28.99	28.80
2Y	3 000	μm	35.36	32.88
2W	3 000	μm	2.21	1.82
3X	3 000	μm	36.20	32.73
3Y	3 000	μm	25.40	22.92
3W	3 000	μm	4.07	3.69
4X	3 000	μm	49.40	45.01
4Y	3 000	μm	38.26	41.31
4W	3 000	μm	2.99	3.59
5X	3 000	μm	64.92	66.03
5Y	3 000	μm	35.32	35.89
5W	3 000	μm	16.07	15.67
6X	3 000	μm	24.87	24.87
6Y	3 000	μm	28.84	29.22
6W	3 000	μm	20.28	21.41

C.6.4 低压缸切除试验结果

2 号机组在主蒸汽流量约 478 t/h 工况下进行低压缸切除试验,机组电负荷由 134.17

MW 下降至 121.27 MW，负荷下降 12.9 MW，热网抽汽流量由 224.49 t/h 上涨至 318.86 t/h，抽汽流量上涨 94.37 t/h，提高了机组供热能力。

在切缸运行时，低压缸冷却蒸汽流量在 30 t/h 左右，通过调节低压缸喷水调门，能够有效控制低压次末级叶片蒸汽温度和低压末级叶片蒸汽温度在设计范围内。在切缸过程中，机组振动正常，低压缸切除试验合格，能够满足机组运行要求。

C.6.5 恢复低压缸进汽测试结果

2021 年 11 月 25 日 17 时 30 分，运行人员开始恢复低压缸进汽，在切缸系统控制画面中，投入"零出力模式切除"按钮，中低压连通管蝶阀开启至 20%，阀门无卡涩，控制中压缸排汽压力不发生较大幅度变化，机组恢复至低压缸进汽状态运行。

在中低压连通管蝶阀恢复至 20% 后，2 号机组负荷由 136 MW 上升至 152 MW，负荷上升 16 MW，中压缸排汽压力由 0.11 MPa 下降至 0.06 MPa，下降 0.05 MPa，热网抽汽流量由 345.66 t/h 下降至 241.065 t/h，抽汽流量下降 104.595 t/h。

在机组恢复低压缸进汽过程中，机组各参数均保持稳定，机组状态良好，主要运行参数变化如表 C-9、表 C-10 所示。

表 C-9　低压缸恢复进汽前后机组主要运行参数汇总

试验参数		单位	恢复前	恢复后	恢复前后参数变化
机组电功率		MW	136.23	152.02	15.79
主蒸汽流量		t/h	529.24	534.33	5.09
主蒸汽压力		MPa	12.44	12.56	0.12
主蒸汽温度		℃	549.12	550.27	1.15
再热蒸汽压力		MPa	1.69	1.68	−0.01
再热蒸汽温度		℃	556.93	556.53	−0.40
中压缸排汽压力		MPa	0.11	0.06	−0.05
中压缸排汽温度		℃	243.81	224.12	−19.69
低压缸进汽压力		MPa	0.025	0.025	0.000
热网加热器出水温度		℃	94.99	92.13	−2.86
供热抽汽流量		t/h	345.66*	241.065*	−104.595
供热抽汽压力	A 侧	kPa	62.10	11.82	−50.28
	B 侧		60.88	9.77	−51.11
供热抽汽温度	A 侧	℃	243.88	221.16	−22.72
	B 侧		241.39	219.49	−21.90
中低压缸连通管蝶阀开度		—	0.00%	28.24%	28.24%
冷却蒸汽调整阀开度		—	88%	100%	12%
原供热抽汽速关调节阀开度		—	100%	100%	0%
中低压缸连通管冷却蒸汽调节阀开度		—	88%	100%	12%

续表

试验参数	单位	恢复前	恢复后	恢复前后参数变化
低压缸冷却蒸汽流量	t/h	30.53	23.73	−6.80
低压缸冷却蒸汽温度	℃	136.78	198.01	61.23
低压缸排汽温度1(调端)	℃	32.30	33.22	0.92
低压缸排汽温度2(调端)	℃	32.43	34.01	1.58
低压缸排汽温度1(电端)	℃	32.63	33.62	0.99
低压缸排汽温度2(电端)	℃	31.64	32.96	1.32
低压缸正向次末级后蒸汽温度1	℃	63.96	44.13	−19.83
低压缸正向次末级后蒸汽温度2	℃	66.80	44.47	−22.33
低压缸反向次末级后蒸汽温度1	℃	65.49	43.75	−21.74
低压缸反向次末级后蒸汽温度2	℃	68.74	46.74	−22.00
低压缸正向末级后蒸汽温度1	℃	34.08	44.13	10.05
低压缸正向末级后蒸汽温度2	℃	25.69	31.74	6.05
低压缸反向末级后蒸汽温度1	℃	51.04	38.04	−13.00
低压缸反向末级后蒸汽温度2	℃	31.02	36.57	5.55
机组胀差	mm	8.42	8.52	0.10
轴向位移(左1)	mm	0.14	0.20	0.06
轴向位移(左2)	mm	0.13	0.19	0.06
轴向位移(右1)	mm	0.11	0.18	0.07
轴向位移(右2)	mm	0.12	0.19	0.07

注：*表示 DCS 数据，实际精确的供热抽汽流量以改造后性能考核试验为准。

表 C-10　低压缸恢复进汽前后机组各轴振测点测量数据表

测点	转速	单位	恢复前	恢复后
1X	3 000	μm	42.91	40.81
1Y	3 000	μm	40.24	40.28
1W	3 000	μm	10.53	11.26
2X	3 000	μm	26.82	26.82
2Y	3 000	μm	35.55	35.93
2W	3 000	μm	1.30	2.30
3X	3 000	μm	28.72	28.72
3Y	3 000	μm	25.02	29.03
3W	3 000	μm	4.13	4.49
4X	3 000	μm	56.03	52.91
4Y	3 000	μm	48.41	50.39

续表

测点	转速	单位	恢复前	恢复后
4W	3 000	μm	4.59	4.70
5X	3 000	μm	68.51	68.09
5Y	3 000	μm	37.80	37.38
5W	3 000	μm	16.88	16.89
6X	3 000	μm	23.88	27.77
6Y	3 000	μm	28.80	28.84
6W	3 000	μm	21.01	21.09

C.7 结论

该公司2号机组在低压缸切除和恢复做功的整个过程中,机组低压缸排汽温度、振动位移值等相关参数在正常运行范围内,运行状态稳定,可以实现安全、稳定运行,符合设计要求。

附录 D 某电厂灵活性调峰改造后性能考核试验方案

D.1 前言

某电厂 2 号汽轮机系哈尔滨汽轮机厂有限责任公司生产的 C350/272.9-24.2/0.4/566/566 型超临界、一次中间再热、单轴、双缸、双排汽、抽汽凝汽式汽轮机。近年来,随着机组低负荷调峰运行负荷下限的逐年下调和电厂对外供热量的不断增加,当前电厂的供热系统及供热方式难以满足供热发展和电负荷调峰的要求。为满足电厂所在区域热电负荷需求,提高机组的上网竞争力和盈利能力,2019 年该电厂开展了机组灵活性改造项目。为核定改造后 2 号汽轮机组的最大供热能力,某电科院计划于 2019 年 12 月对 2 号汽轮机进行切缸后供热能力试验。

D.2 设备技术规范

该电厂 2 号汽轮机组灵活性调峰改造后技术规范如表 D-1 所示。

表 D-1　某电厂 2 号汽轮机组改造后技术规范

序号	项目	单位	技术参数
1	制造厂		哈尔滨汽轮机有限公司
2	型式		超临界、一次中间再热、单轴、双缸双排汽、抽汽凝汽式汽轮机
3	汽轮机型号		C350/272.9-24.2/0.4/566/566
4	额定功率(THA)	MW	350
5	额定主蒸汽压力	MPa	24.2
6	额定主蒸汽温度	℃	566.0

续表

序号	项目	单位	技术参数
7	额定高压缸排汽口压力	MPa	4.214
8	额定高压缸排汽口温度	℃	313.8
9	额定再热蒸汽压力	MPa	3.792
10	额定再热蒸汽温度	℃	566.0
11	主蒸汽额定进汽量	t/h	994.23
12	最大功率	MW	381.5
13	最大蒸汽流量	t/h	1 110
14	再热蒸汽额定进汽量	t/h	840.73
15	额定排汽压力	kPa	4.9
16	额定给水温度（THA）	℃	276.6
17	额定转速	r/min	3 000
18	转动方向		从汽轮机向发电机看,顺时针方向
19	热耗率（THA）	kJ/(kW·h)	7 647.3
20	采暖抽汽压力	MPa	0.245～0.500
21	额定流量	t/h	500
22	最大流量	t/h	600
23	给水回热级数		8级（3高加+1除氧器+4低加）
24	低压末级叶片长度	mm	1 029.0
25	高压缸效率	—	83.92%
26	中压缸效率	—	91.17%
27	低压缸效率	—	89.81%
28	通流级数	级	共36
29	高压缸	级	1（调节级）+12
30	中压缸	级	11
31	低压缸	级	2×6
32	启动方式		启动:定—滑—定;运行方式:定压或变压运行
33	变压运行负荷范围	—	30%～85%
34	定压、变压负荷变化率	/min	3.5%
35	最高允许排汽温度	℃	120
36	给水泵拖动方式		2×50% BMCR 汽动给水泵

D.3 试验目的

测试机组在主汽流量 950 t/h 不切缸及切缸供热状态下的热耗率、供热能力、发电煤耗率,核定并对比机组改造前后供热量。

在保证机组安全稳定运行,保持机组供热量(采暖抽汽流量 300 t/h)相同的前提下,考核机组灵活性改造后调峰能力是否达到设计要求。

D.4 试验标准和基准

D.4.1 试验标准

(1)《汽轮机热力性能验收试验规程 第 2 部分:方法 B——各种类型和容量的汽轮机宽准确度试验》(GB/T 8117.2—2008)。
(2)《用安装在圆形截面管道中的差压装置测量满管流体流量 第 2 部分:孔板》(GB/T 2624.2—2006)。
(3) 国际公式化委员会 IFC-1967 水和水蒸汽性质公式。
(4) 汽轮机组设计技术性能以哈尔滨汽轮机厂提供机组相关资料。

D.4.2 试验基准

(1) 试验以测量的除氧器入口凝结水流量作为试验计算基准,对比测量的主给水流量,根据实际测量的凝结水流量及加热器的热平衡和质量平衡,确定除氧器和各高加的抽汽量,然后再分别求出最终给水流量、主汽流量。
(2) 以定主汽流量、电负荷、热负荷作为试验基准。

D.5 试验仪器仪表

D.5.1 试验测点

试验测点按《汽轮机热力性能验收试验规程 第 2 部分:方法 B——各种类型和容量的汽轮机宽准确度试验》(GB/T 8117.2—2008)有关规定和原则进行布置,详细试验测点安装清单如表 D-8 所示。

D.5.2 流量测量

主凝结水流量采用现场安装的除氧器入口凝结水流量标准节流孔板进行测量,并采用试验单位提供的经标定的差压变送器测量差压再计算流量。
其他辅助流量包括:采暖抽汽流量采用现场热网疏水母管安装的孔板测量,并采用试验单位提供的高精度差压变送器测量差压再计算流量;门杆漏汽流量、轴封漏汽流量按设计比例进行计算。

D.5.3　温度测量

采用工业Ⅰ级热电偶或工业A级铂热电阻进行测量,温度信号送入IMP数据采集系统实现自动存储和记录,测量值经过热电偶校验值修正。

D.5.4　压力测量

采用试验单位提供的经标定的高精度压力变送器测量。

D.5.5　电功率的测量

发电机组端功率、功率因数,采用现场表计测量,由DCS取得测量数据。

D.5.6　水位的测量

水位采用现场表计测量,由DCS取得测量数据,主要包括凝汽器水位、除氧器水位。

D.5.7　试验数据采集系统

本次电科院用的数据采集系统为英国施伦伯杰公司的3595系列,模数转换装置为分散式精密测量模块(IMP),采集系统精度为0.01%。试验数据由计算机采集并存储,采集间隔为30 s。

以上所有试验仪表均校验合格并配有校验报告,具体更换测点如表D-8所示,能够保证试验数据的测量精度,满足试验规程的要求。

D.6　试验条件与方法

D.6.1　试验条件

1. 设备条件

(1) 主、辅机设备运行正常、稳定、无异常泄漏。
(2) 轴封系统运行良好。
(3) 真空系统严密性符合要求。
(4) 高压主汽调节阀调整灵活,阀门开度指示正常。为保证阀位稳定,解除CCS遥控,解除一次调频,在试验中,汽轮机调门只接收保护信号不接收调节信号,保证调门阀位固定。

2. 系统条件

(1) 试验前由试验人员和电厂运行人员根据机组热力系统及运行状况拟订系统隔离清

单,具体隔离清单见附录 E,并由双方在试验前按照隔离清单进行系统隔离。系统隔离的优劣对试验结果的准确度有非常重大的影响,应特别予以重视,仔细隔离和严格检查。试验时热力系统应严格按照设计的热平衡图所规定的热力循环运行。任何与该热力循环无关的其他系统、进出系统的流量及可能出现的旁路、内部循环流量都必须进行隔离。对在试验中无法隔离的流量应进行测量,系统不明泄漏量不应超过试验主蒸汽流量的 0.3%。

（2）将机组调整到要求的试验工况后,保持稳定。

（3）机组对外汽水门一律关闭；关闭仪表伴热用汽或水。

（4）蒸汽旁路门关闭严密,无泄漏。

（5）高、低压加热器的旁路门,危急疏水门关闭严密,无泄漏。

（6）回热系统按设计要求运行,各加热器投入运行正常,加热器疏水逐级回流,并保持加热器水位。

（7）各加热器进汽门全开,不产生因阀门开度不足造成的节流。

（8）关闭一切应关闭的疏水阀门,尤其是锅炉的疏水和排污管路,保证其严密无泄漏。

（9）在试验期间,停止向系统内补水,关闭补水的电动门和手动门。在试验开始前,将除氧器水箱补到高水位。

（10）在试验期间,锅炉停止吹灰和放汽,关闭锅炉暖风器用汽。

（11）在试验期间,关闭化学取样水。

（12）各级抽汽间联络门关闭,无泄漏。

（13）在试验期间,将除氧器和凝汽器的水位切换为手动控制,以保持凝结水和给水流量稳定。

3. 运行条件

汽轮机运行参数,尽可能将其调整到设计值并保持稳定,机组主要参数偏差及波动范围如表 D-2 所示,其偏差平均值不应超过表 D-2 规定的范围。

表 D-2　机组主要参数偏差及波动范围

运行参数	允许偏差	允许波动
主蒸汽压力	±3%	±0.25%
主蒸汽温度	±16 ℃	±4 ℃
再热蒸汽温度	±16 ℃	±4 ℃
再热器压力降	±50%	—
抽汽压力	±5%	—
抽汽流量	±5%	—
排汽压力	±2.5%	±1.0%
最终给水温度	±6 ℃	—
电功率	±5%	±0.25%
电压	±5%	—
功率因数	—	±1.0%
转速	±5%	±0.25%

为了减少蒸汽参数和除氧器水位、热井水位的波动,应满足以下试验条件:

(1) 在试验前,调整好煤质,以保证锅炉的稳定燃烧。

(2) 操作调整时要保持蒸汽参数的稳定。

(3) 减温水应尽量不投或少投。

(4) 将除氧器水位自动控制改为手动控制,将水位调整门调整到合适开度不变,使试验期间凝结水流量稳定,无大的波动。

(5) 除氧器和凝汽器补至高水位,试验前关闭补水门。

4. 仪表条件

(1) 所有试验仪表校验合格,工作正常。

(2) 测试系统安装及接线正确。

(3) 数据采集系统设置正确,数据采集正常。

D.6.2　试验方法

1. 预备性试验

预备性试验在机组主汽流量为 950 t/h、不切缸供热状态下进行,试验结束后留有足够的计算和分析时间,其目的为:

(1) 确认机组是否具备试验条件,检查系统隔离情况,计算不明泄漏量,原则上系统不明泄漏量应控制在标准要求范围之内,即主蒸汽流量的 0.3% 之内。若不明泄漏量超出标准要求,则不能进行正式试验,需对机组泄漏情况进行排查,进一步对泄漏严重位置或阀门进行隔离,待满足系统要求再进行正式试验。若经多次处理之后仍不满足试验条件,则试验人员与电厂领导进行协调沟通,经厂方同意后再进行正式试验。

(2) 检查所有试验仪表是否处于正常工作状态,调试数据采集系统,确认采集的数据正常无误。

当预备性试验结果证实所有条件均已满足正式试验要求后,方可进行正式试验。如果预备性试验满足正式试验要求,可作为一次正式试验。

2. 机组主汽流量 950 t/h 抽凝供热工况

在试验前,将汽水系统严格隔离,最大可能消除汽水系统的内、外泄漏。机组处于不切缸供热状态,调整锅炉燃烧,使主汽流量达到 950 t/h,且在无对外工业抽汽的情况下,调节低压缸连通管蝶阀逐渐关闭至最小阀位,注意排汽温度,机组不发生鼓风现象,此时对应最大采暖抽汽流量。运行人员根据现场实际情况,调整机组主汽压力、主汽温度、再热汽温度等参数,保持设计值,在工况稳定后,记录相关参数,连续记录 2 h。测取机组以上工况下的出力、凝结水流量、热网加热器疏水母管流量、主蒸汽压力、主蒸汽温度、再热汽压力、再热汽温度、排汽压力、热力系统参数,计算机组热耗率、供热能力及发电煤耗率。

3. 机组主汽流量 950 t/h 切缸供热工况

在试验前,将汽水系统严格隔离,最大可能消除汽水系统的内、外泄漏。机组处于切缸供热状态,调整锅炉燃烧,使主汽流量达到 950 t/h,运行人员根据现场实际情况,调整机组主汽压力、主汽温度、再热汽温度等参数,保持设计值,在工况稳定后,记录相关参数,连续记录 2 h。测取机组以上工况下的出力、凝结水流量、热网加热器疏水母管流量、主蒸汽压力、主蒸汽温度、再热汽压力、再热汽温度、排汽压力、热力系统参数,计算机组热耗率、供热能力及发电煤耗率。

4. 机组采暖抽汽流量 300 t/h 调峰能力工况

在试验前,将汽水系统严格隔离,最大可能消除汽水系统的内、外泄漏。机组处于不切缸供热状态,调整锅炉燃烧,使采暖抽汽流量达到 300 t/h,运行人员根据现场实际情况,调整机组主汽压力、主汽温度、再热汽温度等参数,保持设计值,在工况稳定后,记录相关参数。

机组处于切缸供热状态,调整锅炉燃烧,使采暖抽汽流量达到 300 t/h,保持热网加热器进出口温度、流量与不切缸工况一致。运行人员根据现场实际情况,调整机组主汽压力、主汽温度、再热汽温度等参数,保持设计值,在工况稳定后,记录相关参数,连续记录 2 h,测取机组以上工况下的出力、凝结水流量、热网加热器疏水母管流量、主蒸汽压力、主蒸汽温度、再热汽压力、再热汽温度、排汽压力、热力系统参数,计算机组热耗率、供热能力及发电煤耗率,核定机组改造后调峰能力。

5. 高、中压缸平衡盘漏汽率试验工况

机组按照三阀全开的方式运行,试验测试两个工况:

工况一:保持主蒸汽压力为接近设计值,再热蒸汽温度降低至运行限值的下限,即 536 ℃ 或更低,主蒸汽温度至运行限值的上限,即 566 ℃ 或更高。尽量采用调整燃烧器摆角的方法进行再热蒸汽温度调节。

工况二:保持主蒸汽压力为接近设计值,主蒸汽温度降低至运行限值的下限,即 536 ℃ 或更低,再热蒸汽温度至运行限值的上限,即 566 ℃ 或更高。尽量采用调整燃烧器摆角的方法进行再热蒸汽温度调节。

高、中压缸平衡盘漏汽率试验根据现场实际情况决定是否进行,如机组无法通过调整燃烧的方式降低再热蒸汽温度,则不具备试验条件。

具体试验工况及时间如表 D-7 所示。

D.7 试验数据整理及计算

各相应工况试验实测有关参量采用算术平均值参加计算,表压力测量值经仪表标高、大气压力修正换算成绝对压力真实值,温度测量值已经过数采系统环境温度自动补偿,直接使用其算术平均值。

D.7.1 流量计算

主凝结水流量测量计算公式为

$$Re = \frac{4\,000 G_c}{3.6 \pi \eta d_t} \tag{D-1}$$

$$G_c = \frac{0.9\pi \times 10^{-6} C}{\sqrt{1-\beta_t^4}} \times d_t^2 \times \sqrt{2\,000 \Delta P \times \rho} \tag{D-2}$$

式中,G_c——主凝结水流量,t/h;
Re——雷诺数;
η——凝结水动力黏度,Pa·s;
C——流出系数;

β_t——工作温度下节流件直径与管道内径比；

d_t——工作温度下节流件直径，mm；

ΔP——差压测量值，kPa；

ρ——工作温度下流体密度，kg/m³。

系统不明泄漏量为

$$G_{un} = G_{deas} + G_{cons} - G_{know} \tag{D-3}$$

式中，G_{un}——系统不明泄漏量，t/h；

G_{deas}——除氧器水位变化当量流量（下降为正），t/h；

G_{cons}——凝汽器水位变化当量流量（下降为正），t/h；

G_{know}——系统明漏量，t/h。

给水流量，以实测除氧器入口凝结水流量为依据，通过对高压加热器和除氧器的热平衡和流量平衡计算。

1号高加热平衡方程为

$$G_{fw} \times (H_{o1} - H_{i1}) = G_{e1} \times (H_{e1} - H_{d1}) \tag{D-4}$$

式中，G_{fw}——给水流量，t/h；

H_{o1}——1号高加出水焓，kJ/kg；

H_{i1}——1号高加进水焓，kJ/kg；

G_{e1}——1号高加用汽量，t/h；

H_{e1}——1号高加进汽焓，kJ/kg；

H_{d1}——1号高加疏水焓，kJ/kg。

2号高加热平衡方程为

$$G_{fw} \times (H_{o2} - H_{i2}) = G_{e2} \times (H_{e2} - H_{d2}) + G_{e1} \times (H_{d1} - H_{d2}) \tag{D-5}$$

式中，H_{o2}——2号高加出水焓，kJ/kg；

H_{i2}——2号高加进水焓，kJ/kg；

G_{e2}——2号高加用汽量，t/h；

H_{e2}——2号高加进汽焓，kJ/kg；

H_{d2}——2号高加疏水焓，kJ/kg。

3号高加热平衡方程为

$$G_{fw} \times (H_{o3} - H_{i3}) = G_{e3} \times (H_{e3} - H_{d3}) + (G_{e1} + G_{e2}) \times (H_{d2} - H_{d3}) \tag{D-6}$$

式中，H_{o3}——3号高加出水焓，kJ/kg；

H_{i3}——3号高加进水焓，kJ/kg；

G_{e3}——3号高加用汽量，t/h；

H_{e3}——3号高加进汽焓，kJ/kg；

H_{d3}——3号高加疏水焓，kJ/kg。

除氧器平衡方程为

$$(G_{fw} + G_{rhsp}) \times H_{co} = G_{e4} \times H_{e4} + (G_{e1} + G_{e2} + G_{e3}) \times H_{d3} + G_{deas} \times H_{co} + G_c \times H_{o4} \tag{D-7}$$

式中，G_{rhsp}——再热蒸汽减温水流量，t/h；

H_{co}——除氧器出水焓，kJ/kg；

G_{e4}——除氧器用汽量，t/h；

H_{e4}——除氧器进汽焓，kJ/kg；

H_{o4}——除氧器进水焓，kJ/kg。

质量平衡方程为

$$G_{e1} + G_{e2} + G_{e3} + G_{e4} + G_c + G_{deas} = G_{fw} + G_{rhsp} \quad (D\text{-}8)$$

主蒸汽流量为

$$G_{ms} = G_{fw} - G_{un} \quad (D\text{-}9)$$

式中，G_{ms}——主蒸汽流量，t/h。

高压缸排汽流量为

$$G_{hpex} = G_{ms} - G_{gymg} - G_{ggqzf} - G_{1e} - G_{2e} - G_{gghzf} + G_{ggqzf\text{-}gp} \quad (D\text{-}10)$$

式中，G_{hpex}——高压缸排汽流量，t/h；

G_{gymg}——高压门杆漏汽总量，t/h；

G_{ggqzf}——高压前轴封漏汽总量，t/h；

G_{gghzf}——高压缸后轴封漏汽总量，t/h；

G_{1e}——一段抽汽流量，t/h；

G_{2e}——二段抽汽流量，t/h；

$G_{ggqzf\text{-}gp}$——高压缸前轴封漏汽至高排流量，t/h。

冷再热蒸汽流量为

$$G_{crh} = G_{hpex} \quad (D\text{-}11)$$

式中，G_{crh}——冷再热蒸汽流量，t/h。

热再热蒸汽流量为

$$G_{hrh} = G_{crh} + G_{rhsp} \quad (D\text{-}12)$$

式中，G_{hrh}——热再热蒸汽流量，t/h。

D.7.2 机组供热量计算公式

机组供热量计算公式为

$$Q_{gr} = Q_{zg} + Q_{jg} \quad (D\text{-}13)$$

式中，Q_{zg}——直接供热量，kJ/h；

Q_{jg}——间接供热量，kJ/h。

（1）直接供热量计算。

直接供热指由汽轮机直接或经减温减压后向热用户提供热量的供热方式。直接供热量由下述方法计算：

$$Q_{zg} = (D_i h_i - D_j h_j - D_k h_k) \times 1\,000 \quad (D\text{-}14)$$

式中，D_i——机组的直接供汽流量，t/h；

h_i——机组直接供汽的供汽焓值，kJ/kg；

D_j——机组直接供汽的凝结水回水量，t/h；

h_j——机组直接供汽的凝结水回水焓值，kJ/kg；

D_k——机组用于直接供热的补充水流量，t/h；

h_k——机组用于直接供热的补充水焓值，kJ/kg。

(2) 间接供热量计算。

间接供热指通过热网加热器等设备加热供热介质后间接向用户提供热量的供热方式。

当机组具有蒸汽流量计量装置时,间接供热量采用下式计算:

$$Q_{jg} = D_{qs}(h_q - h_{qs}) \times 1\,000 \tag{D-15}$$

式中,D_{qs}——间接供热时蒸汽的疏水流量,t/h;

h_q——间接供热时采用蒸汽的供汽焓值,kJ/kg;

h_{qs}——间接供热时蒸汽的疏水焓值,kJ/kg。

当机组无蒸汽流量计量装置时,间接供热量采用下式计算:

$$Q_{jg} = \frac{D_{rgs}h_{rgs} - D_{rhs}h_{rhs} - D_k h_k}{\eta_{rw}} \times 1\,000 \tag{D-16}$$

式中,D_{rgs}——机组热网循环水供水流量(当一台机组带多台热网加热器时,取循环水总供水流量),t/h;

h_{rgs}——机组热网循环水供水焓值(当一台机组带多台热网加热器时,取多台热网加热器出口混合后循环水供水焓值),kJ/kg;

D_{rhs}——机组热网循环水回水流量(当一台机组带多台热网加热器时,取热网循环水总回水流量),t/h;

h_{rhs}——机组热网循环水回水焓值,kJ/kg;

D_k——机组热网循环水的补充水量,t/h;

h_k——机组热网循环水的补充水焓值,kJ/kg;

η_{rw}——热网加热器效率,%。

D.7.3 机组试验热耗率

机组试验热耗率为

$$HR_t = \frac{G_{ms} \times H_{ms} - G_{fw} \times H_{fw} + G_{hrh} \times H_{hrh} - G_{crh} H_{crh} - G_{rhsp} \times H_{rhsp} - Q_{gr}}{N_t} \tag{D-17}$$

式中,HR_t——试验热耗率,kJ/(kW·h);

H_{ms}——主蒸汽焓,kJ/kg;

H_{fw}——给水焓,kJ/kg;

H_{hrh}——热再热蒸汽焓,kJ/kg;

H_{crh}——冷再热蒸汽焓,kJ/kg;

H_{rhsp}——再热减温水焓,kJ/kg;

Q_{gr}——机组供热量,kJ/h;

N_t——发电机输出有功功率,MW。

D.7.4 高、中压缸效率计算

高压缸效率计算公式为

$$\eta_{HP} = \frac{H_{ms} - H_c}{H_{ms} - H_{SHP}} \times 100\% \tag{D-18}$$

式中,η_{HP}——高压缸效率,%;
   H_c——高压缸排汽焓,kJ/kg;
   H_{SHP}——高压缸等熵排汽焓,kJ/kg。

中压缸效率计算公式为

$$\eta_{IP} = \frac{H_{hrh} - H_i}{H_{hrh} - H_{SIP}} \times 100\% \tag{D-19}$$

式中,η_{IP}——中压缸效率,%;
   H_i——中压缸排汽焓,kJ/kg;
   H_{SIP}——中压缸等熵排汽焓,kJ/kg。

D.8 环境、职业健康安全控制措施

D.8.1 安全控制措施

1. 人身安全

(1) 所有参加试验的人员应严格执行《电业安全工作规程》,进入现场者要正确戴好安全帽,高空作业者应系安全带。

(2) 进入现场时,注意警示标志,禁止进入不符合规定的走道和明显危及人身安全的工作场所,不得进入照明不良的场所。

(3) 当高空有施工工作时,禁止进入该施工区域。

(4) 检查电气设备,必须接地良好。

(5) 旋转机械转动时,应保持足够的安全距离。

(6) 试验工作应配备足够合格的试验人员,试验人员进行工作前应保证充足的休息。

(7) 试验各方严格遵守有关安全生产规程。

2. 设备安全

(1) 在试验期间,密切注意仪器工作情况,发现异常情况,应及时调整。

(2) 在试验过程中,如出现危及设备安全的情况,应立即终止试验,按有关事故处理规程处理。

(3) 在试验时,运行人员不得进行影响试验的操作,必须进行操作时,应通知试验现场技术负责人。

3. 可能对环境造成影响的因素及控制措施

试验过程产生的塑料布、手套、电池等废物,均严格按照废弃物管理规定对其及时分类存放,统一处理,防止对环境产生不良影响。

D.8.2 本项目潜在危险源

危险源辨识及预控措施如表 D-3 所示。

表 D-3 性能考核试验危险源辨识及预控措施表

编号	作业步骤	危害因素	可能导致的后果	风险程度	控制措施
一、试验前准备					
1	办理工作票	(1) 工作票记录的工作范围不全面; (2) 工作票安全措施不完善	(1) 人身伤害; (2) 设备损坏	1	(1) 完善工作票记录的工作范围; (2) 检查现场所做的安全措施是否正确完备
2	安全技术交底	工作组成员对现场安全注意事项的了解不全	(1) 人身触电; (2) 机械伤害; (3) 高空坠落	1	对工作组成员进行详细的安全技术交底
3	检查劳动防护用品	无防护或防护不当	(1) 高处坠落; (2) 机械伤害	2	(1) 工作前确认劳动防护用品完备; (2) 正确使用绝缘手套、安全带、安全帽、防砸鞋等劳动防护用品
4	检查测试设备状态	(1) 未检查设备完好性; (2) 未验电及检查电源	(1) 人身触电; (2) 损害设备	1	试验前检查设备状态,确定状态良好
二、试验过程					
1	安装测点	(1) 测点安装错误; (2) 触电伤害; (3) 密封锁母松动,工质外溢; (4) 高温热体	(1) 人身触电; (2) 设备损坏; (3) 灼伤	2	(1) 在接线前,与现场技术人员共同确认测点位置; (2) 使用临时用电设备,应由电厂安排专人接线,并检查临时用电设备是否验收合格; (3) 正确使用工具,防止锁母松动; (4) 与高温热体保持安全距离
2	拆除测点	(1) 触电伤害; (2) 密封锁母松动,工质外溢; (3) 高温热体	(1) 人身触电; (2) 灼伤	2	(1) 使用临时用电设备,应由电厂安排专人接线,并检查临时用电设备是否验收合格; (2) 正确使用工具,防止锁母松动; (3) 与高温热体保持安全距离

续表

编号	作业步骤	危害因素	可能导致的后果	风险程度	控制措施
三、试验后工作					
1	停止作业	（1）遗留设备或工器具； （2）现场遗留杂物	（1）机械伤害； （2）人身伤害	1	（1）收齐设备、工具； （2）清理检验现场

D.9 试验职责分工及组织

D.9.1 试验期间各方的职责与分工

1. 电厂应负责的工作

（1）负责试验现场的总指挥及各方的协调工作。

（2）负责试验系统的维护及处理，保证达到试验要求。

（3）负责试验系统的隔离工作，调整运行工况，维持机组参数的稳定。

（4）负责试验期间负荷的申请及联系。

（5）在电科院的指导下，指派专人负责试验单位的仪器仪表安装，提供必要的安装条件。对于需要更换的现场表计，电厂应尽量采用DCS中显示用仪表，避免更换参与自动、计算及保护等功能的仪表，如必须更换，电厂应在工作票中明确注意事项，避免因操作人员拆装测点时发生事故，影响机组安全运行。

（6）提供试验单位现场仪器仪表停放及工作场所。

（7）与电科院共同确定机组运行方式，负责机组运行方式调整的全部操作。按照方案的要求，提出试验期间的安全运行措施。

（8）负责为电科院提供需记录人员手工记录的试验数据，试验数据的复印以及试验完成后，负责DCS中数据的导出。

（9）提供设备有关资料，如表D-4所示。

表D-4 电厂需要提供的设备相关资料

所需资料	包括内容	需要目的
机组运行规程、主辅机设备规程、系统图	主机和辅机运行规程、设备规程；热力系统图	了解机组状况、编制系统隔离清单
热力特性书	机组详细的热力计算书（包括典型工况，特别是3阀点、4阀点、THA的工况）、修正曲线、机电损失曲线、排汽余速损失曲线	热力计算、分析所用

续表

所需资料	包括内容	需要目的
流量孔板计算书	省煤器入口给水流量孔板、除氧器入口凝结水流量孔板、过热器减温水流量孔板、再热器减温水流量孔板、热网加热器疏水母管流量孔板、其他漏汽流量现场加装的流量孔板的计算书	计算流量所用
尺寸说明书	除氧器尺寸、凝汽器热井尺寸；高低压加热器说明书及图纸	计算试验期间的当量变化量
性能试验报告	机组往年各类试验的报告	了解机组能耗水平

2．电科院应负责的工作

（1）解决与试验有关的技术问题。
（2）准备并校验试验用的仪器仪表。
（3）提出机组经济指标评估试验方案，负责试验测点布置及仪器仪表的安装。
（4）在电厂有关单位配合下，负责试验仪器仪表的安装调整。
（5）主持现场的试验工作。
（6）整理试验数据、分析计算试验结果及编写试验报告。

D.9.2　试验组织

试验组织及人员联系方式如表 D-5 所示。

表 D-5　试验组织及人员联系方式

人员	部门	姓名	联系方式
试验总指挥	运行副总		
试验协调人	设备部		
试验技术负责人	电科院		
试验操作负责人	发电部		
试验单位	电科院		
	电科院		

试验职责分工如表 D-6 所示。

表 D-6　试验职责分工

序号	工作内容要求	责任单位	配合单位	备注
1	按照试验方案中的试验日程安排申请试验机组负荷	电厂	—	
2	对较高的测点进行搭脚手架和拆保温工作	电厂	电科院	
3	安装功率表、拆试验需要更换的运行仪表	电厂	电科院	
4	安装试验仪器、仪表	电科院	电厂	
5	按照试验方案要求隔离系统	电厂	电科院	

续表

序号	工作内容要求	责任单位	配合单位	备注
6	按照试验方案要求调整试验工况	电厂	电科院	
7	拆卸试验仪器、仪表	电科院	电厂	
8	恢复运行仪表	电厂	—	
9	提供试验机组的设备资料:热力特性说明书、修正曲线、除氧器、凝汽器图纸、加热器图纸说明书等	电厂	电科院	
10	试验报告的编制	电科院	—	

试验日程安排表如表 D-7 所示。

表 D-7 试验日程安排表

日期	负荷	时间	试验内容
第 1 天			安装试验测点
第 2 天			安装试验测点
第 3 天	240.00 MW	8:00—12:00	机组主汽流量 950 t/h、不切缸供热工况
	220.00 MW	13:00—18:00	机组主汽流量 950 t/h、切缸供热工况
第 4 天	视现场情况而定	8:00—12:00	机组采暖抽汽流量 300 t/h、不切缸供热调峰能力工况
	视现场情况而定	13:00—18:00	机组采暖抽汽流量 300 t/h、切缸供热调峰能力
第 5 天		8:00—12:00	补充试验

注:①机组灵活性调峰改造后,性能考核试验由运行人员按照附录 E 试验隔离清单完成试验机组的系统隔离工作;②由于某种原因导致试验项目没有按期完成时,该项试验项目往下依次顺延。

试验测点安装清单如表 D-8 所示。

表 D-8 试验测点安装清单

序号	试验测点	点号	备注
1	主蒸汽压力左		
2	主蒸汽压力右		
3	主蒸汽温度左		
4	主蒸汽温度右		
5	调节级后压力		
6	高排蒸汽压力左		
7	高排蒸汽压力右		
8	高排蒸汽温度左		
9	高排蒸汽温度右		
10	再热蒸汽压力左		
11	再热蒸汽压力右		
12	再热蒸汽温度左		
13	再热蒸汽温度右		
14	中压缸排汽压力		

续表

序号	试验测点	点号	备注
15	中压缸排汽温度		
16	一段抽汽压力		
17	一段抽汽温度		
18	1号高加进汽压力		
19	1号高加进汽温度		
20	1号高加出水温度		
21	1号高加疏水温度		
22	2号高加进汽压力		
23	2号高加进汽温度		
24	2号高加出水温度		
25	2号高加疏水温度		
26	2号高加进水温度		
27	3号高加进汽压力		
28	3号高加进汽温度		
29	3号高加出水温度		
30	3号高加疏水温度		
31	3号高加进水温度		
32	四段抽汽压力		
33	四段抽汽温度		
34	除氧器进汽压力		
35	除氧器进汽温度		
36	除氧器进水温度		
37	除氧器进水压力		
38	除氧器出水温度		
39	最终给水压力		
40	最终给水温度		
41	凝汽器真空1		
42	凝汽器真空2		
43	大气压力		
44	除氧器前凝结水流量差压1		
45	除氧器前凝结水流量差压2		
46	采暖抽汽压力		
47	采暖抽汽温度		
48	热网加热器疏水母管流量差压		
49	热网加热器疏水母管温度		

附录 E　某电厂 2 号机组供热节能改造后性能试验

E.1　前言

某电厂 2 号汽轮机系哈尔滨汽轮机厂有限责任公司生产的 C350/272.9-24.2/0.4/566/566 型超临界、一次中间再热、单轴、双缸排汽、抽汽凝汽式汽轮机。该厂为满足电厂所在区域热电负荷需求，提高机组的上网竞争力和盈利能力，于 2019 年对该机组实施了供热节能改造项目。改造的工作主要是更换中低压连通管及供热蝶阀、喷涂低压缸次末级及末级叶片金属耐磨层、优化低压缸喷水减温系统，同时新增低压缸冷却蒸汽旁路系统等。为验证机组改造后的调峰能力和机组的供热能力，某电科院对 2 号机组进行供热节能改造后性能试验。本次试验于 2019 年 12 月 18 日至 21 日进行。具体试验结果如下。

1. 调峰能力

2 号机组在供热量（采暖抽汽流量约 300 t/h，无工业抽汽，供热负荷约 206 MW）相同的前提下，机组切缸供热工况较抽凝供热工况发电机有功功率减少 71.71 MW，达到了机组改造后调峰能力提升 70 MW 的要求。

2. 供热能力

在切缸工况下，试验主汽流量为 934.37 t/h，无工业抽汽，采暖抽汽流量为 563.08 t/h，供热负荷为 384.55 MW；在抽凝工况下，试验主汽流量为 947.40 t/h，无工业抽汽，采暖抽汽流量为 438.41 t/h，供热负荷为 300.92 MW。供热能力增加 83.63 MW。

E.2　设备技术规范

2 号汽轮机组性能规范如表 E-1 所示。

表 E-1 2号汽轮机组性能规范

序号	项目	单位	主要技术参数
1	制造厂		哈尔滨汽轮机厂有限责任公司
2	型式		超临界、一次中间再热、单轴、双缸双排汽、抽汽凝汽式汽轮机
3	汽轮机型号		C350/272.9-24.2/0.4/566/566
4	额定功率(THA)	MW	350.0
5	额定主蒸汽压力	MPa	24.200
6	额定主蒸汽温度	℃	566.0
7	额定高压缸排汽口压力	MPa	4.214
8	额定高压缸排汽口温度	℃	313.8
9	额定再热蒸汽压力	MPa	3.792
10	额定再热蒸汽温度	℃	566.0
11	主蒸汽额定进汽量	t/h	994.23
12	最大功率	MW	381.5
13	最大蒸汽流量	t/h	1 110.00
14	再热蒸汽额定进汽量	t/h	840.73
15	额定排汽压力	kPa	4.9
16	额定给水温度(THA)	℃	276.6
17	额定转速	r/min	3 000
18	转动方向		从汽轮机向发电机看,顺时针方向
19	热耗率(THA)	kJ/(kW·h)	7 647.3
20	采暖抽汽压力	MPa	0.245~0.500
21	额定流量	t/h	500.00
22	最大流量	t/h	600.00
23	给水回热级数		8级(3高加+1除氧器+4低加)
24	低压末级叶片长度	mm	1 029.0
25	高压缸效率	—	83.92%
26	中压缸效率	—	91.17%
27	低压缸效率	—	89.81%
28	通流级数	级	共36
29	高压缸	级	1(调节级)+12
30	中压缸	级	11
31	低压缸	级	2×6
32	启动方式		启动:定—滑—定;运行方式:定压或变压运行
33	变压运行负荷范围	%	30~85
34	定压、变压负荷变化率	/min	3.5%
35	最高允许排汽温度	℃	120.0
36	给水泵拖动方式		2×50% BMCR 汽动给水泵

E.3 试验目的

(1) 在保证机组安全稳定运行的条件下,保持机组供热量(采暖抽汽流量 300 t/h)相同的前提下,考核机组灵活性改造后调峰能力是否达到设计要求。

(2) 测试机组在主汽流量 940 t/h 抽凝及切缸供热状态下的热耗率、供热能力、发电煤耗率,对比机组改造前后供热量。

E.4 试验标准与基准

E.4.1 试验标准

(1)《汽轮机热力性能验收试验规程 第 2 部分:方法 B——各种类型和容量的汽轮机宽准确度试验》(GB/T 8117.2—2008)。

(2)《用安装在圆形截面管道中的差压装置测量满管流体流量 第 2 部分:孔板》(GB/T 2624.2—2006)。

(3) 国际公式化委员会 IFC-1997 水和水蒸汽性质公式。

(4) 汽轮机组设计技术性能,由哈尔滨汽轮机厂提供机组相关资料。

E.4.2 试验基准

(1) 本次试验采用以凝结水流量为计算基准,并根据加热器的热平衡和质量平衡,确定各高加的抽汽量,求出最终主汽流量,然后再分别求出高压缸排汽量和再热蒸汽流量。

(2) 以定主汽流量、定采暖抽汽流量作为试验基准。值得指出的是,受设备情况及锅炉煤质等试验条件制约,试验的主蒸汽流量及采暖抽汽流量依据现场实际条件进行。

E.5 试验仪器仪表

E.5.1 试验测点

试验测点按《汽轮机热力性能验收试验规程 第 2 部分:方法 B——各种类型和容量的汽轮机宽准确度试验》(GB/T 8117.2—2008)有关规定和原则进行布置。

E.5.2 流量测量

主凝结水流量采用现场安装的除氧器入口凝结水流量长径喷嘴进行测量,并采用试验单位提供的经标定的差压变送器测量差压再计算流量。

其他辅助流量包括:采暖抽汽流量采用现场热网疏水母管安装的孔板测量,并采用试验单位提供的高精度差压变送器测量差压再计算流量;门杆漏汽流量、轴封漏汽流量按设计比例进行计算。

E.5.3　温度测量

采用工业Ⅰ级热电偶或工业A级热电阻进行测量,温度信号送入IMP数据采集系统,实现自动存储和记录,测量值经过热电偶校验值修正。

E.5.4　压力测量

采用试验单位提供的经标定的高精度压力变送器测量。

E.5.5　电功率的测量

发电机端功率、功率因数,采用电厂工程师站的DCS数据库数值。

E.5.6　水位的测量

水位的测量主要从电厂的DCS数据库中采集,主要包括凝汽器水位、除氧器水位、汽包水位。

E.5.7　试验数据采集系统

本次试验数据采集系统为SIRK-WSN型无线采集系统,模数转换装置为分散式精密测量模块(IMP),采集系统精度为0.01%。试验数据由计算机采集并存储,采集间隔为30 s。

以上所有试验仪表均校验合格并配有校验报告,能够保证试验数据的测量精度,满足试验规程的要求。

E.6　试验条件及项目

E.6.1　试验条件

(1) 主机、辅机设备状态完好,正常投入运行。
(2) 调节系统稳定,汽机采用顺序阀方式运行,调节阀开关灵活,重叠度及阀位正确。
(3) 加热器能维持正常水位稳定运行。

(4) 各加热器、凝汽器、除氧器水位指示清楚正确。
(5) 试验测点完备,现场参数显示正确。

E.6.2 试验项目

性能试验时间安排如表 E-2 所示。

表 E-2 2号汽轮机供热节能改造后性能试验时间

序号	日期	时间	工况
1	2019-12-18	13:30—14:30	机组抽凝运行,主汽流量 940 t/h,无工业抽汽工况
2	2019-12-20	12:00—13:00	机组切缸运行,主汽流量 940 t/h,无工业抽汽工况
3	2019-12-20	14:00—15:00	机组切缸运行,采暖抽汽流量 300 t/h,无工业抽汽工况
4	2019-12-20	16:30—17:30	机组抽凝运行,采暖抽汽流量 300 t/h,无工业抽汽工况

E.7 试验数据处理与计算

各相应工况试验实测有关参量采用算术平均值计算,表压力测量值经仪表标高、大气压力修正换算成绝对压力真实值,温度测量值已经过数据采集系统环境温度自动补偿,直接使用其算术平均值。

E.7.1 流量计算

主凝结水流量测量计算公式为

$$Re = \frac{4\,000 G_c}{3.6 \pi \eta d_t} \tag{E-1}$$

$$G_c = \frac{0.9\pi \times 10^{-6} C}{\sqrt{1-\beta_t^4}} \times d_t^2 \times \sqrt{2\,000 \Delta P \times \rho} \tag{E-2}$$

式中,G_c——主凝结水流量,t/h;
Re——雷诺数;
η——凝结水动力黏度,Pa·s;
C——流出系数;
β_t——工作温度下喷嘴喉部直径与管道内径比;
d_t——喷嘴喉部开孔直径,mm;
ΔP——差压测量值,kPa;
ρ——工作温度下流体密度,kg/m³。

热网疏水流量为

$$Q_m = \frac{C \times \varepsilon \times \pi \times d_t^2}{4} \times \sqrt{\frac{2\Delta P \rho_1}{1-\beta^4}} \tag{E-3}$$

式中,Q_m——质量流量,t/h;
C——流出系数;
ε——可膨胀性系数;
β——直径比,$\beta=d/D$;
d_t——工作条件下喷嘴喉部的孔径,m;
ΔP——差压测量值,kPa。

系统不明泄漏量为

$$G_{un} = G_{deas} + G_{cons} + G_{boil} - G_{know} \tag{E-4}$$

式中,G_{un}——系统不明泄漏量,t/h;
G_{deas}——除氧器水位变化当量流量(下降为正),t/h;
G_{cons}——凝汽器水位变化当量流量(下降为正),t/h;
G_{boil}——锅炉汽包水位变化当量流量(下降为正),t/h;
G_{know}——系统明漏量,t/h。

给水流量,以实测除氧器入口凝结水流量为依据,通过对高压加热器和除氧器的热平衡和流量平衡计算。

1号高加热平衡方程为

$$G_{fw} \times (H_{o1} - H_{i1}) = G_{e1} \times (H_{e1} - H_{d1}) \tag{E-5}$$

式中,G_{fw}——给水流量,t/h;
H_{o1}——1号高加出水焓,kJ/kg;
H_{i1}——1号高加进水焓,kJ/kg;
G_{e1}——1号高加用汽量,t/h;
H_{e1}——1号高加进汽焓,kJ/kg;
H_{d1}——1号高加疏水焓,kJ/kg。

2号高加热平衡方程为

$$G_{fw} \times (H_{o2} - H_{i2}) = G_{e2} \times (H_{e2} - H_{d2}) + G_{e1} \times (H_{d1} - H_{d2}) \tag{E-6}$$

式中,H_{o2}——2号高加出水焓,kJ/kg;
H_{i2}——2号高加进水焓,kJ/kg;
G_{e2}——2号高加用汽量,t/h;
H_{e2}——2号高加进汽焓,kJ/kg;
H_{d2}——2号高加疏水焓,kJ/kg。

3号高加热平衡方程为

$$G_{fw} \times (H_{o3} - H_{i3}) = G_{e3} \times (H_{e3} - H_{d3}) + (G_{e1} + G_{e2}) \times (H_{d2} - H_{d3}) \tag{E-7}$$

式中,H_{o3}——3号高加出水焓,kJ/kg;
H_{i3}——3号高加进水焓,kJ/kg;
G_{e3}——3号高加用汽量,t/h;
H_{e3}——3号高加进汽焓,kJ/kg;
H_{d3}——3号高加疏水焓,kJ/kg。

除氧器平衡方程为

$$(G_{fw} + G_{rhsp} + G_{shsp}) \times H_{co} = G_{e4} \times H_{e4} + (G_{e1} + G_{e2} + G_{e3}) \times H_{d3} + G_{deas} \times H_{co} + G_c \times H_{o4} \tag{E-8}$$

式中,G_{rhsp}——再热蒸汽减温水流量,t/h;

G_{shsp}——过热蒸汽减温水流量,t/h;

H_{co}——除氧器出水焓,kJ/kg;

G_{e4}——除氧器用汽量,t/h;

H_{e4}——除氧器进汽焓,kJ/kg;

H_{o4}——除氧器进水焓,kJ/kg。

质量平衡方程为

$$G_{e1}+G_{e2}+G_{e3}+G_{e4}+G_c+G_{deas}=G_{fw}+G_{rhsp}+G_{shsp} \tag{E-9}$$

主蒸汽流量为

$$G_{ms}=G_{fw}+G_{boil}+G_{shsp}-G_{un} \tag{E-10}$$

式中,G_{ms}——主蒸汽流量,t/h。

高压缸排汽流量为

$$G_{hpex}=G_{ms}-G_{gymg}-G_{ggqzf}-G_{1e}-G_{2e}-G_{gghzf} \tag{E-11}$$

式中,G_{hpex}——高压缸排汽流量,t/h;

G_{gymg}——高压门杆漏汽总量,t/h;

G_{ggqzf}——高压前轴封漏汽总量,t/h;

G_{gghzf}——高压缸后轴封漏汽总量,t/h;

G_{1e}——一段抽汽流量,t/h;

G_{2e}——二段抽汽流量,t/h。

冷再热蒸汽流量为

$$G_{crh}=G_{hpex} \tag{E-12}$$

式中,G_{crh}——冷再热蒸汽流量,t/h。

热再热蒸汽流量为

$$G_{hrh}=G_{crh}+G_{rhsp} \tag{E-13}$$

式中,G_{hrh}——热再热蒸汽流量,t/h。

E.7.2 机组供热量计算公式

机组供热量计算公式为

$$Q_{gr}=Q_{zg}+Q_{jg} \tag{E-14}$$

式中,Q_{zg}——直接供热量,kJ/h;

Q_{jg}——间接供热量,kJ/h。

1. 直接供热量计算

直接供热指由汽轮机直接或经减温减压后向热用户提供热量的供热方式。直接供热量由下述公式计算:

$$Q_{zg}=(D_i h_i - D_j h_j - D_k h_k) \times 1\,000 \tag{E-15}$$

式中,D_i——机组的直接供汽流量,t/h;

h_i——机组直接供汽的供汽焓值,kJ/kg;

D_j——机组直接供汽的凝结水回水量,t/h;

h_j——机组直接供汽的凝结水回水焓值,kJ/kg;

D_k——机组用于直接供热的补充水流量,t/h;

h_k——机组用于直接供热的补充水焓值,kJ/kg。

2. 间接供热量计算

间接供热指通过热网加热器等设备加热供热介质后间接向用户提供热量的供热方式。

当机组具有蒸汽流量计量装置时,采用式(E-15)计算间接供热量。

$$Q_{jg} = D_{qs}(h_q - h_{qs}) \times 1\,000 \tag{E-16}$$

式中,D_{qs}——间接供热时蒸汽的疏水流量,t/h;

h_q——间接供热时采用蒸汽的供汽焓值,kJ/kg;

h_{qs}——间接供热时蒸汽的疏水焓值,kJ/kg。

当机组无蒸汽流量计量装置时,采用式(E-16)计算间接供热量。

$$Q_{jg} = \frac{D_{rgs}h_{rgs} - D_{rhs}h_{rhs} - D_k h_k}{\eta_{rw}} \times 1\,000 \tag{E-17}$$

式中,D_{rgs}——机组热网循环水供水流量(当一台机组带多台热网加热器时,取循环水总供水流量),t/h;

h_{rgs}——机组热网循环水供水焓值(当一台机组带多台热网加热器时,取多台热网加热器出口混合后循环水供水焓值),kJ/kg;

D_{rhs}——机组热网循环水回水流量(当一台机组带多台热网加热器时,取热网循环水总回水流量),t/h;

h_{rhs}——机组热网循环水回水焓值,kJ/kg;

D_k——机组热网循环水的补充水量,t/h;

h_k——机组热网循环水的补充水焓值,kJ/kg;

η_{rw}——热网加热器效率,%。

E.7.3 机组试验热耗率

机组试验热耗率为

$$HR_t = \frac{G_{ms} \times H_{ms} - G_{fw} \times H_{fw} + G_{hrh} \times H_{hrh} - G_{crh} \times H_{crh} - G_{rhsp} \times H_{rhsp} - G_{shsp} \times H_{shsp} - Q_{gr}}{N_t}$$

(E-18)

式中,HR_t——试验热耗率,kJ/(kW·h);

H_{ms}——主蒸汽焓,kJ/kg;

H_{fw}——给水焓,kJ/kg;

H_{hrh}——热再热蒸汽焓,kJ/kg;

H_{crh}——冷再热蒸汽焓,kJ/kg;

H_{rhsp}——再热减温水焓,kJ/kg;

H_{shsp}——过热减温水焓,kJ/kg;

Q_{gr}——机组供热量,kJ/h;

N_t——发电机输出有功功率,MW。

E.7.4　高、中压缸效率计算

高压缸效率计算公式为

$$\eta_{HP} = \frac{H_{ms} - H_c}{H_{ms} - H_{SHP}} \times 100\% \tag{E-19}$$

式中，η_{HP}——高压缸效率，%；
　　　H_c——高压缸排汽焓，kJ/kg；
　　　H_{SHP}——高压缸等熵排汽焓，kJ/kg。

中压缸效率计算公式为

$$\eta_{IP} = \frac{H_{hrh} - H_i}{H_{hrh} - H_{SIP}} \times 100\% \tag{E-20}$$

式中，η_{IP}——中压缸效率，%；
　　　H_i——中压缸排汽焓，kJ/kg；
　　　H_{SIP}——中压缸等熵排汽焓，kJ/kg。

E.8　试验结果及分析

E.8.1　调峰能力

2号机组在供热量（采暖抽汽流量约300 t/h，无工业抽汽，供热负荷约206 MW）相同的前提下，机组切缸供热工况较抽凝供热工况发电机有功功率减少71.71 MW，达到了机组改造后调峰能力提升70 MW的要求。

E.8.2　供热能力

在切缸工况下，试验主汽流量为934.37 t/h，无工业抽汽，采暖抽汽流量为563.08 t/h，供热负荷为384.55 MW；在抽凝工况下，试验主汽流量为947.40 t/h，无工业抽汽，采暖抽汽流量为438.41 t/h，供热负荷为300.92 MW。供热能力增加83.63 MW。

E.8.3　高、中压缸平衡盘漏汽率试验

在试验过程中，由于无法满足降低再热蒸汽温度的条件，故与电厂协商，最终采用某电科院于2018年编写的《某热电一厂2号机组A级检修后热力性能试验报告》中的高、中压缸平衡盘漏试验数据3.53%。

E.8.4　不同负荷工况试验结果

2号机组各负荷工况试验结果如表E-3所示。

表 E-3 各负荷工况试验结果汇总表

试验项目	单位	主蒸汽流量 940 t/h 抽凝工况	主蒸汽流量 940 t/h 切缸工况	采暖抽汽流量 300 t/h 抽凝工况	采暖抽汽流量 300 t/h 切缸工况
试验日期		2019-12-18	2019-12-20	2019-12-20	2019-12-20
试验时间		13:30—14:30	12:00—13:00	14:00—15:00	16:30—17:30
发电机有功功率	MW	256.13	225.19	214.35	142.64
主蒸汽压力	MPa	21.043	20.736	17.339	14.121
主蒸汽温度	℃	567.34	569.75	566.55	561.66
主蒸汽流量	t/h	947.40	934.37	740.05	549.72
高压缸排汽压力	MPa	3.324	3.386	2.710	2.204
高压缸排汽温度	℃	309.40	315.37	312.46	313.00
高压缸排汽流量	t/h	775.74	769.23	611.48	450.98
再热蒸汽压力	MPa	2.986	2.957	2.429	1.978
再热蒸汽温度	℃	565.54	566.05	561.11	549.19
再热蒸汽流量	t/h	759.20	753.00	591.61	430.99
中压缸排汽压力	MPa	0.177	0.194	0.138	0.122
中压缸排汽温度	℃	211.84	220.97	219.04	219.11
低压缸冷却蒸汽旁路流量	t/h	10.30	61.50	10.10	53.50
再热器减温水流量	t/h	6.45	4.77	0.13	0.01
热网加热器进汽压力	MPa	0.177	0.194	0.138	0.122
热网加热器进汽温度	℃	211.84	220.97	219.04	219.11
热网加热器进汽流量差压	kPa	34.060	56.933	19.748	22.629
热网加热器进汽流量	t/h	438.41	563.08	299.54	296.07
热网加热器疏水温度	℃	101.26	108.37	99.66	100.14
高压缸效率	—	82.46%	82.41%	81.98%	81.59%
中压缸效率	—	88.61%	88.87%	85.43%	85.40%
锅炉效率	—	92.19%	92.23%	92.16%	92.20%
管道效率	—	99%	99%	99%	99%
热网加热器供热量	GJ/h	1 083.32	1 384.36	746.99	737.99
热网加热器供热负荷	MW	300.92	384.55	207.50	205.00
试验热耗率	kJ/(kW·h)	5 409.22	4 710.59	5 626.73	4 918.65
发电煤耗	g/(kW·h)	202.23	176.03	210.43	183.87

E.9　试验结论

E.9.1　调峰能力

2号机组在供热量(采暖抽汽流量约300 t/h,无工业抽汽,供热负荷约206 MW)相同的前提下,机组切缸供热工况较抽凝供热工况发电机有功功率减少71.71 MW,达到了机组改造后调峰能力提升70 MW的要求。

E.9.2　供热能力

在切缸工况下,试验主汽流量为934.37 t/h,无工业抽汽,采暖抽汽流量为563.08 t/h,供热负荷为384.55 MW;在抽凝工况下,试验主汽流量为947.40 t/h,无工业抽汽,采暖抽汽流量为438.41 t/h,供热负荷为300.92 MW。供热能力增加83.63 MW。